DAS ÖKOLOGIE BUCH

BIG IDEAS

DAS ANTHROPOLOGIE-BUCH
DAS ARCHITEKTUR-BUCH
DAS BLACK-HISTORY-BUCH
DAS CHEMIE-BUCH
DAS DESIGN-BUCH
DAS DC BUCH
DAS GESCHICHTS-BUCH
DAS ISLAM-BUCH
DAS KUNST-BUCH
DAS LGBTQIA*-BUCH
DAS MARVEL BUCH
DAS MATHEMATIK-BUCH
DAS MEDIZIN-BUCH
DAS MYTHOLOGIE-BUCH
DAS ÖKOLOGIE-BUCH
DAS PHILOSOPHIE-BUCH
DAS PHYSIK-BUCH
DAS POLITIK-BUCH
DAS PSYCHOLOGIE-BUCH
DAS BUCH DER RECHTS-GESCHICHTE
DAS RELIGIONEN-BUCH
DAS STAR WARS-BUCH
DAS WIRTSCHAFTS-BUCH
DAS WISSENSCHAFTS-BUCH
DER ERSTE WELTKRIEG
DER ZWEITE WELTKRIEG
DIE DEUTSCHE GESCHICHTE

EINFACH ERKLÄRT

DAS ÖKOLOGIE BUCH

VORWORT VON

DR. ANKE VALENTIN

Geschäftsführender Vorstand
Wissenschaftsladen Bonn

DK

DK London / Delhi

ZWEITE AUSGABE

Lektorat
Stephanie Farrow, Victoria Heyworth-Dunne, Gareth Jones,
Abhijit Dutta, Soma B. Chowdhury

Gestaltung und Bildredaktion
Luke Griffin, Malavika Talukdar, Gadi Farfour, Arshti Narang,
Sumedha Chopra, Harish Aggarwal, Tarun Kumar, Arunesh Talapatra

Umschlaggestaltung
Rhea Menon, Priyanka Sharma Saddi

Illustrationen James Graham

Herstellung
Laura Andrews, Ashok Kumar, Anurag Trivedi

ERSTE AUSGABE

Lektorat
Helen Fewster, Camilla Hallinan, Angeles Gavira Guerrero,
Liz Wheeler, Jonathan Metcalf, Janashree Singha, Aadithyan Mohan K.,
Rishi Bryan, Tanya Singhal, Nonita Saha, Soma B. Chowdhury

Gestaltung und Bildredaktion
Duncan Turner, Michael Duffy, Karen Self, Philip Ormerod,
Ira Sharma, Vikas Sachdeva, Shipra Jain, Sourabh Challariya,
Debjyoti Mukherjee, Shreya Singal, Vidushi Gupta, Amrai Dua,
Harish Aggarwal, Jagtar Singh, Mohammad Rizwan, Bimlesh Tiwary,
Vishal Ghavri, Taiyaba Khatoon, Arunesh Talapatra

Umschlaggestaltung
Emma Dawson, Surabhi Wadhwa-Gandhi, Sophia MTT,
Suhita Dharamjit, Priyanka Sharma, Saloni Singh

Illustrationen James Graham

Herstellung
Andy Hilliard, Meskerem Berhane, Balwant Singh, Pankaj Sharma

Toucan Books
Redaktion
Ellen Dupont, Scarlett O'Hara, John Andrews, Alethea Doran,
Sue George, Guy Croton, Cathy Meeus, Abigail Mitchell, Fiona Plowman,
Dorothy Stannard, Rachel Warren Chadd, Isobel Rodel

Gestaltung
Thomas Keenes

Zusätzliche Beiträge
Shannon Webber, Marcus Weeks

Originalgestaltung STUDIO 8 DESIGN

Für die deutsche Ausgabe:
Projektbetreuung Carola Wiese
Herstellungskoordination Bianca Isack
Herstellung Stefanie Staat

Titel der englischen Originalausgabe:
THE ECOLOGY BOOK

Übersetzung Dr. Stephan Matthiesen
Lektorat Cornelia Rüping

ISBN 978-3-8310-5346-9
5902-345561-24209-01

Druck und Bindung Livonia Print, Lettland

www.dk-verlag.de

Ein Hinweis zu geschlechtlichen Identitäten
Der DK Verlag erkennt alle geschlechtlichen Identitäten an. Nach Möglichkeit wird im Buch eine gendergerechte Sprache berücksichtigt, sofern dies inhaltlich sinnvoll ist bzw. den historischen Fakten entspricht; stellenweise wird aus Platzgründen oder Gründen der besseren Lesbarkeit jedoch das generische Maskulinum verwendet.

DIE AUTORINNEN UND AUTOREN

JESSICA WILLIAMS, FACHBERATERIN (2. AUFLAGE)

Jessica Williams ist Naturschutzökologin am Imperial College London. Ihre Forschung zielt vor allem darauf ab zu verstehen, wie Veränderungen der Umwelt die Biodiversität beeinflussen und welche Folgen dies auf den Beitrag der Natur zum Leben der Menschen hat. Über ihre Forschung hinaus engagiert sie sich in vielen Projekten zur Wissenschaftsvermittlung. Dabei stellt sie die Vielfalt der Menschen und die unterschiedlichen Karrierewege in der Wissenschaft in den Vordergrund.

JULIA SCHROEDER, FACHBERATERIN (1. AUFLAGE)

Julia Schroeder promovierte in Tierökologie an der Universität Groningen (Niederlande). Von 2012 bis 2017 leitete sie eine Forschungsgruppe am Max-Planck-Institut für Ornithologie in Seewiesen (Bayern) zur Ökologie des Sozialverhaltens. Sie erforscht und lehrt derzeit Evolutionsbiologie am Imperial College London.

CELIA COYNE

Celia Coyne ist freiberufliche Autorin und Lektorin und lebt in Christchurch (Neuseeland). Sie ist Autorin von *Earth's Riches* und *The Power of Plants*, zudem schreibt und lektoriert sie Artikel über Wissenschaft und Naturgeschichte für Zeitschriften, Zeitungen, Websites und Bücher in Großbritannien, Australien und Neuseeland. Sie möchte dadurch wissenschaftliche Themen Laien zugänglich machen.

JOHN FARNDON

Der Autor Hunderter Bücher über Wissenschaft und Natur sowohl für Kinder als auch für Erwachsene studierte Geografie an der Universität Cambridge. Er hat umfangreich über Geowissenschaften und Umwelt veröffentlicht, vor allem zu Umweltschutz und Ökologie. Zu seinen Büchern zählen z. B. *The Oceans Atlas*, *The Wildlife Atlas*, *How the Earth Works* und *The Practical Encyclopedia of Rocks and Minerals*.

TIM HARRIS

Nachdem er norwegische Gletscher an der Universität erforscht hatte, bereiste Tim Harris die Welt auf der Suche nach ungewöhnlichen Tieren und Landschaften. Er erkundete die Dünen der Namib, bestieg den Popocatépetl in Zentralmexiko, zeltete im Regenwald Sumatras und befuhr das gefrorene Ochotskische Meer. Er war stellvertretender Chefredakteur der britischen Zeitschrift *Birdwatch* und hat Bücher für Kinder und Erwachsene über die Natur geschrieben.

DEREK HARVEY

Derek Harvey ist Naturforscher und Lehrer mit besonderem Interesse für die Evolutionsbiologie und graduierte in Zoologie an der Universität Liverpool (Großbritannien). Er hat Generationen von Biologen gelehrt und Studentenexpeditionen nach Costa Rica, Madagaskar und Australasien geleitet. Nun konzentriert er sich auf das Schreiben von und die Fachberatung zu Büchern über Wissenschaft und Naturgeschichte.

TOM JACKSON

Als Autor mit 25-jähriger Erfahrung ist Tom Jackson der Verfasser von etwa 200 Sachbüchern für Erwachsene und Kinder, an vielen anderen Büchern war er beteiligt. Er studierte Zoologie an der Universität Bristol (Großbritannien) und arbeitete in Zoos und als Umweltschützer, bevor er sich dem Schreiben über Naturgeschichte und vielen weiteren wissenschaftlichen Themen zuwendete.

ALISON SINGER

Alison Singer arbeitet an einer Doktorarbeit über nachhaltige Gemeinschaften an der *Michigan State University* (USA), wo sie auch Storytelling und Wissenschaftskommunikation studiert. Sie hat eine breit gefächerte Ausbildung in Literatur, Ökologie und Sozialwissenschaft. Alison Singer hat als Pädagogin für Umweltorganisationen und für die US-Umweltbehörde *Environmental Protection Agency* gearbeitet.

DR. ANKE VALENTIN (VORWORT)

Dr. Anke Valentin ist Geschäftsführer der Vorstand des Wissenschaftsladens Bonn. Die Geografin hat ihre Promotion am Lehrstuhl für Planungstheorie abgeschlossen. Ihre Arbeitsschwerpunkte sind u. a. nachhaltiges Flächenmanagement und Natur in der Stadt.

INHALT

DIE GESCHICHTE DER EVOLUTION

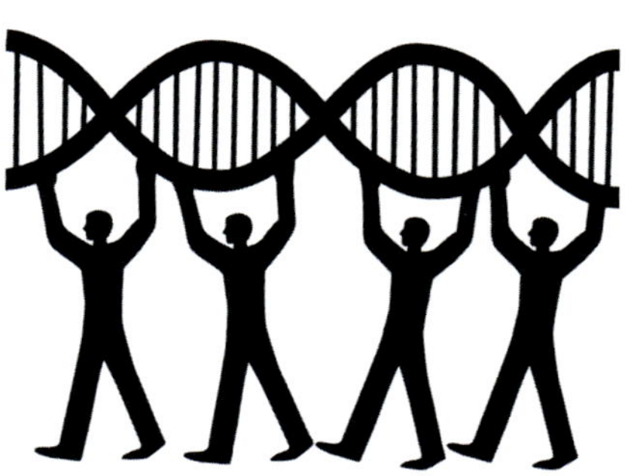

ÖKOLOGISCHE VORGÄNGE

ORDNUNG IN DER NATÜRLICHEN WELT

DIE VIELFALT DES LEBENS

ÖKOSYSTEME

LEBEWESEN IN EINER SICH WANDELNDEN UMWELT

DIE LEBENDE ERDE

DER FAKTOR MENSCH

VORWORT

Der Titel *Das Ökologie-Buch* wirft bereits vor dem Lesen der ersten Seite die Frage auf, wie man ein Thema, das ganze Bibliotheken füllt, auf 360 Seiten bringen soll. Das vorliegende Buch beweist: Es geht! Es geht sogar ganz hervorragend.

Ich freue mich, dass ich als Geschäftsführender Vorstand des Wissenschaftsladens Bonn um ein Vorwort für dieses Buch gebeten wurde. Viele der im vorliegenden Buch präsentierten Konzepte und Themen finden sich in unserer Bildungsarbeit wieder. Bildung für Nachhaltige Entwicklung gehört zum zentralen Engagement des WILA – sie vereint Wissen, Werte und Handeln und ist dem Gedanken der Nachhaltigkeit verpflichtet.

Das Ökologie-Buch hilft, komplexe Phänomene in ihren einzelnen Bausteinen zu verstehen, indem es wissenschaftliche Beobachtungen in alltagsnahe Zusammenhänge stellt. Diese Verbindung steigert nicht nur die Lesefreude, sondern eröffnet die Chance, wissenschaftliche Erkenntnisse zu politischen Fragestellungen zu machen. Dabei kommt *Das Ökologie-Buch* komplett ohne erhobenen Zeigefinger aus, sondern weckt als Sachbuch einfach die Faszination für natürliche Strukturen und Prozesse. Diese kommen erfrischend einfach und einleuchtend daher – auch dank wunderbarer Bilder und Grafiken, die jede Komplexität auf das Wesentliche reduzieren.

Das Ökologie-Buch traut sich an ein breites Wissensspektrum heran: von der Vererbungslehre über Verhaltenstheorien bis hin zu Ökosystemleistungen. Nach und nach fügen sich die einzelnen Kapitel wie die Teile eines Puzzles zu einem Gesamtbild zusammen. Natürlich kann hier nicht jedes Detail bis ins Kleinste erklärt werden, aber das ist auch nicht nötig. Vielmehr haben wir es mit einem Sachbuch zu tun, das viele Aha-Effekte hervorruft und Lust macht auf mehr.

Wer sich schon etwas länger in dem Themenfeld tummelt, wird einen Mix aus bekannten und neuen Fakten finden, ergänzt um Sachverhalte, die einem zwar mal bekannt waren, aber mit der Zeit wieder in Vergessenheit geraten sind. Es macht einfach Spaß, sich beim Schmökern zu erinnern, das eigene Wissen um neue Zusammenhänge zu erweitern und nachzuvollziehen, wie die unglaublichen natürlichen Systeme unserer Erde funktionieren. Vielen Forscherinnen und Forschern haben wir es zu verdanken, dass wir dieses Wissen heute haben und stetig erweitern können. So wird das Bild durch die begleitenden Kurzporträts großer Denker und eindrucksvolle Zitate erst vollständig.

Das Verstehen und die Faszination ökologischer Zusammenhänge ist Teil des lebenslangen Lernens, das Kinder, Jugendliche und Erwachsene einbezieht. Und so sehe ich *Das Ökologie-Buch* als Gewinn für alle Altersgruppen. Gerade die Stabilität und Anpassungsfähigkeit ökologischer Systeme werden es im Endeffekt sein, die über unsere Zukunft entscheiden. Deshalb sehen wir als Wissenschaftsladen Bonn die Bildung für Nachhaltige Entwicklung als zentrales Element, um Chancen zur Übernahme ökologischer und sozialer Verantwortung zu eröffnen und Schlüssel für eine auch zukünftig lebenswerte Welt zu sein.

Ich wünsche allen eine spannende und aufschlussreiche Lektüre und natürlich viel Spaß beim Lesen!

Dr. Anke Valentin
Geschäftsführender Vorstand Wissenschaftsladen Bonn

EINLEIT

UNG

Das Wissen über Ökologie – die Beziehungen zwischen Lebewesen – entschied über Leben und Tod der frühen Menschen. Ohne ein tiefes Verständnis, warum an einem Ort Tiere grasten und anderswo Früchte wuchsen, hätten sie nicht überleben und sich entwickeln können.

Im 4. Jahrhundert vor Christus untersuchten Aristoteles und sein Schüler Theophrastos den Stoffwechsel und die Wärmeregulierung bei Tieren, sezierten Vogeleier und erstellten eine elfstufige *Scala Naturae* (Leiter der Natur): der erste Versuch, Lebewesen zu klassifizieren.

Im Mittelalter (476–1500) behinderte die katholische Kirche neue wissenschaftliche Ideen; das Verständnis der Ökologie schritt in Europa kaum noch voran. Hingegen machte die arabische Welt im Goldenen Zeitalter des Islam (8.–13. Jahrhundert) viele wissenschaftliche Fortschritte. So katalogisierte Abu 'Uthman 'Amr ibn Bahr (bekannt als al-Dschahiz) über 300 Tierarten. Seine Schriften enthalten nicht nur neuartige Beobachtungen, sondern auch die frühesten bekannten Beschreibungen einer Nahrungskette und der Wirkung der Umwelt auf Tiere.

Ab dem 16. Jahrhundert wurden bei Seefahrten und durch technische Fortschritte, etwa die Erfindung des Mikroskops, erstaunliche Lebensformen entdeckt, der Wissensdurst stieg. Der schwedische Botaniker Carl von Linné entwickelte eine Klassifikation, das *Systema Naturae*. Dies war der erste wissenschaftliche Versuch, Arten zu benennen und ihrer Verwandtschaft nach zu ordnen. Damals dominierte im westlichen Denken der Essenzialismus: die Annahme, dass jede Art unveränderliche »essenzielle« Merkmale hat.

Große Durchbrüche

Geologische Entdeckungen im späten 17. und frühen 18. Jahrhundert stellten den Essenzialismus infrage.

> »Es gibt etwa 4 Mio. verschiedene Arten von Tieren und Pflanzen in der Welt. 4 Mio. verschiedene Lösungen für das Problem, am Leben zu bleiben.«
>
> **David Attenborough**
> *Life on Earth* (TV-Serie), 1979

Geologen erkannten, dass einige Arten plötzlich verschwanden und durch andere ersetzt wurden; Lebewesen konnten sich also offenbar mit der Zeit verändern oder sogar aussterben. Der Franzose Jean-Baptiste de Lamarck schlug 1809 die erste konsistente Evolutionstheorie vor: die »Transmutation« der Arten durch die Vererbung erworbener Eigenschaften. Etwa 50 Jahre später entwickelten Charles Darwin und Alfred Russel Wallace das Konzept der Evolution durch natürliche Selektion: Lebewesen verändern sich über Generationen hinweg so, dass sie besser an ihre Umgebung angepasst sind. Darwin und Wallace verstanden die zugrunde liegenden Mechanismen nicht. Doch die Erbsenversuche von Gregor Mendel, die auf die Rolle von Erbfaktoren hindeuteten, die man heute als Gene kennt, stellten einen Riesenschritt der Evolutionstheorie dar.

Wechselbeziehungen

Beziehungen zwischen Arten sowie zwischen Arten und ihrer Umwelt dominierten die ökologische Forschung im frühen 20. Jahrhundert. Konzepte wie Nahrungsketten und Nahrungsnetze (wer frisst wen) oder ökologische Nischen (die Rolle eines Lebewesens in seiner Umwelt) entstanden. 1935 führte Arthur Tansley

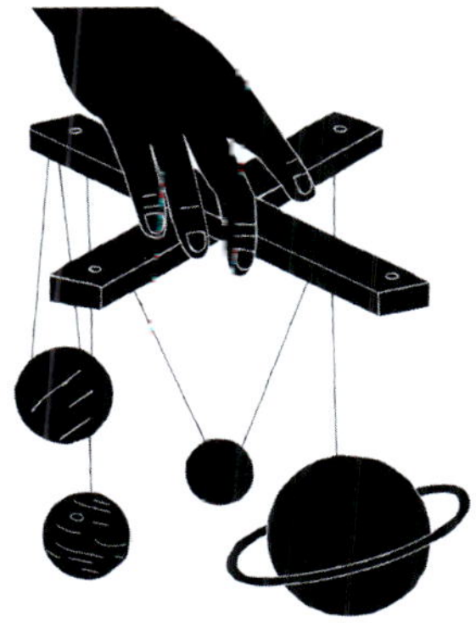

das Konzept des Ökosystems ein: die Wechselbeziehungen zwischen Arten und ihrer Umwelt. Spätere Ökologen entwickelten mathematische Modelle der Populationsdynamik in Ökosystemen. Die Aufklärung der DNA-Struktur und das Wissen über Mutationen als evolutionärer »Motor« brachte die Evolutionstheorie weiter voran.

Neue Grenzen

Die Technik eröffnet der Ökologie neue Möglichkeiten. Elektronenmikroskope liefern Bilder mit einer Auflösung eines halben Wasserstoffatoms. Computer analysieren Töne von Fledermäusen und Walen. Kamerafallen und Infrarotdetektoren filmen nachtaktive Tiere, und mit winzigen Satellitensendern lassen sich Zugvögel verfolgen.

Im Labor zeigen DNA-Analysen von Exkrementen, Haaren oder Federn, zu welcher Art ein Tier gehört und welche Beziehungen zwischen Lebewesen bestehen. So ist es für Ökologen sehr einfach, Daten zu sammeln, oft mithilfe vieler interessierter Laien (»Citizen Science«).

Neue Gefahren

Anfangs lag der Ökologie vor allem Wissensdrang zugrunde. Später ging es darum, die Natur besser für menschliche Zwecke zu nutzen. Doch mit der Zeit wurden die Folgen der Ausbeutung immer deutlicher. Entwaldung wurde bereits im 18. Jahrhundert als ein Problem benannt, die Folgen der Wasser- und Luftverschmutzung waren in den Industrieländern im 19. Jahrhundert offenkundig. 1962 warnte Rachel Carson mit *Silent Spring* (dt.: *Der stumme Frühling*, 1965) die Welt vor den Gefahren von Pestiziden, sechs Jahre später zeigte Gene Likens eine Verbindung zwischen Kraftwerksemissionen, saurem Regen und Fischsterben.

1985 fand ein Forschungsteam heraus, dass der Ozongehalt der Atmosphäre über der Antarktis drastisch abnahm. Ein Zusammenhang zwischen Treibhausgasen und der Erwärmung der unteren Atmosphäre sah George Evelyn Hutchinson schon 1947, aber erst Jahrzehnte später wurde der Einfluss des Menschen auf das Klima akzeptiert.

Die Zukunft

Die moderne Ökologie hat sich seit ihren Anfängen als Wissenschaft enorm entwickelt. Heute vereint sie viele Disziplinen. Neben Zoologie und Botanik mit ihren Teildisziplinen sind Geologie, Geomorphologie, Klimatologie, Chemie, Physik, Genetik, Soziologie und andere vertreten. Endlich wird auch das Wissen indigener Völker und lokaler Gemeinschaften anerkannt und sie finden auf der globalen Bühne mehr Gehör. Ökologie beeinflusst politische Entscheidungen über Stadtentwicklung, Verkehr, Industrie und Wirtschaft. Herausforderungen wie der Klimawandel, der Anstieg des Meeresspiegels, die Zerstörung von Lebensräumen, die Verschmutzung durch Plastik und andere Stoffe sowie die drohende Wasserknappheit sind ernsthafte Risiken für die Menschheit. Sie erfordern radikales politisches Handeln auf solider wissenschaftlicher Basis. Die Ökologie liefert Antworten. Es ist Aufgabe der Regierungen, sie umzusetzen. ■

» Selbst in den ausgedehnten und mysteriösen Weiten des Meeres werden wir an die fundamentale Wahrheit erinnert, dass nichts alleine lebt. «

Rachel Carson
Unveröffentlichte Notizen

DIE GESC
DER EVOL

HICHTE
UTION

1785

James Hutton veröffentlicht die Theorie, dass die **Erde viel älter ist** als zuvor angenommen und dass sich die Erdkruste kontinuierlich verändert.

1809

Jean-Baptiste de Lamarck argumentiert in *Philosophie zoologique* (dt.: *Zoologische Philosophie*, 1876), dass Tiere bestimmte Merkmale erwerben, weil sie Körperteile benutzen oder nicht, und entsprechende **Mutationen** vererben.

1813

Im *Essay on the Theory of the Earth* schreibt **Georges Cuvier,** dass Fossilien die Überreste **ausgestorbener Kreaturen** seien, die von periodischen »katastrophalen« Ereignissen ausgerottet wurden.

1823

Die Amateur-Fossilsammlerin **Mary Anning** entdeckt das erste intakte Skelett eines **Plesiosaurus.**

1831

Die *HMS Beagle* bricht zu einer Weltumsegelung auf; **Charles Darwin** ist der Naturforscher an Bord. Die auf der Fahrt gesammelten Informationen inspirieren ihn zu seiner Theorie der **Evolution durch natürliche Selektion.**

Mythen, Religionen und Philosophien belegen die ewige Faszination, die von der Frage nach der Entstehung der Welt und dem Platz des Menschen in ihr ausgeht. Im Westen betrachtete das Christentum alle Lebewesen als Ergebnis einer perfekten Schöpfung. Gemäß der Leiter der Natur *(Scala Naturae)* konnte keine Art von einer Stufe auf eine andere wechseln. Diese Idee der unveränderlichen Arten heißt Essenzialismus.

Die Aufklärung im 18. Jahrhundert stellte die christlichen Überzeugungen infrage. So wies der Franzose Jean-Baptiste de Lamarck die biblische Vorstellung zurück, dass die Erde nur einige Jahrtausende alt sei. Er meinte, dass sich Organismen über Jahrmillionen von einfachsten Formen zu komplexen entwickelt haben mussten; die »Transmutation« der Arten sei die Triebkraft des Wandels. Und dass Merkmale, die ein Tier in seiner Lebenszeit erwarb, an die nächsten Generationen weitergegeben würden: Giraffen hätten ihre Hälse gestreckt, um Blätter an höheren Ästen zu erreichen, und über viele Generationen immer wieder einen etwas längeren Hals vererbt.

Auch fossile Funde – von Pionieren der Geologie wie Georges Cuvier erforscht – mit ausgestorbenen Lebewesen, deren Merkmale denen heutiger ähneln, wiesen darauf hin, dass die Erde sehr alt sein müsse. Gleichzeitig beschrieben James Hutton und Charles Lyell, dass geologische Strukturen durch Vorgänge wie Erosion und Ablagerung erklärbar seien, die beständig auch heute noch wirken – diese Sicht heißt »Aktualismus« oder »Uniformitätsprinzip«. Da dies nur langsam geschieht, müsse es die Erde viel länger geben als vermutet.

Natürliche Selektion

1858 präsentierten Charles Darwin und Alfred Russel Wallace einen Text, der die Biologie für immer verändern sollte. Die Beobachtungen während seiner Reise auf der *HMS Beagle* (1831–1836), der Austausch mit anderen Forschern und die Schriften von Thomas Malthus führten Darwin zu der Einsicht, dass Evolution durch »natürliche Selektion« vor sich gehe. 20 Jahre lang sammelte er Daten, bis er erkannte, dass es an der Zeit war, diese Ideen zu veröffentlichen. Sein Buch *On the Origin of Species by Means of Natural Selection* (erste deutsche Ausgabe: *Über die Entstehung der*

1866

Gregor Mendel fasst in dem Artikel *Versuche über Pflanzen-Hybriden* die Ergebnisse von Zuchtexperimenten mit Erbsen zusammen. Damit legt er die Grundlage für die Wissenschaft der **Genetik.**

1953

In einer Kneipe in Cambridge (Großbritannien) erklären **Francis Crick** und **James Watson,** sie hätten die Struktur der **DNA** entdeckt.

1976

The Selfish Gene (dt.: *Das egoistische Gen*, 1978) des Evolutionsbiologen **Richard Dawkins** bietet eine neue Sichtweise der Evolution, bei der die **Gene,** nicht die Arten oder Gruppen, zentral sind.

2003

Das **Humangenomprojekt** kartiert erstmals das gesamte Erbmaterial des *Homo sapiens.*

2010ER

Projekte wie die i5k-Initiative, das *Earth BioGenome Project* und das *Darwin Tree of Life Project* arbeiten daran, **alle Tiergenome** zu sequenzieren

Arten durch natürliche Züchtung, 1860) löste Empörung aus.

Die Idee der Evolution war bald breit akzeptiert, doch wie die Selektion ablief, blieb unklar. 1866 lieferte der mährisch-österreichische Mönch Gregor Mendel wichtige Erkenntnisse hierzu, nachdem er seine Zuchtversuche mit Erbsen ausgewertet hatte. Er zeigte, wie dominante und rezessive Merkmale durch unsichtbare »Erbfaktoren«, die Gene, vererbt werden.

Als Mendels Ergebnisse im Jahr 1900 wiederentdeckt wurden, setzten rege Debatten ein. Man hatte angenommen, dass Evolution auf der Auswahl kleiner, sich vermischender Variationen beruht, doch bei Mendels Versuchen vermischte sich offenbar nichts. Drei Jahrzehnte später argumentierten der Genetiker Ronald Fisher und andere, dass die beiden Denkschulen sich ergänzen und nicht widersprechen würden. 1942 beschrieb Julian Huxley die Synthese zwischen Mendels Genetik und Darwins Evolution in seinem Buch *Evolution: The Modern Synthesis.*

Die Doppelhelix

Technische Fortschritte wie die Röntgenkristallografie führten in den 1940er- und 1950er-Jahren zu weiteren Erkenntnissen und zu einer neuen Disziplin, der Molekularbiologie. 1944 identifizierte der Chemiker Oswald Avery Desoxyribonukleinsäure (DNA) als Träger des Erbguts. Rosalind Franklin und Raymond Gosling fotografierten 1952 DNA-Stränge und im Folgejahr bestätigten James Watson und Francis Crick die Doppelhelixstruktur. Crick zeigte zudem, dass genetische Informationen in DNA-Molekülen codiert sind. Fehler, die beim Kopieren der DNA auftreten, sind Mutationen – das Rohmaterial der Evolution. Seit den 1980er-Jahren können Gene von Individuen und Arten kartiert und manipuliert werden. In den 1990er-Jahren bereitete die Kartierung des menschlichen Genoms den Weg für die medizinische Gentherapie.

Ökologen interessierte auch, ob Gene das Verhalten beeinflussen. 1964 erklärte William D. Hamilton altruistisches Verhalten mit genetischen Aspekten (»Verwandtenselektion«), in *The Selfish Gene* (dt.: *Das egoistische Gen*, 1978) ging Richard Dawkins 1976 sogar noch weiter. Ideen in der Evolutionsbiologie werden weiterhin Debatten auslösen, solange Ökologen Darwins Theorien fortentwickeln. ■

ZEIT IST UNERHEBLICH UND NIEMALS EINE SCHWIERIGKEIT FÜR DIE NATUR

FRÜHE THEORIEN DER EVOLUTION

IM KONTEXT

SCHLÜSSELFIGUREN
Comte de Buffon (1707–1788), **Jean-Baptiste de Lamarck** (1744–1829)

FRÜHER
1735 Der Schwede Carl von Linné veröffentlicht *Systema Naturae;* die biologische Systematik hilft später, die Abstammung der Arten zu klären.

1751 In *Système de la nature* führt der französische Philosoph Pierre Louis Moreau de Maupertuis die Idee ein, dass Merkmale vererbbar sind.

SPÄTER
1831 Étienne Geoffroy Saint-Hilaire schreibt, dass plötzliche Umweltveränderungen neue Arten aus den existierenden entstehen lassen.

1844 In *Vestiges of the Natural History of Creation* meint der schottische Geologe Robert Chambers (anonym), dass sich einfache Lebewesen zu komplexeren entwickelt haben.

Vor dem 18. Jahrhundert herrschte in Europa die Vorstellung vor, dass Pflanzen- und Tierarten unveränderlich sind (»Essenzialismus«). Er wurde durch zwei Entwicklungen infrage gestellt: die Aufklärung, eine intellektuelle Bewegung von 1715 bis 1800, und die industrielle Revolution (1760–1840).

Die Aufklärung war vom wissenschaftlichen Fortschritt geprägt und davon, dass die religiösen Lehren verstärkt hinterfragt wurden, etwa die Schöpfung der Erde und aller Lebewesen in sieben Tagen. Im Zuge der industriellen Revolution wurden Kanäle, Bahngleise und Bergwerke gebaut, und so erreichte man Gesteinsschichten mit Tausenden von Fossilien, oft von Tier- und Pflanzenarten, die keiner jemals zuvor gesehen hatte. Demnach musste das Leben lange vor dem aus der Bibel berechneten Datum 4400 v. Chr. begonnen haben.

Anpassung bei Tieren

Im späten 18. Jahrhundert irritierte der Franzose George-Louis Leclerc, Comte de Buffon, kirchliche Autoritäten, indem er äußerte, die Erde sei viel älter, als die Bibel vermuten ließ. Sie sei aus geschmolzenem Material entstanden, das ein Komet aus der Sonne herausgeschlagen hatte und das 70 000 Jahre zum Abkühlen brauchte (was das Erdalter stark unterschätzte). Beim Abkühlen seien Arten entstanden und verschwunden und schließlich durch Vorfahren der heutigen Arten ersetzt worden. Er sah Ähnlichkeiten bei Löwen, Tigern und Katzen und schloss, dass 200 Arten von Vierbeinern aus nur 38 Vorfahren hervorgegangen seien. Zudem seien Änderungen der Körperform und -größe verwandter Arten eine Reaktion auf Umweltbedingungen.

Der Franzose Jean-Baptiste de Lamarck ging 1800 noch weiter.

» Die Natur ist das System von Gesetzen, das vom Schöpfer für die Existenz der Dinge und die Abfolge der Lebewesen eingerichtet wurde. «

Comte de Buffon
Histoire naturelle, générale et particulière, 1764

Siehe auch: Aussterben und Veränderung 22 ▪ Aktualismus 23 ▪ Evolution durch natürliche Selektion 24–31 ▪ Die Vererbungsregeln 32–33

In einem Vortrag am Museum für Naturgeschichte in Paris argumentierte er, dass Merkmale, die ein Lebewesen zu Lebzeiten erwarb, an die Nachkommen vererbt werden können – und solche Veränderungen über mehrere Generationen hinweg die Anatomie eines Tieres radikal ändern könnten.

Lamarck entwickelte sein Konzept der Transmutation in mehreren Büchern. So sollte der Gebrauch bzw. Nichtgebrauch von Körperteilen dazu führen, dass diese stärker, schwächer, größer oder kleiner würden. So hatten die Vorfahren der Maulwürfe wohl gute Augen, aber über Generationen hinweg wurden sie schlechter, weil sie beim Graben nicht gebraucht werden. Ähnlich hätten Giraffen langsam längere Hälse entwickelt, um Blätter an hohen Bäumen zu erreichen.

Triebkräfte der Evolution

Lamarcks Konzept vererbter erworbener Merkmale war Teil einer größeren frühen Evolutionstheorie. Auch meinte er, die frühen einfachsten Lebensformen seien direkt aus unbelebter Materie entstanden. So formulierte Lamarck zwei Hauptkräfte des evolutionären Wandels: Zum einen würden Lebewesen von einfachen zu komplexeren Formen auf einer »Leiter« des Fortschritts aufsteigen. Zum anderen würde die Vererbung erworbener Merkmale helfen, sich besser an die Umwelt anzupassen. Als Darwin die Theorie der natürlichen Selektion entwickelte, verwarf er viele Konzepte des Lamarckismus, aber beide Männer waren überzeugt, dass sich komplexe Lebewesen über enorme Zeiträume entwickeln. ▪

»Bei jedem Tier … stärkt der häufigere und bleibende Gebrauch eines Organs dasselbe allmählich, entwickelt und vergrößert es.«

Jean-Baptiste de Lamarck
»Erstes Gesetz«, Zoologische Philosophie, 1809 (dt.: 1876)

Fossilfunde veränderten die Vorstellungen vom Beginn des Lebens. Das erste gut erhaltene Plesiosaurierskelett (*Plesiosaurus dolichodeirus*) entdeckte 1823 Mary Anning in Dorset (England).

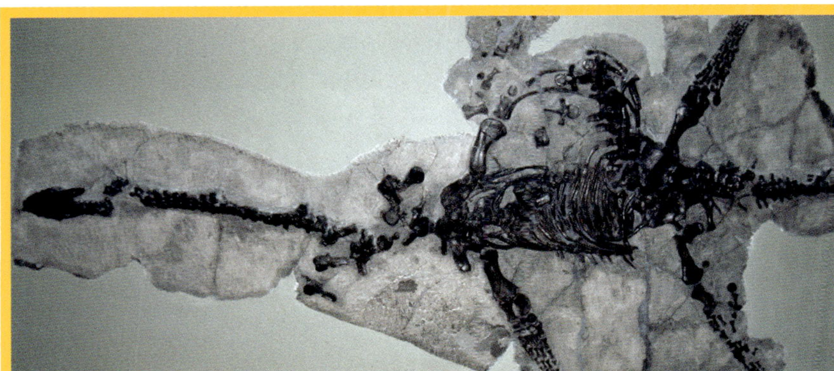

Jean-Baptiste de Lamarck

Der im Jahr 1744 geborene Jean-Baptiste de Lamarck besuchte ein Jesuitenkolleg bevor er in die französische Armee eintrat. Als er nach einer Verletzung ausscheiden musste, studierte er Medizin und ging dann bei seiner Arbeit im *Jardin du Roi* seinem Interesse an Pflanzen nach. Mit Unterstützung des Comte de Buffon wurde er 1779 in die Akademie der Wissenschaften gewählt. Als das Hauptgebäude des *Jardin* zur Zeit der Französischen Revolution (1789–1799) zum Nationalmuseum für Naturgeschichte wurde, bekam Lamarck die Aufgabe, dort die Insekten, Würmer und Mikroorganismen zu erforschen. Er prägte den Begriff »Wirbellose« und nutzte einfache Arten oft, um eine »Leiter« des evolutionären Fortschritts zu illustrieren. Seine Arbeit war umstritten, 1829 starb er verarmt.

Hauptwerke

1802 *Recherches sur l'organisation des corps vivants*
1809 *Philosophie zoologique*
1815–1822 *Histoire naturelle des animaux sans vertèbres*

EINE WELT VOR DER UNSRIGEN, ZERSTÖRT DURCH EINE KATASTROPHE

AUSSTERBEN UND VERÄNDERUNG

IM KONTEXT

SCHLÜSSELFIGUR
Georges Cuvier (1769–1832)

FRÜHER
Spätes 15. Jh. Leonardo da Vinci meint, dass Fossilien Überreste früher Lebewesen und nicht spontan in der Erde auftretende Formen sind.

1660er Der Engländer Robert Hooke hält Fossilien für ausgestorbene Arten, weil es aktuell auf der Erde keine ähnlichen Lebensformen gibt.

SPÄTER
1841 Der englische Anatom Richard Owen nennt riesige Reptilienfossilien »Dinosaurier«.

1859 Charles Darwins Buch *Entstehung der Arten* erklärt, wie Evolution durch »natürliche Selektion« abläuft.

1980 Die US-Wissenschaftler Luis und Walter Alvarez belegen, dass ein Asteroid zu der Zeit auf der Erde einschlug, als die Dinosaurier ausstarben.

Zu Beginn der Erforschung von Fossilien glaubten viele Menschen nicht, vor allem Christen, dass dies ausgestorbene Arten sein könnten. Warum hätte Gott Lebewesen erschaffen und zerstören sollen, bevor es Menschen gab? Irgendwo auf der Welt müsse es sie noch geben. Im späten 18. Jahrhundert erforschte der Franzose Georges Cuvier diese Frage anhand der Anatomie fossiler Elefanten. Er zeigte, dass sich fossile Formen wie Mammuts oder Mastodonten anatomisch von lebenden Elefanten unterscheiden und daher ausgestorben sein müssen. Es sei unwahrscheinlich, dass so große Tiere immer noch unbemerkt auf der Erde lebten.

Cuvier ging von abgegrenzten Erdzeitaltern aus, an deren Ende jeweils eine »Revolution« stand, die Flora und Fauna zerstörte. Er glaubte jedoch nicht, dass Fossilien die Evolutionstheorie bestätigten.

Heute sind Cuviers Hauptideen wieder aktuell: Moderne Forschungen belegen mindestens fünf katastrophale Aussterbeereignisse in der Erdgeschichte, darunter das, bei dem die Dinosaurier verschwanden. Anders als Cuvier wissen die Forscher heute aber, dass das Leben danach nicht aus dem Nichts neu entsteht. Zwar sterben viele Arten aus, doch die überlebenden breiten sich – oft sehr schnell – aus und entwickeln sich zu neuen, um die leeren ökologischen Nischen zu füllen – so wie die Säugetiere nach dem Ende der Dinosaurier. ■

Cuvier prägte den Namen »Mastodon« (griech. »Brustzähner«) wegen der brustähnlichen Höcker auf den Zähnen des Tieres, die bei den lebenden Elefanten anders aussahen.

Siehe auch: Evolution durch natürliche Selektion 24–31 ▪ Ökologische Nischen 50–51 ▪ Eiszeiten 198–199 ▪ Massenaussterben 220–225

KEINE SPUR EINES ANFANGS – KEIN ANZEICHEN FÜR EIN ENDE

AKTUALISMUS

IM KONTEXT

SCHLÜSSELFIGUR
James Hutton (1726–1797)

FRÜHER
1778 Comte de Buffon stellt fest, dass die Erde mindestens 75 000 Jahre alt sei – viel älter, als die meisten Menschen zu seiner Zeit annahmen.

1787 Der Deutsche Abraham Werner meint, die Gesteinsschichten seien in einem riesigen Ozean abgelagert worden, der einst den ganzen Planeten bedeckte. Die Anhänger dieser Idee nennt man Neptunisten.

SPÄTER
1802 James Huttons Theorie des Aktualismus kommt bei mehr Menschen an, als der Schotte John Playfair *Illustrations of the Huttonian Theory of the Earth* veröffentlicht.

1830–1833 *Principles of Geology* des schottischen Geologen Charles Lyell baut auf dem Konzept des Aktualismus von James Hutton auf.

Aktualismus, auch Uniformitäts- oder Gleichförmigkeitsprinzip, ist die Theorie, dass geologische Prozesse wie Sedimentation, Erosion und Vulkanismus heute noch so ablaufen wie in der Erdgeschichte. Er entstand im späten 18. Jahrhundert, als durch den Bergbau und das leichtere Reisen immer mehr geologische Strukturen gefunden wurden, etwa ungewöhnliche Gesteinsschichten und unbekannte Fossilien, über die man eifrig diskutierte.

Die Vorstellung, dass die Erde nur wenige Jahrtausende alt sei, hatte Buffon infrage gestellt. 1785 fand der schottische Geologe James Hutton ebenfalls Argumente für ein höheres Erdalter. Huttons Ideen entstanden bei Expeditionen in Schottland, als er Gesteinsschichten untersuchte. Die Erdkruste, meinte er, ändere sich ständig, wenn auch extrem langsam, und er sah keine Hinweise darauf, dass die komplexen geologischen Vorgänge wie Sedimentation, Erosion und Tektonik (Hebungen und Senkungen) in der Vergangenheit schneller abgelaufen seien als zu seiner Zeit. Er erkannte auch, dass geologische Prozesse so langsam ablaufen, dass die vorhandenen Strukturen astronomisch alt sein mussten.

> »… durch das, was tatsächlich vergangen ist, haben wir Daten, um zu schließen, was danach passieren wird.«
>
> **James Hutton**
> *Theory of the Earth,* 1795

Der Aktualismus wurde nicht sofort allgemein akzeptiert, auch weil er der wörtlichen Interpretation der alttestamentlichen Schöpfung widersprach. Doch eine neue Generation von Geologen wie John Playfair und Charles Lyell stellten sich hinter Hutton, der auch den jungen Darwin inspirierte. ■

Siehe auch: Frühe Theorien der Evolution 20–21 ▪ Evolution durch natürliche Selektion 24–31 ▪ Kontinentaldrift und Evolution 214–215 ▪ Massenaussterben 220–225

DER KAMPF UMS DASEIN

EVOLUTION DURCH NATÜRLICHE SELEKTION

IM KONTEXT

SCHLÜSSELFIGUR
Charles Darwin (1809–1882)

FRÜHER
1788 In Frankreich vollendet Georges-Louis Leclerc, Comte de Buffon, die 36-bändige *Histoire naturelle*, die frühe Evolutionsvorstellungen darstellt.

1809 Jean-Baptiste de Lamarck vertritt die Idee der Vererbung erworbener Merkmale.

SPÄTER
1869 Friedrich Miescher, ein Schweizer Mediziner, entdeckt die DNA, doch ihre Rolle in der Genetik ist noch unbekannt.

1900 Die Vererbungsregeln, die der Mönch Gregor Mendel 1866 nach seinen Experimenten mit Erbsen veröffentlicht hatte, werden wiederentdeckt.

1942 Der Brite Julian Huxley prägt den Begriff »moderne Synthese« für die Vereinigung von Evolution und Genetik.

Die natürliche Selektion ist ein Konzept, das der britische Naturforscher Charles Darwin entwickelte und in dem Buch *On the Origin of Species by Means of Natural Selection* (1859; erste deutsche Ausgabe *Über die Entstehung der Arten durch natürliche Züchtung,* 1860) ausführte. Sie ist der Hauptmechanismus der Evolution, der unterschiedliche Überlebens- und Fortpflanzungsraten bewirkt. Lebewesen, die einen höheren Fortpflanzungserfolg haben, geben ihre Gene öfter an folgende Generationen weiter, sodass Individuen mit den entsprechenden Merkmalen häufiger werden.

Zu den Galápagos-Inseln

Der junge Charles Darwin dachte erstmals während der Expedition auf der *HMS Beagle* (1831–1836) über die Evolution nach. Ursprünglich hatte er die orthodoxe biblische Sicht akzeptiert, dass die Erde nur einige Jahrtausende alt sei. Doch auf der *Beagle* las er die kurz zuvor veröffentlichten *Principles of Geology* des schottischen Geologen Charles Lyell, der in Gesteinsschichten Hinweise auf winzige, graduelle, aber sich summierende Veränderungen über enorme Zeiträume gefunden hatte – über Jahrmillionen statt Jahrtausende. Als Darwin Landschaften auf der ganzen Welt sah, die sich durch Vorgänge wie Sedimentation, Erosion und Vulkanismus geformt hatten, dachte er darüber nach, ob und warum sich auch Tierarten über solch lange Zeiträume verändern. Er untersuchte Fossilien, beobachtete lebende Tiere und fand Muster; so folgten auf ausgestorbene Arten oft ähnliche, aber doch veränderte moderne Arten.

Darwins Feldstudien im Galápagos-Archipel vor der Küste Süd-

> »Man kann figürlich sagen, die natürliche Zuchtwahl sei täglich und stündlich und aller Orten beschäftigt, eine jede, auch die geringste, Abänderung zu prüfen.«
>
> **Charles Darwin**
> *Die Entstehung der Arten,* 1859
> (deutsche Ausgabe von 1884)

Charles Darwin

Der 1809 in Shropshire (England) geborene Darwin begeisterte sich von klein auf für Naturgeschichte. An der Universität in Cambridge freundete er sich mit einflussreichen Forschern an, darunter John Stevens Henslow. So wurde Darwin eingeladen, an einer Weltreise teilzunehmen. Henslow half ihm auch, seine Ergebnisse zu katalogisieren und zu veröffentlichen.

Darwins Forschungen machten ihn berühmt und brachten Anerkennung: 1853 die *Royal Medal* der *Royal Society,* 1854 die Mitgliedschaft in der *Linnean Society.* 1859 war *Die Entstehung der Arten* sofort ausverkauft. Trotz schwacher Gesundheit hatte Darwin zehn Kinder und hörte nie auf, zu arbeiten und neue Theorien zu entwickeln. Er starb 1882.

Hauptwerke

1839 *Zoology of the Voyage of HMS* Beagle.
1859 *Über die Entstehung der Arten durch natürliche Züchtung*
1868 *The Variation of Animals and Plants under Domestication*
1872 *The Expression of Emotions in Man and Animals*

Siehe auch: Frühe Theorien der Evolution 20–21 ▪ Die Vererbungsregeln 32–33 ▪ Die Rolle der DNA 34–37 ▪ Das egoistische Gen 38–39 ▪ Die Nahrungskette 132–133 ▪ Massenaussterben 220–225 ▪ Populationsgefährdungsanalyse 316–319

amerikas im Herbst 1835 lieferten besonders starke Belege für die spätere Theorie der Evolution durch natürliche Selektion. Ihn faszinierte, dass sich die Form des Carapax (Rückenpanzers) der Riesenschildkröten von Insel zu Insel leicht unterschied. Und dass es vier ähnliche, aber doch deutlich unterschiedliche Spottdrosseln gab, wobei auf keiner Insel mehr als eine Art vorkam. Er sah gleich aussehende Singvögel, deren Schnäbel verschiedene Größen und Formen hatten. Darwin schloss, dass diese Gruppen einen gemeinsamen Vorfahren, aber in verschiedenen Umwelten verschiedene Merkmale entwickelt hatten.

Darwins Folgerungen

Zurück in England, dachte er über die Schnäbel der kleinen Vögel – meist »Finken« genannt, obwohl sie nicht zur Familie der Finken gehören – nach. Da der Schnabel das wichtigste Werkzeug bei der Nahrungsaufnahme ist, gibt seine Form Hinweise auf die Ernährung. Nach späteren Studien gibt es auf den Galápagos-Inseln 14 verschiedene Finkenarten mit deutlichen Unterschieden bei der Schnabelform. So haben Kaktusfinken lange, spitze Schnäbel, um Samen aus Kaktusfrüchten zu picken, während Grundfinken kurze, dicke Schnäbel haben, besser geeignet für große Samen am Boden. Die Waldsänger-Darwinfinken haben dünne, scharfe Schnäbel, die ideal sind, um Fluginsekten zu fangen.

Darwin spekulierte, dass die Finken von einem gemeinsamen Vorfahren abstammen mussten, der die Inselgruppe aus Südamerika erreicht hatte. Die Vielfalt der Finkenpopulationen hatte sich, so Darwin, in verschiedenen Lebensräumen entwickelt. Dabei hatte sich jede Gruppe durch einen Vorgang, den er später »natürliche Selektion« nannte, an eine spezifische Nahrung angepasst. Im Lauf der Zeit seien die Populationen zu getrennten Arten geworden.

Im 21. Jahrhundert entdeckten Forscher an der Harvard-Universität, wie dies auf genetischer Ebene abläuft. Ihre Ergebnisse von 2006 zeigen, dass das Molekül Calmodulin die Gene reguliert, die die Schnabelform bestimmen. Bei den langschnabeligen Kaktusfinken ist seine Konzentration höher als bei den kurzschnabeligen Grundfinken

Vergleich der Schnabelform von Galápagos-Finken

Geospiza magnirostris
Mit dem kurzen, scharfen Schnabel kann der Großgrundfink, der größte der Darwinfinken, Nüsse knacken.

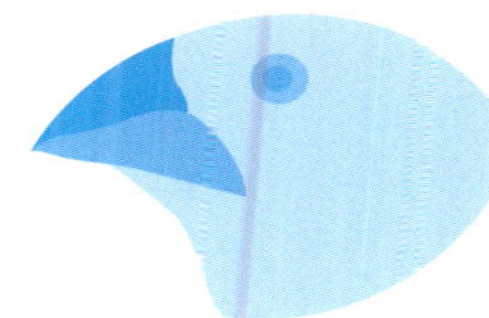

Geospiza fortis
Der Schnabel des Mittelgrundfinks ist variabel und passt sich evolutionär schnell an die verfügbaren Samen an.

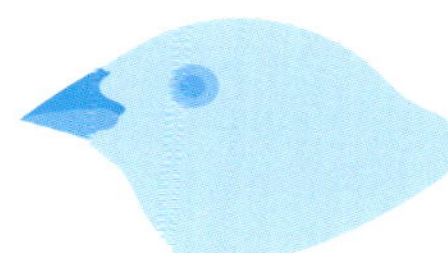

Camarhynchus parvulus
Der kurze, kräftige Schnabel des Zwergdarwinfinken ist an Samen, Früchte und Insekten angepasst.

Certhidea olivacea
Mit dem dünnen Schnabel kann der Waldsänger-Darwinfink gut nach kleinen Insekten und Spinnen suchen

Verfeinerung der Theorie

Darwin wurde von Thomas Malthus Werk *An Essay on the Principle of Population* (1798; dt.: *Eine Abhandlung über das Bevölkerungsgesetz*, 1905) beeinflusst, in dem dieser schrieb, das Bevölkerungswachstum werde irgendwann die Lebensmittelproduktion übersteigen. Das passte zu Darwins Beobachtungen des ständigen Konkurrenzkampfs zwischen Individuen und Arten um Ressourcen. Dieser Wettbewerb bildet das Rückgrat von Darwins Theorie.

Um 1839 hatte Darwin die Idee der Evolution durch natürliche Selektion für sich formuliert. Er zögerte aber, sie zu veröffentlichen, da er einen Sturm der Entrüstung von denjenigen erwartete, die sie als Angriff auf Religion und Kirche sehen würden. Als er aber 1857 Briefe des britischen Naturforschers Alfred Russel Wallace erhielt, der unabhängig zu ähnlichen Schlüssen gekommen war, erkannte Darwin, » dass er sie nun veröffentlichen musste. Manuskripte von Darwin und Wallace wurden im Juli 1858 unter dem Titel *On the Tendency of Species to Form Varieties; and on the Perpetuation of Varieties and Species by Natural Means of Selection* bei einer Versammlung der *Linnean Society* in London vorgelesen.

Im Jahr danach veröffentlichte Darwin die Theorie in dem Buch *Über die Entstehung der Arten durch natürliche Züchtung*. Einige Forscher reagierten verärgert, weil sie von Lamarcks Konzept der Transmutation abwich. Christliche Kreationisten waren empört, weil sie die wörtliche Bibelinterpretation untergraben sahen. Wieder andere meinten, dass sie die große Vielfalt von Merkmalen im Artenreich ignoriere, und nannten sie »führungslos« und »nicht progressiv«.

Darwin war dennoch zuversichtlich. Er wusste, dass Individuen einer Art gewisse natürliche Variationen zeigen: Einige haben längere Haare, kürzere Beine oder hellere Farben. Sie alle konkurrieren um begrenzte Ressourcen und so folgerte Darwin, dass diejenigen, deren Merkmale am besten für die Umwelt geeignet waren, eher überlebten und Nachkommen hätten. Also würden die Merkmale, durch die Individuen länger leben und sich fortpflanzen, an mehr Nachkommen vererbt, während Merkmale, die weniger Erfolg versprechen, verloren gehen. Darwin nannte diesen Vorgang »natürliche Selektion« – durch sie wird eine Population einer Art im Lauf von Generationen immer besser an ihre Umgebung angepasst.

> »Ich sehe keinen triftigen Grund, warum die in diesem Buche aufgestellten Ansichten gegen irgendjemandes religiöse Gefühle verstoßen sollten.«
>
> **Charles Darwin**
> *Die Entstehung der Arten*, 1859
> (deutsche Ausgabe von 1884)

Sexuelle Selektion

Darwin entwickelte zudem eine Theorie der sexuellen Selektion. Er stellte sie in *Entstehung der Arten* vor und entwickelte sie in *The Descent of Man, and Selection in Relation to Sex* (1871; dt.: *Die Abstammung des Menschen und geschlechtliche Zuchtwahl*, 1875) weiter. Die sexuelle Selektion unterscheidet sich von der natürlichen, denn Darwin erkannte, dass Tiere ihre Partner nach Merkmalen aussuchen, die das Überleben nicht immer fördern. So konnte er sich nicht vorstellen, dass die spektakulären, aber unpraktischen Schwanzschleppen der männlichen Pfauen beim Überleben halfen. Vielmehr erhöhen sie den individuellen Fortpflanzungserfolg. Hennen wählen den Hahn mit dem leuchtendsten Schwanz, sodass dessen Erbmaterial weitergegeben wird. Leuchtende Farben sind ein Zeichen für Gesundheit, sodass es für Hennen eine gute Strategie ist, danach zu schauen. Doch die Idee, dass die Weibchen den Partner wählen, löste Kritik aus: Die Gesellschaft in Europa im 19. Jahrhundert konnte zwar akzeptieren, dass Männer um die Fortpflanzung konkurrieren (intrasexuelle Selektion), aber über intersexuelle Selektion, bei der ein Geschlecht (meist das weibliche) die Wahl trifft, wurde gelacht.

Der Fortpflanzungserfolg ist für die Zukunft einer Art entscheidend. Natürliche Selektion wird oft als

Natürliche Selektion

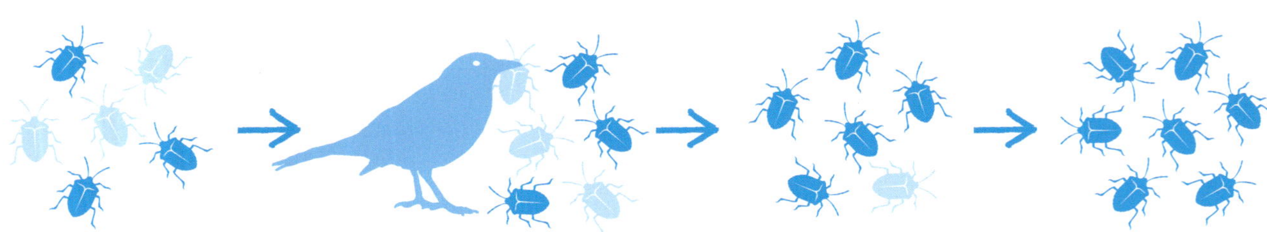

Variationen von Merkmalen
Einige Käfer beispielsweise sind dunkel, andere hell.

Differenzielle Reproduktion
Keine Umwelt kann ein unbegrenztes Populationswachstum tragen, also werden einige Individuen verlieren. So fressen Vögel eher helle Käfer.

Erblichkeit
Die dunklen Käfer haben dunkle Nachkommen, wenn das Merkmal eine genetische Basis hat.

Endergebnis
Sind dunkle Käfer bevorzugt und haben mehr Nachkommen, sind irgendwann alle dunkel.

Pfauen mit prächtigen Schwänzen ziehen die meisten Hennen an. Der leuchtende Schwanz wird als Merkmal an die männlichen Nachfahren vererbt, die ebenfalls leicht Partnerinnen finden.

das »Überleben des Bestangepassten« bezeichnet, aber Langlebigkeit alleine ist nicht das Kriterium. Wenn Individuum A zehnmal so lange lebt wie B, aber B doppelt so viele Nachkommen hat, vererbt B mehr Gene als der langlebigere A.

Erweiterung der Theorie

Viele der Ideen von Darwin und Wallace erwiesen sich als erstaunlich genau, obwohl man die Genetik damals noch nicht verstand. Zwar hatte Darwin selbst mit dem Adjektiv »genetisch« die noch unbekannten Mechanismen der Vererbung bezeichnet, doch erst im frühen 20. Jahrhundert verwendete der britische Biologe William Bateson den Begriff »Genetik« in einer Beschreibung des wissenschaftlichen Vorgangs. 1930 schrieb der Brite Ronald Fisher *The Genetical Theory of Natural Selection,* das Darwins Theorie der natürlichen Selektion mit den Vererbungsregeln vereinte, die Gregor Mendel im 19. Jahrhundert entwickelt hatte. Im Jahr 1937 meinte der ukrainisch-US-amerikanische Genetiker »

» Warum sterben einige und leben andere? … Die Antwort war klar, dass insgesamt die besser angepassten überleben. «

Alfred Russel Wallace
Autobiography, 1905

Verwandtenselektion

Der Begriff »Verwandtenselektion« wurde 1964 von dem britischen Biologen John Maynard Smith eingeführt. Er beschreibt eine Evolutionsstrategie, bei der ein Organismus den Fortpflanzungserfolg seiner Verwandten über das eigene Überleben und die eigene Fortpflanzung stellt. Darwin diskutierte als Erster dieses Konzept, als er sich mit dem scheinbaren Paradoxon des altruistischen Verhaltens bei sozialen Insekten wie den Arbeiterinnen der Honigbienen befasste, die sich selbst nicht fortpflanzen, sondern dies ihrer Mutter überlassen. Der britische Evolutionsbiologe William Donald Hamilton meinte, dass sich beispielsweise Bienen altruistisch verhalten (indem sie anderen bei der Fortpflanzung helfen), wenn sich die beiden Bienen genetisch sehr nahestehen und der Vorteil für den Empfänger den Nachteil für den Geber überwiegt. Dies nennt man Hamiltons Regel.

Bei den Honigbienen versorgen weibliche Arbeitsbienen die Königin, bauen Wachswaben, sammeln Nektar und Pollen und füttern Larven, ohne sich selbst fortzupflanzen.

Albinismus wie bei diesem Leopardgecko ist eine Mutation, durch die Pigmente fehlen. Sie verringert die Überlebenschancen dieses Geckos, da er lichtempfindlicher ist.

Theodosius Dobzhansky, dass ständig auftretende genetische Mutationen genügten, um die genetische Diversität – und damit verschiedene Merkmalsausprägungen – hervorzubringen, die natürliche Selektion ermöglichten. Evolution sei die Änderung der Häufigkeit eines »Allels« im Genpool. Der Begriff »Allel« beschreibt eine der alternativen Formen eines Gens, die durch Mutationen auftreten.

Eine Mutation ist eine permanente Änderung der Sequenz in der Desoxyribonukleinsäure (DNA), dem Molekül, auf dem Gene codiert sind. Demnach unterscheidet sich die Sequenz des betroffenen Individuums von der der Artgenossen. Mutationen können durch Kopierfehler bei der Zellteilung auftreten, ebenso durch Umweltfaktoren wie Schädigungen durch die ultraviolette Strahlung der Sonne. Manche Mutationen wirken sich nur auf den Organismus selbst aus, andere auf seine Nachkommen und zukünftige Generationen.

Vererbte Mutationen können, müssen aber nicht den Phänotyp des Individuums – seine Körper- und Verhaltensmerkmale – ändern. Beeinflussen sie den Phänotyp, können sie vorteilhaft oder unvorteilhaft sein, also die Überlebens- und Reproduktionschancen verbessern oder verschlechtern. Unvorteilhafte Mutationen verschwinden aus der Population eher wieder; wenn sich durch sie der Organismus besser an die Umwelt anpasst, kommen sie im Lauf von Generationen häufiger vor. Mit der Zeit kann die Abweichung von der Elternpopulation so groß sein, dass eine neue Art entsteht; dies nennt man Artbildung oder Speziation.

> »Die überwiegende Mehrheit großer Mutationen ist schädlich; kleine Mutationen sind sowohl häufiger als auch mit größerer Wahrscheinlichkeit nützlich.«
>
> **Ronald Fisher**
> *The Genetical Theory of Natural Selection,* 1930

Die Mutationsraten sind in der Regel sehr gering, Mutationen treten aber ständig auf und können vorteilhaft, neutral oder nachteilig sein. Sie ergeben sich nicht aus den Bedürfnissen des Organismus und sind in diesem Sinne zufällig. Doch einige Typen gibt es häufiger als andere. Heute wissen wir etwa, dass die Evolution bei Bakterien sehr schnell ablaufen kann, da bei ihnen Mutationen oft vorkommen.

Evolutionsraten

Die Vorfahren aller Lebewesen waren sehr einfache Organismen. Nach aktuellen Forschungen sind die ältesten biogenen (auf Lebewesen zurückgehenden) Gesteine fast 4 Mrd. Jahre alt, seither sind hochkomplexe Lebewesen entstanden. Spätere Fossilien, die heutigen Arten ähnlicher sind, zeigen, wie

»Im Licht der Evolution betrachtet, ist die Biologie vielleicht die intellektuell befriedigendste und inspirierendste Wissenschaft.«

Theodosius Dobzhansky
»Nichts in der Biologie macht Sinn außer im Licht der Evolution«, in: *The American Biology Teacher,* März 1973

das abgelaufen ist. So reicht die Fossilüberlieferung zu den Vorfahren des Pferdes 60 Mio. Jahre zurück, die frühesten Funde lassen auf hundegroße, waldbewohnende Tiere mit mehreren Zehen an jedem Fuß schließen. Die Evolution machte daraus viel größere Pferde mit einem einzigen Huf an jedem Fuß, die gut an die offenen Grasländer angepasst waren, wo sie oft vor Räubern fliehen mussten.

Der Birkenspanner (*Biston betularia*) zeigt dagegen radikale Veränderungen in kurzer Zeit. Diese Motte ist gewöhnlich hell, sodass sie auf der Rinde von Birken gut getarnt ist, doch eine Mutation brachte auch einzelne schwarze Exemplare hervor. Vor dem 19. Jahrhundert waren die meisten Birkenspanner hell. Während der Industrialisierung hinterließ der Kohlerauch Rußablagerungen auf Bäumen und Gebäuden und die schwarze Form trat häufiger auf. 1895 waren 95 % dieser Motten in britischen Städten schwarz, weil die hellen leicht zu sehen waren und die Vögel sie fraßen. Diese Beobachtung gilt heute noch als Beispiel für Darwins Theorie, denn die hellen Motten wurden wieder mehr, nachdem die Verschmutzung abgenommen hatte. ■

Individuen innerhalb einer Art weisen eine **Vielfalt von Ausprägungen** eines **Merkmals** auf.

Individuen, deren Merkmale in **ihrer Umwelt** am günstigsten sind, haben mehr Chancen, zu **überleben** und sich **fortzupflanzen.**

Diese Merkmale werden an die nächste Generation vererbt.

Zwei Birkenspanner zeigen beispielhaft Evolution. Der untere ist ein Beispiel für industriellen Melanismus. Diese dunkle Varietät erschien in britischen Städten im frühen 19. Jh.

Evolution in Echtzeit

Richard Lenski, Professor an der *Michigan State University,* begann 1988 das Projekt *Long-term Experimental Evolution.* Über 25 Jahre lang studierte er 59 000 Generationen des Bakteriums *E. coli.* In diesem Zeitraum beobachtete er, dass die Art, die die Zuckerlösung, in der sie lebte, effizienter nutzte, größer wurde und schneller wuchs. Zudem war eine neue Art entstanden, die auch Citrat (Salz der Zitronensäure) in der Lösung – anders als die Elternbakterien – verarbeiten konnte.

Sich verändernde Bakterien stellen eine große Gefahr für Menschen dar. Beim Einsatz von Antibiotika werden zwar viele krankheitserregende Bakterien vernichtet, aber nicht diejenigen mit Mutationen, die resistent werden. Während die nicht resistenten Bakterien getötet werden, vermehren sich die resistenten Stämme, sodass Antibiotika wirkungslos werden. Das ist natürliche Selektion in der Praxis.

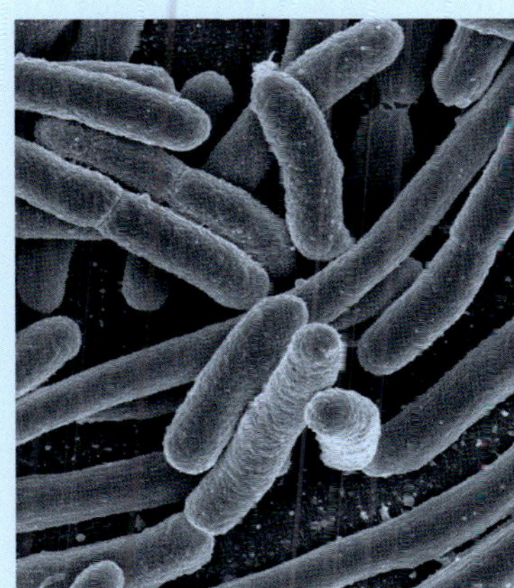

Escherichia (E.) coli sind Bakterien, die Krankheiten wie Darminfektionen verursachen. Sie sind immer schwerer zu behandeln, da sich resistente Stämme ausbreiten

WIR MENSCHEN GEBEN GENE WEITER

DIE VERERBUNGSREGELN

IM KONTEXT

SCHLÜSSELFIGUR
Gregor Mendel (1822–1884)

FRÜHER
1802 Der Franzose Jean-Baptiste de Lamarck meint, dass die während des Lebens erworbenen Merkmale an die Nachkommen vererbt werden.

1859 Charles Darwin veröffentlicht die Theorie der Evolution durch natürliche Selektion in *Die Entstehung der Arten*.

SPÄTER
1869 Der Schweizer Physiologe Friedrich Miescher entdeckt die DNA, die er »Nuclein« nennt.

1953 Molekularbiologen wie die Briten Francis Crick und Rosalind Franklin sowie der US-Amerikaner James Watson klären die Struktur der DNA.

2000er Forscher im Bereich der Epigenetik beschreiben die Vererbung durch andere Mechanismen als Gensequenzen auf der DNA.

Lange bevor der genetische Code geknackt wurde, zeigte 1866 der mährisch-österreichische Mönch Gregor Mendel als Erster, wie Merkmale von Generation zu Generation weitergegeben werden. Durch viele mühsame Versuche erkannte er korrekt die Grundregeln der Vererbung.

Als Mendel seine ersten Versuche startete, glaubten Wissenschaftler, dass die verschiedenen Merkmale von Tieren und Pflanzen durch eine Art »Mischung« vererbt würden. Doch Mendel fand in seinem Klostergarten heraus, dass das nicht der Fall war. Wenn er eine Pflanze, die stets grüne Erbsen trug, mit einer Pflanze kreuzte, die stets gelbe Erbsen trug, kamen keine gelbgrünen Erbsen heraus, sondern alle Erbsen waren gelb.

Mendels harte Arbeit

Im Lauf seiner Forschungen (1856–1863) züchtete Mendel fast 30 000 Erbsenpflanzen über mehrere Generationen und zeichnete die Ergebnisse sorgfältig auf. Er konzentrierte sich auf Pflanzen

Mendels Erbsenversuche

Mendels Versuche zur Züchtung von Erbsenpflanzen zeigten: Das Gen für die gelbe Färbung ist dominant, das für die grüne Färbung rezessiv.

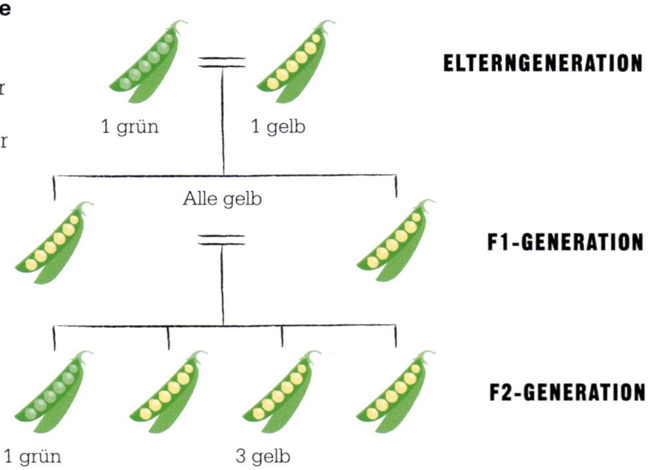

Siehe auch: Frühe Theorien der Evolution 20–21 ▪ Evolution durch natürliche Selektion 24–31 ▪ Die Rolle der DNA 34–37 ▪ Das egoistische Gen 38–39

» Vererbung sorgt für die Modifikation ihrer eigenen Maschinerie. «

James Mark Baldwin
US-amerikanischer Psychologe
A new Factor in Evolution, American Naturalist, 1896

mit nur zwei klaren Phänotypen (Erscheinungsbildern), etwa solche mit nur weißen und violetten Blüten. Bei Erbsen nahm er Pflanzen mit grünen Erbsen und bestäubte sie mit den Pollen von Pflanzen mit gelben Erbsen. Die direkten Nachkommen – Mendel nannte sie F1-Generation – trugen alle gelbe Erbsen. Dann bestäubte er Pflanzen der F1-Generation untereinander und erhielt so die F2-Generation. In dieser Generation waren einige Erbsen gelb und andere grün. Die F1-Generation zeigte allein die Ausprägung (gelb) des Merkmals, das Mendel »dominant« nannte. In der F2-Generation zeigten 75 % die dominante gelbe Form und 25 % die nicht dominante oder »rezessive« grüne Form.

Vererbungsregeln

Mendel entwickelte die Theorie, dass zwei Faktoren ein Merkmal kontrollieren. Bei der Bestäubung wird von jeder Elternpflanze je ein Faktor übertragen. Faktoren können dominant oder rezessiv sein. Sind beide geerbten Faktoren dominant, zeigen die Nachkommen die dominante Ausprägung. Mit zwei rezessiven Faktoren hat das Merkmal die rezessive Form. Wenn ein dominanter und ein rezessiver Faktor vorliegen, setzt sich die dominante Merkmalsausprägung durch.

Pionier der Genetik

Mendel veröffentlichte seine Ergebnisse 1866. Sie wurden aber kaum beachtet, bis 1900 die Botaniker Hugo de Vries, Carl Erich Correns und Erich Tschermak von Seysenegg sie wiederentdeckten. Forscher bestätigten von da an Mendels Theorien vielfach.

Etwa zehn Jahre später nannte man die Faktoren »Gene« und wies nach, dass sie mit Chromosomen verbunden sind. Heute weiß man, dass Vererbung viel komplexer ist, doch Mendels akribische Forschungen bilden immer noch die Grundlage für moderne Studien. ▪

Erbsenpflanzen lieferten die Rohdaten, auf deren Basis Mendel seine Theorien zur Vererbung von Merkmalen auf Folgegenerationen entwickelte.

Gregor Johann Mendel

Der als Johann Mendel 1822 auf einem Kleinbauernhof in Schlesien (damals Teil des Kaisertums Österreich, heute Tschechische Republik) geborene Mendel studierte von 1840 bis 1843 Philosophie und Physik an der Universität Olmütz (Olomouc). Schon damals interessierten ihn die Arbeiten von Johann Karl Nestler, der erbliche Merkmale bei Pflanzen und Tieren erforschte. 1847 trat er in ein Kloster in Brünn (Brno) ein und erhielt den Ordensnamen Gregor. Später studierte er in Wien weiter (1851–1853).

Als Mendel 1853 ins Kloster zurückkehrte, erlaubte ihm der Abt Cyrill Franz Napp, die Gärten für Versuche zur Hybridisierung zu nutzen. Als Mendel 1868 selbst Abt wurde, hatte er für seine Versuche keine Zeit mehr. Zu Lebzeiten wurde Mendel für seine Entdeckungen nicht geehrt, doch heute gilt er allgemein als Begründer der modernen Genetik.

Hauptwerke

1866 *Versuche über Pflanzen-Hybriden,* in: *Verhandlungen des Naturforschenden Vereines in Brünn*

WIR HABEN DAS GEHEIMNIS DES LEBENS ENTDECKT

DIE ROLLE DER DNA

IM KONTEXT

SCHLÜSSELFIGUREN
Francis Crick (1916–2004), **Rosalind Franklin** (1920–1958), **James Watson** (1928–2025), **Maurice Wilkins** (1916–2004)

FRÜHER
1910–1929 Der US-Amerikaner Phoebus Levene analysiert die DNA chemisch.

1944 Die US-Forscher Oswald Avery, Colin Macleod und Maclyn McCarty zeigen, dass DNA die Vererbung bestimmt.

SPÄTER
1987 Das Wort »Umwelt-DNA« (eDNA) wird erstmals für DNA verwendet, die z. B. aus Wasser oder Boden und nicht einem Organismus entnommen wird.

1990 Britische Forscher um den Embryologen Ian Wilmut klonen erfolgreich ein erwachsenes Tier: das Schaf Dolly.

2021 Das Kerngenom von 3278 Tierarten ist vollständig sequenziert.

Die Aufklärung der DNA-Struktur 1953 ist einer der wichtigsten wissenschaftlichen Durchbrüche. Sie war der Schlüssel zum Verständnis der Bausteine des Lebens und erklärte, wie Erbinformationen gespeichert und weitergegeben werden. Der Engländer Francis Crick und der US-Amerikaner James Watson feierten ihre Entdeckung in einer Kneipe in Cambridge, es folgte ein Artikel in der Fachzeitschrift *Nature*. Ihre Erkenntnisse bargen großes Potenzial und hatten starken Einfluss auf viele Forschungsfelder: von Medizin über Forensik und Taxonomie

Siehe auch: Frühe Theorien der Evolution 20–21 ▪ Evolution durch natürliche Selektion 24–31 ▪ Die Vererbungsregeln 32–33 ▪ Das egoistische Gen 38–39 ▪ Ein System zur Identifizierung aller Lebewesen 86–87 ▪ Das biologische Artkonzept 88–89

Die Molekularbiologen James Watson (links) und Francis Crick (rechts) 1953 mit einem Modell der DNA-Doppelhelix. Watson nannte die DNA »das interessanteste Molekül der Natur«.

bis hin zur Landwirtschaft. Noch immer wirkt ihre Arbeit nach, während wir neue Einsatzmöglichkeiten entwickeln und mehr darüber lernen, wie Gene funktionieren.

Der Durchbruch von Crick und Watson war der Höhepunkt jahrzehntelanger Forschung vieler Wissenschaftler, darunter Rosalind Franklin und Maurice Wilkins. Während Crick und Watson anhand von 3-D-Modellen überlegten, wie die Komponenten der DNA zusammenpassten, entwickelten Franklin und Wilkins am King's College (London) Methoden, um die Struktur der DNA mit Röntgenstrahlen zu erkunden. Kurz bevor Watson und Crick ihren Durchbruch verkündeten, hatte Watson Ergebnisse von Franklin gesehen, die auf eine Spiralstruktur der DNA hindeuteten.

1962 erhielten Crick, Watson und Wilkins den Nobelpreis für Physiologie oder Medizin. Franklin, die 1958 gestorben war, bekam für ihre Leistung zu Lebzeiten nie Anerkennung, obwohl Crick und Watson offen erklärten, dass ihre Arbeit für den Erfolg entscheidend war.

Doppelhelixstruktur

Die DNA ist ein Molekül aus zwei langen, dünnen Strängen, die sich ähnlich einer verdrehten Leiter umeinanderwinden; diese Form nennt man Doppelhelix. Die beiden »Holme« der »Leiter« bestehen aus Desoxyribose (einem Zucker) und Phosphat, während die »Leitersprossen« aus Paaren von Nukleinbasen gebildet werden: Adenin (A), Guanin (G), Cytosin (C) und Thymin (T). A ist stets mit T zu dem Basenpaar AT gepaart, G immer mit C zum Paar GC.

Die DNA beinhaltet den Bauplan des Lebens. Die Sequenz (Abfolge) der Basen entlang des DNA-Strangs liefert die Informationen, die die Form und Physiologie des Organismus bestimmen; Gene sind Abschnitte dieser Basensequenz. Tripletts (Dreiergruppen) von Basen nennt man Codons; jedes Codon »

> »… wir denken, dass wir den grundlegenden Kopiermechanismus gefunden haben, mit dem Leben aus Leben entsteht.«
>
> **Francis Crick**
> In einem Brief an seinen Sohn, 19.03.1953

Gentechnik

Ihr Wissen über die Struktur der DNA hat es Wissenschaftlern ermöglicht, das Erbmaterial in den Zellen zu modifizieren. So kann man ein Gen aus einem Organismus (dem »Spender«) ausschneiden und in die DNA eines anderen einsetzen. Als das in den 1970er-Jahren erstmals versucht wurde, erwies es sich als schwierig und zeitaufwendig. Doch technische Fortschritte, vor allem Methoden, die auf dem zelleigenen DNA-Editiermechanismus beruhen, dem sogenannten CRISPR/Cas-System, haben vieles sehr vereinfacht und schneller gemacht. Mit dieser »Gen-Schere« lässt sich theoretisch jedes Gen beliebig in DNA einsetzen. Dazu wurden einige Versuche unternommen, etwa das Einfügen des Gens für Spinnenseide bei Ziegen, sodass deren Milch reich an Seidenproteinen ist. Auch Hormone oder Impfstoffe können so einfach hergestellt werden.

Bei der Gentherapie setzt ein modifizierter »Vektor« (Transportvehikel, oft ein Virus) das Gen in die DNA ein, um defekte oder unerwünschte Gene zu ersetzen.

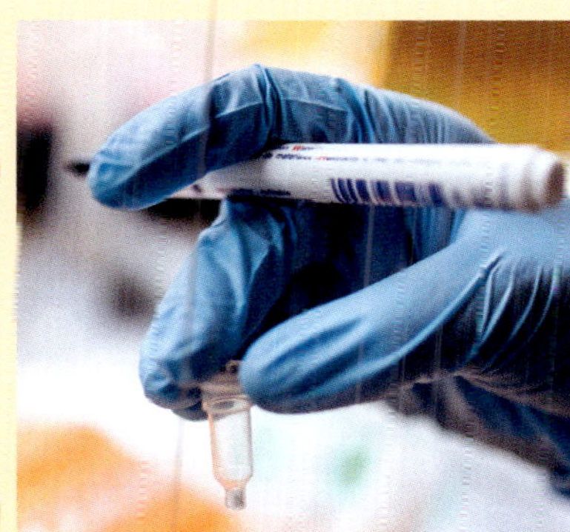

Ein Forscher analysiert DNA-Proben. Gentechnische Methoden sind in der Medizin Standard, in der Forensik ist DNA-Profiling essenziell.

Genetisch veränderte Lebensmittel

Landwirtschaftliche Pflanzen werden genetisch verändert, um bestimmte Eigenschaften zu erzielen; man nennt sie dann genetisch modifizierte Organismen (GMOs). Dabei wird die DNA modifiziert, etwa damit eine Pflanze mehr Nährstoffe oder einen Giftstoff als Schutz vor bestimmten Insekten produziert. Ebenso kann erreicht werden, dass Pflanzen gegen bestimmte Herbizide unempfindlich werden, sodass eine Chemikalie auf dem Feld nur das Unkraut, aber nicht die Nutzpflanze tötet.

Einige Ökologen sehen Risiken darin, dass unmodifizierte Pflanzen durch GMOs beeinflusst werden könnten. Zudem seien die langfristigen Auswirkungen solcher Lebensmittel nicht genau bekannt. Eine weitere Sorge: Große agrochemische Konzerne könnten die Lebensmittelversorgung der Welt zum Nachteil ärmerer Nationen kontrollieren, indem sie GMOs patentieren.

Neue Reissorten werden durch genetische Modifikationen entwickelt. So lässt sich z. B. der Nährwert oder die Resistenz gegen Krankheiten erhöhen.

codiert eine von 20 Aminosäuren. Ihre Abfolge bestimmt, welches Protein sich bildet, wenn sich die Aminosäuren zu einer Kette verbinden. Es gibt 64 mögliche Dreierkombinationen von vier Basen, 61 davon legen jeweils eine Aminosäure fest. Die anderen drei sind Signale wie Start und Stopp, die steuern, wie die Information von der Zellmaschinerie gelesen wird. Die DNA ist zudem in Form von Chromosomen organisiert. Bei menschlichen Zellen gibt es 23 Chromosomenpaare.

Kopieren des Codes

Bei der Zellteilung muss die DNA kopiert werden. Dazu werden die Basenpaare getrennt, sodass sich die »Leiter« in der Mitte in zwei Einzelstränge teilt. Die beiden Einzelstränge dienen jeweils als Vorlage für einen zweiten komplementären DNA-Strang, der entsteht, indem jede seiner Basen wieder mit der jeweils komplementären Base gepaart wird. Insgesamt entstehen bei diesem Vorgang zwei Doppelstränge der gesamten DNA, die genau dem Original entsprechen.

Da die DNA stets im Zellkern bleibt, kopiert ein ähnliches Molekül, die Boten-RNA (mRNA, engl.: *messenger RNA*), einzelne DNA-Abschnitte und bringt sie zu den Zellorganellen, in denen neue Proteine hergestellt werden. RNA ist chemisch verwandt mit DNA, enthält aber statt der Base Thymin (T) die Base Uracil (U). Diese ist weniger stabil, dafür wird weniger Energie für ihre Produktion benötigt. Für langlebige Lebewesen ist die stabile DNA sinnvoll, RNA bildet daher das Erbgut einiger Viren, bei denen die Stabilität weniger Vorteile mit sich bringt.

DNA findet sich in allen Organismen, von Amöben über Insekten bis hin zu Bäumen, Tieren und Menschen. Die Sequenz der Basenpaare variiert und aus den Unterschieden können Genetiker die Verwandtschaft von Arten erkennen.

Die Struktur der DNA

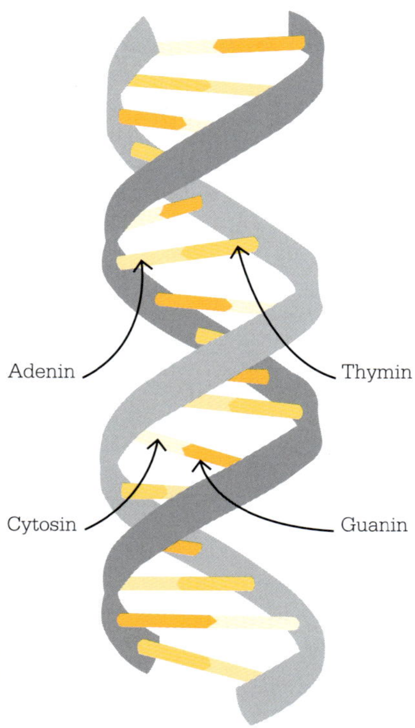

Ein DNA-Molekül ist eine Doppelhelix mit zwei Strängen aus Zuckern und Phosphaten. Sie sind durch Nukleotidbasenpaare verbunden: Adenin und Thymin oder Guanin und Cytosin.

Gute und schlechte Fehler

DNA ist ein stabiles Molekül, doch manchmal kommt es zu Fehlern, die man Mutationen nennt. Dabei kann in der Basensequenz eine der Nukleinbasen A, C, G und T falsch oder doppelt vorkommen oder fehlen. Mutationen können spontan durch Kopierfehler auftreten oder durch äußere Faktoren wie Radioaktivität oder krebserregende Chemikalien hervorgerufen werden.

Einige Mutationen haben keine Auswirkungen; andere können hingegen beeinflussen, welche

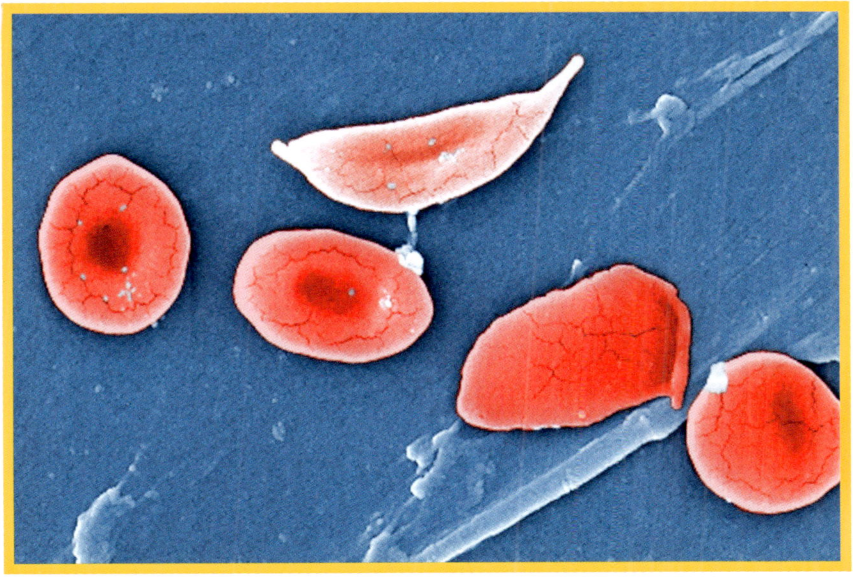

Mutierte Blutkörperchen sind Zeichen der Erbkrankheit Sichelzellenanämie. Sie tritt auf, wenn beide Eltern das defekte Gen tragen, verursacht Schmerzen und erhöht das Infektionsrisiko.

Proteine das Gen produziert, oder die Funktion des Gens behindern. Dies kann Probleme für den ganzen Organismus verursachen. Beispiele für solche Störungen sind Mukoviszidose und Sichelzellenanämie.

Zwar sorgen viele Mutationen für Nachteile, doch gelegentlich kann ein Individuum von ihnen profitieren und dadurch in seiner Umwelt besser überleben als seine Artgenossen. Solche Veränderungen können dann durch natürliche Selektion weitervererbt werden. Über viele Generationen hinweg sind Mutationen ein Mechanismus, der Vielfalt und damit Selektion und Evolution ermöglicht.

Das Humangenom

Am 14.4.2003 vollendeten Forscher die große Aufgabe der Kartierung (Sequenzierung) des menschlichen Genoms. Sie hatten es geschafft, die Position aller Nukleinbasen in der Kette aus etwa 3 Mio. Basenpaaren, die circa 30000 Gene enthält, zu bestimmen. Damit können Genetiker neue Gene und ihre Rolle im Körper identifizieren. Mit diesem Wissen lässt sich auch feststellen, ob ein Individuum ein defektes Gen geerbt hat. So kann man durch künstliche Befruchtung entstandene Embryos vor der Implantation in die Gebärmutter auf bekannte Erbkrankheiten untersuchen. Im Juni 2021 war bereits das Kerngenom von 3278 Tierarten sequenziert. Diese Daten helfen, die evolutionäre Verwandtschaft von Arten zu klären.

Die Entdeckung der Zusammensetzung und Struktur der DNA hat die Genetik revolutioniert. Interessant ist, dass nur etwa 2 % des gesamten Humangenoms Abschnitte ausmachen, die Proteine codieren. Die Funktionen der übrigen 98 % sind noch nicht gut erforscht, aber zumindest einige dieser Abschnitte dürften eine Rolle bei der Genexpression (der Art, wie Geninformationen sichtbar werden) und bei der Genaktivierung spielen. Auf zukünftige Genetiker warten noch viele Entdeckungen. ■

DNA-Barcoding

Die Idee des DNA-Barcoding kam erstmals 2003 auf, als ein Team an der Universität Guelph (Kanada) überlegte, dass eine Artenbestimmung durch die Analyse gemeinsamer DNA-Abschnitte möglich sein müsste. Die Forscher um Dr. Paul Hebert wählten einen Bereich mit 648 Basenpaaren im Gen der Untereinheit 1 des Enzyms Cytochrom-c-Oxidase (»CO1« oder »cox1«). Diese Region lässt sich schnell analysieren, ist aber lang genug für Variationen zwischen und innerhalb von Tierarten. Für andere Lebensformen werden andere Abschnitte genutzt.

Für das Barcoding katalogisiert man zunächst Proben bekannter Arten. Ihre DNA wird sequenziert, d. h. die Reihenfolge (Sequenz) der Basenpaare bestimmt. Diese Sequenzen werden in Datenbanken gespeichert. Wird eine unbekannte Art sequenziert, kann der Computer sie mit bekannten Sequenzen vergleichen und so den Verwandtschaftsgrad ermitteln. Die Methode hilft bei der Taxonomie, also bei der Klassifikation von Tieren und Pflanzen.

»Durch Gentechnik wird es uns möglich sein … die menschliche Rasse zu verbessern.«

Stephen Hawking
The Telegraph, 18.10.2001

GENE SIND EGOISTISCHE MOLEKÜLE

DAS EGOISTISCHE GEN

IM KONTEXT

SCHLÜSSELFIGUR
Richard Dawkins (*1941)

FRÜHER
1963 Der britische Biologe William Donald Hamilton schreibt in *The Evolution of Altruistic Behaviour* über »egoistische Interessen« von Genen.

1966 Der US-amerikanische Biologe George C. Williams sieht in dem Buch *Adaptation and Natural Selection* den Altruismus als eine Folge der Selektion auf Ebene der Gene.

SPÄTER
1982 Richard Dawkins schreibt in *Der erweiterte Phänotyp,* dass beim Studium eines Lebewesens auch die Auswirkungen seiner Gene auf die Umwelt zu analysieren sind.

2002 Stephen Jay Gould kritisiert Dawkins Theorie in *The Structure of Evolutionary Theory*. Dazu greift er die Konzepte des klassischen Darwinismus auf und verfeinert sie.

Das Konzept des »egoistischen Gens« wurde von dem britischen Evolutionsbiologen Richard Dawkins in dem Buch *The Selfish Gene* (1976; dt.: *Das egoistische Gen,* 1978) bekannt gemacht. Demnach beruht die Evolution grundsätzlich auf dem Überleben bestimmter Formen eines Gens auf Kosten anderer Formen. Dabei überleben diejenigen, die einen Phänotyp (also Körpermerkmale und Verhalten) hervorbringen, der bei der Verbreitung des Gens erfolgreich ist. Da Erbinformationen durch Gene auf der DNA vererbt werden, muss man, so die Befürworter der Theorie, natürliche Selektion und Evolution aus der Perspektive der Gene betrachten.

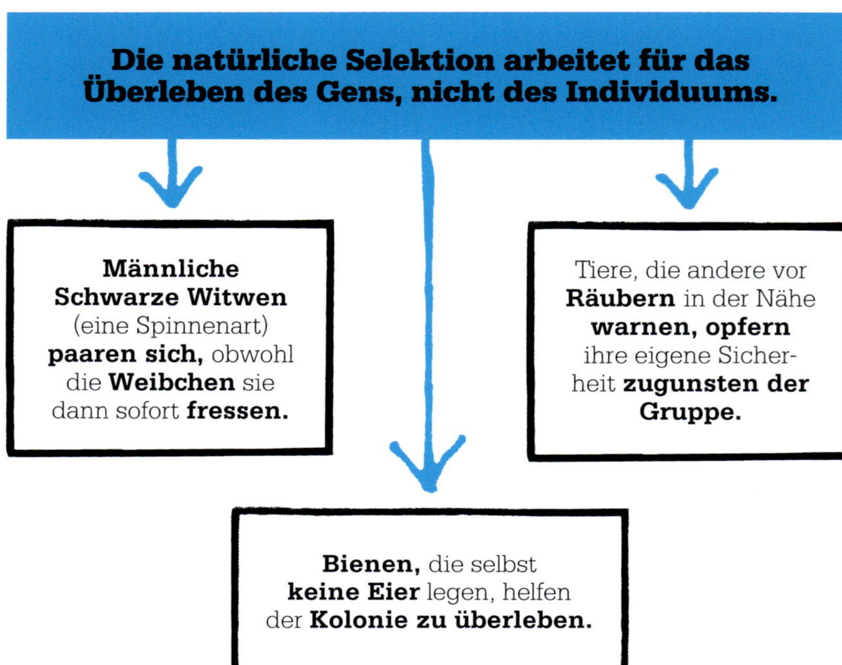

Siehe auch: Evolution durch natürliche Selektion 24–31 ▪ Die Vererbungsregeln 32–33 ▪ Die Rolle der DNA 34–37 ▪ Mutualismus 56–59

Eine männliche Schwarze Witwe nähert sich dem riesigen Weibchen. Er gibt beim Akt genetisch bestimmt seine Gene weiter, stirbt aber nachher.

Dawkins wurde stark von William Donald Hamiltons Arbeit über Altruismus beeinflusst und untersuchte Egoismus und Altruismus in der Biologie in *Das egoistische Gen* genauer. Demnach sind Organismen nur Vehikel, um Gene – die »Replikatoren« – voranzubringen. Gene, die dem Organismus beim Überleben und bei der Fortpflanzung helfen, erhöhen ihre eigene Chance, weitergegeben zu werden.

Erfolgreiche Gene sind oft auch für den Wirtsorganismus vorteilhaft. Schützt etwa ein Gen ein Lebewesen vor Krankheiten, fördert das auch dessen Verbreitung. Jedoch widersprechen sich die Interessen von Replikator und Vehikel offenbar manchmal. Das Männchen der Schwarzen Witwe paart sich mit dem Weibchen, obwohl es vielleicht von ihm gefressen wird. Doch das Opfer des Männchens nährt das Weibchen und erhöht die Chance, seine eigenen Gene zu vererben.

Egoismus und Altruismus

Der Egoismus der Gene führt meist zu egoistischem Verhalten des Organismus, manchmal erreicht das Gen die eigenen egoistischen Ziele aber auch, indem es scheinbar altruistisches Verhalten des Organismus fördert. So ist die Verwandtenselektion eine Evolutionsstrategie, bei der ein Individuum den Fortpflanzungserfolg seiner Verwandten auf Kosten des eigenen Überlebens oder der Fortpflanzung fördert.

Ein Extrembeispiel ist die Eusozialität. Honigbienen z. B. sind eusoziale Insekten. In ihren Kolonien leben Individuen, die sich fortpflanzen, und solche, die sich nicht fortpflanzen. Indem sie das Überleben der Kolonie sichern, sorgen die Tausenden sich nicht fortpflanzenden Arbeiterinnen dafür, dass sich die Gene verbreiten, die sie mit der Königin teilen. Sie hat als Einzige Nachkommen.

Dawkins Kritiker wenden ein, dass Gene nicht das Verhalten steuern und deshalb nicht egoistisch handeln können. Dawkins erklärt dagegen, er habe Genen niemals einen bewussten Willen zugeschrieben. Später schrieb er, dass »das unsterbliche Gen« wohl ein besserer Name für das Konzept und das Buch gewesen wäre. ■

» Heute kann man die Evolutionstheorie ungefähr ebenso anzweifeln wie die Lehre, dass sich die Erde um die Sonne dreht. «

Richard Dawkins
Das egoistische Gen, 1976

Richard Dawkins

Richard Dawkins wurde in Kenia geboren; seine Eltern waren Briten. Nach der Rückkehr der Familie nach England begann er sich für die Natur zu interessieren und studierte Zoologie in Oxford. Dort wurde er von dem Nobelpreisträger Nikolaas Tinbergen betreut, einem Pionier der Verhaltensforschung. Nach einem kurzen Aufenthalt an der *University of California* in Berkeley kehrte Dawkins nach Oxford zurück.

Dawkins ist am bekanntesten für sein Buch *The Selfish Gene (Das egoistische Gen)*, in dem er argumentiert, dass das Gen die Grundeinheit ist, auf die die Selektion der Evolution wirkt. Dies führte zu heftigen Debatten mit Stephen Jay Gould und anderen Evolutionsbiologen. Er ist zudem ein bekannter Religionskritiker und Verfechter des Atheismus, wobei er für seine Ansichten über den Islam kritisiert wird.

Hauptwerke

1976 *Das egoistische Gen*
1982 *Der erweiterte Phänotyp*
1986 *Der blinde Uhrmacher*
2006 *Der Gotteswahn*
2009 *Die Schöpfungslüge: Warum Darwin recht hat*

ÖKOLOG VORGÄN

ISCHE
GE

1917

Joseph Grinnell veröffentlicht seine Forschungen zur Kalifornienspottdrossel und führt die Theorie der **ökologischen Nische** ein.

1925–1926

Die **Lotka-Volterra-Regeln** beschreiben mit mathematischen Gleichungen die Wechselwirkung zwischen **Räuber und Beute.**

1957

Robert MacArthurs Forschungen an Waldsängern in Nordamerika zeigen, wie verschiedene Arten die **direkte Konkurrenz vermeiden** und koexistieren.

1961

Joseph Connell zeigt, dass verschiedene Seepocken **in verschiedenen Gezeitenzonen leben,** obwohl sie in allen Zonen leben könnten.

1965

Dan Janzen beobachtet die gegenseitige Abhängigkeit zwischen Akazien und Ameisen und schließt auf die Entwicklung einer **mutualistischen** Symbiose.

1969

Robert Paine prägt den Begriff **»Schlüsselarten«** für Arten, die eine Schlüsselrolle innerhalb eines Ökosystems innehaben.

Im 5. Jahrhundert vor Christus erkannte der griechische Historiker Herodot, dass Krokodile ihre Mäuler öffnen, damit bestimmte Vögel Kleintiere aus ihren Zähnen herauspicken konnten. Er beschrieb damit wohl als Erster einen ökologischen Prozess, in diesem Fall eine Symbiose zwischen Reptilien und Vögeln. Im 4. Jahrhundert beobachteten Aristoteles und Theophrastos weitere Interaktionen zwischen Tieren und ihrer Umwelt.

In den zwei Jahrtausenden danach fanden zahllose weitere Naturbeobachtungen statt. Ein grundlegendes Verständnis der Wechselwirkungen zwischen Lebewesen und ihrer Umwelt war aber schwierig, weil man sehr kleine Objekte sowie Vorgänge in der Nacht und unter Wasser nicht beobachten konnte. Zudem konnten die meisten Naturinteressierten kaum mehr als ihre unmittelbare Umgebung erkunden. Mit fortschreitender Technik und verbesserten Reisemöglichkeiten wurden Forschern wie Robert Hooke, Antoni van Leeuwenhoek, Carl von Linné, Alexander von Humboldt, Alfred Russel Wallace, Charles Darwin und Johannes Warming ökologische Vorgänge zunehmend bewusst. Sie legten die Basis für die Ökologie als Wissenschaft, auch wenn sie das Wort noch nicht verwendeten.

Mathematische Modelle

Schon früh erkannte man, dass einer der grundlegendsten ökologischen Prozesse der Kampf ums Überleben ist: Pflanzenfresser müssen Pflanzen finden, Fleischfresser ihre Beute und Beutetiere müssen Räubern entkommen. Räuber tun ihr Möglichstes, um ihre Beutetiere zu jagen, und diese tun ihr Möglichstes, um nicht gefressen zu werden. 1920 führte Alfred Lotka eines der ersten mathematischen Modelle der Ökologie ein. Die heute Lotka-Volterra-Modell genannten Räuber-Beute-Gleichungen sagen die Populationsschwankungen der beiden Gruppen vorher.

Anfang des 20. Jahrhunderts führte Joseph Grinnell in den USA umfangreiche Studien bezüglich der Ansprüche von Tieren an ihren Lebensraum durch. Demnach besetzen Arten bestimmte »Nischen« – und wenn zwei Arten ähnliche Nahrungsbedürfnisse haben, wird eine die andere verdrängen. Darwin hatte das schon bei der Reise mit der *Beagle* beobachtet, Grinnells Axiome führten die Idee weiter. 1934 zeigte Georgi Gause im Labor, was

1970er

Roy Anderson und **Robert May** zeigen, wie **Epidemien** Wachstumsraten von Populationen beeinflussen.

1972

Knut Schmidt-Nielsen veröffentlicht *How Animals Work.* Sein Buch beeinflusst die Ökophysiologie enorm.

1977

Veröffentlichungen von **H. Ronald Pulliam, Eric Charnov** und **Graham Pyke** beschreiben die Theorie des **optimalen Nahrungserwerbs,** nach der Tiere versuchen, bei der Suche nach Ressourcen möglichst wenig Energie aufzuwenden.

1991

Earl Werner veröffentlicht seine Ergebnisse zu **nicht konsumtiven Effekten** von Räubern auf Beutepopulationen.

2002

Robert Sterner und **James Elser** sind Pioniere der **ökologischen Stöchiometrie.** Dabei geht es darum, wie Mengenverhältnisse chemischer Elemente in Organismen diese beeinflussen und von Reaktionen beeinflusst werden.

er das Konkurrenzausschlussprinzip nannte. William E. Odum meinte im Jahr 1959, »die ökologische Nische eines Organismus hängt nicht nur davon ab, wo er lebt, sondern auch davon, was er tut«.

Aus der Natur ins Labor

Laborexperimente und Naturbeobachtungen ergeben wichtige Daten zu ökologischen Vorgängen. Freilandexperimente, bei denen ein Ökosystem teilweise verändert wird, um Hypothesen zu testen, wurden vor Joe Connells Arbeiten zu Seepocken in Schottland jedoch nicht wissenschaftlich präzise durchgeführt. Erst seine 1961 veröffentlichten Ergebnisse beruhten auf sorgfältiger Planung, sie waren abgesichert und wiederholbar.

Connell definierte den »Goldstandard« für Freilandexperimente, doch Versuche im Labor blieben genauso wichtig, wie Earl Werner 30 Jahre später zeigte. Er erkannte die nicht konsumtiven Effekte räuberischer Libellenlarven auf das Verhalten und die körperliche Entwicklung ihrer Beute (Kaulquappen).

Seit Mitte des 20. Jahrhunderts wurden viele neue ökologische Vorgänge erkannt. Arbeiten von Robert MacArthur und anderen Forschern zur Konkurrenz zwischen Arten führten zur Theorie des optimalen Nahrungserwerbs. Sie erklärt, warum Tiere bestimmte Nahrungsquellen nutzen und andere nicht. Symbiosen versteht man dank Biologen wie Daniel Janzen besser. Robert Paines Forschungen mit Seesternen und Muscheln stärkten das Konzept der Schlüsselarten, die einen unverhältnismäßig hohen Einfluss auf ihr Ökosystem haben.

Neue Techniken

Technische Fortschritte, etwa genauere chemische Messverfahren, die Erdfernerkundung durch Satelliten sowie Computer, die enorme Datenmengen verarbeiten können, haben neue Forschungsbereiche eröffnet.

Die ökologische Stöchiometrie etwa erforscht den Fluss von Energie und chemischen Elementen durch Nahrungsnetze und Ökosysteme. Wie bei vielen Konzepten der Ökologie liegen ihre Anfänge einige Jahre zurück, verbreiteten sich aber erst 2003 durch das Buch *Ecological Stoichiometry: The Biology of Elements from Molecules to the Biosphere* von Robert Stern und James Elser. Neue Techniken werden gewiss auch in Zukunft unser Verständnis ökologischer Prozesse vertiefen. ■

LEHREN AUS DER MATHEMATISCHEN THEORIE ZUM KAMPF UMS ÜBERLEBEN

RÄUBER-BEUTE-GLEICHUNGEN

IM KONTEXT

SCHLÜSSELFIGUREN
Alfred J. Lotka (1880–1949), **Vito Volterra** (1860–1940)

FRÜHER
1798 Der britische Ökonom Thomas Malthus zeigt, dass die Rate, mit der sich eine Population ändert, mit der Populationsgröße zunimmt.

1871 In *Alice im Spiegelland* von Lewis Carroll sagt die Rote Königin: »Du musst laufen, so schnell du kannst, um nur auf demselben Platz zu bleiben.«

SPÄTER
1973 Der US-Amerikaner Leigh Van Valen führt die Rote-Königin-Hypothese zum »Rüstungswettlauf« zwischen Räubern und Beute ein.

1989 Die Arditi-Ginzburg-Gleichungen sind ein weiteres Modell der Räuber-Beute-Populationsdynamik, die das Zahlenverhältnis der Arten mit einbezieht.

Populationen von **zwei Arten,** die eine **Räuber,** die andere **Beute,** wechselwirken.

↓

Die Beute hat **genügend Nahrung,** ihre **Population wächst exponentiell.**

↓

Wenn Beutetiere auf **einen Räuber treffen,** werden sie **gefressen.**

↓

Gefressene Beute führt zu **mehr Räubern.**

↓

Mehr Räuber reduzieren die Beute, was dann die Zahl der Räuber sinken lässt.

Die Räuber-Beute-Gleichungen sind ein frühes Beispiel für die Anwendung von Mathematik in der Biologie. Die zwei Gleichungen, die der US-Amerikaner Alfred J. Lotka und der Italiener Vito Volterra in den 1920er-Jahren formulierten und die auch Lotka-Volterra-Gleichungen heißen, beschreiben, wie die Populationen einer Räuberart und einer Beuteart sich relativ zueinander entwickeln.

Lotka stellte die Gleichungen 1910 auf, um die Reaktionsrate von autokatalytischen chemischen Reaktionen (chemische Prozesse, die sich selbst regulieren) zu verstehen. Im folgenden Jahrzehnt wendete er sie auf die Populationsdynamik von Wildtieren an.

1926 kam Vito Volterra zum gleichen Schluss. Sein Interesse an dem Thema war nach einem Treffen mit dem italienischen Meeresbiologen Umberto D'Ancona geweckt. D'Ancona erzählte Volterra, dass die Fischer an der Adria im Ersten Weltkrieg einen erheblich höheren Anteil an Raubfischen gefangen hatten. Dies hatte offenbar damit zu tun, dass im Krieg weniger gefischt wurde. D'Ancona

Vito Volterra

Der 1860 in Ancona (Italien) als Sohn eines jüdischen Stoffhändlers geborene Vito Volterra wuchs in Armut auf. Dennoch erlangte er 1883 im Alter von nur 23 Jahren eine Professur für Mechanik an der Universität Pisa und begann eine Karriere als Mathematiker. Weitere Professuren in Turin und Rom folgten. Im Jahr 1900 heiratete Volterra; er hatte sechs Kinder, doch nur vier lebten bis ins Erwachsenenalter. 1905 wurde er zum Senator des Königreichs Italien ernannt und im Ersten Weltkrieg arbeitete er an der Entwicklung militärischer Luftschiffe. Volterra weigerte sich, dem faschistischen Diktator Benito Mussolini die Treue zu schwören, und wurde von der Universität Rom entlassen. Er musste im Ausland arbeiten und kehrte nur für kurze Zeit vor seinem Tod 1940 nach Italien zurück.

Hauptwerke

1926 *Fluctuations in the Abundance of a Species Considered Mathematically*, in: *Nature*
1935 *Les associations biologiques au point de vue mathématique*

Siehe auch: Evolution durch natürliche Selektion 24–31 ▪ Das egoistische Gen 38–39 ▪ Ökologische Nischen 50–51 ▪ Das Konkurrenzausschlussprinzip 52–53 ▪ Mutualismus 56–59 ▪ Schlüsselarten 60–65 ▪ Optimaler Nahrungserwerb 66–67

Ein Gepard verfolgt eine Thomson-Gazelle. Die Räuber-Beute-Gleichungen modellieren, wie sich die Populationszahlen der beiden Arten durch die Aktivitäten der jeweils anderen ändern.

war aber nicht klar, warum dadurch nicht mehr Fische aller Arten vorhanden waren. Mit denselben Gleichungen wie Lotka konnte Volterra schließlich die Veränderungen sowohl bei den Räuber- als auch den Beutearten erklären.

Populationsprinzipien

Als Lotka und Volterra ihre Berechnungen anstellten, steckte die Wissenschaft der Populationsdynamik noch in den Kinderschuhen; sie hatte sich seit den Studien des britischen Ökonomen Thomas Malthus im späten 18. Jahrhundert kaum entwickelt. Nach Malthus nimmt eine Population sehr schnell zu oder ab, solange die Umweltbedingungen für das Überleben konstant sind. Die Wachstumsrate wird umso höher, je größer die Population ist. Mit dieser Theorie sagte Malthus eine katastrophale Zukunft für die Menschheit voraus. Die Zahl der Menschen würde viel schneller wachsen als die Menge an Lebensmitteln, die auf der Welt produziert werden können. Letztlich, so Malthus, käme ein Punkt, an dem die Weltbevölkerung wegen einer globalen Hungersnot schrumpfen würde.

Malthus' dunkle Vision trat dank technischer Fortschritte in der Landwirtschaft, etwa der Entwicklung von Kunstdünger, nicht ein, sein Bevölkerungsmodell ließ sich aber auch auf Populationen von Arten in Ökosystemen anwenden. Jeder Lebensraum und jede Nische, die eine Art in der Artgemeinschaft einnimmt, haben ihre Tragfähigkeit: eine maximale Population, die bei den vorhandenen Ressourcen wie Wasser, Platz, Nahrung und Licht überleben kann. Wächst die Population darüber hinaus, wird sie gewöhnlich durch natürliche Faktoren wieder reduziert. Daher sollten Populationen in der Wildnis ziemlich konstant bleiben und nur um die Tragfähigkeit herum fluktuieren, wobei zufällig auftretende Naturkatastrophen außen vor bleiben.

Doch dieser Gleichgewichtszustand war nicht das, was man stets beobachtete – wie in D'Anconas »

» Die Beuteart kann daher von der Räuberart nicht ausgerottet werden unter den Voraussetzungen, auf die sich unsere Gleichungen beziehen. «

Alfred J. Lotka
Elements of Physical Biology, 1925

> »Mathematik ohne Naturgeschichte ist leblos, aber Naturgeschichte ohne Mathematik ist verworren.«
>
> **John Maynard Smith**
> Britischer Mathematiker und Evolutionsforscher
> *Did Darwin get it right? Essays on Sex, Games, and Evolution,* 1988

Bericht, nach dem es plötzlich viel mehr Raubfische gab. Eine Theorie zur Erklärung dieses Phänomens geht davon aus, dass die Anzahl der Räuber von der Größe ihrer Nahrungsquelle abhängt, also von der Population der Beute. Wenn viel Nahrung verfügbar ist, müsste demnach die Räuberpopulation groß sein. Steigt die Zahl der Räuber, sollte sich die Zahl der Beutetiere verringern; dies würde dann wiederum die Zahl der Räuber reduzieren. Die Größe beider Populationen würde zu- und abnehmen, aber das Verhältnis von Räubern zu Beute sollte stabil bleiben.

Diese Gleichgewichtstheorie passte jedoch ebenfalls nicht zu den Beobachtungen. Durch mathematische Modellierung konnte Volterra zeigen, dass die Größen der Räuber- und Beutepopulationen tatsächlich schwanken. Dabei ändert sich die Rate, mit der eine Population wächst oder schrumpft, ständig und stimmt praktisch nie mit der Änderungsrate der anderen Population überein. Um die Gleichungen zu vereinfachen und Variablen zu beseitigen, traf Volterra einige Annahmen. Erstens gibt es für beide Arten bei der Vermehrung keine Obergrenze, die Wachstumsrate jeder Population ist proportional zu ihrer Größe. Zweitens findet die Beutepopulation – man nimmt Pflanzenfresser an – stets genug Nahrung. Drittens ist die Beutepopulation die einzige Nahrungsquelle der Räuber, die Räuber sind nie satt und hören deshalb nie mit der Jagd auf. Volterra ging zudem davon aus, dass externe Umweltbedingungen wie das Wetter oder Naturkatastrophen keine Rolle spielen. Auch die Auswirkungen genetischer Veränderungen sind im Modell nicht berücksichtigt.

Stellt man die Ergebnisse der Modellierung grafisch dar (unten), folgen Ab- und Zunahme der Räuber jeweils den Veränderungen der Beutepopulation. Die Räuber werden immer noch mehr, wenn die Beute schon weniger wird. Dies erklärt die Beobachtungen von D'Ancona, dass der Anteil an Raubfischen zunahm, nachdem sich die Beutefische durch weniger Fischerei drastisch vermehrt hatten.

Die relativen Veränderungen der Populationen hängen von dem Verhältnis der Reproduktionsraten der beiden Arten sowie von der Prädationsrate (der Rate, mit der Räuber Beute fangen) ab. So sind etwa die Schwankungen bei Ameisen und Ameisenbären kaum bemerkbar, weil sie sich so unterschiedlich schnell vermehren. Bei Arten mit ähnlichen Fortpflanzungsraten, etwa Luchs und Kaninchen, sind die Schwankungen ausgeprägter.

Rüstungswettlauf

Die Räuber-Beute-Gleichungen zeigen, dass Arten gemeinsam einem niemals endenden Ringen unterliegen, das zwischen der fast völligen Auslöschung und dem Überfluss pendelt. Bei diesem biologischen »Rüstungswettlauf« unterliegt die Beute dem Evolutionsdruck, den Räubern zu entkommen, um mehr Nachkommen zu haben. Gleichzeitig unterliegen die Räuber dem Druck, mehr zu jagen, um mehr Nachkommen ernähren zu können. Doch keine der beiden Arten ist überlegen, beide reagieren auf die Anpassungen der anderen. Die Räuber-Beute-Beziehung zwischen

Populationszyklen bei Räuber-Beute-Systemen

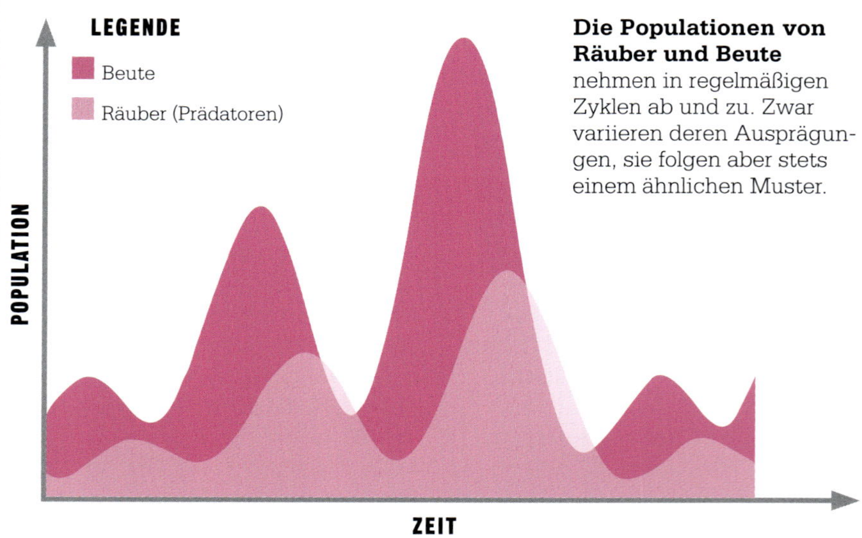

Die Populationen von Räuber und Beute nehmen in regelmäßigen Zyklen ab und zu. Zwar variieren deren Ausprägungen, sie folgen aber stets einem ähnlichen Muster.

Paarhufern (wie Antilopen oder Rehwild) und Raubtieren (wie Großkatzen oder Wölfe) zeigen diesen evolutionären Rüstungswettlauf. Paarhufer haben stark verlängerte Beine, da sie auf den Spitzen der verdickten, verschmolzenen Zehen laufen. Durch diese Anpassung können sie laufend und springend entkommen. Als Antwort haben Großkatzen wie Löwen und Tiger die Schnelligkeit und Stärke entwickelt, um große, schnellfüßige Beute bei Überraschungsangriffen zu schlagen. Wölfe haben die Ausdauer entwickelt, lange Strecken ohne Pausen zurückzulegen. So können sie in Gruppen ihre Beute verfolgen, bis sie erschöpft zusammenbricht und getötet wird.

Die Räuber-Beute-Gleichungen geben Einsichten in die Populationsdynamik von zwei Arten, doch ihre Annahmen treffen im wahren Leben selten zu. Einige Räuber haben sich auf eine einzige Beuteart spezialisiert, doch andere Faktoren im Ökosystem beeinflussen ihre Population ebenfalls.

Andere Anwendungen

Die Lotka-Volterra-Gleichungen dienten auch der Erforschung der Dynamik von Nahrungsketten und Nahrungsnetzen, bei denen eine Art der Räuber einer anderen Art, gleichzeitig aber die Beute einer dritten Art ist. Auch das Verhältnis zwischen Parasiten und Wirtsorganismen ähnelt in mancher Hinsicht Räuber-Beute-Beziehungen. Parasiten spezialisieren sich oft auf eine Wirtsart, was einer Annahme der Lotka-Volterra-Gleichungen entspricht. Doch in der Praxis bringen evolutionäre Vorgänge das Modell ins Wanken. Ein Parasit tötet den Wirt gewöhnlich nicht (die, die es tun, nennt man Parasitoide oder Raubparasiten), kann aber seine »evolutionäre Fitness« beschädigen. Die Rote-Königin-Hypothese der Evolution, die in den 1970er-Jahren von Leigh Van Valen aufgebracht wurde, beschreibt, wie einige Individuen der Wirtspopulation dank günstiger Gene trotz der Belastung durch Parasiten ihre Fitness behalten. Die Parasiten entwickeln sich ständig weiter, um diese scheinbar immunen Individuen auszunutzen, sodass die günstigen Gene in der Wirtspopulation sich ebenfalls verändern. So läuft die Evolution, der Wettbewerb zwischen Parasit und Wirt, ständig ab, obwohl von außen scheinbar alles gleich bleibt. ■

> »Volterra interessierte sich für eine mathematische Theorie für das ›Überleben des Bestangepassten‹.«
>
> **Alexander Weinstein**
> Russischer Mathematiker
> *Vito Volterra: Opere mathematiche,* in: *Bull. Am. Math. Soc.*, 1964

Eine parasitische Wespe legt Eier in Blattläuse (die kleinen, gelben Insekten). Wespenarten mit diesem Verhalten gelten als Parasitoide, weil ihre Larven später die Blattläuse fressen.

EXISTENZ WIRD VON EINIGEN WENIGEN UMSTÄNDEN BESTIMMT

ÖKOLOGISCHE NISCHEN

IM KONTEXT

SCHLÜSSELFIGUR
Joseph Grinnell (1877–1939)

FRÜHER
1910 In einem Artikel über Käfer verwendet der US-Biologe Roswell Hill Johnson erstmals das Wort *niche* (Nische) in einem biologischen Kontext.

SPÄTER
1927 Der Brite Charles Elton hebt in seiner Definition der ökologischen Nische im Buch *Animal Ecology* die Bedeutung der Rolle eines Organismus in seinem Lebensraum hervor.

1957 In dem Fachartikel *Concluding Remarks* erweitert der Brite George Evelyn Hutchinson die Theorie der ökologischen Nischen auf die gesamte Umwelt eines Organismus.

1968 Der Australier David R. Klein analysiert die Einführung, die Vermehrung und das Aussterben von Rentieren auf St. Matthew Island (Alaska) als ein Beispiel für Nischenzerstörung.

Die Nische eines Lebewesens umfasst sowohl seinen Lebensraum als auch seine Rolle in dieser Umwelt. Dazu gehört, wie es Nahrung und Unterschlupf findet, aber auch, wie es Fressfeinde vermeidet, mit anderen Arten konkurriert und sich fortpflanzt. Alle Wechselwirkungen mit anderen Organismen und der unbelebten Umwelt zählen ebenfalls dazu. Eine eigene Nische ist von Vorteil, weil sich dadurch die Konkurrenz mit anderen Arten verringert. Das Wissen über die Nische eines Lebewesens hilft Ökologen, auf sinnvolle Weise einzugreifen, um Veränderungen wie der Vernichtung von Lebensräumen oder dem Klimawandel entgegenzuwirken.

Ein Pionier des Nischenkonzepts war der US-amerikanische Biologe Joseph Grinnell. Er studierte die Kalifornienspottdrossel und veröffentlichte seine Ergebnisse im Jahr 1917. Dieser Vogel frisst und brütet im Gestrüpp des Chaparrals, einer kalifornischen Buschlandve-

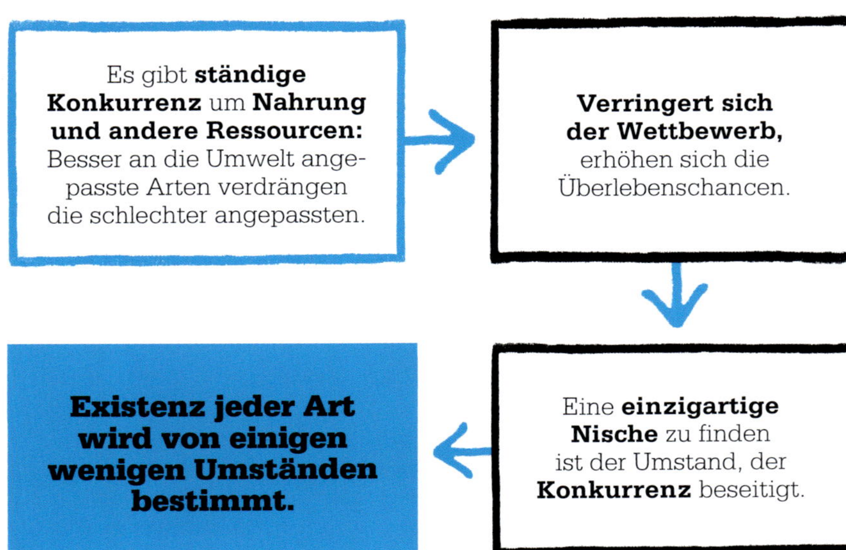

Siehe auch: Das Konkurrenzausschlussprinzip 52–53 ▪ Freilandexperimente 54–55 ▪ Optimaler Nahrungserwerb 66–67 ▪ Tierökologie 106–113 ▪ Nischenkonstruktion 188–189 ▪ Den Verlust von Artenvielfalt aufhalten 326–327

Ein Ultraspezialist

Der Große Panda belegt eine sehr spezialisierte ökologische Nische, denn er ernährt sich hauptsächlich von Bambus. Dieser ist eine schlechte Nahrungsquelle mit wenig Proteinen und viel Zellulose. Pandas können zudem nur einen kleinen Anteil verdauen, sodass sie enorme Mengen – bis zu 12,5 kg pro Tag – brauchen und bis zu 14 Stunden am Tag fressen müssen. Es konnte noch nicht geklärt werden, warum sie so vom Bambus abhängen, doch es wird vermutet, dass er jederzeit reichlich vorhanden ist und Pandas einfach keine guten Jäger sind.

Pandas fressen je nach Jahreszeit verschiedene Pflanzenteile. Im Spätfrühling bevorzugen sie junge Sprossen, zu anderen Zeiten die Blätter. Im Winter, wenn es wenig anderes gibt, fressen sie die Stämme. Pandas haben kräftige Kaumuskeln entwickelt und einen Pseudodaumen, um die Bambusstämme zu halten. Ihr Verdauungssystem ist für große Mengen Pflanzenmaterial wenig geeignet, weil es noch stark dem ihrer fleischfressenden Vorfahren ähnelt, doch ihre Darmbakterien unterstützen die Verdauung pflanzlicher Nahrung.

getation, und entkommt Räubern, indem er durch das Unterholz läuft. Seine Tarnung, die kurzen Flügel und starken Beine sind perfekt für diesen Lebensraum. Grinnell sah den Chaparral als die »Nische« der Spottdrossel. Das Konzept berücksichtigte auch »ökologische Äquivalenz«, nach der sich kaum verwandte und weit entfernt lebende Tier- und Pflanzenarten ähnlich anpassen, etwa bei Nahrungsgewohnheiten, wenn sie ähnliche Nischen belegen. So ernähren sich die Australsäbler in Australien ähnlich wie die nicht mit ihnen verwandten Kalifornienspottdrosseln. Grinnell identifizierte auch »leere« Nischen, die Lebewesen potenziell besetzen könnten, doch sie tun es nicht.

Erweitertes Nischenkonzept

In den 1920er-Jahren dachte der britische Ökologe Charles Elton über eine einfache Habitatdefinition der Nische hinaus. Was ein Tier frisst und wodurch sein Leben bedroht wird, waren für ihn die Hauptfaktoren. 30 Jahre später erweiterte George Evelyn Hutchinson das Konzept. Für ihn umfasste der Begriff Nische alle Wechselwirkungen eines Lebewesens mit anderen und mit der unbelebten Umwelt, etwa der Geologie, der Boden- und Wasserchemie, den Nährstoffströmen und dem Klima. Nach Hutchinson erforschten andere die Vielfalt der von einem Lebewesen genutzten Ressourcen (Nischenbreite), die Wege, wie konkurrierende Arten koexistieren (ökologische Sonderung oder Nischensonderung), und die Nutzung der gleichen Ressourcen durch mehrere Arten (Nischenüberlappung).

> »[Eine Nische] ist ein hochabstrakter mehrdimensionaler Hyperraum.«
>
> **George Evelyn Hutchinson**

Der Lebensraum

Ökologische Nischen beruhen auf stabilen Habitaten, selbst kleine Änderungen können sie zerstören. So entwickeln sich Libellenlarven nur in Wasser, dass hinsichtlich Säuregehalt, chemischer Zusammensetzung und Temperatur geeignet ist, bei genügend Beute und nicht zu vielen Fressfeinden. Zudem ist die richtige Vegetation für die Weibchen zum Eierlegen und für die Metamorphose der Larven nötig. Libellen beeinflussen aber auch das Habitat: Ihre Eier ernähren Amphibien, die Larven sind sowohl Räuber als auch Beute und bringen Nährstoffe ins Wasser ein. Erwachsene Tiere jagen Insekten. Ansprüche und Einflüsse definieren also die jeweilige Nische. Die Umwelt muss, so Hutchinson, innerhalb eines bestimmten Bereichs bleiben, damit diese eine Art bestehen kann. Bei veränderten Nischenbedingungen kann sie aussterben. ■

TOTALE KONKURRENTEN KÖNNEN NICHT KOEXISTIEREN

DAS KONKURRENZAUSSCHLUSSPRINZIP

IM KONTEXT

SCHLÜSSELFIGUR
Georgi Gause (1910–1986)

FRÜHER
1925 Alfred James Lotka analysiert als Erster Schwankungen in Räuber-Beute-Populationen mathematisch, Vito Volterra unabhängig von ihm ein Jahr später.

1927 Volterra erweitert und erneuert seine Arbeit von 1926, um verschiedene ökologische Wechselwirkungen innerhalb von Gemeinschaften mit einzuschließen.

SPÄTER
1959 George Evelyn Hutchinson erweitert Gauses Theorien und definiert eine Regel für die Größenverhältnisse von stark konkurrierenden Arten.

1967 Robert MacArthur und Richard Levins beschreiben mit Wahrscheinlichkeitsvarianten der Lotka-Volterra-Gleichungen Wechselwirkungen zwischen koexistierenden Arten.

Konkurrenz ist die Triebkraft der Evolution. Der Druck, trotz begrenzter Ressourcen zu überleben, führt evolutionär zu Anpassungen, die einen Überlebensvorteil bringen. Konkurrieren zwei Arten um die gleiche Ressource, wird die konkurrenzstärkere die andere verdrängen. Die konkurrenzschwächere Art wird entweder aussterben oder sich so verändern, dass sie nicht mehr konkurriert. Dieses Prinzip heißt Konkurrenzausschlussprinzip, Exklusionsprinzip oder Gause-Volterra-Gesetz.

Der russische Mikrobiologe Georgi Gause erkannte das Prinzip im Labor an Kulturen von Mikroorganismen, nicht durch Naturbeobachtungen. In der Natur, meinte

Wie Waldsängerarten koexistieren

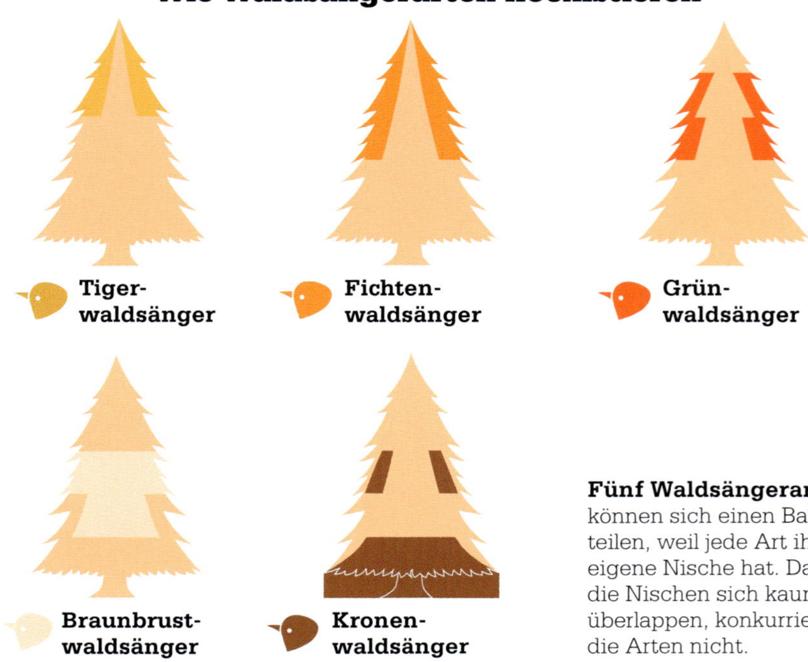

Fünf Waldsängerarten können sich einen Baum teilen, weil jede Art ihre eigene Nische hat. Da die Nischen sich kaum überlappen, konkurrieren die Arten nicht.

Siehe auch: Evolution durch natürliche Selektion 24–31 ▪ Ökologische Nischen 50–51 ▪ Tierökologie 106–113 ▪ Das Ökosystem 134–137 ▪ Die ökologische Gilde 176–177 ▪ Nischenkonstruktion 188–189 ▪ Invasive Arten 272–275

Das Eichhörnchen ist kleiner als das Grauhörnchen und hat speziellere Ansprüche. Und es wird durch das Parapoxvirus getötet, das Grauhörnchen übertragen, ohne zu erkranken.

er, gäbe es zu viele Variablen, um zu beurteilen, wie ökologische Mechanismen funktionieren. Seit Darwins Zeiten hatte es laut Gause wenig neue Erkenntnisse darüber gegeben, wie Arten konkurrieren; dagegen habe die experimentale Methode zu enormen Fortschritten in Disziplinen wie der Genetik geführt. Tatsächlich sieht man das Konkurrenzausschlussprinzip in der Natur selten, einfach weil der Konkurrenzschwächere meist schnell abwandert oder sich anpasst.

Konkurrenzvermeidung

Die meisten Lebewesen können mit den zum Überleben nötigen Veränderungen zurechtkommen. Im Garten lebt eine Vogelvielfalt, weil sie verschiedene Nischen besetzen. Ihre Schnäbel sind verschieden groß und unterschiedlich geformt, sodass sie verschiedene Arten von Nahrung aufnehmen können: Rotkehlchen fressen Insekten und Finken Samen. Auch der Lebensraum und die aktive Zeit variieren; eine solche Ressourcenaufteilung heißt ökologische Sonderung.

1957 stellte Robert MacArthur das Phänomen bei den nordamerikanischen Waldsängern fest. Er sah fünf Arten, jeweils mit eigener auffälliger Färbung, um Nadelbäume herumfliegen und Insekten fressen. Sie konnten in einem Habitat koexistieren, weil sie nicht im gleichen Bereich, sondern in verschiedenen Höhen oder Astabschnitten nach Nahrung suchten. So bestand keine Konkurrenz.

» Wir wollen zu diesem Zweck einen künstlichen Mikrokosmos herstellen … wir füllen ein Reagenzglas mit Nährmedium und setzen mehrere Arten von Protozoen ein, die die gleiche Nahrung konsumieren oder sich gegenseitig auffressen. «

Georgi Gause
The Struggle for Existence, 1934

Ein invasiver Konkurrent

Oft wird es problematisch, wenn eine fremde Art plötzlich in ein Ökosystem gelangt. Eichhörnchen und Grauhörnchen sind ein Beispiel dafür. Grauhörnchen wurden um 1870 aus Amerika nach England eingeführt. Beide Arten konkurrieren um Nahrung und Lebensräume; das einheimische Eichhörnchen geriet unter Druck. Grauhörnchen sind im Vorteil, weil sie die Ernährung besser anpassen können. So fressen sie auch grüne Eicheln, während Eichhörnchen nur ausgereifte verdauen können. Im gleichen Waldgebiet dezimieren Grauhörnchen damit die Nahrung, bevor Eichhörnchen zu fressen beginnen. Grauhörnchen leben auch in höherer Dichte in vielfältigeren Habitaten und überleben leichter, wenn Wälder abgeholzt werden. Daher drohte das Eichhörnchen in Großbritannien auszusterben. ▪

Typen der Konkurrenz

Das Konkurrenzausschlussprinzip betrifft zwei Haupttypen von Wettbewerb. Intraspezifische Konkurrenz findet zwischen Individuen einer Art statt, sodass nur die gesündesten oder die an die Umwelt am besten angepassten Individuen sich fortpflanzen. Bei der interspezifischen Konkurrenz kämpfen verschiedene Arten um die gleichen Ressourcen. Wichtig sind dabei »limitierende Ressourcen«, die beide Arten unbedingt benötigen und die ihre Vermehrung begrenzen. Ökologen treffen eine weitere Unterscheidung: Bei der Interferenz-Konkurrenz oder Konkurrenz durch Störung stehen Tiere direkt miteinander im Wettbewerb, etwa um Partner oder um Nahrung. Ausbeutungs-Konkurrenz verläuft indirekt: Ein Konkurrent reduziert die Ressource so stark, dass sie dem anderen fehlt; ein Beispiel dafür sind Pflanzen, die bei der Wasser- oder Nährstoffaufnahme effizienter sind als ihre Nachbarn.

DIE ERGEBNISSE AUS FORSCHUNG IM FREIEN KÖNNEN MEHR ALS NUTZLOS SEIN

FREILANDEXPERIMENTE

IM KONTEXT

SCHLÜSSELFIGUR
Joseph Connell (1923–2020)

FRÜHER
1856 John Lawes und Joseph Gilbert beginnen das *Park Grass Experiment*, um zu testen, wie Dünger den Ertrag von Heuwiesen beeinflusst.

1938 Harry Hatton führt ein frühes meeresökologisches Freilandexperiment durch: mit Seepocken in der Bretagne.

SPÄTER
1966 Der US-Amerikaner Robert Paine erforscht Folgen für andere Arten beim Entfernen des Seesterns *Pisaster ochraceus* aus Gezeitentümpeln.

1968 In Ontario (Kanada) wird die *Experimental Lakes Area (ELA)* begründet, um Folgen der Eutrophierung (Nährstoffanreicherung) zu erforschen.

2011 Das Projekt *Stability of Altered Forest Ecosystems* (SAFE) startet.

Experimente sind essenziell in der Ökologie. Ohne sie wären unsere Vorstellungen darüber, warum sich Lebewesen so verhalten, wie sie es tun, Spekulation. Sorgfältige Beobachtung ist ebenfalls wichtig, doch meistens sind Experimente nötig, um das Beobachtete zu verstehen.

Mit drei zentralen Herangehensweisen werden die Hypothesen überprüft: mit mathematischen Modellen, Laborexperimenten und Freilandexperimenten. Jede Methode hat Vorzüge, in der letzten Zeit wurden vor allem die Vorteile von Freilandexperimenten erkannt. Vor den 1960er-Jahren wurde kaum außerhalb des Labors experimentiert.

Ein Labor ist eine künstliche Umgebung, hier verhalten sich Lebewesen oft nicht so wie in der Natur. So nehmen einige Fledermäuse in der Dämmerung im Winter und im Spätsommer unterschiedliche Routen von ihrem Quartier zum Jagdrevier. Die möglichen Gründe dafür – eine andere Verteilung der Beute oder der Fressfeinde, jahreszeitliche Unterschiede bei der Belaubung, menschliche Störungen oder Lichtverschmutzung – lassen sich im Labor nicht klären. Mathematische Modelle können bestimmte Muster vorhersagen, aber nicht die Ursachen für Veränderungen identifizieren. Um das Verhalten der Tiere zu verstehen, muss man ihren natürlichen Lebensraum erforschen, und das ist nur im Freiland möglich.

In Freilandexperimenten können verschiedene Faktoren verändert werden, um deren Einfluss zu tes-

Regenwaldökosysteme sind artenreich und daher besonders wertvolle Standorte für Feldversuche wie diese Langzeitstudie, das SAFE-Projekt *(Stability of Altered Forest Ecosystems)*.

Siehe auch: Ökologische Nischen 50–51 ▪ Diversität aus moderner Sicht 90–91 ▪ Tierverhalten 116–117 ▪ Das Ökosystem 134–137 ▪ Nischenkonstruktion 188–189

ten. Im Fledermausbeispiel kann man beispielsweise Straßenlaternen ausschalten, um zu sehen, was die Lichtverschmutzung beiträgt.

Schottische Seepocken

1961 veröffentlichte der US-amerikanische Ökologe Joseph Connell seine Versuche mit Seepocken an der schottischen Küste. Da sich die frei schwimmenden Larven überall niederlassen können, fragte sich Connell, warum der untere Teil der Gezeitenzone von *Balanus balanoides,* der obere Teil aber von *Chthamalus stellatus* besiedelt wird. Spielen Konkurrenz, Fressfeinde oder Umweltfaktoren dabei eine Rolle?

Connell manipulierte deren Lebensraum und beobachtete ihn über ein Jahr lang. Auf einer Fläche entfernte er alle *Chthamalus.* Sie wurden nicht durch *Balanus* ersetzt; offenbar kam *Balanus* mit der Austrocknung in der oberen Gezeitenzone bei Niedrigwasser nicht klar. Connell entfernte dann die *Balanus*-Population aus der unteren Zone und stellte fest, dass sich *Chthamalus* ansiedelte. Beide Arten konnten in der unteren Zone leben, aber nur eine in der oberen Zone. Demnach kam *Chthamalus* besser mit den härteren Verhältnissen in der oberen Zone zurecht, wurde aber im unteren Bereich von *Balanus* verdrängt. Die Fundamentalnische von *Chthamalus* (wo diese Art überleben kann) umfasste beide Zonen, aber die Realnische (in der die Art tatsächlich lebt) war begrenzter.

Joseph Connells Experimente mit Seepocken

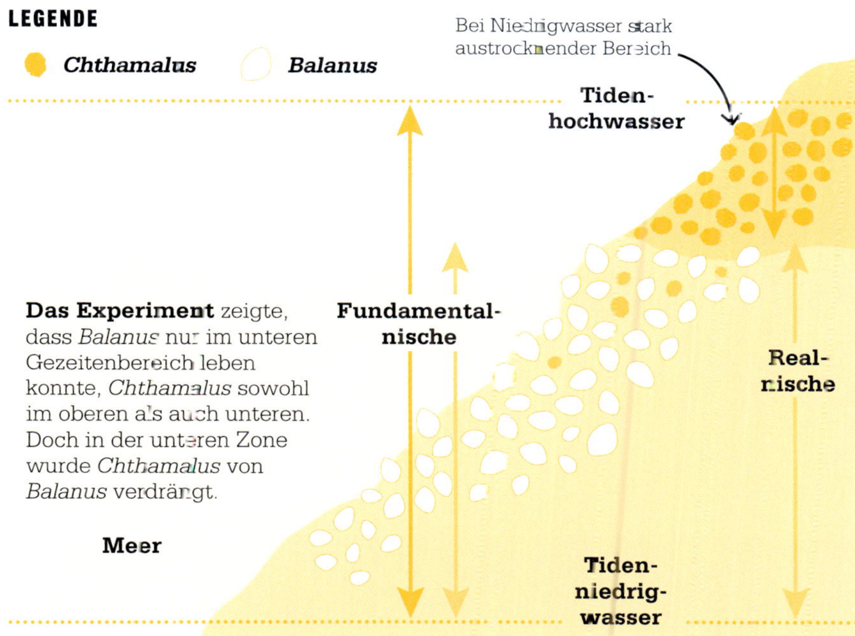

Das Experiment zeigte, dass *Balanus* nur im unteren Gezeitenbereich leben konnte, *Chthamalus* sowohl im oberen als auch unteren. Doch in der unteren Zone wurde *Chthamalus* von *Balanus* verdrängt.

> » [Connells] Studien … haben unser Verständnis der Mechanismen vertieft, die die Dynamik von Populationen und Gemeinschaften, die Artenvielfalt und die Demografie formen. «
>
> **Stephen Schroeter**
> Ozeanologe
> Konferenzvortrag, August 2010

Forschung zu Diversität

In den frühen 1970er-Jahren fanden Connell und der US-Amerikaner Daniel Janzen eine Erklärung für die Vielfalt an Bäumen in tropischen Regenwäldern: die Janzen-Connell-Hypothese. Connell kartierte zwei Regenwälder in North Queensland (Australien) und stellte fest, dass die Jungpflanzen meist weniger erfolgreich waren, wenn ihr nächster Nachbar von derselben Art war. Jede Art leidet unter spezifischen Pflanzenfressern und Krankheiten, die auch auf schwächere Individuen in der Nähe übergehen. Dies verhindert, dass sich Gruppen gleicher Bäume bilden.

1978 stellte Connell die *Intermediate Disturbance Hypothesis* (IDH, Hypothese mittlerer Störungsintensität) auf. Nach ihr verringern hohe wie niedrige Störungsintensitäten die Artenvielfalt in einem Ökosystem, die größte Vielfalt besteht zwischen diesen Extremen. Mehrere Studien stützen die IDH. So wurde vor Westaustralien die Wirkung von Störungen durch Wellen erforscht: Die Artenvielfalt war sowohl an geschützten als auch an stark exponierten Stellen am geringsten. ■

MEHR NEKTAR HEISST MEHR AMEISEN UND MEHR AMEISEN HEISST MEHR NEKTAR

MUTUALISMUS

IM KONTEXT

SCHLÜSSELFIGUR
Daniel Janzen (*1939)

FRÜHER
1862 Charles Darwin meint, dass eine afrikanische Orchidee mit tiefem Blütenboden von einer Motte mit langem Rüssel bestäubt wird.

1873 Der belgische Zoologe Pierre-Joseph van Beneden verwendet als Erster das Wort »Mutualismus« im biologischen Kontext.

1964 Die US-Amerikaner Paul Ehrlich und Peter Raven verwenden erstmals den Begriff »Koevolution« für das mutualistische Verhältnis zwischen Schmetterlingen und ihren Nahrungspflanzen.

SPÄTER
2014 Forscher erkennen einen Drei-Wege-Mutualismus bei Faultieren, Algen und Motten.

Es gibt verschiedene Formen von Interaktion zwischen Lebewesen. Beispielsweise kann eine Art benachteiligt sein, wenn mehrere Arten um die gleichen Ressourcen konkurrieren. Symbiosen (im weiteren Sinn) sind dagegen ein »Zusammenleben« verschiedener Organismen. Eine weitere Beziehungsform, der Kommensalismus, ist für eine Art vorteilhaft, für die andere weder von Vorteil noch von Nachteil. Dagegen profitieren beim Mutualismus (Symbiose im engeren Sinn) beide Arten.

Der Baum und die Ameisen

Mitte der 1960er-Jahre stieß Daniel Janzen, ein junger US-amerikani-

Siehe auch: Evolution durch natürliche Selektion 24–31 ▪ Ökologische Nischen 50–51 ▪ Das Konkurrenzausschlussprinzip 52–53 ▪ Tierökologie 106–113

Ameisen und ihre Larven verbergen sich in den vergrößerten hohlen Dornen der ostafrikanischen Flötenakazie. Im Gegenzug verteidigen die Ameisen den Baum gegen Pflanzenfresser.

scher Ökologe, auf den verblüffenden Mutualismus zwischen Akazien und Ameisen in Ostmexiko. Er erforschte als Erster eine solche Interaktion im Detail. Die Partner sind die Flötenakazie und Ameisenarten, die in den kugelig erweiterten Dornen des Baums leben. Die Ameisenkönigin sucht eine unbesiedelte Jungpflanze, schneidet ein Loch in einen der Dornen und legt Eier hinein; manchmal verlässt sie den Dorn, um den Nektar des Baums zu trinken. Die Larven ernähren sich von den Blattspitzen der Akazie, die viel Zucker und Proteine enthalten. Durch Metamorphose entwickeln sie sich zu Arbeiterameisen. Mit der Zeit werden alle Dornen des Baums von einer Kolonie mit bis zu 30 000 Ameisen besiedelt.

Janzen zeigte, dass Akazien ohne Ameisen, die sie verteidigen, schnell von Insekten befallen werden, die ihre Blätter, Stämme, Blüten und Wurzeln fressen. Ohne Ameisen sind Akazien innerhalb von Monaten bis eines Jahres abgefressen und sterben. Da sie zudem langsamer wachsen, werden sie öfter von konkurrierenden Bäumen beschattet. Janzen schnitt Dornen ab und verbrannte Sprosse, um die Ameisen zu entfernen, doch die siedelten sich immer wieder an, sobald Dornen nachwuchsen.

Im Austausch für Nahrung und Unterkunft liefern die Ameisen zwei »Dienstleistungen«: Sie verteidigen den Baum gegen blattfressende Insekten und sie fressen die Jungpflanzen der Umgebung, also die potenziellen Konkurrenten. Janzen bezeichnete die Akazien und ihre Ameisen als »obligatorische Mutualisten«: Beide Arten würden jeweils ohne die andere sterben. ››

Yuccas und ihre Motten

In den heißen, trockenen Regionen Amerikas gibt es eine bemerkenswerte mutualistische Symbiose zwischen Palmlilien (Yucca) und Yucca-Motten. Kein anderes Insekt bestäubt diese Stauden und keine andere Pflanze beherbergt die Raupen dieser Motte. Die weibliche Motte sammelt Pollen aus den Blüten einer Yuccapflanze und bringt ihn in die Blüten einer anderen Pflanze ein. Dann schneidet die Motte ein Loch in den Fruchtknoten und legt ein Ei – oder mehrere – hinein. Wenn die Raupen schlüpfen, ernähren sie sich von den heranwachsenden Samen, fressen aber nicht alle, sodass sich die Pflanze weiterverbreiten kann. Wenn zu viele Eier in eine Blüte gelegt werden, wirft die Pflanze sie ab, sodass die Raupen verhungern. Ohne die Motten würden die Pflanzen nicht bestäubt werden und aussterben. Ohne die Yuccas hätten die Motten keinen Ort, um die Eier zu legen und die Raupen zu ernähren, sie würden ebenfalls nicht überleben.

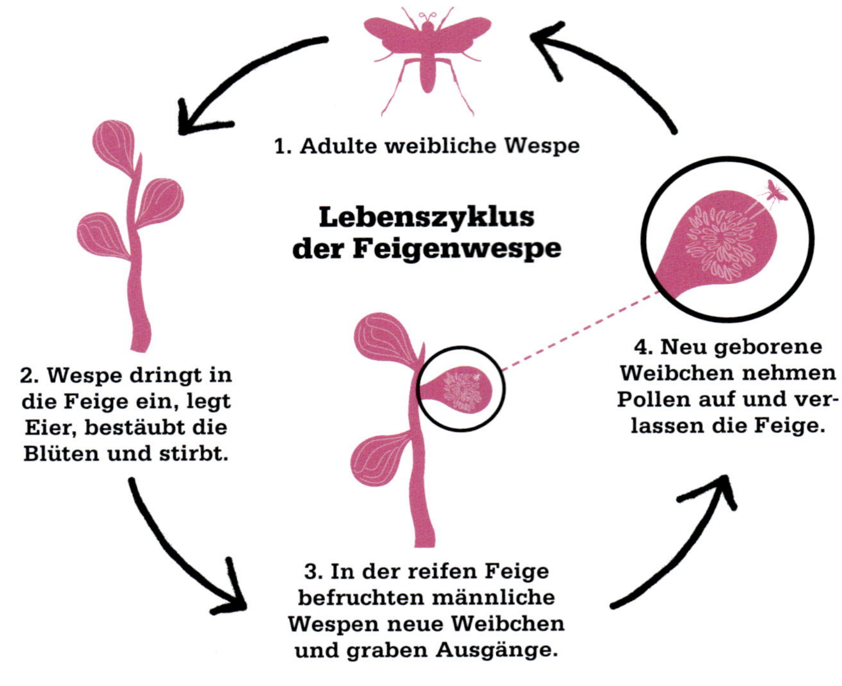

Die Feigenwespe und die Feige bilden einen komplexen Dienstleistung-Ressourcen-Mutualismus, bei dem die Wespe die Bestäubung durchführt und die Feigenpflanze einen sicheren Ort für die Eier bereitstellt.

» Es gibt gegenseitige Hilfe bei vielen Arten. «

Pierre-Joseph van Beneden
Belgischer Zoologe
Über das soziale Leben niederer Tiere (Vortrag), 1873

Werden die Ameisen entfernt, kann sich die Flötenakazie nicht mehr verteidigen. Und ohne Akazien haben die Ameisen keine Heimat.

Vorteile für alle

Es gibt zwei Formen von Mutualismus: Dienstleistung gegen Dienstleistung und Dienstleistung gegen Ressourcen. Was der eine Partner dem anderen liefert – Ressourcen oder Dienstleistungen –, ist oft für das Überleben wichtig. Ein Austausch von Dienstleistungen gegen Ressourcen kommt in der Natur häufig vor. Weit verbreitet ist die Bestäubung von Blüten durch Schmetterlinge, Motten, Bienen, Fliegen, Wespen, Käfer, Fledermäuse oder Vögel. Die Blüte stellt Ressourcen (Nektar) bereit, das Tier die Dienstleistung (Bestäubung). Geschätzt wird, dass ungefähr drei Viertel der Blütenpflanzen (170 000 Arten) von 200 000 Tierarten bestäubt werden. Meistens wird ein Insekt von der Farbe oder dem Duft der Blüte angezogen und trinkt den Nektar oder frisst Pollen. Dabei bleibt etwas Pollen am Insekt hängen, wird zur nächsten Blüte transportiert und dort abgelegt. Die Pflanze und der Bestäuber haben sich gemeinsam evolutionär entwickelt, sodass das System effizient funktioniert.

Andere Pflanzen haben eine Dienstleistung-Ressourcen-Beziehung mit Vögeln oder Säugetieren entwickelt, um Samen, Früchte oder Sporen zu verteilen. So können sich Samen im Fell eines Säugetiers, das Blätter frisst, verhaken; wenn es weiterwandert, verteilt es diese. Der üble Gestank der Stinkmorchel zieht Fliegen an, die den Schleim des Pilzes auflecken, wobei Sporen an ihnen haften bleiben, um verteilt zu werden. Wenn ein Vogel Früchte frisst, nimmt er Samen auf; da sie unverdaubar sind, werden sie später in großer Entfernung mit dem Kot ausgeschieden. In diesen Fällen liefert die Pflanze eine Ressource (Nahrung) und das Tier eine Dienstleistung (Transport).

Nicht an allen mutualistischen Wechselbeziehungen sind Pflanzen beteiligt. In Afrika praktizieren Madenhacker, eine Vogelgattung, und weidende Säugetiere wie Antilopen und Zebras eine andere Form des Dienstleistung-Ressourcen-Mutualismus. Die Madenhacker sammeln Zecken und Insekten aus dem Fell, die die Säugetiere reizen oder krank machen, und haben so eine gute Mahlzeit. Die Vögel geben zudem Rufe ab, wenn Gefahr droht, und warnen das Säugetier und zugleich die anderen Madenhacker.

Zwischen Ameisen und Blattläusen besteht eine andere Form dieses Mutualismus. Dabei werden die Blattläuse von den Ameisen geschützt. Die Blattläuse geben eine nahrhafte Substanz ab, den Honigtau, den die Ameisen »melken«, indem sie die Blattläuse mit ihren Antennen streicheln.

Dienstleistung-Dienstleistung-Mutualismus, bei dem sich die Partner gegenseitig schützen, tritt weit seltener auf, doch es gibt ihn: Eine ungewöhnliche Beziehung besteht zwischen etwa 30 Arten von Clownfischen und zehn Arten giftiger Seeanemonen im Pazifik. Die stechenden, mit Gift gefüllten Nesselzellen auf den Tentakeln der Seeanemone töten die meisten kleinen Fische, die ihr zu nahe kommen, aber nicht die Clownfische. Deren dicke Schicht aus schützendem Schleim macht die Haut gegen die Nesseln unempfindlich, sodass die Fische zwischen den Tentakeln leben können. Im Austausch für den Schutz durch die giftige Anemone vertreibt der Clownfisch räuberische Falterfische, entfernt Parasiten von der Anemone und liefert durch seinen Kot Nährstoffe.

Kooperative Evolution

Derartige Beziehungen zwischen Arten haben sich über Jahrmillionen durch die sogenannte Koevolution entwickelt: die gemeinsame Evolution zweier oder mehrerer Arten, die sich gegenseitig beeinflussen.

Der Begriff »Koevolution« wurde 1964 von den US-Amerikanern Paul Ehrlich und Peter Raven geprägt, doch schon ein Jahrhundert zuvor hatten Charles Darwin und Alfred Russell Wallace das Prinzip erkannt, als sie Orchideen erforschten. Wie viele andere Blütenpflanzen brauchen auch sie Insekten zur Bestäubung. Einige haben ausgeklügelte Strukturen, die Pollen und den nahrhaften Nektar enthalten, der die Insekten anzieht. Das beschäftigte Darwin, als er 1862 ein Exemplar des Sterns von Madagaskar erhielt. Diese Orchidee hat einen hohlen Sporn an der Blüte, der fast 30 cm lang ist und den Nektar enthält. Darwin und Wallace spekulierten, dass nur eine große Motte mit einem langen Rüssel den Nektar erreichen kann – dies wurde im Jahr 1997 bestätigt. Wäre der Sporn kürzer, könnte die Motte Nektar trinken, ohne Pollen aufzunehmen, sodass sie die Blüte nicht bestäuben würde. Wäre der Sporn länger, würde die Motte die Blüte gar nicht erst besuchen. ■

Clownfisch und Seeanemone könnten ohne den gegenseitigen Schutz überleben, aber die durch Koevolution entstandene mutualistische Beziehung erhöht ihre Überlebenschancen.

WELLHORN-SCHNECKEN SIND WIE KLEINE WÖLFE IN ZEITLUPE

SCHLÜSSELARTEN

IM KONTEXT

SCHLÜSSELFIGUR
Robert Paine (1933–2016)

FRÜHER
1950er In Kenia bringt der Bauer und Umweltschützer David Sheldrick Elefanten in den Tsavo-East-Nationalpark und stellt fest, dass die Artenvielfalt erheblich zunimmt.

1961 Joseph Connells Freilandforschungen an den Felsküsten Schottlands zeigen, dass das Entfernen von Wellhornschnecken die Verteilung von Seepocken (ihrer Beute) beeinflusst.

SPÄTER
1994 In den USA veröffentlicht eine Gruppe von Ökologen um Brian Miller eine Arbeit, die die nützliche Rolle der Präriehunde als Schlüsselart erklärt.

2016 Nach Freilandstudien schließt Sarah Gravem, das Arten an manchen Orten Schlüsselarten sein können, an anderen nicht.

Als Schlüsselart wird eine Art bezeichnet, die eine Schlüsselrolle hinsichtlich der Funktion eines Ökosystems innehat, auch wenn sie selbst oft nur einen kleinen Teil der Biomasse ausmacht. Da sie die Umwelt überproportional beeinflusst, verändert sich ein Ökosystem dramatisch, wenn sie verschwindet. Die Bedeutung von Schlüsselarten hat der US-amerikanische Biologe Robert Paine 1969 in dem Fachartikel *A Note on the Trophic Complexity and Community Stability* beschrieben, in dem er den Begriff *keystone species* einführte – abgeleitet vom Schlussstein *(keystone)* eines architektonischen Bogens, der dessen Einsturz verhindert.

Schlüsselart als Konzept

In den 1960er-Jahren erforschte Paine einige Jahre lang die Gezeitenzone auf Tatoosh Island an der Pazifikküste des US-Staates Washington. Er entfernte dort den Ockerseestern und beobachtete, wie die Miesmuschel, seine Hauptbeute, dominant wurde. Sie verdrängte andere Arten, da sie nicht mehr durch den Seestern kontrolliert wurde. Das Entfernen einer einzelnen Art, einer Schlüsselart, wirkte sich deutlich auf viele andere aus. Paine entwickelte diese Ideen weiter zum Konzept der »trophischen Kaskaden«: den starken Folgen, die sich von oben nach unten durch ein Ökosystem fortpflanzen. Seit Paines Arbeiten

» Willst du einen Automechaniker, der … alle Teile des Motors benennen, auflisten und zählen kann, oder einen, der wirklich versteht, wie jedes Teil mit den anderen wechselwirkt und einen funktionierenden Motor bildet? «

Robert Paine
Nachruf, *New York Times,* 2016

Schwarzschwanz-Präriehunde in Wyoming (USA) halten bei ihrem Bau in einem Feld Ausschau. Forschungen zeigten, dass sie eine Schlüsselrolle bei der Förderung der Biodiversität haben.

Siehe auch: Räuber-Beute-Gleichungen 44–49 ▪ Mutualismus 56–59 ▪ Tierökologie 106–113 ▪ Trophische Kaskaden 140–143 ▪ Evolutionär stabiler Zustand 154–155

mit Seesternen konnten weitere Schlüsselarten identifiziert werden, die ihre Rolle auf ganz unterschiedliche Art füllen.

Ökologische Baumeister

Die Präriehunde des Mittleren Westens der USA sind ein gutes Beispiel für eine Schlüsselart, deren Einfluss auf ihrer Bautätigkeit beruht. Riesige Kolonien dieser Erdhörnchen graben Tunnelnetzwerke unter dem Grasland der Prärie. Sie schlafen in den ausgedehnten Bauten, ziehen dort ihre Jungen auf und verwandeln dabei ihre Umgebung.

Durch ihr ständiges Graben lockern die Nagetiere den Boden auf, sodass Nährstoffe und Wasser tiefer eindringen, als es sonst der Fall wäre. Der feuchte, nährstoffreiche Boden fördert eine Vielzahl von Pflanzen, Vögel wie der Bergregenpfeifer fressen und brüten im kurzen Gras. Prädatoren wie Königsbussarde und Schwarzfußiltisse finden Beute, Iltisse und Tigersalamander nutzen die Erdhöhlen der Präriehunde als Unterschlupf. Es ist nachgewiesen, dass fast 150 Pflanzen- und Tierarten von den Präriehundkolonien profitieren. Zwar gibt es auch »Verlierer« (vor allem Wirbeltiere, die eine hohe Vegetation bevorzugen), doch insgesamt erhöhen die Präriehunde die Artenvielfalt. Stirbt eine Kolonie aus, wird das Kurzgras von Mesquitesträuchern verdrängt, die Bergregenpfeifer verschwinden und die Zahl der Prädatoren sinkt.

Korallenputzer

Der Gestreifte Papageifisch der Karibik ist eine weitere Schlüsselart, in diesem Fall wegen seiner Ernährungsweise. Er lebt in Korallenriffen, wo die Korallen um Licht Nährstoffe und Platz konkurrieren. Der Fisch reinigt die Oberfläche der Korallen und frisst eine Algenschicht ab. Würde er das nicht tun, würden die Korallen überwuchert werden und ersticken, das Riff würde chemische Schäden davontragen. Würde der Papageifisch »

Robert Paine

Der in Cambridge (Massachusetts, USA) geborene Robert Paine studierte in Harvard. Nach seiner Zeit in der Armee, die er als Bataillonsgärtner verbrachte, konzentrierte er seine Forschungen auf marine Wirbellose. Seine Studien der Beziehung zwischen Seesternen und Muscheln an der US-Pazifikküste führten ihn zum Konzept der Schlüsselart, die überproportionalen Einfluss auf das Ökosystem hat.

Paine war die meiste Zeit seines Arbeitslebens an der Universität von Washington in Seattle tätig, wo er manipulative Freilandexperimente populär machte – die »Tritt-es-und-guck«-Ökologie. Er erhielt im Jahr 2013 von der Nationalen Wissenschaftsakademie den International Cosmos Award. 2016 starb er.

Hauptwerke

1966 *Food Web Complexity and Species Diversity*, in: *American Naturalist*
1969 *A Note on Trophic Complexity and Community Stability*, in: *American Naturalist*
1994 *Marine Rocky Shores and Community Ecology: An Experimentalist's Perspective*

durch Überfischung oder Krankheiten aussterben, dann würde sich der Zustand der Riffe schnell verschlechtern.

Landschaftsgestalter

In den Savannen Afrikas werfen Elefanten kleine und mittelgroße Bäume zum Fressen um, was die Savanne als Grasland erhält und neue Flächen aus Waldgebieten entstehen lässt. Dieses Verhalten trägt dazu bei, den Lebensraum für Weidegänger wie Zebras, Antilopen und Gnus zu erhalten. Es hilft indirekt auch Prädatoren wie Löwen, Geparden und Hyänen, die diese Weidetiere jagen, und kleineren Säugetieren, die Bauten im Erdreich anlegen. Ohne die Elefanten würden diese Tiere bald verschwinden. Elefanten sind zudem für die Verbreitung von Pflanzen wichtig: Unverdaute Samen werden weit transportiert und mit dem Kot ausgeschieden. Bis zu einem Drittel aller westafrikanischen Baumarten brauchen Elefanten, um ihre Samen zu verteilen. Elefanten graben auch und sichern dadurch Wasserlöcher, die vielen anderen Arten nutzen.

Die im Wald lebenden Asiatischen Elefanten haben eine ähnliche Rolle. In Südostasien brechen sie durch Lücken und Lichtungen und eröffnen so das Blätterdach. Neue Pflanzen, die an den unbeschatteten Stellen nachwachsen, erhöhen die Pflanzenvielfalt und tragen dazu bei, dass dort auch mehr Tierarten gedeihen.

Prädatorenschlüsselarten

Der Seeotter ist ein Meeressäugetier in den pazifischen Küstengewässern Nordamerikas. Im 18. und 19. Jahrhundert wurde er intensiv wegen seines Fells gejagt. Im frühen 20. Jahrhundert waren diese Tiere in einigen Gebieten völlig ausgerottet, man schätzte ihre damalige Gesamtpopulation auf weniger als 2000 Individuen. Seit 1911 hat der gesetzliche Schutz zu einer langsamen Zunahme geführt.

Seeotter sind wichtig, weil sie eine große Menge Seeigel fressen. Diese auf dem Meeresboden lebenden Wirbellosen grasen an den

Reviere der Wolfsrudel in Yellowstone

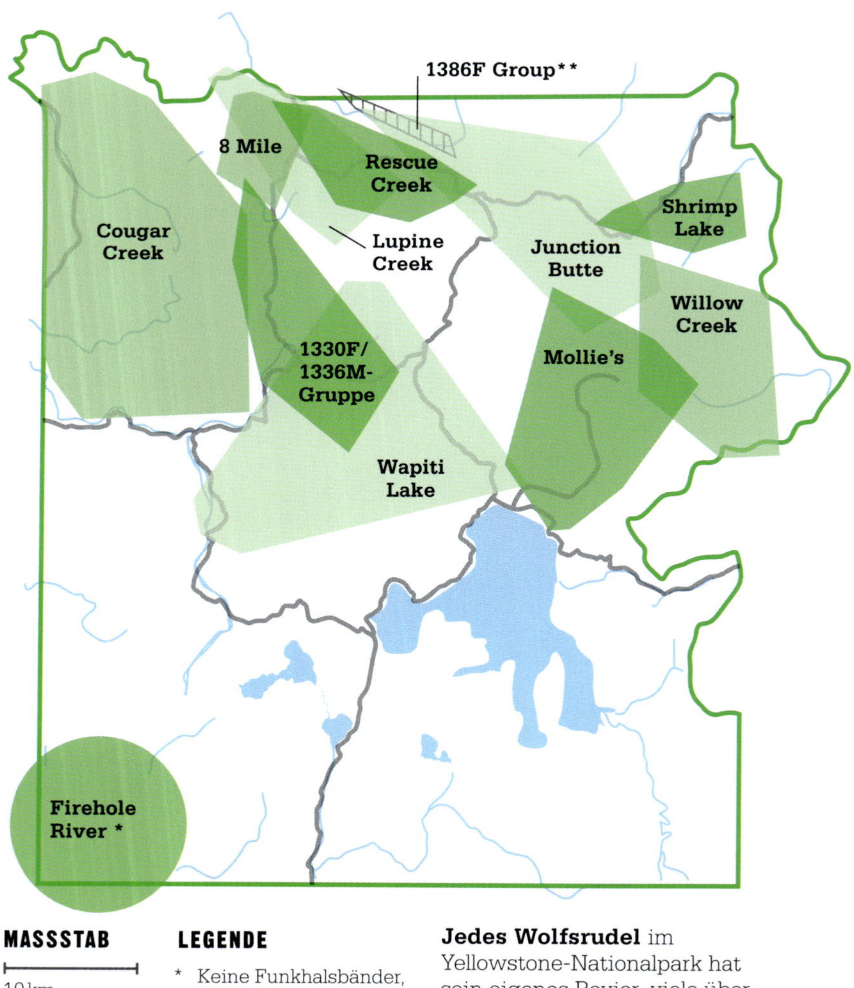

MASSSTAB

10 km

LEGENDE

* Keine Funkhalsbänder, Reviergröße nicht schätzbar

** Rudel am Jahresende nicht aufzufinden

Jedes Wolfsrudel im Yellowstone-Nationalpark hat sein eigenes Revier, viele überlappen sich. Die Anzahl der Wölfe schwankt von Jahr zu Jahr, 2023 wurden 124 Tiere gezählt.

> »Jede Art der Küstenzone wird in der einen oder anderen Form durch die ökologischen Wirkungen von Seeottern beeinflusst.«
>
> **James Estes**
> US-amerikanischer Meeresbiologe
> Interview, *The Guardian*, 2016

Die Rückkehr des Bibers nach Großbritannien

Biber wurden in Großbritannien vor 400 Jahren ausgerottet, heute ist der Nutzen dieser Schlüsselart besser bekannt. Sie sind natürliche Baumeister, die Dämme und Kanäle bauen. Ihre Anwesenheit erhöht die Artenvielfalt.

2009 wurden elf Biber im Knapdale Forest (Schottland) freigelassen, 2011 setzte der Devon Wildlife Trust ein Paar in einem umzäunten Gebiet aus. Bei beiden Projekten wurden die Auswirkungen genau beobachtet. Im Knapdale Forest veränderten die Biberdämme den Wasserstand eines Sees. In Devon bauten die Biber mehrere Dämme im Fluss Tamar, wodurch 13 neue Weiher entstanden, was die Umgebung feuchter machte.

Die neuen Feuchtgebiete in Devon führten dazu, dass nun mehr Bryophytenarten (Moose und Lebermoose) vorkommen, die Zahl der Arten aquatischer Wirbelloser stieg von 14 auf 41. Mehr Fluginsekten haben die Vielfalt der Fledermäuse verbessert; zwei seltene Arten sind in das Gebiet eingewandert. Biber wurden nun offiziell als einheimische Tierart in England anerkannt, weitere Wiederansiedlungsprogramme laufen.

Stängeln, mit denen der Seetang am Boden verankert ist, sodass die Pflanzen wegtreiben und sterben. Mit dem Tang verschwinden aber auch viele andere wirbellose Meerestiere, die ihn abgrasen. Tangwälder nehmen außerdem große Mengen Kohlendioxid auf und schützen Küsten vor Sturmfluten, weil sie Wasserströmungen bremsen. Der Schutz, den die Seeotter dem Tang gewähren, ist an offenen Küstenabschnitten also besonders wichtig.

Anders als Seeotter sind einige Schlüsselarten zugleich Spitzenprädatoren, also Räuber an der Spitze der Nahrungsketten, etwa der Wolf. Vor 1995 hatte es seit mindestens 70 Jahren im Yellowstone-Nationalpark keine Wölfe gegeben. Wapitis (aus der Familie der Hirsche) waren häufig, aber es gab nur eine Biberkolonie. 1995 wurden 31 Wölfe im Nationalpark ausgesetzt. 2001 war ihre Zahl auf über 100 angestiegen, vor allem dank der reichlich vorhandenen Wapitis als Beute.

Die Wölfe brachten die Wapitis in Bewegung. Statt die Weiden, Espen und Pappeln an bevorzugten Orten zu überweiden, mussten sie wandern, sodass sich die Pflanzen erholen und anderen Tieren Nahrung bieten konnten, beispielsweise dem Biber. Nach zehn Jahren hatte sich die Zahl der Biberkolonien auf neun erhöht. Biberdämme tragen dazu bei, Feuchtgebiete zu beleben. Mehr erlegte Wapitis nutzten auch den Aasfressern, darunter Kojoten, Rotfüchse, Grizzlybären, Steinadler, Raben, Elstern und kleinere Tiere.

Jaguare sind die Spitzenprädatoren in süd- und mittelamerikanischen Wäldern und jagen mehr als 85 Beutearten. Zwar gibt es pro Fläche nur sehr wenige Jaguare, aber ihr Einfluss auf andere Räuber – etwa Kaimane, Schlangen, große Fische und Vögel – sowie auf Pflanzenfresser wie Capybaras (Wasserschweine) und Hirsche ist von oben nach unten auf das gesamte Ökosystem erheblich. Ohne diese Kontrolle würden die Pflanzenfresser die meisten Pflanzen stark verringern und das Habitat zerstören, von dem so viele Arten abhängen.

Schlüsselpflanzen

Nicht alle Schlüsselarten sind Tiere. Ein Beispiel ist hier der Feigenbaum, von dem es etwa 750 Arten gibt und der vor allem in Tropenwäldern vorkommt. In diesem Lebensraum haben die meisten Pflanzen mit fleischigen Früchten ein oder zwei Reifeperioden im Jahr. Feigen dagegen tragen ganzjährig Früchte und ernähren so viele Tiere, wenn andere Bäume fruchtlos sind. Über 10 % aller Vogel- und 6 % der Säugetierarten (zusammen 1274 Arten) fressen Feigen, zudem ein paar Reptilien und sogar Fische. Feigen sind also eine essenzielle Nahrungsgrundlage für viele fruchtfressende Lebewesen. Flughunde, Vögel und andere Arten sind auf sie angewiesen. ■

» Durch den Schutz einer Schlüsselart wie des Präriehunds könnte man die Öffentlichkeit über den Wert der Erhaltung von Ökosystemen aufklären. «

Brian Miller
US-amerikanischer Ökologe
The Prairie Dog and Biodiversity, in: *Conservation Biology*, 9/1994

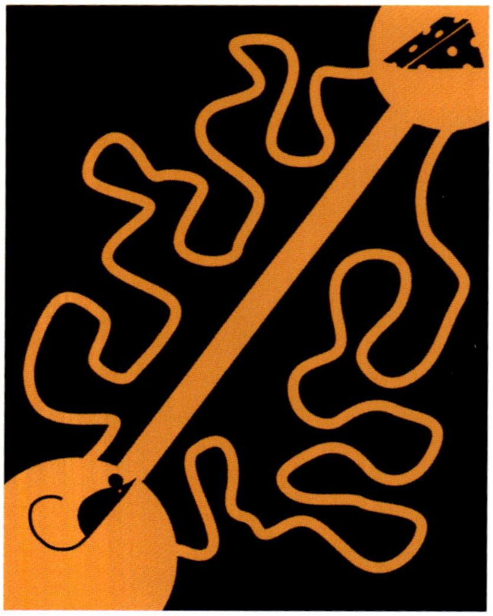

WIE FIT EIN NACH FUTTER SUCHENDES TIER IST, HÄNGT VON SEINER EFFIZIENZ AB

OPTIMALER NAHRUNGSERWERB

IM KONTEXT

SCHLÜSSELFIGUREN
H. Ronald Pulliam (*1945),
Graham Pyke (*1948),
Eric Charnov (*1947)

FRÜHER
1966 John Merritt Emlen, Robert MacArthur und Eric Pianka umreißen das Konzept des optimalen Nahrungserwerbs in zwei Artikeln im Magazin *American Naturalist.*

SPÄTER
1984 Der argentinisch-britische Zoologe Alejandro Kacelnik erforscht die Nahrungssuche von Staren, um das Grenzertragstheorem zu bestätigen.

1986 Der belgische Ökologe Patrick Meire erforscht die Beutewahl bei Austernfischern.

1989 Die Schweizer Umweltforscher T. J. Wolf und Paul Schmid-Hempel untersuchen, wie das Gewicht des von Bienen getragenen Nektars ihre Nahrungssuche beeinflusst.

Jede Pflanzen- und Tierart braucht Ressourcen, um zu überleben. Pflanzen nehmen Nährstoffe und Wasser aus dem Boden und das Sonnenlicht liefert Energie für die Fotosynthese. Tiere müssen meist härter arbeiten – sie müssen sich bewegen und das erfordert weitere Ressourcen. Die Theorie des optimalen Nahrungserwerbs (auch optimale Nahrungsnutzung oder *Optimal Foraging* genannt) geht davon aus, dass Tiere Ressourcen möglichst effizient erwerben und unnötigen Energieaufwand vermeiden. Nach Nahrung zu suchen und sie aufzunehmen erfordert Zeit und Energie. Für die größte evolutionäre Fitness muss das Tier den maximalen Nutzen mit minimalem Aufwand erzielen. Mit der Theorie des optimalen Nahrungserwerbs lässt sich die beste Strategie vorhersagen.

» Das Ernährungsspektrum dürfte breiter sein, wenn Nahrung knapp ist, und schmaler, wenn Überfluss herrscht. «

Eric Pianka
On Optimal Use of a Patchy Environment,
in: *American Naturalist,* 1966

Nahrungserwerb

Die erste Theorie des Nahrungserwerbs entstand erst Mitte der 1960er-Jahre, als die US-Amerikaner Robert MacArthur und Eric Pianka erforschten, warum sich Tiere, wenn ein breites Nahrungsangebot verfügbar ist, dennoch auf wenige bevorzugte Beutetypen beschränken. Demnach sollte die natürliche Selektion Tiere bevorzugen, deren Verhalten die Nettoenergieaufnahme relativ zum Zeitaufwand maximiert. Dieser Zeitaufwand umfasst die Suche bzw. Jagd sowie das Töten und Fressen der Beute (»Handhabungszeit«).

Diese Idee haben die US-Ökologen Ronald Pulliam und Eric Charnov sowie der Australier Graham Pyke weiterentwickelt. Demnach scheint die Theorie des optimalen Nahrungserwerbs am besten auf bewegliche Tiere zuzutreffen, die unbewegte Nahrung suchen; manche meinen, dass sie bei beweglicher Beute weniger relevant ist.

Siehe auch: Evolution durch natürliche Selektion 24–31 ▪ Räuber-Beute-Gleichungen 44–49 ▪ Das Konkurrenzausschlussprinzip 52–53 ▪ Mutualismus 56–59

» Das erwartete Verhalten von Tieren in Bezug auf die verfügbaren Ressourcen kann genutzt werden, um die biotische Struktur von Gemeinschaften vorherzusagen. «

H. Ronald Pulliam
The Principle of Optimal Behaviour and the Theory of Communities, in: *Perspectives in Ethology,* 1976

Grundlegende Wahl

Tiere müssen auswählen, welche Sorte Nahrung sie bevorzugen, was oft schwierig ist. So studierten die US-Amerikaner Howard Richardson und Nicolaas Verbeek Sundkrähen, die Muscheln in der Gezeitenzone in British Columbia fressen. Die Krähen mussten einigen Aufwand betreiben, um die Muscheln auszugraben und die Schalen zu öffnen. Kleine Muscheln wurden oft nicht geknackt. Daraus schlossen die Ökologen, dass die Krähe die Handhabungszeit gegen die Nahrungsmenge abwägen muss. Der Aufwand dafür, eine kleine Muschel zu knacken, wird besser eingesetzt, um eine größere auszugraben. Eine ähnliche Studie stellte fest, dass Austernfischer die größten Muscheln ignorieren – deren dicke Schalen voller Seepocken waren schwer zu öffnen. Die Vögel hatten mehr von dünnschaligen Muscheln, obwohl diese kleiner waren.

Tiere müssen auch entscheiden, wann und wo sie fressen. Je länger etwa ein Star in einem Stück Grasland bleibt, desto schwieriger wird es, Beute zu finden. Er muss also entscheiden, wann er den Ort wechselt – ein Beispiel für das Grenzertragstheorem. Tiere müssen noch weitere Faktoren in Betracht ziehen, etwa die Menge an Prädatoren, die Zahl der Konkurrenten um die gleiche Nahrung sowie die Folgen menschlicher Aktivitäten. ▪

Austernfischer nutzen, anders als ihr Name vermuten lässt, vor allem Mies- und Herzmuscheln als Nahrungsquelle. Ohne sie müssen die Vögel weiter im Binnenland nach Nahrung suchen.

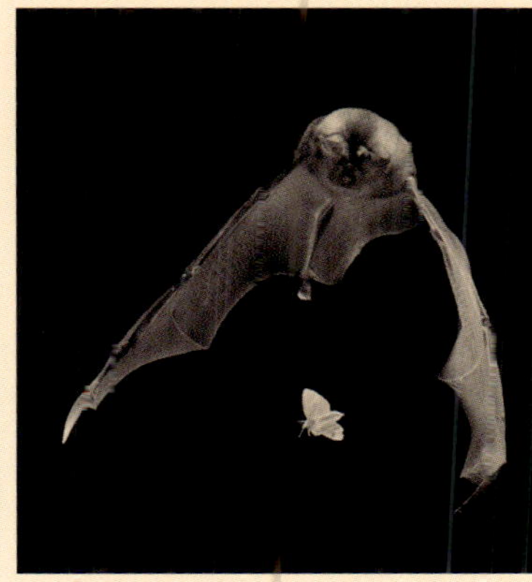

Echoortung

Neue technische Hilfsmittel haben Forschungen über die Jagdstrategien von Tieren sehr erleichtert. Insektenfressende Fledermäuse nutzen im Dunkeln die Echoortung (auch Biosonar genannt), um fliegende Beute wie Mücken oder Motten zu finden und zu verfolgen. Ein japanisches Wissenschaftlerteam erforschte die Nahrungsgewohnheiten von Fledermäusen mit Mikrofonen und mathematischen Modellanalysen. Sie nahmen die Rufe und Flugbahnen der Fledermäuse auf und fanden heraus, dass sie ihr Sonar nicht nur auf die gerade verfolgten Insekten richten, sondern gleichzeitig auf die, die sie als Nächstes jagen wollen.

Das Team fand auch Hinweise, dass die Tiere bei ihrer Flugbahn zwei Schritte vorausdenken, ähnlich wie ein guter Schachspieler. Sie maximierten nicht nur ihren Energiegewinn, indem sie gleichzeitig mehrere Insekten verfolgten, sondern minimierten auch ihren Energieaufwand, indem sie bei der Jagd eine möglichst kurze Strecke wählten. Dieses Verhalten passt gut zur Theorie des optimalen Nahrungserwerbs.

PARASITEN UND KRANKHEITSERREGER REGULIEREN POPULATIONEN WIE DIE RÄUBER

ÖKOLOGISCHE EPIDEMIOLOGIE

IM KONTEXT

SCHLÜSSELFIGUREN
Roy Anderson (*1947),
Robert May (1936–2020)

FRÜHER
1662 Der englische Kurzwarenhändler John Graunt analysiert die Todesarten in London statistisch in *Natural and Political Observations made upon the Bills of Mortality*.

1927 Die Schotten Anderson Gray McKendrick und William Ogilvy Kermack entwickeln ein epidemisches Modell für infizierte, nicht infizierte und gesunde Individuen.

SPÄTER
1996 Der US-Epidemiologe James S. Koopman fordert den stärkeren Einsatz von Computern, um zu simulieren, wie sich Krankheiten ausbreiten.

2018 Ein weltweites Team verfolgt die Ausbreitung eines Pilzes, der Frösche dezimiert.

Die Epidemiologie erforscht, wie sich Krankheiten in einer Population ausbreiten. Ursprünglich stand dabei der Mensch im Vordergrund, inzwischen werden die Methoden aber auch für Populationen anderer Lebewesen effektiv angewendet.

Ökologen erkannten früh, dass die Größe einer Tier- oder Pflanzenpopulation und ihre Wachstumsrate vom Angebot an Nahrung und Lebensraum sowie der Menge an Fressfeinden abhängt. In den 1970er-Jahren zeigten der Brite Roy Anderson und der Australier Robert May, wie Parasiten sowie bakterielle und virale Infektionen die Größe einer Population begren-

Siehe auch: Die mikrobiologische Umwelt 84–85 ▪ Mikrobiologie 102–103 ▪ Die allgegenwärtigen Mykorrhizae 104–105 ▪ Biodiversität und Ökosystemfunktion 156–157 ▪ One Health 212–213

Karte der Todesfälle durch Cholera in London 1854

LEGENDE
1–4 Todesfälle
5–9 Todesfälle
10–15 Todesfälle
Wasserpumpe in der Broad Street

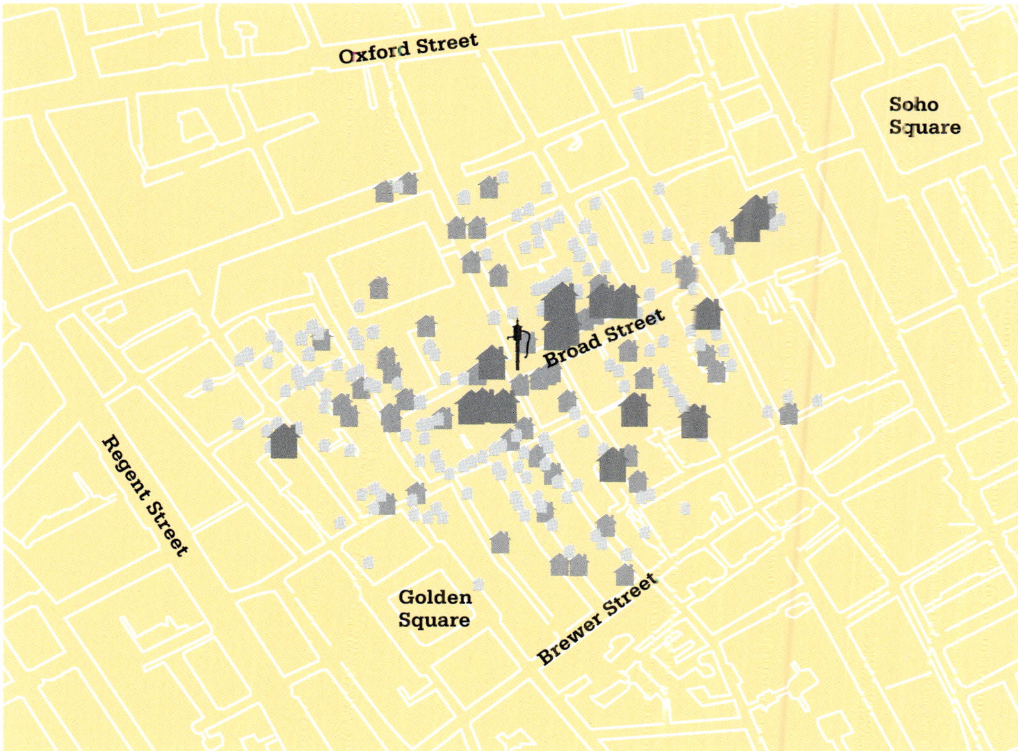

Todesfälle beim Ausbruch der Cholera von 1854 ließen sich auf eine Wasserpumpe zurückführen. Das Wasser dort war durch das Abwasser einer kranken Familie verschmutzt worden.

zen. Bei wilden Schafen ist z. B. die wichtigste Todesursache der Lungenwurm, während die meisten Vögel an Vireninfektionen sterben.

In der Ökologie haben Krankheiten weitere Auswirkungen. Bis zu 40 % der Bakterien im Ozean sterben täglich durch Viren. Dies führt zum »viralen Shunt«, durch den Nährstoffe an die Basis der Nahrungskette zurückfließen, statt die Nahrungskette hinaufzuwandern.

Am Anfang war der Mensch

Die Epidemiologie begann mit dem britischen Arzt John Snow, der 1854 eine Choleraepidemie im Londoner Stadtteil Soho miterlebte. Damals meinte man, dass die Krankheit durch Miasma – eine Art giftiger Dämpfe in der Luft – verursacht wurde, das von den Leichen und Sterbenden ausging. Snow war nicht der Erste, der dies anzweifelte, aber bei der Cholera hatte er besonders starke Zweifel.

Er trug jeden Cholerafall in eine Karte von Soho ein und stellte fest, dass die betroffenen Haushalte das Wasser an einer Pumpe in der Broad Street (heute: Broadwick Street) holten. Er ließ die Pumpe »

Der Arzt John Snow kämpfte für seine Überzeugung, dass Cholera durch Wasser übertragen wird. Die medizinische Zeitschrift *Lancet* räumte erst 1866 ein, dass er recht hatte.

Dürren und Pflanzenkrankheiten

Wie andere Krankheitserreger brauchen auch Pflanzenpathogene einen Pool von empfänglichen Wirtsindividuen, die sie infizieren können. In Dürreperioden verlangsamen sich das Wachstum und die Vermehrung, wodurch weniger Krankheiten auftreten.

Doch Trockenheit schwächt die Pflanzen auch und macht sie empfindlicher für Krankheitserreger, die trockene Verhältnisse aushalten. Dazu gehören verschiedene Pilze, die die Blätter von Getreide, Hülsenfrüchten und Obst befallen. Sie sind daran angepasst, in inaktivem Zustand als harte, mikroskopisch kleine Körper zu überleben, im trockenen Boden schaffen sie das über Jahre. Doch bei Feuchtigkeit müssen sie in wenigen Wochen einen Wirt finden, um nicht zu sterben. Sie töten den Wirt nicht immer. Forschungen an Kichererbsen zeigen, dass bei Trockenheit mehr Infektionen durch diese Pilze entstehen, aber die Sterberate der Pflanzen bei Dürre abnimmt.

Bei einer Sommerdürre wachsen junge Gerstenpflanzen kaum. Trockenheit und Hitze verringern ihre Widerstandskraft gegen Pilze, die ihre Wurzeln befallen.

abstellen und die Epidemie ließ bald nach. Die Cholera wurde also durch das Wasser übertragen, und Menschen steckten sich durch verschmutztes Wasser oder Nahrung an. Ein Jahrzehnt später beschrieb Louis Pasteur mit der »Keimtheorie«, dass Krankheiten, aber auch Fäulnis und Zersetzung von Mikroorganismen verursacht werden.

Krankheitsmodelle

In den 1970ern konzentrierten sich Anderson und May auf die Entwicklung eines mathematischen Modells für den Einfluss von Mikroorganismen auf Populationen. Ihr System von Gleichungen sollte auch in der realen Welt erklären, wie sich verschiedene Pathogene verbreiten – von Bakterien und Viren zu parasitischen Würmern und Insektenlarven.

In ihrem Modell wurden (virtuell im Computer repräsentierte) Mäuse in drei Gruppen unterteilt: empfängliche, aber nicht infizierte Mäuse, infizierte Mäuse sowie Mäuse, die die Infektion überlebt hatten und nun immun waren. Anders als frühere epidemiologische Modelle war die Gesamtzahl nicht konstant; Mäuse kamen durch Geburt oder Zuwanderung hinzu und starben auch an natürlichen Ursachen. Ohne Krankheiten blieb die Gesamtzahl gleich, weil die Rate der neu hinzukommenden Mäuse mit der Zahl der sterbenden im Gleichgewicht stand.

> »Bei sinnvoller Anwendung sind mathematische Modelle nicht mehr und nicht weniger als Werkzeuge, um über Dinge in einer präzisen Weise nachzudenken.«
>
> **Roy Anderson / Robert M. May**
> *Infectious Diseases of Humans: Dynamics and Control,* 1991

Ein Baum in North Yorkshire (Großbritannien) zeigt das Ulmensterben durch einen Pilz, der unabsichtlich aus Asien eingeführt wurde und vom Ulmensplintkäfer verbreitet wird.

Der Einfachheit halber nahm das Modell an, dass die Krankheit durch Kontakt zwischen infizierten und nicht infizierten Mäusen verbreitet wurde (Ansteckungsrate). Nicht alle infizierten Mäuse starben, denn das Modell enthielt auch eine Genesungsrate. Die gesundeten Mäuse waren immun, zumindest am Anfang. Immunität gegen Viren ist meist lebenslang, aber für einige bakterielle Infektionen kann man nach einiger Zeit wieder empfänglich werden. Daher enthielt das Modell auch eine Rate dazu, dass Immunität wieder verloren geht.

Mit diesen Annahmen stellten Anderson und May ein Gleichungssystem auf, das die Rate der Populationsänderung der drei Gruppen (empfängliche, infizierte und immune Mäuse) vorhersagt und

> »Krankheiten mit kurzen Infektionen und dauerhafter Immunität neigen dazu, epidemische Muster zu zeigen.«
>
> **Roy Anderson / Robert M. May**
> *Population biology of infectious diseases: Part I. Nature,* 1979

damit auch die Veränderung der gesamten Mäusepopulation.

Das Modell zeigte, dass sich eine Krankheit in einer Population hielt, wenn die Population im Gleichgewicht – Geburten, Zuwanderung und natürliche Sterberate sind ausgeglichen – größer ist als ein Schwellenwert, der die Ansteckungsrate, Genesungsrate sowie die natürliche und krankheitsbedingte Sterberate kombiniert. Mit der Krankheit ist die Population kleiner als ohne sie. Wenn sie einen Wert unter dem Schwellenwert erreicht, verschwindet die Krankheit. Und ist die Population erst einmal ohne Krankheit, kehrt sie zum Gleichgewichtszustand zurück.

In der realen Welt

Anderson und May mussten zeigen, dass ihr Modell Populationen in der realen Welt genau beschrieb. Dazu verwendeten sie Daten aus Laborexperimenten, in denen Mäuse mit der Pasteurellose, einer bakteriellen Krankheit, infiziert worden waren. Die Beobachtungsdaten bestätigten ihre Modellierung, von da ab konnten die Wissenschaftler die Auswirkungen auch von hypothetischen Werten ausgehend betrachten. So erkannten sie, dass die Krankheit den größten Einfluss auf die Population hatte, wenn die Geburten- oder Zuwanderungsrate am höchsten war. Demnach sind Arten mit einer hohen Vermehrungsrate (die viele nicht infizierte Jungtiere hervorbringt) am wahrscheinlichsten von endemischen Krankheiten betroffen. Zudem ist ihre Zahl niedriger bei Arten, die sich langsamer vermehren. Die Forscher konnten auch die Folgen unterschiedlich intensiver Krankheiten berechnen lassen.

Im Gegensatz zu endemischen Krankheiten, bei denen der Infektionsgrad in einer Population konstant bleibt, treten Epidemien dann auf, wenn die Zahl der infizierten und empfänglichen Individuen im Vergleich zur Sterberate klein ist. Dann steigen die Infektionszahlen steil an und fallen wieder ab. Epidemien treten auch auf, wenn eine Krankheit zwar nicht sehr tödlich ist, aber das Wachstum der Population verlangsamt; dies betrifft menschliche Krankheiten wie Masern und Windpocken

Anwendungen der Theorie

Das Wissen über die Merkmale von Krankheiten und welche Folgen sich für Tier- und Pflanzenpopulationen daraus ergeben, wird für die Ökologie immer wichtiger. Landwirte etwa profitieren davon, dass Parasiten und die Dynamik von Krankheiten, die Nutzpflanzen und -tiere befallen, erkundet werden. Naturschützer ebenfalls, wenn sie sich damit befassen, wie exotische Krankheiten und invasive Parasiten empfindliche Ökosysteme beeinflussen. ■

Venn-Diagramm der ökologischen Epidemiologie

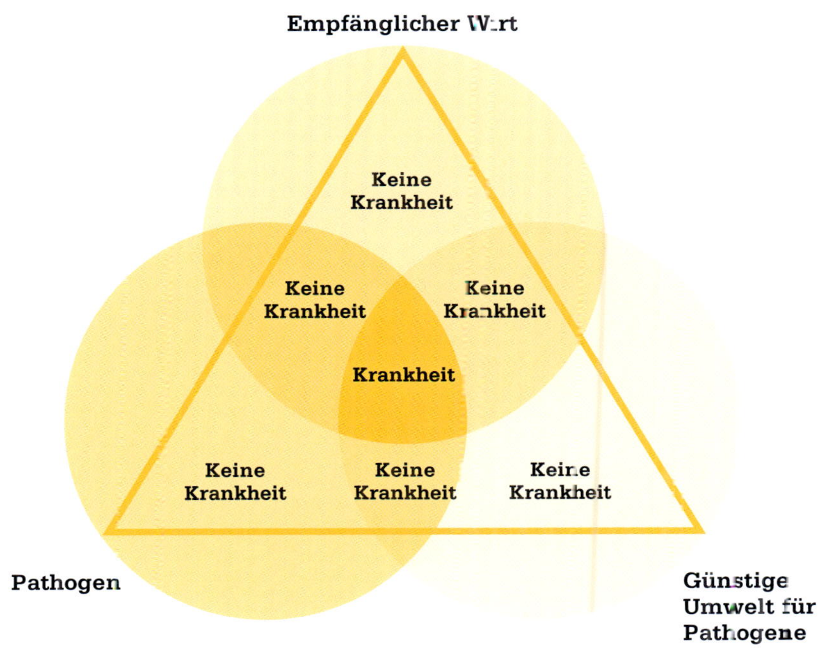

Ein Pathogen verursacht eine Krankheit, wenn ein empfänglicher Wirt in einer infektionsfördernden Umwelt gegeben ist, hier als Schnittmenge der Kreise dargestellt. So verbreitet sich Durchfall schnell in unhygienischen Verhältnissen.

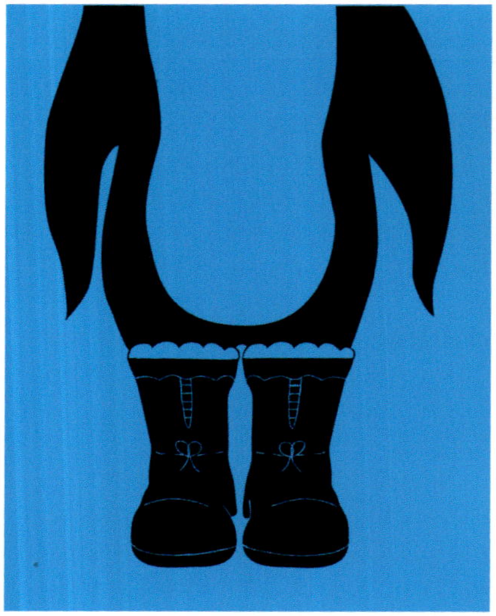

WARUM PINGUINE NIEMALS KALTE FÜSSE HABEN

ÖKOPHYSIOLOGIE

IM KONTEXT

SCHLÜSSELFIGUR
Knut Schmidt-Nielsen
(1915–2007)

FRÜHER
1845 Der deutsche Entdecker Alexander von Humboldt erkennt, dass Pflanzen bei ähnlichen ökologischen Faktoren viele ähnliche Merkmale haben.

1859 Charles Darwin meint, dass sich Lebewesen durch Anpassung an sich wandelnde Umweltfaktoren entwickeln.

SPÄTER
1966 Die australischen Biochemiker Marshall Hatch und Charles Slack stellen fest, dass die am weitesten verbreiteten Pflanzen die mit der effizientesten Fotosynthese sind.

1984 Der Brite Peter Wheeler meint, dass die Bipedie (aufrechter Gang auf zwei Beinen) beim Menschen eine Anpassung zur Wärmeregulation ist, damit möglichst wenig Körperfläche der Sonne ausgesetzt wird.

Das Grundprinzip der darwinschen Evolution ist, dass alle Lebewesen, von einfachen Bakterien bis zu komplexen Säugetieren, durch natürliche Selektion an das Überleben in einer bestimmten Nische angepasst sind. Die Ökophysiologie, für die das Buch *Animal Physiology* (1960; dt.: *Physiologie der Tiere,* 1965) von Knut Schmidt-Nielsen eine wichtige Basis ist, erforscht, wie Anatomie und Physiologie eines Lebewesens mit den Bedingungen in seiner Umwelt zusammenhängen. Sie zeigt, wie die Anatomie von Tieren oder Pflanzen mit der Fähigkeit zum Überleben, aber auch der Verbreitung, Häufigkeit und Fruchtbarkeit verbunden ist. Die Ökophysiologie hilft uns zu verstehen, wie Belastungen durch den Klimawandel natürliche Ökosysteme, aber auch Kulturlandschaften beeinflussen.

> »Aus physiologischer Sicht ist Süßwasser im Meer nicht leichter verfügbar als in der Wüste.«
>
> **Knut Schmidt-Nielsen**
> *The Camel's Nose,* 1998

Die richtige Temperatur

Die Ökophysiologie hat einige spezifische Anpassungen an verschiedene Umwelten gefunden. So haben Tiere in kälteren Regionen generell größere Körper und kleinere Beine, Ohren und Schwänze als verwandte Arten in wärmeren Klimata. Bei einem großen Körper ist das Verhältnis der Oberfläche zum Volumen kleiner, sodass er weniger Wärme verliert, und kleinere abstehende Körperteile senken das Risiko für Erfrierungen.

Extreme Kälte birgt die Gefahr, dass die Füße warmblütiger Tiere am Boden festfrieren. Arktische Säugetiere wie Moschusochsen und Eisbären haben daher dicke, isolierende Haare an den Füßen.

Die Fußunterseite bei Pinguinen in der Antarktis wird durch eine dicke Fettschicht isoliert. Pinguine haben zudem Wärmetauscher nach dem Gegenstromprinzip in den Beinen. Das warme Blut vom Körper

Siehe auch: Evolution durch natürliche Selektion 24–31 ▪ Ökologische Nischen 50–51 ▪ Das Konkurrenzausschlussprinzip 52–53 ▪ Ökologische Stöchiometrie 74–75

wird durch das kalte Blut, das von den Füßen aus zurückströmt, auf fast 0 °C gekühlt, dabei wird dies selbst wieder auf Körpertemperatur erwärmt.

Gazellen in Afrika haben ein ähnliches Gegenstromsystem zur Kühlung. Das Blut wird hier zum Kopf hin gekühlt, was ihnen einen Vorteil gegenüber Räubern gibt, die bei der Jagd oft überhitzen. Kamele haben einen Wärmetauscher in der Nasenhöhle, um den Wasserverlust beim Ausatmen zu verringern. Heiße, trockene Luft wird eingeatmet und mischt sich in der Nase mit feuchter Luft, bevor sie in die Lunge gelangt. Die ausgeatmete Luft ist kühler als die Außenluft, und ihre Feuchtigkeit kondensiert in der Nase. So entstehen die kühlen, feuchten Verhältnisse, die den nächsten Atemzug kühlen.

Herausforderungen

Heute widmet sich die Ökophysiologie immer mehr den Pflanzen, Tieren und Mikroben. Wie Tiere mussten sie sich anpassen, um zu überleben, und ihr Studium kann zu wichtigen Entdeckungen führen – für den Umweltschutz, aber auch für kommerzielle Zwecke. ■

Kaiserpinguine überleben tiefste antarktische Temperaturen dank der Art, wie sich ihre Körper an die harsche Umwelt angepasst haben.

Knut Schmidt-Nielsen

Knut Schmidt-Nielsen wuchs in Trondheim (Norwegen) auf. Das Interesse daran, wie die Physiologie eines Tiers mit seinem Lebensraum zusammenhängt, hatte er von seinem Großvater übernommen, der Jahre vor Knuts Geburt Tausende von Flunderlarven in einem Süßwassersee ausgesetzt hatte. Zwar gediehen die Fische, hatten aber keine Nachkommen, da ihre Physiologie an die Fortpflanzung in Salzwasser angepasst war.

Schmidt-Nielsen ging 1954 an die *Duke University* (North Carolina, USA). Er baute eine Klimakammer für Wüstentiere, um die Anatomie von Kamelen, Rennmäusen und anderen Tieren zu erforschen, die lange ohne Wasser leben können. Er untersuchte auch den Atemtrakt von Vögeln und den Auftrieb von Fischen. Sein Lehrbuch *Physiologie der Tiere* von 1960 ist ein Klassiker.

Hauptwerke

1960 *Physiologie der Tiere*
1964 *Desert Animals*
1972 *How Animals Work*
1984 *Scaling*
1998 *The Camel's Nose: Memoirs of a Curious Scientist*

ALLES LEBEN IST CHEMISCH

ÖKOLOGISCHE STÖCHIOMETRIE

IM KONTEXT

SCHLÜSSELFIGUREN
Robert Sterner (*1958),
James Elser (*1959)

FRÜHER
1840 Der deutsche Biologe und Chemiker Justus von Liebig meint, dass die Produktivität der Landwirtschaft vor allem chemisch begrenzt ist.

1934 Der US-Ozeanograf Alfred Redfield misst das Atomverhältnis von Kohlenstoff, Stickstoff und Phosphor (C:N:P) in Plankton und Meerwasser; es ist in allen Weltmeeren recht gleich. Das Redfield-Verhältnis wird zur Basis solcher Forschung.

SPÄTER
2015 In *Ocean Stoichiometry, Global Carbon, and climate* betont Robert Sterner veränderte Verhältnisse von C:N:P bei Phytoplankton, das in nährstoffarmem Oberflächenwasser niedriger Breiten mehr Kohlenstoff aus der Luft aufnimmt.

Jedes Lebewesen, von der winzigen Meeresalge bis zum Mammutbaum, besteht aus chemischen Elementen in verschiedenen Mengenverhältnissen. Die ökologische Stöchiometrie untersucht das Gleichgewicht dieser Elemente und wie sich die Verhältnisse bei chemischen Reaktionen verändern. Solche Studien beleuchten, wie die Welt der Lebewesen funktioniert und wie Organismen Nährstoffe und andere lebenswichtige Substanzen aus den Ressourcen ihrer Umwelt entnehmen.

» Individuelle Organismen zeigen auch im Lauf ihres Lebenszyklus Unterschiede in der Stöchiometrie. Junge Organismen haben eine andere Zusammensetzung als ältere … «

Robert Sterner und James J. Elser
Ecological Stoichiometry, 2002

Die Disziplin der ökologischen Stöchiometrie wurde erstmals umfassend von den US-amerikanischen Biologen Robert Sterner und James Elser beschrieben. In *Ecological Stoichiometry* (2002) wendeten sie mathematische Modelle auf jeder Stufe an: von Molekülen und Zellen über individuelle Pflanzen und Tiere bis zu Gemeinschaften, Populationen und Ökosystemen.

Schlüsselsubstanzen

In der Ökologie sind die drei wichtigsten Elemente Kohlenstoff (C), Stickstoff (N) und Phosphor (P), da sie jeweils eine eigene essenzielle Rolle spielen. Kohlenstoff ist der fundamentale Baustein allen Lebens und wichtige Komponente bei vielen chemischen Reaktionen. Stickstoff ist ein Hauptbestandteil aller Proteine, während Phosphor für das Zellwachstum und die Energiespeicherung entscheidend ist.

Das Elementverhältnis C:N:P eines Lebewesens ist nicht konstant. Bei Pflanzen variiert es, sie passen dieses Verhältnis je nach Umweltbedingungen an. So kann der Anteil von Kohlenstoff in ihrer chemischen Zusammensetzung an einem sonnigen Tag ansteigen, weil sie mehr Fotosynthese betreiben, das ist der

Siehe auch: Ökophysiologie 72–73 ▪ Die Nahrungskette 132–133 ▪ Energieflüsse in Ökosystemen 138–139 ▪ Die Fundamente der Pflanzenökologie 167

Ökologische stöchiometrische Verhältnisse

Eine Heuschrecke frisst Gras, das bis zu sechsmal so viel Kohlenstoff enthält, wie sie selbst braucht. Daher muss sie Kohlenstoff ausscheiden oder als CO_2 ausatmen. Heuschrecken sind bei Forschern beliebt, da sie leicht zu halten sind.

LEGENDE
Kohlenstoff
Stickstoff

Prozess, durch den sie Kohlendioxid (CO_2) aus der Luft aufnehmen und in Nährstoffe umwandeln.

Tiere, die sich höher in der Nahrungskette befinden, haben eher ein festes Verhältnis von C : N : P. Sie brauchen also Mechanismen, um Ungleichgewichte auszugleichen. Erhält etwa ein Pflanzenfresser zu viel Kohlenstoff mit der Nahrung, kann er die Verdauungsenzyme anpassen und den Überschuss ausscheiden oder als Fett speichern. Oder er erhöht die Stoffwechselrate, um das Zuviel zu verbrennen und als CO_2 auszuatmen. Werden diese Mechanismen durch ein starkes Ungleichgewicht überstrapaziert, beeinträchtigt das die Fitness, das Wachstum und die Fortpflanzung. Fleischfresser haben es leichter, weil das Verhältnis von C : N : P der Beutetiere ihrem ähnelt. Die Größe der Beutepopulation wird allerdings von den Pflanzen bestimmt, weil kohlenstoffreiche Pflanzen weniger Konsumenten ernähren können.

Die Welt verstehen

Nahrungsketten sind ein Forschungsbereich; die ökologische Stöchiometrie umfasst praktisch alles. Mit dem Wissen, wie die chemische Zusammensetzung von Organismen ihre Ökologie formt, lernen wir auch, die Umwelt besser zu managen. Diese Forschungen werden das zukünftige Leben auf der Erde erheblich mitbestimmen. ■

Wüstenheuschrecken (*Schistocerca gregaria*) brauchen enorme Mengen kohlenstoffreicher Pflanzen, um genug Stickstoff und Phosphor für das richtige Verhältnis von C : N : P zu erhalten.

Die Wachstumsratenhypothese

Die Krebsforschung ist einer der Bereiche, in denen stöchiometrische Methoden genutzt werden. Es gibt Belege für die Wachstumsratenhypothese, die erklären könnte, warum manche Tumoren schneller als andere Gewebe wachsen.

Demnach haben Lebewesen mit einem hohen Verhältnis von C : P wie Fruchtfliegen mehr Ribosomen in den Zellen, sodass sie schneller wachsen und sich fortpflanzen können. Im Organismus liegt etwa die Hälfte des Phosphors als ribosomale RNA (rRNA) vor; sie kommt in allen Zellen vor und ist für die Herstellung von Proteinen und damit das Wachstum und die Zellvermehrung essenziell. Durch biologische Stöchiometrie haben James Elser und sein Team gezeigt, dass schnell wachsende Tumoren einen viel höheren Phosphorgehalt als normales Körpergewebe haben. Dies kann in Zukunft helfen, Krebszellen zu kontrollieren

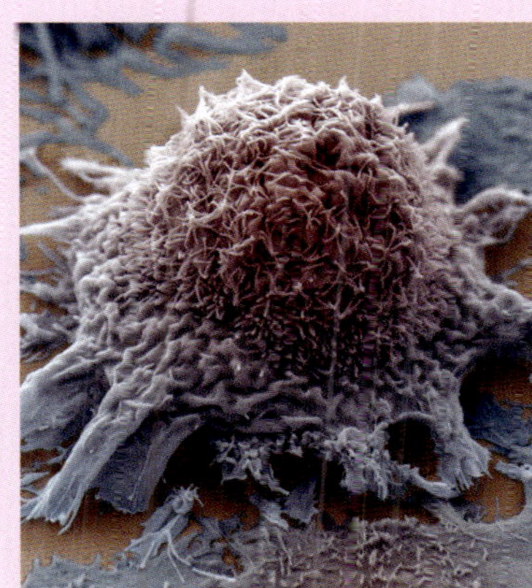

Bösartiges Lungengewebe (in diesem Bild) und Darmkrebszellen wiesen in Studien, die das rapide Tumorwachstum erforschten, den höchsten Phosphorgehalt auf.

ANGST AN SICH IST EINE MÄCHTIGE KRAFT

NICHT KONSUMTIVE EFFEKTE DER RÄUBER AUF IHRE BEUTE

IM KONTEXT

SCHLÜSSELFIGUR
Earl Werner (*1944)

FRÜHER
1966 Der US-amerikanische Ökologe Robert Paine führt eine Reihe bahnbrechender Freilandexperimente durch, um den entscheidenden Einfluss von Prädatoren auf die Lebensgemeinschaft aufzuzeigen.

1990 Die kanadischen Biologen Lima und Lawrence Dill analysieren die Entscheidungsfindung bei Lebewesen, die dem größten Risiko ausgesetzt sind, Beute eines anderen zu werden.

SPÄTER
2008 Der US-amerikanische Verhaltensbiologe und Ökologe John Orrock arbeitet mit Earl Werner und anderen zusammen, um mathematische Modelle zur Erklärung der nicht konsumtiven Effekte von Prädatoren zu entwickeln.

Viele Darstellungen von Ökosystemen beschreiben Räuber-Beute-Beziehungen, bei denen Räuber (Prädatoren) die Beute töten und fressen. Doch der US-Amerikaner Earl Werner und andere haben gezeigt, dass schon die Anwesenheit von Räubern das Verhalten der Beute ändert.

Außer Spitzenprädatoren müssen alle Tiere die Notwendigkeit zu schlafen, sich fortzupflanzen und zu fressen einerseits und das Risiko des Gefressenwerdens andererseits gegeneinander abwägen. Die tödliche Rolle von Räubern ist eindeutig, aber ihre nicht tödliche (nicht konsumtive) Rolle kann größere Auswirkungen auf ein Ökosystem haben. Die potenzielle Beute ändert ihr Verhalten, um möglichst nicht getötet zu werden.

Siehe auch: Evolution durch natürliche Selektion 24–31 ▪ Räuber-Beute-Gleichungen 44–49 ▪ Ökologische Nischen 50–51 ▪ Das Konkurrenzausschlussprinzip 52–53 ▪ Mutualismus 56–59 ▪ Optimaler Nahrungserwerb 66–67

Eine Amerikanische Königslibelle legt Eier in einem Teich. Die Larven sind räuberisch und es wurde belegt, dass sie das Verhalten von Kaulquappen, ihrer Beute, beeinflussen.

1990 studierte Werner den Einfluss von Larven der Amerikanischen Königslibelle auf die Kaulquappen von Kröten. Er bemerkte, dass bei Anwesenheit der räuberischen Larven die Kaulquappen weniger aktiv waren, sich in anderen Bereichen des Beckens aufhielten und bei der Metamorphose zur Kröte kleiner waren. Der Prädator hatte das Aussehen und Verhalten der Kröten einfach durch seine Anwesenheit verändert.

Ein Jahr später untersuchte Werner, was passiert, wenn es mehr als eine Beuteart gibt. Ohne Prädatoren wachsen die Kaulquappen des Ochsenfroschs und des Schreifroschs fast gleich schnell. Doch wenn es räuberische Königslibellenlarven gab, waren beide Arten weniger aktiv und schwammen in anderen Beckenbereichen. Die Ochsenfroschkaulquappen wuchsen schneller, während die Schreifroschkaulquappen weniger Futter suchten und langsamer wuchsen. Werner schloss auf einen Zielkonflikt zwischen der Notwendigkeit, möglichst schnell zu wachsen, und dem Risiko, von Prädatoren gefressen zu werden. Da die Libellenlarven das Verhalten der Beutearten unterschiedlich beeinflussten, hatte der Ochsenfrosch einen Konkurrenzvorteil gegenüber dem Schreifrosch.

Landtiere

Die frühen Studien nicht konsumtiver Effekte untersuchten Wassertiere im Labor, doch es wurden auch Landtiere erforscht. Deutsche Freilandstudien, 2018 veröffentlicht, befassten sich mit dem Luchs und dem Rehwild als seine Beute. Waren Luchse vor Ort, vermieden die Rehe Gebiete, in denen ein hohes Risiko bestand, und zwar am Tag und im Sommer, wenn Luchse nachts jagen. Die Rehe mieden einige Gebiete ganz – wohl aus Angst vor Angriffen.

Überall, wo es Prädatoren gibt, kommt es zu nicht konsumtiven Effekten. Sie betreffen auch einige sessile (unbewegliche) Arten, nicht nur bewegliche Beute. So kann es vorkommen, dass eine Art von Prädatoren vertrieben wird und im neuen Habitat konkurrenzstärker als die dort vorhandenen Arten ist. Kleine Fische, die vertrieben wurden, können etwa mit zuvor sesshaften Schwämmen um Nahrung konkurrieren und sie verdrängen ▪

» … Arten reagieren [auf Räuber], indem sie ihre Aktivität verringern und den Raum anders nutzen «

Earl Werner
Nonlethal Effects of a Predator on Competitive Interactions Between Two Anuran Larvae, in: *Ecology*, 1991

ORDNUNG IN DER NAT WELT

ÜRLICHEN

UM 350 V. CHR.

Aristoteles' *Geschichte der Tiere* gruppiert Lebewesen nach ihrer ***Species*** **(Art)** auf einer ***Scala Naturae*** **(Leiter der Natur)** mit elf Stufen.

1665 N. CHR.

Micrographia, das reich illustrierte Buch von **Robert Hooke,** zeigt einer größeren Leserschaft **mikroskopische Strukturen.**

1758

Die zehnte Auflage von *Systema Naturae* von **Carl von Linné** klassifiziert eine Reihe von Pflanzen- und Tierarten nach seinem **binären System.**

1881

Das ***Natural History Museum*** **in London** öffnet seine Türen; der Eintritt ist kostenlos. Heute umfasst diese Sammlung 80 Mio. Präparate und Objekte.

1942

Ernst Mayr entwickelt das **biologische Artkonzept,** das Arten dadurch definiert, ob sich Individuen miteinander fortpflanzen können.

Prähistorische, über 30 000 Jahre alte Höhlenmalereien zeigen, dass Menschen seit jeher die Vielfalt des Lebens bewundern. Aristoteles unternahm im 4. Jahrhundert v. Chr. frühe Versuche, Lebewesen zu klassifizieren. Seine elfstufige *Scala Naturae* (Leiter der Natur) setzt Menschen an die Spitze über Säugetiere, »primitivere« Tiere sowie schließlich Pflanzen und Steine. Noch tausend Jahre später sah die mittelalterliche Welt Varianten des aristotelischen Systems aus mehreren Gründen als gültig an. Ohne Mikroskope wusste man nichts über Zellen und Mikroben. Ohne die Unterwasserwelt erforschen zu können, fehlte das Wissen über das aquatische Leben und viele Weltregionen waren westlichen Gelehrten unbekannt. Nach dem vorherrschenden Glauben der katholischen Kirche galt die Natur als statisch und unveränderlich.

Zeitalter der Entdeckungen

Die Zeit der Expeditionen und der Kolonisation führte westliche Forschende in Länder und zu Lebewesen, die unbekannt waren. In der *Historia Animalium* (1551–1558; dt.: *Thierbuch,* 1563) beschrieb der Schweizer Arzt Conrad Gessner Funde aus der Neuen Welt und Fernost, bezog sich aber auch auf klassische Quellen. In dem fünfbändigen Werk unterteilt er die Tiere in Säugetiere, Reptilien und Amphibien, Vögel, Fische und Wassertiere sowie Schlangen und Skorpione.

Die Erfindung des Mikroskops hatte ebenfalls erhebliche Folgen. Der englische Gelehrte Robert Hooke wendete die neue Technik schnell an: Sein Buch *Micrographia* (1665) inspirierte andere, dasselbe zu tun. Er konnte Objekte bis zu 50-fach vergrößert sehen und fertigte detaillierte Zeichnungen an. Er prägte den Begriff »Zelle«, als er Pflanzenfasern untersuchte. Hooke überlegte auch, ob Fossilien Überreste früheren Lebens sind.

Klassifikation der Vielfalt

Historia Plantarum (1686–1704) des englischen Vikars John Ray ist das botanische Äquivalent zu Gessners *Thierbuch* und listet in drei enormen Bänden etwa 18 000 Arten auf. Ray führte auch ein biologisches Artkonzept ein: »Eine Art entspringt niemals dem Samen einer anderen.« Der schwedische Botaniker Carl von Linné, der »Vater der Taxonomie«, veröffentlichte *Systema Naturae* erstmals 1735, aber die zehnte Auflage (1758) begründete das moderne

1964
Die **Weltnaturschutzunion (IUCN)** erstellt die **Rote Liste** gefährdeter Arten. In den 1990er-Jahren leistet **Georgina Mace** Pionierarbeit, indem sie wissenschaftliche Kriterien für die Aufnahme von Arten in die Liste entwickelt.

1977
Carl Woese unterteilt die Organismen in **drei Domänen** und führt dabei eine neue Kategorie ein: die **Archaeen.**

1988
Norman Myers' Konzept der **Biodiversitäts-Hotspots** identifiziert zehn Orte, an denen Schutzmaßnahmen seltene Arten erhalten sollten.

1988
Edward O. Wilson prägt den Begriff **Biodiversität** und identifiziert später die wesentlichen **Bedrohungen durch den Menschen.**

2014
Die **Rote Liste der bedrohten Ökosysteme** wird von der IUCN offiziell anerkannt.

2024
Die Rote Liste der Weltnaturschutzunion **IUCN** zeigt, dass über **46 000 Arten** – mehr als 30 % aller untersuchten – vom **Aussterben** bedroht sind.

Namensschema. Zwei Bände widmen sich Pflanzen und Tieren, die er in Klassen, Ordnungen, Gattungen und Arten unterteilte. Sein binäres System der zweiteiligen Artnamen (Gattungsname mit Artzusatz) wird heute noch verwendet. Linné schrieb einen dritten Band über Gesteine, Mineralien und Fossilien.

Artkonzepte

Aufbauend auf Darwins Theorie der Evolution durch natürliche Selektion, festigte der deutsch-amerikanische Evolutionsbiologe Ernst Mayr das biologische Artkonzept in *Systematics and the Origin of Species* (1942). Für ihn war eine Art nicht nur eine Gruppe morphologisch ähnlicher Organismen, sondern eine Gemeinschaft, die sich nur untereinander fortpflanzen kann. Wenn Gemeinschaften innerhalb einer Art isoliert werden, können sie sich mit der Zeit durch Gendrift und natürliche Selektion immer mehr vom Rest der Population unterscheiden, bis eine neue Art entsteht.

Moderne Techniken wie Elektronenmikroskope oder mitochondriale DNA-Analysen liefern neue Daten – und Überraschungen – über die Zahl der Arten und ihre Verwandtschaft. 1966 wollte der deutsche Entomologe Willi Hennig die Evolution abbilden und schlug eine neue Taxonomie mit Kladen vor: Verwandtschaftsgruppen mit gemeinsamem Vorfahren. In den 1970ern gruppierte der US-Amerikaner Carl Woese das Leben in drei Domänen. Etwa 1,8 Mio. heutige Tier- und Pflanzenarten sind beschrieben (Stand 2025), Schätzungen der Gesamtzahl reichen aber von 2 Mio. bis zu 1 Bio.

Bedrohung der Diversität

Im späten 20. Jahrhundert, als man das Ausmaß und die kritische Rolle der Biodiversität immer besser verstand und erkannte, dass Arten evolutionär nicht nur entstehen, sondern auch aussterben, machten Ökologen wie der US-Amerikaner Edward Wilson der Welt die Folgen menschlicher Aktivität bewusst: die rapide Beschleunigung des Aussterbens. Um diese Gefahr bekannt zu machen, führte die Weltnaturschutzunion (IUCN; *International Union for Conservation of Nature*) 1964 eine Rote Liste gefährdeter Arten ein, 2014 folgte eine ähnliche Liste für Ökosysteme. Die Erde könnte sogar auf ein sechstes Massensterben in ihrer Geschichte zulaufen. Viele Maßnahmen werden nun diskutiert, etwa der Schutz von Biodiversitäts-Hotspots. ■

IN ALLEN DINGEN DER NATUR GIBT ES ETWAS BEWUNDERNS-WERTES

KLASSIFIKATION DER LEBEWESEN

IM KONTEXT

SCHLÜSSELFIGUR
Aristoteles
(um 384–322 v. Chr.)

FRÜHER
um 1500 v. Chr. Ägypter beschreiben Pflanzen mit verschiedenen Eigenschaften.

SPÄTER
8.–9. Jh. n. Chr. Islamische Gelehrte der Umayyaden- und Abbasidendynastie übersetzen viele Werke von Aristoteles ins Arabische.

1551–1558 Conrad Gessner klassifiziert in dem Buch *Historia Animalium* die Tiere der Welt in fünf Hauptgruppen.

1686–1704 John Ray publiziert in *Historia Plantarum* eine Liste mit 18 000 Arten.

1735 Carl von Linné entwickelt die binäre Nomenklatur, das erste konsistente System zur Klassifikation der Lebewesen. Damit listet er jede Art in seinem *Systema Naturae* auf.

Seit Beginn der dokumentierten Geschichte haben Menschen versucht, Lebewesen nach ihrem Nutzen einzuordnen. So zeigen ägyptische Wandmalereien von etwa 1500 v. Chr., dass die medizinische Wirkung vieler Pflanzen bekannt war. In der *Historia Animalium (Geschichte der Tiere)* unternahm Aristoteles im 4. Jahrhundert v. Chr. den ersten ernsthaften Versuch, Lebewesen zu klassifizieren sowie Anatomie, Verhalten und Entwicklung zu studieren.

Klassifikationsmerkmale

Aristoteles unterteilte die Lebewesen in Pflanzen und Tiere. Dann gruppierte er die Tiere in ungefähr 500 Arten nach offensichtlichen anatomischen Merkmalen, etwa ob sie Blut besitzen, ob sie »warmblütig« oder »kaltblütig« sind, ob sie vier oder mehr Beine haben und ob sie lebend gebären oder Eier legen. Er notierte auch, ob Tiere an Land, im Meer oder in der Luft leben. Vor allem gab Aristoteles den Gruppierungen Namen, die man später als *genus* und *species* ins Latein übersetzte – diese werden auch heute noch in der Taxonomie als die lateinischen (und englischen) Begriffe für »Gattung« und »Art« verwendet.

Aristoteles ordnete die Lebewesen nach der Art ihrer Geburt auf einer elfstufigen *Scala Naturae* (Leiter der Natur) an. Tiere auf den obersten Stufen gebaren lebende, warme, feuchte Nachkommen, die auf den unteren Stufen legten kalte, trockene Eier. Menschen standen auf der obersten Stufe, darunter kamen lebend gebärende Tetrapoden (Vierfüßer), Wale und Delfine, Vögel sowie eierlegende Tetrapoden. Auf unterster Stufe standen Mineralien und darüber Pflanzen, Würmer, Schwämme, Insekten mit Larven sowie Schalentiere.

» Sollte jemand gleichwohl meinen, die Betrachtung der übrigen Tiere sei etwas Niedriges, so müsste er in gleicher Weise auch von sich selber denken. «

Aristoteles
Über die Teile der Tiere, 4. Jh. v. Chr.

Siehe auch: Die mikrobiologische Umwelt 84–85 ▪ Ein System zur Identifizierung aller Lebewesen 86–87 ▪ Das biologische Artkonzept 88–89 ▪ Mikrobiologie 102–103 ▪ Tierverhalten 116–117 ▪ Inselbiogeografie 144–149

Ein Oktopus passt sich an den Hintergrund an. Dass er die Farbe ändern kann, war eine der vielen genauen Beobachtungen von Aristoteles.

Zwar war Aristoteles' Systematik sehr rudimentär, aber sie basierte auf eigenen Beobachtungen überwiegend von der Insel Lesbos. Er dokumentierte, was noch nie zuvor jemand beschrieben hatte, etwa dass junge Dornhaie im Leib ihrer Mutter heranwachsen, dass Welse ihre Eier bewachen und dass Oktopoden ihre Farbe ändern können. Die meisten Beobachtungen waren zuverlässig – einige wurden erst Jahrhunderte später bestätigt.

Die Große Kette der Wesen

Trotz ihrer Grenzen beeinflusste Aristoteles' Methodik spätere Klassifikationsversuche bis ins 18. Jahrhundert stark. Im christlichen Mittelalter wurde die *Scala Naturae* zur Großen Kette der Wesen erweitert, bei der Gott an der Spitze einer strikten Hierarchie über den Menschen stand, darunter die Tiere und auf unterster Stufe die Pflanzen.

Der Schweizer Arzt Conrad Gessner schrieb in den Jahren 1551 bis 1558 das erste moderne Tierverzeichnis, das er ebenfalls *Historia Animalium* (dt.: *Thierbuch,* 1563) nannte. Dieses monumentale, fünfbändige Werk basierte auf klassischen Quellen, enthielt aber auch neu entdeckte Arten aus Ostasien. Die Hauptgruppen der Tiere waren nach Gessner die lebend gebärenden Vierbeiner (Säugetiere), eierlegende Vierbeiner (Amphibien und Reptilien), Vögel, Fische und Wassertiere sowie Schlangen und Skorpione. Ab 1682 veröffentlichte der Engländer John Ray eine entsprechende Liste für Pflanzen, die *Historia Plantarum.* Kaum 50 Jahre später wurde die Systematik der Lebewesen durch das *Systema Naturae* von Carl von Linné vollendet. ■

Aristoteles

Aristoteles wurde in Makedonien (Griechenland) geboren. Seine Eltern starben, als er noch ein Kind war, und so wurde er von einem Vormund erzogen. Mit 17 oder 18 trat er in die Akademie Platons in Athen ein, wo er 20 Jahre lang studierte und Werke über Physik, Biologie, Zoologie, Ökonomie, Staatslehre, Ethik, Dichtung und Musik verfasste. Später reiste er mit seinem Studenten Theophrastos zur Insel Lesbos, um die Pflanzen und Tiere der Insel zu studieren. Ein Großteil seiner *Historia Animalium (Geschichte der Tiere)* basiert auf den dort gemachten Beobachtungen. Aristoteles unterrichtete den späteren König Alexander den Großen. 335 v. Chr. gründete er seine eigene Schule am Lykeion in Athen. Nach Alexanders Tod 322 v. Chr. floh Aristoteles aus Athen und starb im gleichen Jahr auf der Insel Euboia.

Hauptwerke

4. Jahrhundert v. Chr.
Geschichte der Tiere
Über die Teile der Tiere
Über die Entstehung der Tiere
Über die Bewegung der Tiere
Über den Schritt der Tiere

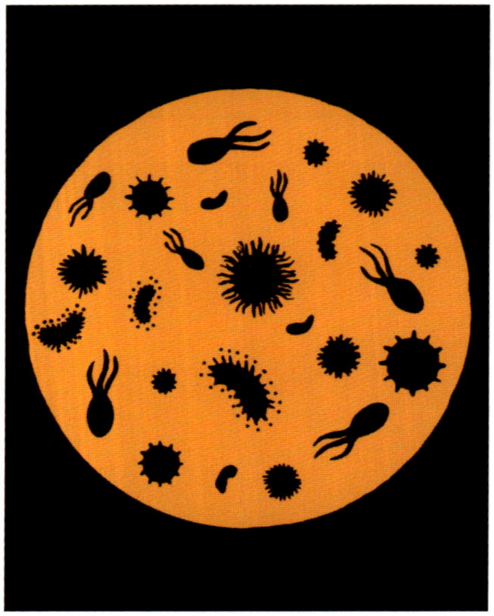

MIT DEM MIKROSKOP ENTKOMMT NICHTS UNSERER ERFORSCHUNG

DIE MIKROBIOLOGISCHE UMWELT

IM KONTEXT

SCHLÜSSELFIGUR
Robert Hooke (1635–1703)

FRÜHER
1267 Der Engländer Roger Bacon thematisiert Anwendungen der Optik zum Betrachten »der kleinsten Staubteilchen« in Band 5 des *Opus Maius*.

1661 Mikroskopische Zeichnungen des englischen Architekten Christopher Wren beeindrucken König Charles II., der Hooke mit weiteren Zeichnungen beauftragt.

SPÄTER
1683 Der niederländische Händler Antoni van Leeuwenhoek baut Mikroskope, sieht damit Bakterien und Protozoen und veröffentlicht dies bei der *Royal Society* in London.

1798 Edward Jenner, ein englischer Arzt, entwickelt den ersten Impfstoff (gegen Pocken) und schreibt *An Inquiry into the Causes and Effects of the Variolae Vaccinae*.

Beim Blättern in der *Micrographia* mussten Leser im 17. Jahrhundert sehr gestaunt haben. Das bahnbrechende Werk des englischen Forschers Robert Hooke von 1665 enthält viele detaillierte Abbildungen von Strukturen, die dem Menschenauge wegen ihrer Winzigkeit zuvor verborgen geblieben waren. Hookes Mikroskop vergrößerte 50-fach, doch der Detailreichtum hat auch mit seinem akribischen Vorgehen zu tun. Er fertigte zahlreiche Skizzen aus verschiedenen Perspektiven, die er zu einem Bild kombinierte.

» … in jedem kleinen Teilchen erkennen wir nun eine fast ebenso große Vielfalt an Lebewesen, wie wir zuvor im gesamten Universum geschätzt hatten. «

Robert Hooke
Micrographia, 1665

Es ist nicht genau bekannt, wer das erste Mikroskop baute, in den 1660er-Jahren war dieses Gerät jedenfalls in Gebrauch. Die frühen Instrumente waren unzuverlässig, da sich die Herstellung der Linsen schwierig gestaltete – Wissenschaftler mussten die Probleme kreativ lösen. Zuerst konnte Hooke seine Proben nicht klar erkennen, also erfand er eine bessere Lichtquelle, die er »Scotoskop« nannte.

Hookes Buch ist mehr als eine genaue Abbildung dessen, was er durch die Linse sah; er theoretisierte auch darüber, was die Bilder über die Funktion der Organismen aussagten. In einer hauchdünnen Korkschicht sah er beispielsweise Honigwabenstrukturen, die er als »Zellen« beschrieb – ein Begriff, den wir heute noch verwenden.

Mikroskopische Wunder

Micrographia inspirierte auch viele andere Forscher, die mikroskopische Welt zu erkunden. Nach den Beschreibungen und Zeichnungen in Hookes Buch konnte der niederländische Händler und Naturforscher Antoni van Leeuwenhoek seine eigenen Mikroskope konstruieren, die bis zu 200-fach vergrößerten.

Siehe auch: Klassifikation der Lebewesen 82–83 ▪ Ein System zur Identifizierung aller Lebewesen 86–87 ▪ Mikrobiologie 102–103 ▪ Thermoregulation bei Insekten 126–127

Van Leeuwenhoek untersuchte Proben von Regenwasser und Wasser aus stehenden Teichen und staunte über die Vielfalt der Lebewesen darin, die er *animalcula* nannte. Er fand einzellige Protozoen und entdeckte Bakterien. Er erforschte auch die Anatomie von Tier und Mensch, etwa Blutzellen und Sperma.

Während van Leeuwenhoek Wasserproben untersuchte, legte sein Landsmann Jan Swammerdam Insekten unter seine eigenen Mikroskope, veröffentlichte Beschreibungen diverser Insekten mit feinsten Details und entdeckte viele Merkmale ihrer Anatomie. Swammerdams einflussreichstes Werk war *Historia insectorum generalis ofte Algemeene verhandeling van de bloedeloose dierkens* (1669), das auch detailliert den Lebenszyklus der Eintagsfliege dokumentierte.

In England legte Nehemiah Grew eine Vielzahl von Pflanzen unter das Mikroskop. Er erkannte als Erster, dass die Blüten die Geschlechtsorgane der Pflanze sind. In *Anatomy of Plants* (1682) benannte Grew die Staubblätter als männliches Organ und den Stempel als weibliches Organ. Er sah auch Pollenkörner und bemerkte, dass sie von Bienen transportiert werden.

> » [*Micrographia* ist] … das klügste Buch, das ich je gelesen habe. «
>
> **Samuel Pepys**
> *Tagebücher*, 21.1.1665

Verglichen mit den ersten Mikroskopen sind die Instrumente viel komplexer geworden. Das Elektronenmikroskop, erstmals 1931 im Einsatz, nutzt Elektronenstrahlen statt Licht, was eine wesentlich höhere Auflösung ermöglicht. Es kann bis zu millionenfach vergrößern – 600-mal so stark wie die besten Lichtmikroskope. ■

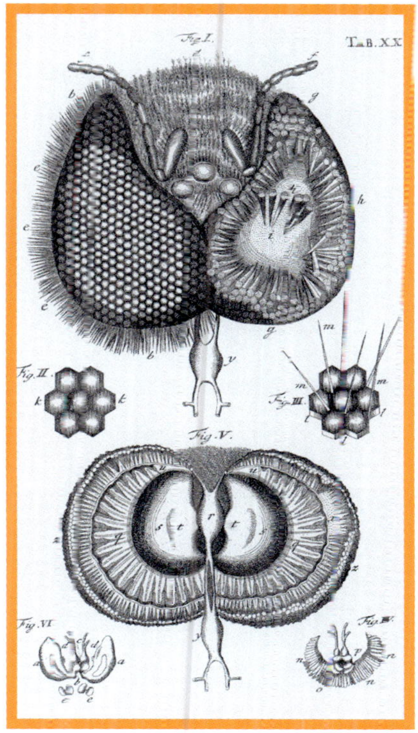

Facettenauge und Gehirn einer Biene, gezeichnet von Jan Swammerdam und posthum in *Bybel der Natuure* (1737) veröffentlicht; zeigt das Auge von außen (links) und seziert (rechts), darunter einen Gehirnschnitt.

Robert Hooke

Der auf der Isle of Wight (England) geborene Robert Hooke interessierte sich früh für Wissenschaft. Ein kleines Erbe ermöglichte es ihm, die angesehene *Westminster School* zu besuchen. Später erhielt er einen Platz an der Universität in Oxford. Dort war er als Assistent der Naturphilosophen John Wilkins und Robert Boyle tätig. 1662 wurde er der erste Kurator für Experimente der *Royal Society* in London, 1665 Professor für Physik am *Gresham College*.

Wie viele andere Wissenschaftler seiner Zeit hatte er ein breites Interessenspektrum. Zu seinen Leistungen gehören frühe Einsichten in die Wellentheorie des Lichts, die Konstruktion einiger der frühesten Fernrohre und die Formulierung des hookeschen Gesetzes. Er war auch ein respektierter Architekt und dadurch recht wohlhabend.

Hauptwerke

1665 *Micrographia*
1674 *An Attempt to Prove the Motion of the Earth*
1676 *A Description of Helioscopes and Some Other Instruments*

WENN MAN DIE NAMEN DER DINGE NICHT KENNT, GEHT DAS WISSEN ÜBER SIE VERLOREN

EIN SYSTEM ZUR IDENTIFIZIERUNG ALLER LEBEWESEN

IM KONTEXT

SCHLÜSSELFIGUR
Carl von Linné (1707–1778)

FRÜHER
1682 John Ray, ein englischer Botaniker, schlägt die Unterteilung des Pflanzenreichs in Bäume und zwei Familien von krautigen Pflanzen vor.

1694 Der französische Botaniker Joseph Pitton de Tournefort veröffentlicht *Eléments de Botanique*. Das wunderbar illustrierte Buch wird für ein halbes Jahrhundert zum Standard der botanischen Klassifikation.

SPÄTER
1957 Sir Julian Huxley verwendet als Erster den Begriff »Klade«, um die Gruppe aus einem gemeinsamen Vorfahren und all seinen Nachfahren zu beschreiben.

1969 Der US-amerikanische Botaniker Robert Whittaker, entwickelt ein System von fünf Reichen: Bakterien, Protisten, Pilze, Pflanzen und Tiere.

Vor dem 18. Jahrhundert gab es kein konsistentes Namensschema für Pflanzen und Tiere. Naturforscher wussten oft nicht, ob sie tatsächlich über die gleichen Lebewesen sprachen. Daher entwickelte der schwedische Botaniker Carl Linnaeus (ab 1756: von Linné) ein revolutionäres System, das wir heute noch verwenden. Er gilt als »Vater der Taxonomie« – der Wissenschaft der Benennung und Klassifizierung von Leben.

Linné teilte die Reiche der Pflanzen und Tiere in Klassen, Ordnungen, Gattungen und Arten ein. Lebewesen wurden in diese immer feineren Gruppierungen nach ähnlichen Merkmalen, etwa Körperteile, Größe, Form und Ernährungsweise, eingeordnet. Linné führte zudem einen präzisen binären (aus zwei Worten bestehenden) Namen für jede Art ein.

Frühe Einsichten

Schon als Student (um 1730) sah Linné Probleme mit der Pflanzenklassifikation, die Joseph Pitton de Tournefort über 30 Jahre zuvor entwickelt hatte. Linné meinte, dass man für ein umfassendes taxonomisches System die einzelnen Arten genauer untersuchen müsste.

Die **Zusammenarbeit** ist für das **Fortschreiten der Wissenschaft** wesentlich.

→ Um über große Entfernungen **kooperieren** zu können, muss man Dinge **genau benennen.**

→ **Missverständnisse** führen zu **Unstimmigkeiten** im Wissen.

→ **Wenn man die Namen der Dinge nicht kennt, geht das Wissen über sie verloren.**

Siehe auch: Klassifikation der Lebewesen 82–83 ▪ Das biologische Artkonzept 88–89 ▪ Diversität aus moderner Sicht 90–91

»In der Wissenschaft der Natur sollten die Prinzipien der Wahrheit durch Beobachtungen bestätigt werden.«

Carl von Linné
Philosophia Botanica, 1751

1732 nahm er an einer Expedition nach Lappland teil und sammelte dort etwa 100 unbekannte Arten. Sie waren die Basis für sein Buch *Flora Lapponica,* in dem er seine Ideen zur Pflanzenklassifikation erstmals formulierte. Die neue hierarchische Klassifikation entwickelte er in *Systema Naturae* (1735) weiter. Dann folgte sein wohl größtes Werk, *Species Plantarum,* das 1753 erschien und 7300 Arten enthielt. Zuvor hatte man Pflanzen unpraktisch lange Namen gegeben, etwa *Plantago foliis ovato-lanceolatis pubescentibus, spica cylindrica, scapo tereti.* Linné nannte diese Pflanze *Plantago media* – genug, um sie eindeutig zu identifizieren. Das linnésche System ist nicht nur kompakt, sondern beschreibt auch die Beziehungen zwischen Arten.

Spätere Entwicklungen

Linné erweiterte *Systema Naturae* ständig und die zehnte Auflage wurde zum Startpunkt für die moderne Tierklassifikation. Die Menschen ordnete er der Familie der Primaten zu. Er schuf auch Klassifizierungen für Menschenrassen, die heute als rassistisch gelten und den Weg für koloniales und eugenisches Denken ebneten. Viel später, basierend auf der darwinschen Evolutionstheorie, erkannten Biologen allgemein an, dass eine Klassifikation das Abstammungsprinzip reflektieren muss; dies führte zu einer Methode, die man Kladistik nennt. ▪

Wale wurden ursprünglich als Fische angesehen und in den frühen Ausgaben von Linnés *Systema Naturae* als solche klassifiziert. Erst später verstand man, dass sie Säugetiere sind.

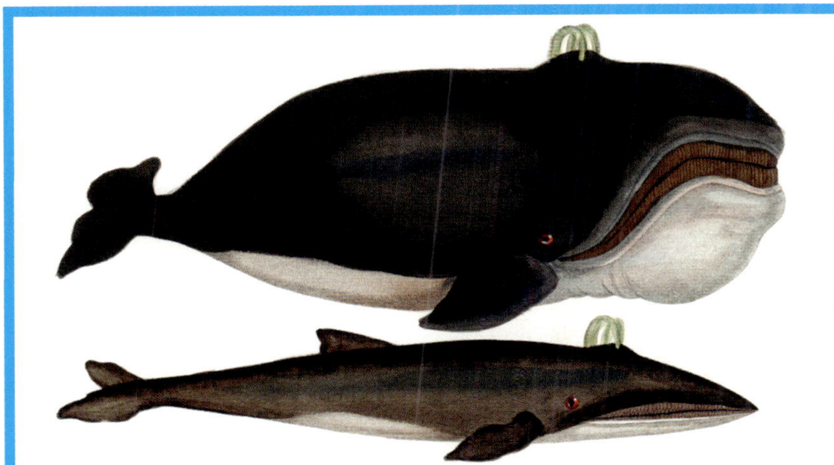

Carl von Linné

Der im ländlichen Südschweden geborene Carl Nilsson Linnaeus (Adelstitel ab 1756: von Linné) studierte an der Universität Uppsala, wo er ab 1730 Botanik lehrte. Er hielt sich drei Jahre in den Niederlanden auf. Zurück in Schweden, verbrachte er seine Zeit mit Lehren, Schreiben und botanischen Expeditionen. 17 seiner Studenten brachen zu Expeditionen in die ganze Welt auf. Linné war mit Anders Celsius befreundet, dem Erfinder einer Temperaturskala. Nach dessen Tod drehte Linné die Skala um, sodass der Gefrierpunkt bei 0 °C und der Siedepunkt bei 100 °C lag. Linné wurde der »Fürst der Botaniker« genannt und der Philosoph Jean-Jacques Rousseau sagte: »Ich kenne keinen größeren Mann auf Erden.« Linné ist in der Kathedrale von Uppsala bestattet; seine Überreste bilden das Typexemplar (das eine Art definiert) für *Homo sapiens.*

Hauptwerke

1735 *Systema Naturae*
1737 *Flora Lapponica*
1751 *Philosophia Botanica*
1753 *Species Plantarum*

»FORTPFLANZUNGSMÄSSIG ISOLIERT« SIND DIE SCHLÜSSELWORTE

DAS BIOLOGISCHE ARTKONZEPT

IM KONTEXT

SCHLÜSSELFIGUR
Ernst Mayr (1904–2005)

FRÜHER
1686 Der Engländer John Ray definiert Pflanzen- und Tierarten dadurch, dass sie aus dem gleichen Samen entspringen.

1859 Charles Darwins *Über die Entstehung der Arten* führt die Theorie der Evolution durch natürliche Selektion ein.

SPÄTER
1976 *Das egoistische Gen* von Richard Dawkins vermittelt eine genzentrische Sicht der Selektion auf Ebene der Gene.

1995 *Der Schnabel des Finken* von Jonathan Weiner beschreibt die Arbeit der Biologen Peter und Rosemary Grant auf den Galápagos-Inseln.

2007 Massimo Pigliucci und Gerd B. Müller verwenden den Begriff »Eco-Evo-Devo«, um den Einfluss der Ökologie auf die Evolution zu betonen.

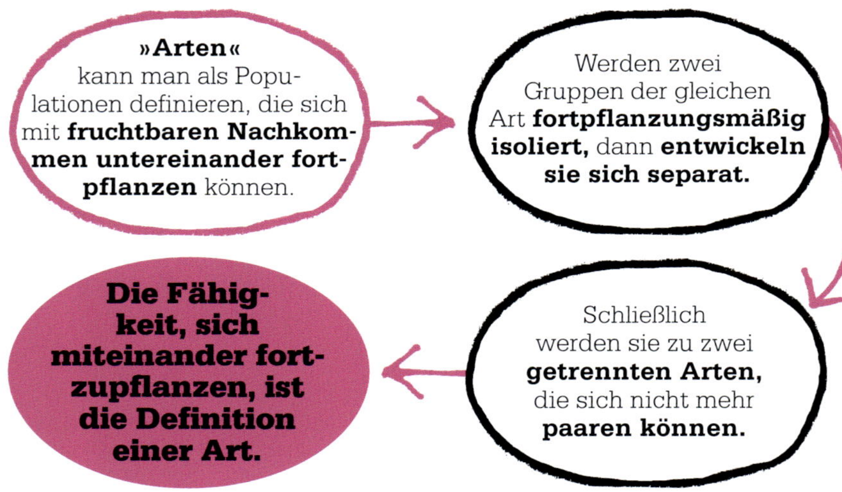

Im frühen 20. Jahrhundert wurde allgemein akzeptiert, dass aus einem Vorfahren mehrere Arten entstehen können. Doch unklar war, wie dieser evolutionäre Vorgang tatsächlich ablaufen könnte. Es gab sogar Debatten darüber, was genau eine »Art« ist. 1942 schlug der Evolutionsbiologe Ernst Mayr eine neue Artdefinition vor: sich miteinander fortpflanzende natürliche Populationen, die von anderen Gruppen »fortpflanzungsmäßig isoliert« sind.

Dies heißt, dass zwei Populationen der gleichen Art hinsichtlich Geografie, Vorlieben bei der Partnerwahl, Ernährungsgewohnheiten oder Ähnliches getrennt werden und sich dann durch natürliche Selektion oder Gendrift unterschiedlich entwickeln. Mit der Zeit entstehen durch diese Trennung zwei separate Arten, die sich nicht mehr kreuzen können. Diese Form der Artbildung läuft oft bei kleinen Populationen ab, etwa auf Inseln.

Wichtige Unterschiede

Das biologische Artkonzept beruht vor allem auf dem Fortpflanzungspotenzial zwischen Lebewesen.

Siehe auch: Evolution durch natürliche Selektion 24–31 ▪ Die Rolle der DNA 34–37 ▪ Das egoistische Gen 38–39 ▪ Das Konkurrenzausschlussprinzip 52–53

Zwei Lebewesen mögen identisch erscheinen und am gleichen Ort leben, gehören aber nicht unbedingt zur gleichen Art. So sehen der Westliche und der Östliche Lerchenstärling (*Sturnella neglecta* und *St. magna*) ähnlich aus und ihre Verbreitungsgebiete überlappen, aber sie haben unterschiedliche Gesänge entwickelt. Deshalb paaren sie sich nicht, was sie zu separaten Arten macht.

Das umgekehrte Szenario ist, dass Mitglieder der gleichen Art sehr verschieden aussehen, sich aber dennoch miteinander paaren und daher als gleiche Art gelten. Das offensichtlichste Beispiel ist der Haushund (*Canis familiaris*), bei dem sich die Individuen enorm unterscheiden. Doch alle Hunderassen können miteinander Nachkommen haben, gehören also zur gleichen Art.

Schwierige Abgrenzung

Nach dem biologischen Artkonzept als Fortpflanzungsgemeinschaft ist die Möglichkeit der Paarung mit fruchtbaren Nachkommen die Basis für die Definition einer Art. Eine geografische Trennung alleine hindert Populationen nicht daran, sich miteinander fortzupflanzen, wenn man sie zusammenbringt. Evolutionäre Unterschiede wie die Balzgesänge des Westlichen und Östlichen Lerchenstärlings sind es, die die Paarung verhindern.

> »... aus so einfachem Anfange sich eine endlose Reihe der schönsten und wundervollsten Formen entwickelt hat und immer noch entwickelt.«
>
> **Charles Darwin**
> *Die Entstehung der Arten,* 1859
> (deutsche Ausgabe von 1884)

Das biologische Artkonzept ist nicht auf Organismen mit asexueller Fortpflanzung anwendbar, etwa Bakterien oder einige Schienenechsen, die sich durch Parthenogenese (Jungfernzeugung) vermehren. Manchmal können sich aber auch verschiedene Arten kreuzen und Nachkommen haben, etwa eine Pferdestute (*Equus ferus caballus*) und ein Eselhengst (*Equus africanus asinus*). Dabei entsteht ein Hybrid, das Maultier. Da Maultiere meist unfruchtbar sind, gelten Pferde und Esel als verschiedene Arten. In Zoos können sich weibliche Tiger und männliche Löwen paaren und einen »Liger« produzieren, der manchmal fruchtbar ist

Solche Anomalien zeigen die Schwierigkeiten bei der Definition von Arten. Das biologische Artkonzept ist immer noch das populärste, doch Forscher nehmen inzwischen gemeinsame Gene durch DNA-Sequenzierungen in den Blick. Bis heute gibt es keine allgemeine Artdefinition, die auf alle Fälle anwendbar ist, wahrscheinlich wird es sie auch nie geben. So bleibt Ernst Mayrs biologisches Artkonzept ein extrem nützliches Hilfsmittel bei der Erforschung von Arten und der Evolution. ■

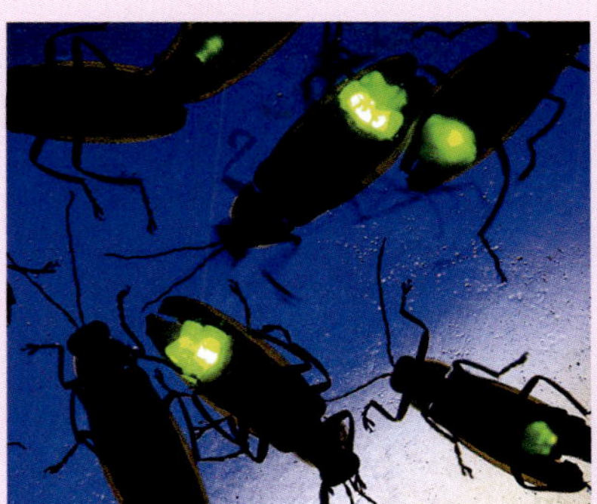

Männliche Glühwürmchen illustrieren das typologische Artkonzept. Jede Art gibt ein spezifisches Muster von Lichtimpulsen ab, auf die die Weibchen derselben Art antworten.

Andere Artkonzepte

Zwar wird Mayrs Konzept der biologischen Artbildung wohl am häufigsten benutzt, um Arten zu definieren und ihre Entstehung zu erklären, doch es ist nicht das einzige. Es gibt über 20 anerkannte Artkonzepte, die grob zwei Gruppen bilden: typologische und evolutionäre. Typologische Artkonzepte basieren darauf, dass eine Population von Individuen vom gleichen Typ oder mit dem gleichen Satz an Merkmalen eine Art ausmachen. Die Merkmale können genetisch definiert sein, etwa DNA- bzw. RNA-Basensequenzen, oder über den Phänotyp (das Erscheinungsbild), etwa die Größe von Körperteilen oder Eigenschaften wie die Anordnung von Flecken auf Insektenflügeln. Evolutionäre Artkonzepte basieren dagegen auf der Abstammung. Eine Art ist als die Gruppe von Lebewesen definiert, die in einer Abstammungslinie stehen von dem Zeitpunkt an, als die Art ursprünglich entstand, bis zum Aussterben oder bis daraus eine neue Art entsteht.

ORGANISMEN GRUPPIEREN SICH KLAR IN MEHRERE PRIMÄRE REICHE

DIVERSITÄT AUS MODERNER SICHT

IM KONTEXT

SCHLÜSSELFIGUR
Carl Woese (1928–2012)

FRÜHER
1758 *Systema Naturae* (zehnte Auflage) von Carl von Linné ordnet Lebewesen zwei Reichen zu: dem der Tiere und dem der Pflanzen.

1937 Der französische Biologe Edouard Chatton unterteilt Lebewesen in Prokaryoten (Bakterien) und Eukaryoten (Organismen mit komplexen Zellen).

1966 Der deutsche Biologe Willi Hennig führt eine Systematik ein, die auf Kladen (Organismengruppen mit gemeinsamem Vorfahren) beruht.

1969 Der US-amerikanische Ökologe Robert Whittaker legt fünf Reiche fest: Bakterien, Protisten, Pilze, Pflanzen und Tiere.

SPÄTER
2017 Der Konsens unter Biologen ist eine Klassifikation der Organismen in sieben Reiche.

Bevor die Biologen mikroskopische Strukturen von Lebewesen erforschen konnten, wurde die Vielfalt der Arten einfach in tierähnliche und pflanzenähnliche Organismen klassifiziert. Im 20. Jahrhundert erkannten sie mit besseren Mikroskopen grundlegendere Unterschiede, die mit dem bloßen Auge nicht zu sehen sind. In den 1960er-Jahren wurde klar – aufbauend auf den Überlegungen von Edouard Chatton von 1925 –, dass eine neue Unterteilung erforderlich war, und zwar in Prokaryoten (mit einfachen Zellen ohne Kern wie Bakterien) und Eukaryoten (mit größeren, komplexen Zellen wie Pflanzen und Tiere).

In den 1970er-Jahren meinte der US-Amerikaner Carl Woese, dass selbst dieses System die Vielfalt der Mikroben nicht berücksichtigt. Er konzentrierte sich auf Ribosomen: winzige Körperchen in allen Zellen, die für die Synthese von Proteinen

Schwefelabhängige Archaeen sind Einzeller, die in den heißen Geothermalquellen im Yellowstone-Nationalpark unter Bedingungen gedeihen, die die meisten Lebewesen töten würden.

Siehe auch: Frühe Theorien der Evolution 20–21 ▪ Evolution durch natürliche Selektion 24–31 ▪ Die Rolle der DNA 34–35 ▪ Ein System zur Identifikation aller Lebewesen 86–87

Drei-Domänen-Stammbaum nach Carl Woese

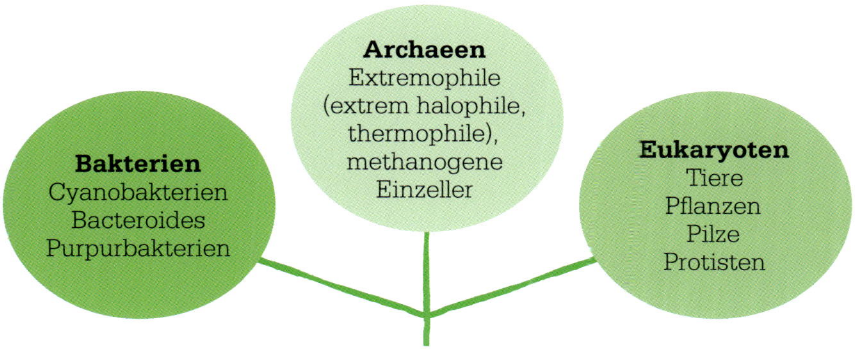

Nach Carl Woese können alle Lebewesen in drei Hauptkategorien oder »Domänen« geordnet werden. Diese beruhen auf Strukturähnlichkeiten der Ribosomen, die in den Zellen der Organismen der jeweiligen Domäne vorkommen.

nötig sind. Woese entwickelte das »Drei-Domänen-System«, das eine neue Sicht der Zweige des darwinschen »Baum des Lebens« darstellt. Er fand enorme Unterschiede im chemischen Aufbau der Ribosomen bei den winzigen Mikroben, wobei eine Gruppe sich so stark von anderen Prokaryoten unterschied wie Bakterien vom Menschen.

Ein neuer Baum des Lebens

Die Archaeen, Woeses dritte Domäne, ähneln oberflächlich Bakterien, haben aber einige seltsame Merkmale. Viele sind »extremophil«, gedeihen also in extremen Lebensräumen. Einige erzeugen – als einzige Lebewesen – in sauerstoffarmen Umwelten Methan, etwa in Tiefseesedimenten oder (als Blähungen) im Verdauungstrakt pflanzenfressender Säugetiere. Andere Archaeen leben in Seen, die zehnmal so salzig wie Meerwasser sind, oder in heißen, sauren Geothermalquellen, in denen andere Lebewesen sofort sterben würden.

Ein Jahrzehnt vor Woeses Veröffentlichung hatte Robert Whittaker Tiere, Pflanzen und Pilze als drei getrennte Reiche der Eukaryoten erkannt. Die übrigen Eukaryoten ordnete er dem Reich der Protisten zu, Bakterien bildeten das fünfte Reich. Whittakers Protisten umfassten eukaryotische Einzeller wie Amöben, die nicht in die anderen Reiche passten. Einige Protisten hatten mehr Gemeinsamkeiten mit Tieren, einige mit Pflanzen, andere waren ganz anders. Sie passten nicht in das Modell vom Baum des Lebens, in dem Kladen – Organismengruppen mit gemeinsamer Abstammung – als neue Äste aus einer Verzweigung entsprangen.

Woese suchte eine Systematik, die die Feinheiten der Evolution reflektiert – mit Hauptästen des Baums des Lebens, die sich in immer feinere Zweige bis hin zur einzelnen Art teilen. In Zukunft könnte der komplizierte Baum des Lebens mit weiteren evolutionären Kategorien bestückt werden. ■

Ein eigenes Reich

In der Geschichte der Biologie wurden Pilze meist zu den Pflanzen gerechnet. Selbst der große Systematiker Carl von Linné führte sie im Reich *Plantae*. Erst mit leistungsfähigeren Mikroskopen konnte man die Unterschiede zwischen Pflanzen und Pilzen besser begreifen. Heute wissen wir, dass Chitin, ein komplexes Kohlenhydrat und Bestandteil der Zellwände von Pilzen, in Pflanzen nicht vorkommt. Zudem ernähren sich Pilze, indem sie verrottende organische Substanz verdauen, während Pflanzen Nährstoffe durch Fotosynthese mithilfe des Sonnenlichts erzeugen.

Nach DNA-Analysen sind Pilze im evolutionären Baum des Lebens sehr weit von den Pflanzen entfernt und sogar genetisch näher an dem Zweig, aus dem die Tiere hervorgingen. Die gleichen Studien zeigen, dass Eipilze oder Algenpilze nicht mit Pilzen verwandt sind, während einige krankheitserregende Mikroben Pilze sind, die sich zu Parasiten entwickelt haben.

Pilze wie dieser Goldgelbe Zitterling, der auf einem toten Baumstamm wächst, werden nicht mehr als Pflanzen klassifiziert. Pilze sind genetisch den Tieren ähnlicher.

WER DIE BIOSPHÄRE RETTET, KÖNNTE DIE WELT RETTEN

MENSCHLICHE AKTIVITÄT UND BIODIVERSITÄT

IM KONTEXT

SCHLÜSSELFIGUREN
Edward O. Wilson (1929–2021),
Georgina Mace (1953–2020)

FRÜHER
1964 Die Internationale Union für Naturschutz (IUCN) startet mit der Roten Liste gefährdeter Arten.

1996 *Der Gesang des Dodos* vom US-Autor David Quammen beschreibt die Evolution und das Aussterben, wenn Habitate fragmentiert werden.

SPÄTER
2014 *Das sechste Sterben* von Elizabeth Kolbert zeigt, wie die Menschheit ein sechstes Massenaussterben auslöst.

2016 In *Die Hälfte der Erde* schlägt Wilson vor, die Hälfte der Erde der Natur zu widmen.

2020 In *Nature* erklären Forschende, dass wir veränderte Konsum- und Produktionsmuster brauchen, um den Biodiversitätsrückgang zu stoppen.

Biodiversität ist die Vielfalt des Lebens – in allen Formen und auf jeder Ebene, von Genen über Mikroben zu Menschen und allen Arten, auch den noch unentdeckten. Sie gibt uns Nahrung, Brennstoffe, Schutz, medizinische Wirkstoffe, aber auch Freude und Entspannung. Andere Arten erhalten Nahrung, Bestäubung und Fortpflanzung. Biodiversität ist eine Grundlage für Leben.

Ökologen sehen die Biodiversität immer stärker bedroht, häufig durch menschliche Aktivitäten. Die

Siehe auch: Biodiversitäts-Hotspots 96–97 ▪ Tierökologie 106–113 ▪ Biodiversität und Ökosystemfunktion 156–157 ▪ Biome 206–209 ▪ Massenaussterben 220–225 ▪ Entwaldung 253–261 ▪ Überfischung 268–271

Folgen menschlicher Aktivität für die Biodiversität

Die fünf größten Gefahren für die Biodiversität fasste Edward Wilson unter dem Akronym HIPPO zusammen, die Buchstaben sind nach der Stärke geordnet. Eine weitere Bedrohung – bald wohl die größte für die Biodiversität – ist der Klimawandel.

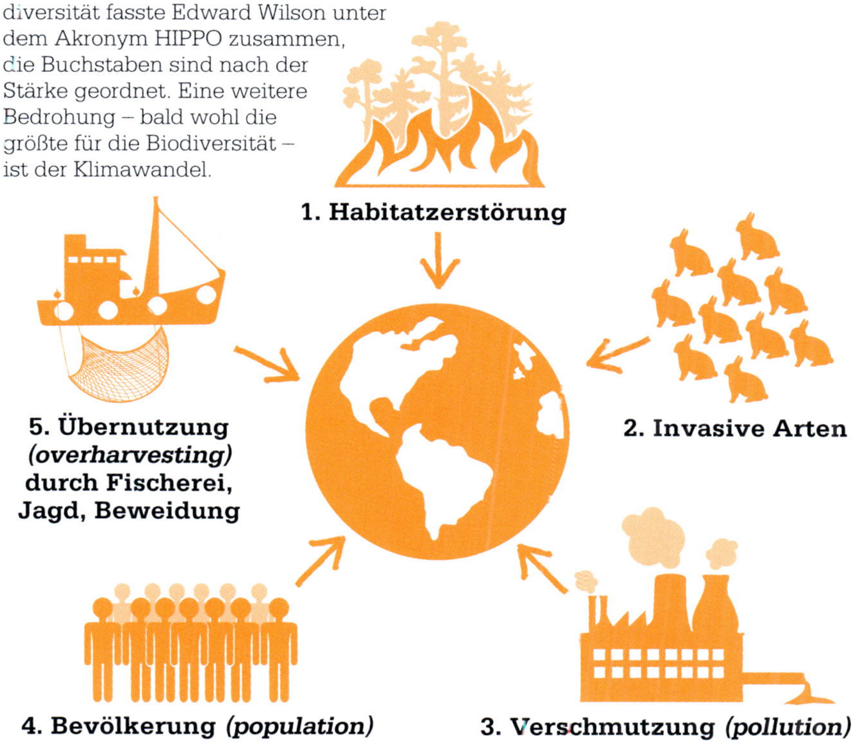

heutige Aussterberate von Arten dürfte etwa 1000-mal so hoch sein wie vor 1800, bevor Menschen den Planeten dominierten. Das Wort »Biodiversität« wurde erstmals 1988 von Edward O. Wilson verwendet, der auch »Vater der Biodiversität« genannt wird. Später beschrieb er die größten Gefahren mit dem Akronym HIPPO: Habitatzerstörung, invasive Arten, Verschmutzung *(pollution)*, Bevölkerung *(population)* und Übernutzung *(overharvesting)* durch Jagen und Fischen.

Habitatzerstörung

Die Weltnaturschutzunion (*International Union for Conservation of Nature*, IUCN) führt die »Rote Liste gefährdeter Arten«. Von den über 45 000 Arten auf der Liste sind 80 % durch den Verlust oder die Störung ihrer Habitate gefährdet. Es gibt natürliche Gründe wie Brände oder Überschwemmungen, aber öfter liegen die Ausweitung des Ackerlands, Abholzung sowie Überweidung zugrunde. Vor allem die Entwaldung trägt enorm zum Habitatverlust bei; inzwischen wurde etwa die Hälfte der ursprünglich vorhandenen Wälder vor allem für die Landwirtschaft gefällt.

Manche Habitate werden nicht völlig zerstört, aber durch Eingriffe wie Dämme oder Straßen in isolierte Teile zerschnitten. Diese Habitatfragmentierung oder Lebensraumzerstückelung ist vor allem für wandernde Tiere gefährlich, die ihre Futter- oder Rastplätze nicht mehr erreichen. Zudem werden Arten und Ökosysteme durch die (absichtliche oder unabsichtliche) Einführung neuer Arten gefährdet. Diese »invasiven Arten« können Nahrungsquellen oder andere Ressourcen einheimischer Arten gefährden, Krankheiten übertragen oder als Räuber agieren. So wurde auf der Insel Guam die Braune Nachtbaumnatter unabsichtlich mit Handelsschiffen eingeführt und hat zum lokalen Aussterben von zehn der elf einheimischen Vogelarten geführt.

Umweltverschmutzung

Jede Art von Schadstoff bedroht die Biodiversität, aber Luft- und Wasserverschmutzung sind besonders schädlich. Bei der Verbrennung fossiler Brennstoffe etwa entstehen die Gase Schwefeldioxid und Stickoxid, die zu saurem Regen führen. Das Wasser und der Boden werden saurer, was Ökosysteme schädigt und die Biodiversität verringert. Bodennahe Ozonemissionen können Zellmembranen bei Pflanzen schädigen und ihre Entwicklung und ihr »

» Es ist das ganze Spektrum der Artenvielfalt, um das wir uns kümmern müssen – die Gesamtheit, nicht nur ein oder zwei Stars. «

David Attenborough
Britischer Dokumentarfilmer

Edward O. Wilson

Der 1929 in Alabama (USA) geborene Edward Osborne Wilson war nach einem Angelunfall mit sieben Jahren auf einem Auge blind. Zunächst beobachtete er Vögel, wechselte dann aber zu Insekten. Schon im Alter von 13 Jahren entdeckte er die erste Feuerameisenkolonie in den USA. Später studierte er an den Universitäten in Alabama und Harvard. Wilson erforschte vor allem Ameisen, beschäftigte sich aber auch mit isolierten Ökosystemen, der »Inselbiogeografie«. Als führender Umweltschützer trieb er Bemühungen voran, die Artenvielfalt zu bewahren und die Bevölkerung aufzuklären. Er erhielt über 150 Ehrungen, darunter die *National Medal of Science* vom US-Präsidenten, den Cosmos-Preis und zwei Pulitzer-Preise im Bereich Sachbuch. Die Magazine *Time* und *Audubon* ehrten ihn als führenden Umweltschützer.

Hauptwerke

1984 *Biophilia*
1998 *Die Einheit des Wissens*
2014 *Der Sinn des menschlichen Lebens*

» Wir sollten jedes kleine bisschen Artenvielfalt als unschätzbar erhalten, während wir lernen, wie wir es nutzen, und verstehen, was es für die Menschheit bedeutet. «

Edward O. Wilson
The Diversity of Life, 1992

Wachstum behindern. Wasser wird vor allem durch Stoffe verschmutzt, die aus Landwirtschaftsflächen ausgewaschen werden. Oft sinkt der Sauerstoffgehalt im Wasser, worunter einige Arten leiden, vor allem wenn sich das Wasser zusätzlich infolge des Klimawandels erwärmt. Flüsse, wichtige Laichstätten für einige Fische, können ganz unbewohnbar werden. Landwirtschaftliche Dünger können zur Eutrophierung (Überdüngung) von Gewässern mit Algenblüte oder starkem Pflanzenwachstum führen. Dies schädigt Wassertiere auf viele Arten, z. B. fehlt ihnen so das Licht für die Jagd. Für Landtiere besteht Gefahr, wenn das Wasser in ihrer Umgebung untrinkbar wird.

Einige Lebewesen nehmen chemische Stoffe schneller auf, als sie abbauen oder ausscheiden; diese Anreicherung wird Bioakkumulation genannt. Anfangs mag der Gehalt an schädlichen Stoffen noch ungefährlich sein, doch wenn sie sich in der Nahrungskette – etwa vom Phytoplankton über Fische zu Säugetieren – anreichern, können sie Geburtsfehler auslösen oder das Hormon- oder Immunsystem stören.

Auch das Wachstum der Bevölkerung hat Folgen. Sie ist von weniger als 1 Mrd. um 1800 bis auf über 8 Mrd. angewachsen und dürfte um 2050 fast 10 Mrd. erreichen. Damit steigt die Gefährdung der Biodiversität: Mehr invasive Arten werden durch Handel und Tourismus verbreitet, Stadtentwicklung und Bergbau zerstören Habitate, die Umweltverschmutzung nimmt zu und Land wird übernutzt. Die Folgen des Bevölkerungswachstums werden schwer zu begrenzen sein. Immer mehr Menschen brauchen Lebensmittel und Raum zum Leben, aber sie werden auch mehr Güter in der zunehmend globalen Konsumgesellschaft verlangen.

Gestörtes Gleichgewicht

Das Bevölkerungswachstum treibt außerdem die Übernutzung an, die fünfte Form der Gefährdung in dem Akronym HIPPO. Darunter fallen Entwaldung, Überweidung durch Nutztiere, Überjagung wilder Tiere und Überfischung, aber auch unbeabsichtigte Entnahmen wie der Bei-

Wilderei, Abholzung und andere menschliche Aktivitäten sind ein Hauptgrund dafür, dass der Westliche Flachlandgorilla als »vom Aussterben bedroht« eingestuft wird.

Als die Eisenbahnen durch die USA gebaut wurden, sollten Jäger Bisons töten, die jedoch die Lebensgrundlage der indianischen Ureinwohner waren. Am Ende des 19. Jh. gab es nur noch wenige wilde Exemplare.

fang in der Fischerei, der wieder über Bord geworfen wird. Wenn aus dem Ökosystem mehr entnommen wird, als durch Fortpflanzung oder menschliche Aktivitäten wie Wiederaufforstung eingebracht wird, ist die Nutzung nicht nachhaltig. Ohne Regulierung kann das zum (lokalen) Aussterben von Arten führen.

Nach einer Analyse der Roten Liste der IUCN von 2016 gehen bei 72 % der stark gefährdeten oder vom Aussterben bedrohten Arten mehr Individuen verloren, als durch Nachwuchs ausgeglichen wird. Etwa 62 % sind alleine durch die Landwirtschaft gefährdet, z. B. durch die Beweidung durch Nutztiere, die Waldrodung sowie den Anbau von Nutzpflanzen als Lebensmittel, Brennstoff, Textilien und Tierfutter.

Schutz der Biodiversität

In der Realität sind Wilsons fünf HIPPO-Faktoren miteinander verknüpft, meist gibt es nicht den einen eindeutigen Grund, warum Arten gefährdet sind. So zerstört die landwirtschaftliche Entwicklung oft nicht nur ein Habitat, sondern führt auch dazu, dass Treibhausgase freigesetzt werden, was zum Klimawandel beiträgt. Über 80 % der Arten, die auf der Roten Liste stehen, werden durch mehrere der fünf großen Biodiversitätsgefahren bedroht.

Die Biodiversität ist die Basis für die Gesundheit der Ökosysteme. Diese beruhen auf einem feinen Gleichgewicht zwischen Lebewesen – Pflanzen wie Tieren – sowie zwischen Lebewesen, Boden, Luft und Wasser. Gesunde Ökosysteme liefern Ressourcen, von denen Menschen und alles andere Leben abhängen. Sie stärken die Widerstandsfähigkeit gegen Naturkatastrophen und anthropogene Risiken wie den Klimawandel, bereichern die Freizeit und liefern medizinische sowie biologische Ressourcen.

Zwar ist die Biodiversität durch den Menschen stark bedroht gleichzeitig werden jedoch Schutzmaßnahmen entwickelt. An erster Stelle steht ein »Nachhaltigkeitsansatz« für die Naturnutzung, durch den der Bestand von Arten (etwa Fische oder Bäume) stabil bleibt oder sogar zunimmt. Ein gesetzlicher Schutz für Gebiete an Land, im Wasser und auf dem Eis kann gefährdeten Arten helfen, während nationale und internationale Abkommen den illegalen Handel und die Wilderei bekämpfen. Gute Aufklärung hilft den Menschen dabei, die Folgen ihres Handelns auf die Biodiversität besser zu verstehen und ihr Verhalten entsprechend anzupassen. ■

Anthropogene Biome

Die Biosphäre – alle Gebiete der Erde, in denen Lebewesen leben – besteht aus Biomen, ausgedehnten Ökosystemen mit einer bestimmten Umwelt, etwa Wüsten oder tropische Regenwälder. Der Einfluss des Menschen auf die Biodiversität und die Umformung eines Großteils der Erde führten dazu, dass Ökologen die Einteilung überdenken und neue anthropogene (von Menschen erzeugte) Biome definieren. Die anthropogenen Biome oder »Anthrome« werden in sechs Hauptkategorien eingeteilt: städtische Ballungsräume, zersiedeltes Umland, Anbauregionen, Weideregionen und (beeinflusste) Wildnisregionen.

Anders als natürliche Biome, die sich über Kontinente erstrecken können, bilden Anthrome ein über den Planeten verteiltes kleinteiliges Mosaik. Über 75 % der eisfreien Landfläche sind zumindest teilweise vom Menschen beeinflusst, vor allem in Ballungsräumen, in denen die Hälfte der Weltbevölkerung lebt, und dem zersiedelten Umland (Dörfer mit Landwirtschaft).

WIR BEFINDEN UNS IN DER ANFANGSPHASE EINES MASSEN-AUSSTERBENS

BIODIVERSITÄTS-HOTSPOTS

IM KONTEXT

SCHLÜSSELFIGUR
Norman Myers (1934–2019)

FRÜHER
1950 Theodosius Dobzhansky studiert die Vielfalt der Pflanzen in den Tropen.

SPÄTER
2000 Myers und seine Kollegen überarbeiten die Liste der Hotspots und fügen weitere hinzu, nun sind es 25.

2003 Ein Artikel in der Zeitschrift *American Scientist* kritisiert die Konzentration auf Hotspots, da so die weniger artenreichen, aber ebenso wichtigen »Coldspots« vernachlässigt würden.

2011 Ein Forscherteam nimmt die Wälder im Osten Australiens als 35. Hotspot auf die Liste.

2016 Die nordamerikanische Küstenebene an der Golf- und Atlantikküste erfüllt die Kriterien für einen weiteren globalen Biodiversitäts-Hotspot.

Biodiversitäts-Hotspots sind Gebiete mit einer ungewöhnlich hohen Konzentration von Tier- und Pflanzenarten. Der Begriff wurde 1998 von Norman Myers, einem britischen Naturschützer, geprägt, um Regionen zu beschreiben, die sowohl biologisch reich als auch stark gefährdet sind.

Die üppigen Hänge und Wälder von Arunachal Pradesh (Indien) sind Teil des Hotspots Indo-Myanmar. In dem Gebiet kommen etwa 40 % der Tier- und Pflanzenarten Indiens vor.

Angesichts der enormen Herausforderung eines bevorstehenden Massenaussterbens von Arten durch Habitatzerstörung muss man, so Myers, Prioritäten setzen, wie man die Bemühungen konzentriert, um möglichst viele Arten zu erhalten.

Definition von Hotspots

Ursprünglich identifizierte Myers zehn Hotspots, die für die Erhaltung endemischer (nirgendwo sonst vorkommender) Arten wesentlich waren. Bis zum Jahr 2000 hatte er das Konzept verfeinert und kon-

Siehe auch: Menschliche Aktivität und Biodiversität 92–95 ▪ Das Ökosystem 134–137 ▪ Entwaldung 256–261 ▪ Den Verlust von Artenvielfalt aufhalten 326–327

»Unser Wohlergehen ist aufs Engste mit dem Wohlergehen der Tierwelt verknüpft … Indem wir das Leben in der Natur schützen, könnten wir unser eigenes retten.«

Norman Myers
A Wealth of Wild Species – Storehouse for Human Welfare, 1983

zentrierte sich auf zwei Kriterien: In dem Gebiet müssen mindestens 1500 endemische Gefäßpflanzenarten vorkommen und es muss mindestens 70 % der Primärvegetation (der ursprünglich dort wachsenden Pflanzen) verloren haben. Die Umweltorganisation *Conservation International* (CI) in Washington, die nach Myers Konzept arbeitet, führt heute 36 Hotspot-Regionen auf ihrer Liste. Zwar machen sie nur 2,5 % der Landfläche der Erde aus, sind aber die Heimat von fast 60 % aller Pflanzen-, Amphibien-, Reptilien-, Vogel- und Säugetierarten weltweit – ein großer Teil davon lebt nur im jeweiligen Hotspot.

Die meisten Hotspots liegen in den Tropen oder Subtropen. Den höchsten Gefährdungsgrad hat das Indo-Myanmar-Gebiet in Südostasien. Nur 5 % des ursprünglichen Habitats gibt es noch, aber die Flüsse, Feuchtgebiete und Wälder sind für viele Säugetiere, Vögel, Süßwasserschildkröten und Fische essenziell. Zu den einzigartigen Tieren gehört die Saola, die zu den Rindern gehört, aber wie eine Antilope aussieht. Ihre Hörner wurden 1992 im Yu-Quang-Nationalpark im Annamitischen Hochland (Vietnam) gefunden, das Tier selbst erst 1996 entdeckt. Der stark gefährdete Irawadidelfin lebt entlang der Küsten Südostasiens und Indonesiens. Andere seltene Tiere sind der Thamin (Leierhirsch), die Fischkatze und der Riesenibis.

Schutzmaßnahmen

Umweltagenturen legen gemeinsam Ziele für jeden Hotspot fest. Sie listen gefährdete Arten auf und entwickeln Pläne, wie sie Gebiete mit geeigneten Habitaten und tragfähigen Populationen erhalten und betreuen können. Die Regionen werden danach eingestuft, wie gefährdet und unersetzlich sie sind.

Myers' zwei Kriterien werden kritisiert, weil sie Landnutzungsänderungen, durch die weniger als 70 % der guten Habitatfläche zerstört wurden, nicht einbeziehen. So gilt der Amazonasregenwald nicht als Hotspot, er wird aber schneller als jeder andere Wald der Erde abgeholzt. ▪

»Wir befinden uns in der Anfangsphase eines menschengemachten biologischen Holocausts – eine umfassende Auslöschung von Arten, die den Planeten für mindestens fünf Millionen Jahre verarmen könnte.«

Norman Myers
Interview, 1999

Norman Myers

Myers wurde 1934 geboren und wuchs in Nordengland auf. Er studierte an der Universität Oxford und arbeitete dann in Kenia als Verwaltungsbeamter und Lehrer. In den 1970ern studierte Myers an der *University of California* in Berkeley, wo sich sein Interesse an der Umwelt verstärkte. Er äußerte Bedenken wegen der Entwaldung für die Rinderzucht, die er mit *»Hamburger Connection«* bezeichnete.

Myers stellte im Jahr 1988 das Konzept der Biodiversitäts-Hotspots in seinem Artikel *Threatened Biotas: »Hotspots« in Tropical Forests* in der Fachzeitschrift *Environmentalist* vor. In seinem ersten Buch, *Ultimate Security,* argumentierte er, dass Umweltprobleme zu sozialen und politischen Krisen führen können. 2007 kürte ihn das Magazin *Time* zu einem Helden der Umwelt.

Hauptwerke

1988 *Threatened Biotas: Hotspots in Tropical Forests,* in: *Environmentalist* 8(3)
1993 *Ultimate Security: The Environmental Basis of Political Stability*

DIE VIEL
DES LEB

FALT
ENS

1590
Die niederländischen Linsenschleifer Hans und Zacharias Janssen bauen **»zusammengesetzte Mikroskope«.**

1676
Antoni van Leeuwenhoek identifiziert *animalcula* und begründet die Disziplin der **Mikrobiologie.**

1866
Louis Pasteur zeigt, dass die Gärung bei der Weinherstellung durch **»Keime« (Mikroben)** geschieht; dies führt zur Entwicklung der **Keimtheorie.**

1885
Albert Frank prägt den Begriff **»Mykorrhiza«** für die **mutualistische Symbiose** zwischen Pilzen und Baumwurzeln.

1927
Charles Elton veröffentlicht *Animal Ecology,* das viele der **Grundprinzipien des Tierverhaltens** beschreibt.

Unser Verständnis der Vielfalt, des Verhaltens und der Wechselwirkung zwischen Organismen ist enorm gewachsen, seit Aristoteles entdeckte, dass Bienenkolonien eine Königin und Arbeiterinnen haben. Technische Fortschritte, Freiland- und Laborexperimente haben unser Wissen vertieft und die Tierverhaltensforschung – die Ethologie – sorgt immer noch für Überraschungen.

Leben unter dem Mikroskop

Vor der Erfindung des Mikroskops wusste man nicht einmal, dass Bakterien existierten. Sie wurden erstmals 1676 von dem Niederländer Antoni van Leeuwenhoek mit selbst gebauten Instrumenten beobachtet. Er nannte die winzigen Organismen *animalcula* (»kleine Tierchen«), aber viele Jahre lang wusste man nur wenig über sie. In den 1860ern entwickelten der Franzose Louis Pasteur und der Deutsche Robert Koch die Keimtheorie der Krankheiten, die die Rolle von Bakterien als Krankheitserreger beinhaltet. Später erkannte man auch nützliche Mikroben: Sie helfen bei der Verdauung, hemmen krankheitserregende Bakterien, »fixieren« Stickstoff, d. h., sie wandeln Luftstickstoff in biologisch nutzbare Formen um, und sie zersetzen totes organisches Material und recyceln so Nährstoffe in Nahrungsnetzen.

Und eine weitere Entdeckung wurde durch das Mikroskop möglich: die mutualistische Symbiose zwischen Pilzen und Bäumen, die 1885 der deutsche Pflanzenpathologe Albert Frank veröffentlichte. Bäume, an deren Wurzeln Pilze wuchsen (was man für krankhaften Parasitismus gehalten hatte), waren tatsächlich gesünder als Bäume ohne Pilze. Durch die feinen Pilzfasern (Hyphen) nehmen die Wurzeln Nitrate und Phosphate effizienter aus dem Boden auf. Umgekehrt versorgt der Baum die Pilze mit Zucker und anderen Kohlenhydraten.

Vernetztes Leben

Kein Organismus lebt isoliert vom Rest des Ökosystems. Die Wechselbeziehungen, die durch das Verhalten entstehen, sind komplex, vieles bleibt noch zu erforschen. Einer der größten Beiträge stammt von dem britischen Zoologen Charles Elton, der in seinem Buch *Animal Ecology* von 1927 viele wichtige Prinzipien des Tierverhaltens beschreibt, etwa Nahrungsketten und -netze, Beutegröße und das Konzept der ökologischen Nische.

1949

In *So kam der Mensch auf den Hund* beschreibt Konrad Lorenz das **Instinktverhalten** von Tieren und dessen evolutionäre Grundlage.

1960

Jane Goodall baut ein Camp in Tansania auf, um **Schimpansen** in freier Natur zu beobachten, und findet viele Ähnlichkeiten zum menschlichen Verhalten.

1981

Insect Thermoregulation von Bernd Heinrich erklärt, wie **Insekten** ihre eigene **Körpertemperatur regeln** können.

2005–2011

Die erste **Genkartierung** bestätigt, dass **Menschen und Menschenaffen** etwa 97 bis 99 % der Gene gemein haben.

2007

In den USA beginnt das **Human Microbiome Project,** um alle Mikroben des gesunden Menschen zu erfassen.

2014

Die **Weltgesundheitsorganisation (WHO)** veröffentlicht den ersten Bericht über Antibiotikaresistenzen und hebt die globale Bedrohung für die Gesundheitssicherheit hervor.

Die Ethologie, die das Tierverhalten und seine evolutionäre Entwicklung erforscht, ist ein wichtiges Element der heutigen Biologie. Schon 1837 entdeckte der britische Entomologe George Newport, dass Motten und Bienen die Thoraxtemperatur durch Muskelzittern erhöhen können. In den 1970ern erkannten der deutsch-amerikanische Entomologe Bernd Heinrich und andere Forscher, welche Anpassungen zur Temperaturregulierung den Insekten beim Überleben helfen: Sie sind heterotherm, d. h., sie können die Temperatur verschiedener Körperteile kurzfristig unterschiedlich verändern.

Moderne Forschungen setzen auf Laborexperimente, Freilandexperimente und neue Techniken wie die Infrarot-Thermografie, um das Insektenverhalten immer genauer zu erkunden. Freilandbeobachtungen sind für die Verhaltensforschung essenziell. In den 1940ern erforschte der britische Ornithologe David Lack die Gelegegröße bei Vögeln. Nach seiner Hypothese der Nahrungslimitierung passt sich die Zahl der Eier einer Art evolutionär an die verfügbare Nahrung an. Der evolutionäre Anpassungsdruck schafft also eine Korrelation zwischen Gelegegröße und Nahrungsangebot.

Der Österreicher Konrad Lorenz und der Niederländer Nikolaas Tinbergen erforschten das Tierverhalten ebenfalls in freier Umgebung. Lorenz' Buch *So kam der Mensch auf den Hund* (1949) erklärt die Loyalität des Haustiers als Form der instinktiven Loyalität gegenüber dem Leittier im Rudel. Tinbergen zeigte in Freilandversuchen, dass Möwenküken, die bei Hunger auf einen roten Punkt auf dem Schnabel ihrer Eltern picken, auch bei einem Modell auf diese Punkte picken.

Menschliche Merkmale

Langzeitstudien fanden ebenfalls statt. Die britische Primatologin und Ethologin Jane Goodall beobachtete von 1960 bis 1975 Schimpansen in Tansania in freier Natur. Ihre Ergebnisse stellen die Ansicht infrage, dass menschliches Verhalten einmalig ist; vielmehr sah sie, dass das Verhalten der Affen dem menschlichen mehr ähnelte, als man allgemein angenommen hatte. So haben Schimpansen ein ganzes Spektrum an Gesichtsausdrücken und Gesten, um ihre Stimmung mitzuteilen, sie stellen Werkzeuge her, arbeiten oft kooperativ und kämpfen manchmal gemeinsam gegen rivalisierende Gruppen. ■

DIE MIKROBEN WERDEN DAS LETZTE WORT HABEN

MIKROBIOLOGIE

IM KONTEXT

SCHLÜSSELFIGUR
Louis Pasteur (1822–1895)

FRÜHER
1683 Der niederländische Händler und Amateurforscher Antoni van Leeuwenhoek baut Mikroskope und beobachtet Bakterien und Protozoen.

1796 Edward Jenner führt die erste Impfung durch; er setzt das Kuhpockenvirus ein, um Patienten gegen die Pocken zu immunisieren.

SPÄTER
1926 Der US-amerikanische Mikrobiologe Thomas Rivers unterscheidet zwischen Viren und Bakterien.

1928 Beim Studium der Grippe entdeckt der schottische Bakteriologe Alexander Fleming das Penizillin.

2007 Ein Inventar aller Mikroben, die mit dem gesunden Körper des Menschen verbunden sind, wird fertiggestellt.

Mikroben – Bakterien, Viren, Protozoen und einzellige Algen und Pilze – kommen überall in der Umwelt vor: im Boden, im Wasser und in der Luft. Einige Mikroben sind Krankheitserreger, doch die meisten sind für das Leben essenziell. Sie zersetzen z. B. organisches Material, so wird es im Ökosystem recycelt.

Billionen Mikroben leben auch auf und im menschlichen Körper. Die meisten sind nützlich und helfen bei der Verdauung, bilden Vitamine oder schützen das Immunsystem gegen schädliche Mikroben.

Wissenschaftler entdeckten Mikroben erst im 17. Jahrhundert, als man sie mit dem gerade erfundenen Mikroskop sehen konnte. Man sah eine zuvor unbekannte Welt, in der es vor mikrobiologischem Leben nur so wimmelte. Etwa zu dieser Zeit wurde auch das Wort »Keim«, das eigentlich »Same« bedeutet, zur Beschreibung dieser winzigen Organismen benutzt.

» Mikroben sind die Arbeitsbienen, die die wichtigsten Aufgaben in deinem Körper erledigen. «

Robynne Chutkan
Mikrobiomexpertin und Autorin
The Microbiome Solution, 2015

Krankheitsbekämpfung

Einige Forscher im 17. und 18. Jahrhundert glaubten, dass bestimmte »Keime« Erkrankungen auslösen, aber allgemein hielt man Krankheiten für spontane, von innen kommende Schwächen des Körpers. Erst die sorgfältigen Laborversuche des französischen Chemikers Louis Pasteur im 19. Jahrhundert bewiesen die »Keimtheorie der Krankheit«.

Pasteur erforschte zunächst die Gärung. Er fand heraus, dass die Säure im Wein durch »Keime« oder Mikroorganismen entsteht. Anlässlich einer Krise der französischen Seidenindustrie durch eine Epidemie bei den Seidenspinnerraupen konnte er die Mikroben identifizieren, an denen die Raupen erkrankt waren. Er übertrug die Keimtheorie auf menschliche Krankheiten und meinte, dass Keime in den Körper eindringen und Störungen verur-

Siehe auch: Klassifikation der Lebewesen 82–83 ▪ Die mikrobiologische Umwelt 84–85 ▪ Das Ökosystem 134–137

» Wenn es um Beobachtungen geht, begünstigt der Zufall nur den vorbereiteten Geist. «

Louis Pasteur
in einer Vorlesung an der Universität von Lille, 7.12.1854

sachen. Edward Jenner hatte fast 100 Jahre zuvor gezeigt, dass sich Krankheiten durch ein »Vakzin« verhindern lassen: einen Impfstoff aus einem Virus, der dem Erreger ähnelt. Pasteur stellte fest, dass eine »attenuierte« (abgeschwächte) Form des Erregers, die man im Labor herstellt und in den Menschen oder das Tier injiziert, besonders effektiv war, um das Immunsystem bei der Bekämpfung der Krankheit zu unterstützen. Zunächst hatte Pasteur mit starken Widerständen zu kämpfen, konnte dann aber Impfstoffe gegen Milzbrand, Geflügelcholera und Tollwut entwickeln – Letzteres mit seinem ersten Versuch an Menschen.

Keime abtöten

Später zielte die Forschung eher darauf ab, keimtötende Substanzen zu finden, also Antibiotika wie das von Alexander Fleming entdeckte Penizillin. Seitdem geht im Gesundheitsbereich meist die Strategie vor, Keime abzutöten. Doch das hat auch Kehrseiten: Man tötet nützliche Mikroben ebenso wie schädliche und Bakterien entwickeln Resistenzen, sodass Antibiotika unwirksam werden. Antibiotikaresistenzen sind global eine große Gefahr für die öffentliche Gesundheit. Auch bei Nutztieren und -pflanzen setzt man Antibiotika zur Vorbeugung und Behandlung ein. ▪

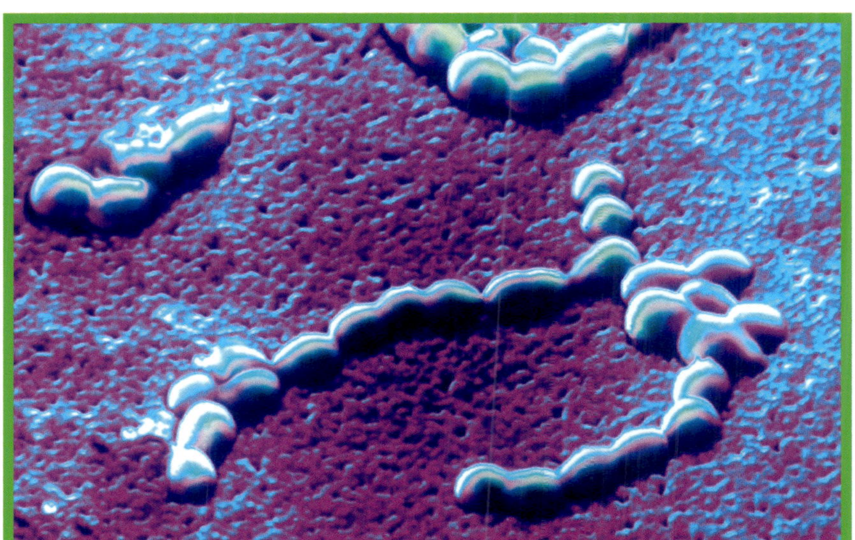

Das Bakterium *Enterococcus faecalis* lebt im Darm gesunder Menschen. Breitet es sich in andere Körpergewebe aus, löst es dort schwere Infektionen aus.

Louis Pasteur

Der 1822 in Dole (Frankreich) in eine arme Gerberfamilie geborene Pasteur war ein mittelmäßiger Student, arbeitete aber sehr hart. Er schloss die Schule 1842 ab und promovierte 1847 in Naturwissenschaften. Nach Lehrtätigkeiten an mehreren Universitäten wurde er 1867 Professor für Chemie an der Sorbonne in Paris. Sein Hauptinteresse galt dem Gärungsprozess bei der Wein- und Bierherstellung; er entdeckte, dass daran »Keime« (Mikroben) beteiligt sind. Zudem fand er heraus, dass Mikroben durch eine kurze, milde Hitzebehandlung absterben – dies nennt man heute »Pasteurisieren«. Pasteurs »Keimtheorie« führte zur Entwicklung vieler Impfstoffe, die heute zentral für die Krankheitskontrolle sind. 1887/88 gründete er das Institut Pasteur in Paris – heute ein wichtiges Forschungszentrum für Infektionskrankheiten.

Hauptwerke

1870 *Étude sur la maladie des vers à soie*
1878 *Les Microbes organisés, leur rôle dans la Fermentation, la Putréfaction et la Contagion*
1886 Schriften zur Tollwut

GEWISSE BAUMARTEN STEHEN MIT EINEM PILZMYCELIUM IN SYMBIOSE

DIE ALLGEGENWÄRTIGEN MYKORRHIZAE

IM KONTEXT

SCHLÜSSELFIGUR
Albert Frank (1839–1900)

FRÜHER
1840 Der deutsche Botaniker Theodor Hartig entdeckt ein Netzwerk von Fäden an den Wurzeln von Kiefern.

1874 Helmuth Bruchmann, ein deutscher Biologe, bemerkt, dass das »hartigsche Netz« aus Pilzfasern besteht.

SPÄTER
1937 Der US-Amerikaner A. B. Hatch zeigt die mutualistische Symbiose zwischen Kiefern und Mykorrhizapilzen.

1950 Die Schweden Elias Melin und Harald Nilsson zeigen, dass Pflanzenwurzeln mithilfe von Mykorrhiza mehr Nährstoffe aufnehmen.

1960 Der schwedische Botaniker Erik Björkman zeigt, dass Pflanzen Kohlenstoff an Mykorrhizapilze abgeben und Phosphate und Nitrate erhalten.

Im Jahr 1885 verstand ein Professor der Königlichen Landwirtschaftlichen Hochschule zu Berlin, Albert Bernhard Frank, als Erster die Beziehung zwischen Pilzen, die auf Baumwurzeln wachsen, und der Gesundheit der Bäume. Er erkannte, dass dies kein pathologischer (krankhafter) Parasitismus am Baum ist, sondern eine unterirdische Partnerschaft: Der Baum litt nicht, sondern schien sogar durch bessere Ernährung gut zu gedeihen. Frank erfand für diese Symbiose ein neues Wort: »Mykorrhiza«, nach den griechischen Worten *mykes* (Pilz) und *rhiza* (Wurzel).

Mykorrhizae in Aktion

Preußische Botaniker hatten bereits bemerkt, dass Hirschtrüffel stets unter Kiefern wachsen. Die Baumwurzeln streben auf die Pilze zu und sind von einer Hülle aus Pilzfasern umgeben. Auch wenn sie es noch nicht verstehen konnten: Sie hatten ein Phänomen beobachtet, das für viele Ökosysteme essenziell ist.

Pilze ernähren sich gewöhnlich von organischem Material, etwa Bodenstreu im Wald, dem sie Nährstoffe durch äußere Verdauung entziehen. Sie geben Verdauungsstoffe ab und absorbieren dann die löslichen organischen Verbindungen durch das Myzel, ein Netzwerk von feinen Fasern, den Hyphen.

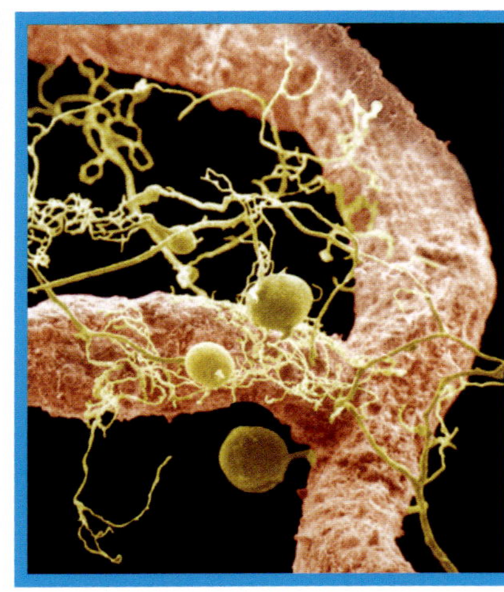

Mykorrhizae an den Wurzeln der Sojapflanze sind arbuskulär: Die Spitzen der Hyphen bilden für den besseren Stoffaustausch Büschel (Arbuskeln) innerhalb der Wurzelzellen.

Pflanzen nehmen Wasser und Nährstoffe wie Nitrate und Phosphate mit den Wurzelhaaren auf. Doch diese erreichen nur eine bestimmte Länge, sodass sie nur begrenzte Nährstoffmengen aufnehmen können. Die Hyphen einer Mykorrhiza können viel größere Flächen abdecken und damit mehr

Siehe auch: Evolution durch natürliche Selektion 24–31 ▪ Mutualismus 56–59 ▪ Das Ökosystem 134–137 ▪ Energieflüsse in Ökosystemen 138–139

Mutualistischer Austausch zwischen Pilzmyzel und Pflanzenwurzeln in der Mykorrhiza

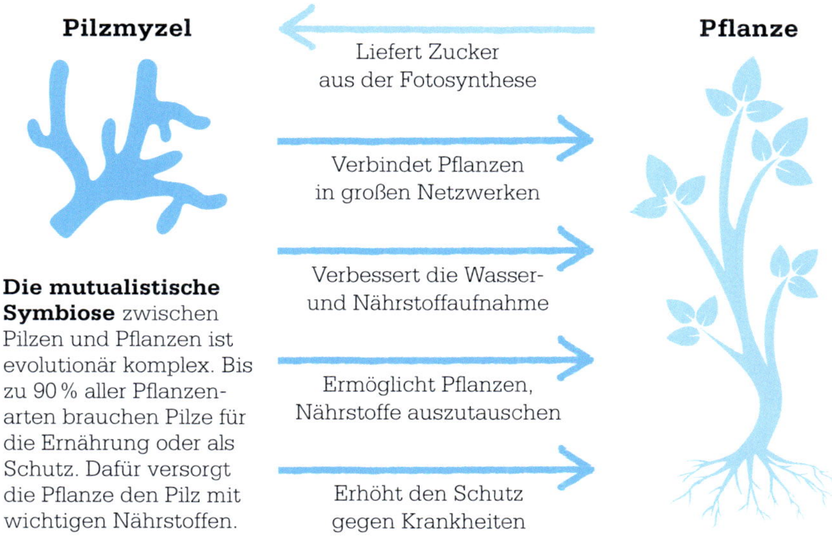

Die mutualistische Symbiose zwischen Pilzen und Pflanzen ist evolutionär komplex. Bis zu 90 % aller Pflanzenarten brauchen Pilze für die Ernährung oder als Schutz. Dafür versorgt die Pflanze den Pilz mit wichtigen Nährstoffen.

Minerale aus dem Boden entnehmen. Wenn Pilzhyphen sich mit den Pflanzenwurzeln verbinden, verlängern sie das Wurzelsystem und die Pflanze bekommt mehr Nährstoffe.

Albert Frank erkannte, dass diese Symbiose für beide, den Pilz wie die Pflanze, nützlich ist. Während der Pilz einen Teil der Minerale abgibt, erhält er Zucker von der Pflanze, den die Pflanze durch Fotosynthese in den Blättern herstellt und mit dem Pflanzensaft zu den Wurzeln transportiert. Dies ergänzt die Nährstoffversorgung des Pilzes aus totem organischem Material.

Uralte Netzwerke

400 Mio. Jahre alte Pflanzenfossilien aus der Zeit, als Pflanzen erstmals das trockene Land besiedelten, zeigen Reste von Pilzhyphen. Demnach war die Mykorrhiza-Symbiose ein Schlüssel bei der Evolution des Lebens an Land. Heute ist die Mehrzahl der Pflanzenarten auf Pilze angewiesen. Bäume mit Mykorrhizae halten Trockenheit und Krankheiten besser aus und können sogar chemische Alarmsignale abgeben, wenn sie von Pflanzenfressern angegriffen werden. Dieses Mykorrhizanetzwerk hat man spaßhaft das *»Wood-Wide Web«* genannt. ■

> »… dass gewisse Baumarten mit einem Pilzmycelium in Symbiose stehen, welches ihnen Ammendienste leistet und die ganze Ernährung des Baumes aus dem Boden übernimmt.«
>
> **Albert Frank**
> *Ueber die Ernährung gewisser Bäume durch Pilze,* 1885

Mykorrhizae als Umweltindikatoren

Mykorrhizapilze sind nicht nur gut für die Pflanzengesundheit, sie können auch als Indikatoren für den Zustand ihrer Umwelt dienen. Im Labor wachsen manche dieser Pilze sehr schlecht, wenn sie Schadstoffen, etwa Schwermetallen wie Blei oder Kadmium, ausgesetzt sind. Umgekehrt können sie Hinweise auf Boden- oder Luftverschmutzung geben. Da die Pilzarten auf verschiedene Umweltfaktoren reagieren, lassen sich sogar spezifische Formen der Umweltbelastung identifizieren.

Mykorrhizae sind auch Indikatoren für den Zustand ihres natürlichen Habitats. Viele von ihnen bilden blumenkohlförmige Auswüchse auf den Wurzeln, die in verschmutztem Boden jedoch kleiner ausfallen. Die Bäume selbst können auf Schadstoffe mit geringerem Wurzelwachstum reagieren, aber die Veränderungen der Mykorrhizae zeigen sich deutlicher, sodass sie als Frühwarnsignal für Schäden im Ökosystem dienen können.

Schwaches Wachstum beim Wieseltäubling, einem Mykorrhizapilz in europäischen und nordamerikanischen Fichtenwäldern, ist ein Anzeichen für Luftverschmutzung.

NAHRUNG IST DAS ZENTRALE THEMA

TIERÖKOLOGIE

IM KONTEXT

SCHLÜSSELFIGUREN
Charles Elton (1900–1991), **George Evelyn Hutchinson** (1903–1991)

FRÜHER
9. Jh. Der arabische Gelehrte al-Dschahiz führt das Konzept der Nahrungskette in *Kitab al-Hayawan* (Buch der Tiere) ein.

1917 Der US-amerikanische Biologe Joseph Grinnell beschreibt eine ökologische Nische erstmals in dem Fachartikel *The Niche Relationships of the California Thrasher*.

SPÄTER
1960 Der US-amerikanische Ökologe Garrett Hardin veröffentlicht einen Essay in *Science*, in dem es heißt, »jeder Fall einer scheinbaren Koexistenz muss erklärt werden«.

1973 Der australische Ökologe Robert May zeigt in *Stability and Complexity in Model Ecosystems* mit mathematischen Modellen, dass komplexe Ökosysteme nicht unbedingt stabile Zustände bedeuten.

2000er Ökologische Kipppunkte – kritische Schwellenwerte, bei deren Überschreiten sich Ökosysteme abrupt verändern – rücken in den Fokus.

Das Konzept von Nahrungsketten, nach dem Lebewesen im Hinblick auf ihre Nahrungsquellen zusammenhängen, ist viele Jahrhunderte alt. Doch erst im frühen 20. Jahrhundert entwickelten Wissenschaftler das Konzept von Nahrungsnetzen, die sich aus verschiedenen Nahrungsketten zusammensetzen.

Pionier war hier der britische Zoologe Charles Elton, der in seinem Buch *Animal Ecology* (1927) beschrieb, was er »Nahrungskreislauf« nannte. Später entwickelte er Theorien über komplexere Wechselbeziehungen zwischen Tieren und ihrer Umwelt – Einsichten, die der modernen Tierökologie zugrunde liegen. Er verglich unser Wissen über einzelne Pflanzen und Tiere mit Waben in einem Bienenstock: Jede »Wabe« des Wissens an sich ist wichtig, aber erst alle zusammen ergeben etwas, das größer ist als die Summe der Einzelteile – den »Bienenstock« der Ökologie.

Heute konzentriert sich die Tierökologie darauf, wie Tiere mit ihrer Umwelt wechselwirken, welche Rollen verschiedene Arten spielen, warum Populationen wachsen und schrumpfen und welche Folgen Umweltveränderungen für Tiere haben. Ein Prinzip der Tierökologie besagt, dass generell in der Natur ein Gleichgewicht vorliegt: Wird die Population einer bestimmten

Nahrungsnetz

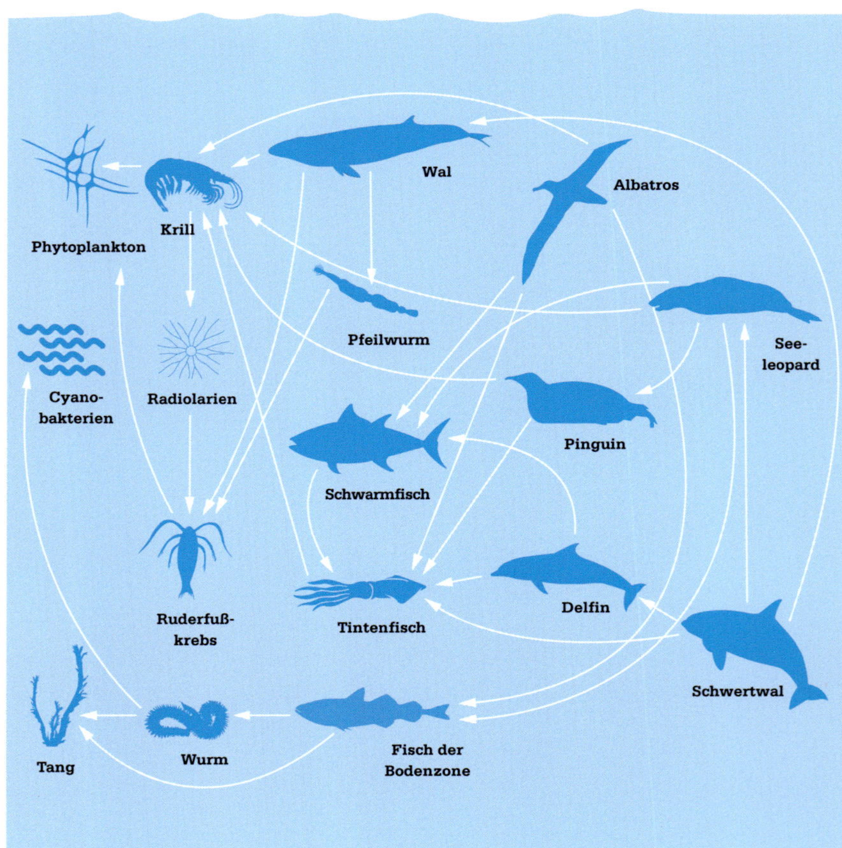

Ein Nahrungsnetz ist die grafische Darstellung der Nahrungsbeziehungen zwischen den Arten einer ökologischen Lebensgemeinschaft. Dieses Beispiel umfasst ein marines Ökosystem, in dem Schwertwale die Spitzenprädatoren und das Phytoplankton die Primärproduzenten sind.

Siehe auch: Schlüsselarten 60–65 ▪ Die Nahrungskette 132–133 ▪ Das Ökosystem 134–137 ▪ Energieflüsse in Ökosystemen 138–139 ▪ Trophische Kaskaden 140–143

Art zu groß, reguliert sie sich selbst, meist durch Nahrungsmangel. Die Wechselbeziehungen zwischen Lebewesen und ihrer Umwelt hängen außerdem vom jeweiligen Ort ab und unterscheiden sich auch im Lauf der Zeit.

Abhängigkeitsketten

In *Animal Ecology* umriss Elton die Hauptprinzipien von Tiergemeinschaften: Nahrungsketten bzw. -netze, Nahrungsgrößen und ökologische Nischen. Laut ihm ist jedes Nahrungsnetz von Produzenten abhängig: Pflanzen oder Algen, von denen Pflanzenfresser oder Primärproduzenten leben. Diese Pflanzenfresser ernähren eine oder mehrere Ebenen von Fleischfressern. Große Fleischfresser fressen gewöhnlich kleinere Tiere, aber da diese sich schneller vermehren, gibt es genug von ihnen, um die wenigen großen Prädatoren zu ernähren.

Die Konkurrenz ist vor allem ganz oben in der Nahrungskette groß. Obwohl Spitzenprädatoren – Räuber wie Großkatzen oder Raubvögel – keine Fressfeinde haben, müssen sie ihr Territorium oft gegen

> »Jedes Tier steht eng mit einer Anzahl anderer Tiere in seiner Umgebung in Beziehung – und dies sind vor allem Nahrungsbeziehungen.«
>
> **Charles Elton**
> *Animal Ecology*, 1927

Eine Spinne fängt eine Wasserjungfer, was zeigt, dass das Prinzip der Nahrungsgröße durch die relative Aggressivität und Stärke von Räuber und Beute außer Kraft gesetzt werden kann.

Rivalen der gleichen Art verteidigen, um genug Beute für sich selbst und ihre Nachkommen zu haben.

Nahrungsgröße

Einer der wichtigsten Aspekte bei Nahrungsketten ist die Größe der Nahrung. Fleischfresser, so Elton, halten sich an Beutetiere einer bestimmten Größe. Prädatoren können zu große Tiere nicht fangen, weil sie dazu selbst nicht groß, stark oder geschickt genug sind. Allerdings bedeutet dies nicht generell, dass Räuber keine Tiere töten können, die größer sind als sie selbst: So erlegt ein Wiesel leicht die größeren Kaninchen, weil es aggressiver ist. Doch selbst eine erwachsene Löwin, eine der größten Spitzenprädatoren, ist nicht stark genug, um einen gesunden Afrikanischen Elefanten zu töten. Ebenso kann eine Libellenlarve am Boden eines Tümpels zwar eine kleine Kaulquappe fressen, wäre aber nicht in der Lage, einen erwachsenen Frosch zu erlegen. Natürlich können Räuber Tiere »

Mögliche Folgen des Klimawandels

Ökologen beobachten Tiere und ihr Verhalten und nutzen Klimamodelle, um Veränderungen in den nächsten Jahrzehnten vorherzusagen. In der Arktis etwa steigen die Mitteltemperaturen schneller als anderswo und das Meereis nimmt ab. Daher müssen Eisbären weiter wandern, um Eisschollen zu finden, die sie für die Seehundjagd, zum Ausruhen und für die Paarung brauchen. Sie müssen dafür mehr Energie aufwenden. Wird das Meereis weniger, können Eisbären also verhungern. Forscher erfassen Daten zu Anzahl und Wanderungen der Eisbären und setzen ihre Ergebnisse mit Veränderungen des Meereises in Beziehung.

Der Eisbär spielt in der Ökologie der Arktis eine zentrale Rolle als Spitzenprädator und Schlüsselart. Da er fast nur Seehunde erbeutet, müssen diese in ausreichender Menge vorhanden sein. Die Zahl der Seehunde bestimmt die Eisbärendichte, während der Prädationsdruck durch Bären die Dichte und den Fortpflanzungserfolg der Seehunde regelt.

Ein einzelner Eisbär sucht das Meer von einer treibenden Eisscholle aus nach Beute ab. Die Abnahme des Meereises der Arktis bedroht das Überleben dieser Art.

Populationszyklen von Hase und Luchs

Im nördlichen Nadelwald Kanadas ist der Schneeschuhhase die bevorzugte Beute des Luchses. Charles Elton untersuchte mit Daten aus der Zeit zwischen 1845 und 1925 die Beziehung dieser beiden Arten. Gibt es viele Hasen, jagen Luchse kaum andere Tiere. Erreicht die Population der Hasen einen Spitzenwert, finden sie nicht mehr genug Nahrung. Einige verhungern, andere sind schwach und damit leichtere Beute für die Prädatoren wie den Luchs. Wenn die Zahl der Hasen abnimmt, hat das auch Folgen für die Luchse; sie müssen dann weniger nahrhafte Beute wie Mäuse und Moorhühner jagen und fressen.

Wenn die Luchse weniger Nahrung finden, haben sie weniger Junge oder paaren sich gar nicht. Einige verhungern. So nimmt die Luchspopulation ein oder zwei Jahre nach dem Kollaps der Hasenpopulation ebenfalls ab und die Hasen vermehren sich wieder. Dieser Zyklus wiederholt sich alle acht bis elf Jahre.

Ein Kanadischer Luchs reißt einen Schneeschuhhasen, seine bevorzugte Beute. In guten Zeiten frisst er alle drei Tage zwei Hasen.

Der Schwertschnabelkolibri in Südamerika hat einen langen Schnabel, mit dem er den Nektar aus den langen Blüten von *Passiflora mixta,* einer Passionsblumenart, trinken kann. Dabei verbreitet er den Pollen der Pflanze.

töten, die deutlich kleiner sind als sie selbst – aber dafür lohnt sich der Aufwand kaum. Wölfe z. B. jagen in der Regel mittelgroße oder große Säugetiere, vor allem aus der Familie der Hirsche. Verschwinden diese aus ihrem Revier, müssen sie genug kleine Tiere wie Mäuse fangen; doch die Energie, die es erfordert, sie zu jagen, ist größer als ihr Nährwert.

Pflanzen können nicht fliehen oder kämpfen, für Pflanzenfresser gelten daher andere Kriterien bei der Nahrungsgröße. So gibt es eine maximale Samengröße, die z. B. ein Fink in seinem Schnabel halten kann; daher haben größere Finken einen Vorteil gegenüber kleineren. Kolibriarten etwa können Nektar nur aus Blüten bis zu einer bestimmten Größe trinken, das hängt von ihrer Schnabellänge ab.

Ökologische Nischen

Die Nische eines Tiers oder einer Pflanze bestimmt seine Rolle oder Lebensweise. Für den US-amerikanischen Zoologen Joseph Grinnell galt im frühen 20. Jahrhundert die Nische eines Lebewesens noch als sein Habitat. Grinnell studierte Kalifornienspottdrosseln und beobachtete, wie sie im dichten Unterholz des Chaparrals – der kalifornischen Buschvegetation – nach Nahrung suchten, brüteten und sich vor Räubern versteckten. Heute umfasst die Nische mehr und ist komplexer als der Ort, an dem eine Art lebt. Madenhacker und Büffel z. B. leben im gleichen Habitat (offenes Grasland), doch die Büffel grasen, während sich die Vögel von den Insekten ernähren, die sie aus dem Fell der Büffel picken.

Charles Elton erforschte das Nischenkonzept detaillierter. Für ihn war die Nahrung der Hauptfaktor, der die Nische eines Lebewesens definiert – was es frisst und wovon es gefressen wird. Je nach Habitat kann eine bestimmte Nische von verschiedenen Tieren besetzt werden. Elton zog dazu das Beispiel eines kleinen Raubvogels heran, der kleine Bodentiere wie

» Die Beobachtung von Arten in der Wildnis überzeugt mich, dass das Bestehen und das Fortbestehen der Arten wesentlich mit der Umwelt verknüpft ist. «

Joseph Grinnell
Geography and Evolution, 1924

» Verschiedene Arten drücken sich aneinander wie Seifenblasen, drängeln und schubsen, wenn eine Art … einen Vorteil gegenüber einer anderen gewinnt. «

G. Evelyn Hutchinson
The Biota of the San Bernardino Mountains, 1908

Mäuse frisst. In einem europäischen Laubwald wird diese Nische vom Waldkauz besetzt, im offenen Grasland dagegen von Turmfalken.

Elton meinte zudem, dass ein Tier nicht nur einen gewissen Bereich an Umweltbedingungen tolerieren, sondern sie sogar ändern kann. Das Fällen von Bäumen und der Dammbau der Biber ist eines der extremsten Beispiele: Sie schaffen Lebensräume für Fische in aufgestauten Tümpeln, für Spechte in toten Bäumen und für Libellen um die Tümpel herum.

Nischen und Konkurrenz

Der britische Zoologe George Evelyn Hutchinson erforschte von den 1950ern bis in die 1970er an der *Yale University* (USA) alle physischen, chemischen und geologischen Prozesse in Ökosystemen. Demnach schließt die Nische eines Lebewesens auch seine Rolle mit ein: wie es sich ernährt, fortpflanzt, Schutz findet und mit anderen Lebewesen und der Umwelt wechselwirkt. So kann jede Forellenart – wie alle anderen Fischarten – einen bestimmten Bereich hinsichtlich Temperatur sowie Salz- und Säuregehalt tolerieren, ebenso eine Bandbreite an Beutetieren und Bodenverhältnissen. In einem Habitat stehen daher einige Arten stärker in Konkurrenz als andere. Der als »Vater der modernen Ökologie« geltende Hutchinson inspirierte Kollegen dazu, zu erforschen, wie konkurrierende Tiere ihre Umwelt auf verschiedene Art nutzen.

Die Nischenbreite umfasst die Faktoren, die dazu beitragen, dass ein Tier oder eine Pflanze gedeihen kann. Wanderratten, Waschbären und Stare sind Tiere mit einer breiten Nische, sie können in sehr unterschiedlichen Umwelten überleben. Solche Arten nennt man Generalisten. Andere Arten haben sehr genau definierte Ansprüche. So sind Koalas fast völlig von Eukalyptusblättern abhängig und Hyazinth-Aras im Pantanal (Brasilien) fressen fast nur die harten Früchten zweier Palmenarten – sie sind Spezialisten.

Tiere besetzen nur selten die gesamte Breite ihrer Nische, da sie mit anderen konkurrieren. So brauchen die Hüttensänger Nordamerikas tote Bäume mit alten Spechthöhlen, in denen sie Eier legen und Junge aufziehen können. Zwar sind passende Höhlen in vielen Wäldern häufig zu finden, aber Hüttensänger können nicht alle nutzen, weil sie von den aggressiveren Staren auskonkurriert werden. Daher ist ihre Realnische – der Teil, den sie tatsächlich besetzen – nicht so breit wie ihre Fundamentalnische, die prinzipiell für sie geeignet wäre.

Viele Tiere nutzen einen Teil ihrer Nische gemeinsam – dies nennt man Nischenüberlappung. Leben verschiedene Arten mit »

Als echter Spezialist braucht ein Koala 1 kg Eukalyptusblätter pro Tag. Das Beuteltier findet sich in freier Wildbahn nur in Australien, wo Eukalyptus häufig vorkommt.

Drei wichtige Typen ökologischer Nahrungspyramiden

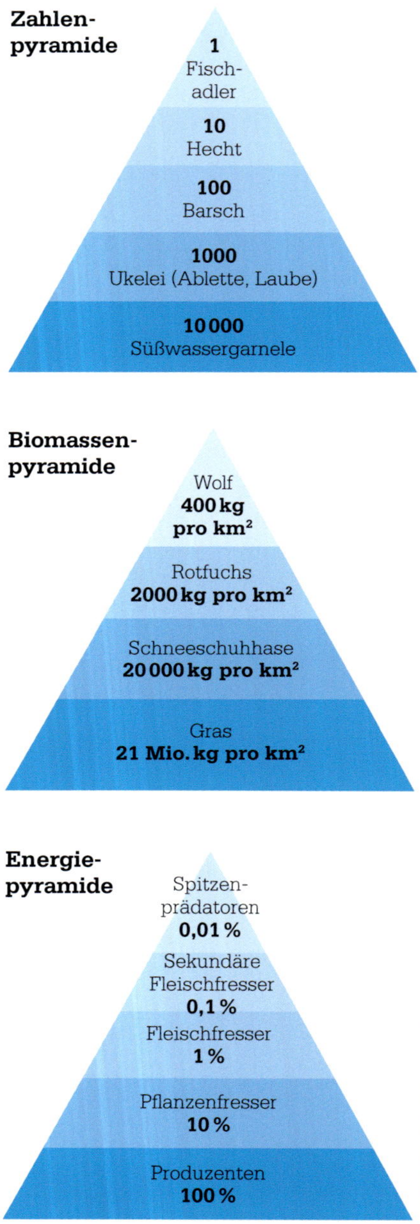

Nahrungspyramiden zeigen messbare Größen in einem Ökosystem auf den einzelnen Trophieebenen: die Populationsgröße einzelner Arten (Zahlenpyramide), ihre Menge (Biomasse) oder den Energiegehalt.

ähnlicher Lebensweise im gleichen Habitat, stehen sie in Konkurrenz zueinander. Sie können aber eng zusammenleben, wenn sich einige Aspekte ihres Verhaltens oder ihrer Ernährung unterscheiden (Nischensonderung). So können mehrere leguanartige Echsen in Puerto Rico erfolgreich im gleichen Gebiet leben, weil sie sich in verschiedenen Teilen der Bäume niederlassen.

Bei der Nischenüberlappung gibt es Grenzen. Wenn zwei Arten mit identischer Nische am gleichen Ort leben, wird eine die andere völlig verdrängen. Dieses Konkurrenzausschlussprinzip hat Joseph Grinnell 1904 angedeutet, 1934 wurde es in einer Veröffentlichung des russischen Mikrobiologen Georgi Gause ausgearbeitet; es heißt auch Gause-Volterra-Gesetz.

Pyramiden aus Zahlen

Elton stellte die Nahrungsbeziehungen grafisch als Pyramide dar. Die Trophieebene eines Lebewesens zeigt seine Stufe in der Nahrungskette. Pflanzen, Algen und Phytoplankton als Primärproduzenten stehen auf der untersten Trophieebene, Pflanzenfresser (Primärkonsumenten) auf der zweiten, die ersten Fleischfresser (Sekundärkonsumenten) auf der dritten usw. Oft ist die Zahl der Primärkonsumenten (vor allem Insekten) viel größer als die der Produzenten, während es auf den höheren Ebenen immer weniger Konsumenten gibt. Dabei werden Parasiten außer Acht gelassen: Die Zahl der Flöhe, Läuse und Zecken auf Säugetieren und Vögeln ist höher als die aller Wirbeltiere.

» Der grundlegende Vorgang der trophischen Dynamik ist der Transfer von Energie von einem Teil des Ökosystems in einen anderen. «

Raymond Lindeman
The Trophic-Dynamic Aspect of Ecology, in: *Ecology*, 1942

1938 wandelte der deutsch-israelische Ökologe Friedrich Simon Bodenheimer die Zahlenpyramide von Elton zu einer Biomassepyramide ab, die die Masse lebender Materie jeder Trophieebene eines Ökosystems darstellt. Berücksichtigt wird dabei, dass einige Arten viel größer als andere sind, aber weil die relativen Biomassen zu einer Zeit angezeigt werden, entstehen Anomalien. So kann in einem Teich die Masse der Produzenten, des Phytoplanktons (mikroskopische Organismen am Anfang aller aquatischen Nahrungsketten), zu einem bestimmten Zeitpunkt geringer sein als die Masse der Fische als Konsu-

Mikroorganismen wie die Diatomeen (Kieselalgen) bilden einen erheblichen Teil jeder Nahrungspyramide. Ihre große Menge und ihre schnelle Vermehrungsrate liefern Biomasse und Energie für die Arten, die höher in der Pyramide stehen.

menten, sodass die Pyramide auf dem Kopf steht. Doch das Phytoplankton vermehrt sich wesentlich schneller, wenn die Bedingungen günstig sind. Über die Zeit gesehen, hat daher das Plankton eine größere Biomasse als die Fische.

Energiepyramiden

Der US-Amerikaner Raymond Lindeman führte deshalb die Energiepyramide ein, die zeigt, mit welcher Rate Energie von einer Trophieebene auf die nächste übertragen wird. Pflanzen bzw. Phytoplankton auf der ersten Ebene wandeln als Produzenten die Sonnenenergie in Kohlenhydrate als Energieträger um. Frisst ein Pflanzenfresser die Pflanze, geht ein Teil der Energie auf das Tier über. Der Fleischfresser nimmt ebenfalls einen Teil dieser Energie auf, wenn er den Pflanzenfresser frisst.

Nach der 1942 von Lindeman publizierten Zehnprozentregel werden von jeder Trophieebene nur etwa 10 % der Energie aus der Biomasse an die nächste Ebene weitergegeben; der Rest geht verloren, z. B. weil der Stoffwechsel der Tiere Energie verbraucht. Die Energiepyramide veranschaulicht dies. Wenn etwa die Biomassen von Algen und Fischen in einem Teich gleich sind, die Algen aber doppelt so schnell wachsen, ist ihr Energiegehalt doppelt so groß. Energiepyramiden stehen nie auf dem Kopf: Die Energie muss von Ebene zu Ebene kleiner werden. Zur Bestimmung des Energietransfers sind allerdings sehr viele Daten über die Energieaufnahme sowie Zahl und Masse der Lebewesen nötig.

Schleien fressen Schnecken, die Periphyton abgrasen, den Belag aus Mikroorganismen auf Pflanzen. Indem die Fische die Schnecken dezimieren, vergrößern sie die Biomasse des Periphytons.

Blick in die Zukunft

Die Beziehungen zwischen Lebewesen und Umwelt variieren räumlich und zeitlich. Der Klimawandel ist einer der Faktoren, die Tiergemeinschaften zunehmend beeinflussen. Wenn Kipppunkte erreicht werden – was abrupte Veränderungen der Umwelt mit sich bringt –, können Tier- und Pflanzengemeinschaften und deren Nahrungsnetze stark gestört werden. Einige Folgen sind schon sichtbar und so steht die Ökologie vor der Herausforderung, weitere sinnvolle Vorhersagen zu treffen. ■

VÖGEL LEGEN SO VIELE EIER, DASS DIE OPTIMALE NACHKOMMENMENGE HERAUSKOMMT

REGULIERUNG DER GELEGEGRÖSSE

IM KONTEXT

SCHLÜSSELFIGUR
David Lack (1910–1973)

FRÜHER
1930 Der britische Genetiker Ronald Fisher vereint Gregor Mendels Arbeiten zur Genetik mit Charles Darwins Theorie der natürlichen Selektion und argumentiert, dass sich der Aufwand bei der Fortpflanzung lohnen muss.

SPÄTER
1948 David Lack erweitert die Theorie der optimalen Gelegegröße von Vögeln auf die Wurfgröße von Säugetieren.

1954 Lack entwickelt die Hypothese der Nahrungslimitierung in *The Natural Regulation of Animal Numbers* weiter, sie umfasst nun auch Vögel, Säugetiere und einige Insekten.

1982 Tore Slagsvold formuliert die Nesträuberhypothese: Für ihn steht die Gelegegröße mit dem Risiko eines Angriffs von Prädatoren in Beziehung.

Warum legen einige Vögel mehr Eier als andere? Blaumeisen z. B. legen im Schnitt neun, Rotkehlchen sechs und Amseln vier Eier.

In den 1940er-Jahren veröffentlichte der britische Ornithologe und Evolutionsökologe David Lack eine Erklärung, die schnell populär wurde. Die Gelegegröße werde nicht durch die Fähigkeit des Weibchens zur Eiablage begrenzt, denn Vögel können generell viel mehr Eier legen, als sie es tatsächlich tun. Dies zeigen Ersetzungsexperimente, bei denen Eier aus dem Nest entfernt werden; das Weibchen legt dann schnell weitere Eier als Ersatz nach. Vielmehr, so Lack, ist die Zahl der Eier bei jeder Art evolutionär an das Nahrungsangebot angepasst. In der Natur hat sich die Gelegegröße auf die maximale Kükenzahl eingestellt, die die Eltern wahrschein-

Blaumeisennester enthalten im Mittel neun Eier, obwohl das Weibchen viel mehr legen kann. Lack meinte, dass die Gelegegröße von der zu erwartenden Nahrungsmenge bestimmt wird.

Siehe auch: Tierökologie 106–113 ▪ Tierverhalten 116–117 ▪ Die Nahrungskette 132–133 ▪ Das Ökosystem 134–137 ▪ Ökologische Resilienz 150–151

lich noch ernähren können. Wenn ein Vogelpaar nur genug Futter für sechs Küken finden kann, das Weibchen aber zwölf Eier legt, dann hungern die Küken. Wenn es nur ein Ei gelegt hat, wird zwar das Küken gut ernährt aufwachsen, aber der Großteil des verfügbaren Futters bleibt ungenutzt. Daher sind keine dieser beiden Szenarien optimal, vielmehr hätte ein Gelege mit sechs Eiern die beste Chance auf die maximale Zahl an Nachkommen. Diese Überlegung zu Nahrungslimitierung und Gelegegröße ist als Lacks Hypothese bekannt. Später wurde sie von ihm und anderen auf die Wurfgröße bei Säugetieren sowie die Laichgröße bei Fischen und Wirbellosen erweitert.

Der »Breitengradtrend«

Lacks Hypothese beantwortet eine weitere Frage: Warum haben die meisten Vogelarten an höheren Breitengraden größere Gelege? Im Mittel legen Vögel am Äquator nur halb so viele Eier wie die gleichen Arten im hohen Norden. Dieser »Breitengradtrend« lässt sich dadurch erklären, dass die Vögel an den sehr langen Sommertagen im Norden mehr Futter sammeln können als an den kürzeren Tagen in den Tropen.

Hinzu kommen andere Faktoren: Auch die höheren Sterblichkeitsraten in hohen Breiten, wo die Winter hart sind, können größere Gelegegrößen bewirken. Bei geringen Überlebenschancen bis zur nächsten Brutsaison verkleinert sich die Population, sodass für die Überlebenden im nächsten Jahr mehr Nahrung zur Verfügung steht.

1982 brachte der norwegische Evolutionsökologe Tore Slagsvold die Nesträuberhypothese ins Spiel, nach der eine höhere Prädationsrate zu kleineren Gelegen führt. Erbeutet ein Prädator ein Nest mit vielen Küken, so haben die Eltern mehr Ressourcen umsonst aufgewendet als bei wenigen Küken. Zudem werden Eltern, die ein großes Gelege versorgen, leichter entdeckt, da sie aktiver sein müssen. Einige Forscher meinen, dass bei der Evolution hin zu kleineren Gelegegrößen in den Tropen die höhere Dichte an Räubern wichtiger ist als das Nahrungsangebot. ▪

» Die Gelegegröße nimmt ebenso wie die Tageslänge mit zunehmendem Breitengrad zu, … bei längeren Tagen haben die Eltern mehr Zeit für die Futtersuche. «

David Lack
The Significance of Clutch-Size in the Partridge,
in: *Journal of Animal Ecology,* 1947

» Ein Gelege, das zu einer kleineren Brut führt, als … erfolgreich gefüttert und aufgezogen werden kann, … bringt wohl mehrere Vorteile. «

Tore Slagsvold
Clutch Size Variation in Passerine Birds,
in: *Oecologica,* 1982

Geschwistertötung beim Blaufußtölpel

Blaufußtölpel sind Seevögel im Pazifik. Sie fangen Fische im Meer, brüten aber auf Klippen an Küsten. Das Weibchen legt zwei Eier im Abstand von etwa fünf Tagen, sodass das erste Küken bereits deutlich gewachsen ist, wenn das zweite schlüpft. Gibt es ausreichend Nahrung, erbeuten die Eltern genug, um beide Küken zu füttern, bis sie flügge werden. Ist aber Nahrung knapp, hackt das ältere Küken das jüngere zu Tode. So bekommt das ältere mehr Nahrung und hat eine größere Chance zu überleben. Ohne diese Geschwistertötung (auch »Kainismus«) würden beide Hunger leiden.

Dieses Verhalten, das ausschließlich durch das Nahrungsangebot gesteuert wird, heißt fakultative Geschwistertötung. Dagegen praktizieren Maskentölpel obligatorische Geschwistertötungen: Das erstgeborene Küken tötet fast immer das andere – unabhängig vom Nahrungsangebot.

Blaufußtölpel betreiben Kainismus aufgrund genetischer Faktoren. Die Tötung eines Geschwisters kann dem Tötenden nützen, aber auch das Überleben der ganzen Art sichern.

DER BUND MIT EINEM TREUEN HUND IST SO EWIG, WIE BINDUNGEN ZWISCHEN LEBEWESEN ÜBERHAUPT SEIN KÖNNEN

TIERVERHALTEN

IM KONTEXT

SCHLÜSSELFIGUREN
Konrad Lorenz (1903–1989), **Nikolaas Tinbergen** (1907–1988)

FRÜHER
1872 Charles Darwin schreibt in *Der Ausdruck der Gemütsbewegungen bei dem Menschen und den Tieren,* dass das Verhalten instinktiv ist und eine genetische Basis hat.

1951 Nikolaas Tinbergen formuliert in *Instinktlehre* Grundlagen und Theorien der Ethologie, der Tierverhaltensforschung.

SPÄTER
1967 Desmond Morris, ein britischer Zoologe, wendet in seinem populären Buch *Der nackte Affe* die Ethologie auf den Menschen an.

1976 Der britische Evolutionsbiologe Richard Dawkins beschreibt in *Das egoistische Gen,* dass der Großteil des Tierverhaltens dazu dient, die Gene weiterzugeben.

Jeder Mensch, der einen Hund hat, weiß, wie kameradschaftlich und loyal die Beziehung zu diesem Haustier sein kann. Der österreichische Zoologe Konrad Lorenz beschäftigte sich damit in *So kam der Mensch auf den Hund* (1949). Er betrachtete das Verhalten von Hunden und anderen Tieren als im Wesentlichen angeborene, »instinktive Handlung« im Gegensatz zu Verhalten, das durch Konditionierung erlernt wird. Dieses fest verankerte Verhalten helfe der Art zu überleben. Die Loyalität des Haushunds zum Menschen stamme, so Lorenz, vom natürlichen Verhalten der wilden Vorfahren ab, die dem Leittier des Rudels gegenüber loyal waren, weil das für den Jagderfolg und für die Sicherheit vorteilhaft war.

Freilandexperimente

Lorenz war mit diesen Theorien nicht allein. Andere Biologen, die Tiere in ihrer natürlichen Umgebung studierten, waren der Österreicher Karl von Frisch und der Niederländer Nikolaas Tinbergen. Zuvor waren Verhaltensstudien meist im Labor oder in künstlicher Umgebung durchgeführt worden, sodass das beobachtete Verhalten

Die Prägung bei Entenküken ist ein Beispiel für Instinktverhalten, das manipuliert werden kann – indem man die Küken auf Menschen oder sogar unbelebte Objekte prägt.

nicht unbedingt übertragbar war. Studien in der Natur haben ihre eigenen Fallstricke; vor allem muss man Freilandexperimente sorgfältig planen, damit sie wiederholbar sind und als Ergebnisse Fakten herauskommen – nicht nur Anekdoten.

Den Begriff »Ethologie« für die Tierverhaltensforschung hat der US-amerikanische Entomologe Morton Wheeler 1902 geprägt. Ethologen beobachten Tiere im natürlichen Lebensraum, sie verbinden Labor- und Freilandstudien, um das Verhalten des Tiers hinsichtlich Ökologie, Evolution und Genetik zu erforschen.

Ethologen fanden heraus, dass ein Tier in bestimmten Situationen

Siehe auch: Freilandexperimente 54–55 ▪ Schlüsselarten 60–65 ▪ Tierökologie 106–113 ▪ Regulierung der Gelegegröße 114–115 ▪ Mit Tiermodellen das menschliche Verhalten verstehen 118–125 ▪ Thermoregulation bei Insekten 126–127

auf vorhersagbare Weise reagiert. Dies nennt man Instinktverhalten oder – neutraler – *Fixed Action Response* (FAP, etwa »Antwort nach festem Muster«). Es ist artspezifisch, wird jedes Mal in gleicher Form durchgeführt und verändert sich nicht durch Erfahrung. Der Auslöser (»Schlüsselreiz«) ist hochspezifisch und kann Farben, Muster oder Geräusche umfassen. So reagieren männliche Stichlinge auf andere Männchen aggressiv, die in ihr Revier am Grund eines Bachs eindringen; der Schlüsselreiz ist wohl deren rote Bauchseite.

Nikolaas Tinbergen erkannte, dass einige künstliche Schlüsselreize besser wirken als die echten. So picken Heringsmöwenküken auf einen roten Flecken am Schnabel des Elterntiers, das dann Nahrung hochwürgt. Tinbergen stellte fest, dass sie auch auf ein Schnabelmodell pickten, auf einen dünnen roten Stift mit drei weißen Streifen sogar noch viel intensiver. Ein solcher »übernormaler Schlüsselreiz« zeigt, dass sich auch das Instinktverhalten manipulieren lässt. ■

Vier Elemente ethologischer Experimente

Konrad Lorenz

Der in Wien geborene Lorenz war von klein auf von Tieren begeistert, er hielt Fische, Vögel, Katzen und Hunde. Als Sohn eines Orthopäden musste er zunächst Medizin in Wien studieren, promovierte 1928 zum Doktor der Medizin und 1933 zum Doktor im Fach Zoologie. Für seine ersten Versuche nutzte er seine Haustiere. Lorenz ist wohl am bekanntesten für das Phänomen der »Prägung«: Ein neu geschlüpftes Küken bindet sich an das erste bewegliche Objekt, das es sieht (gewöhnlich die Eltern) und folgt ihm überallhin. Die Prägung, die man bei Enten, Gänsen und anderen Vögeln, aber auch Säugetieren sieht, ist instinktiv und geschieht kurz nach der Geburt. Lorenz demonstrierte dies, indem er frisch geschlüpfte Küken anquakte, die ihm dann immer hinterherliefen.

Hauptwerke

1952 *Er redete mit dem Vieh, den Vögeln und den Fischen*
1949 *So kam der Mensch auf den Hund*
1963 *Das sogenannte Böse*
1978 *Vergleichende Verhaltensforschung*

DEFINIERE »WERKZEUG« NEU, DEFINIERE »MENSCH« NEU – ODER AKZEPTIERE SCHIMPANSEN ALS MENSCHLICH

MIT TIERMODELLEN DAS MENSCHLICHE VERHALTEN VERSTEHEN

IM KONTEXT

SCHLÜSSELFIGUR
Jane Goodall (1934–2025)

FRÜHER
1758 Carl von Linné, der Vater der Taxonomie, wagt es, die Menschen im Zusammenhang mit der übrigen Natur zu klassifizieren; er nennt uns *Homo sapiens* (»verständiger Mensch«).

1859 Charles Darwins Theorie der Evolution stellt die Vorstellung, dass die Menschheit und das Tierreich getrennte Bereiche sind, weiter infrage.

SPÄTER
1963 Konrad Lorenz veröffentlicht *Das sogenannte Böse,* in dem er schreibt, dass dem Menschen aggressives Verhalten angeboren ist.

1967 Desmond Morris, ein britischer Zoologe und Ethologe, veröffentlicht *Der nackte Affe,* ein umfangreiches Buch, das das menschliche Verhalten in Relation zum Tierreich beschreibt.

» Wenn Schimpansen Gewehre und Messer hätten und wüssten, wie man mit ihnen umgeht – sie würden sie benutzen wie der Mensch. «

Jane Goodall

Stammbaum der Primaten

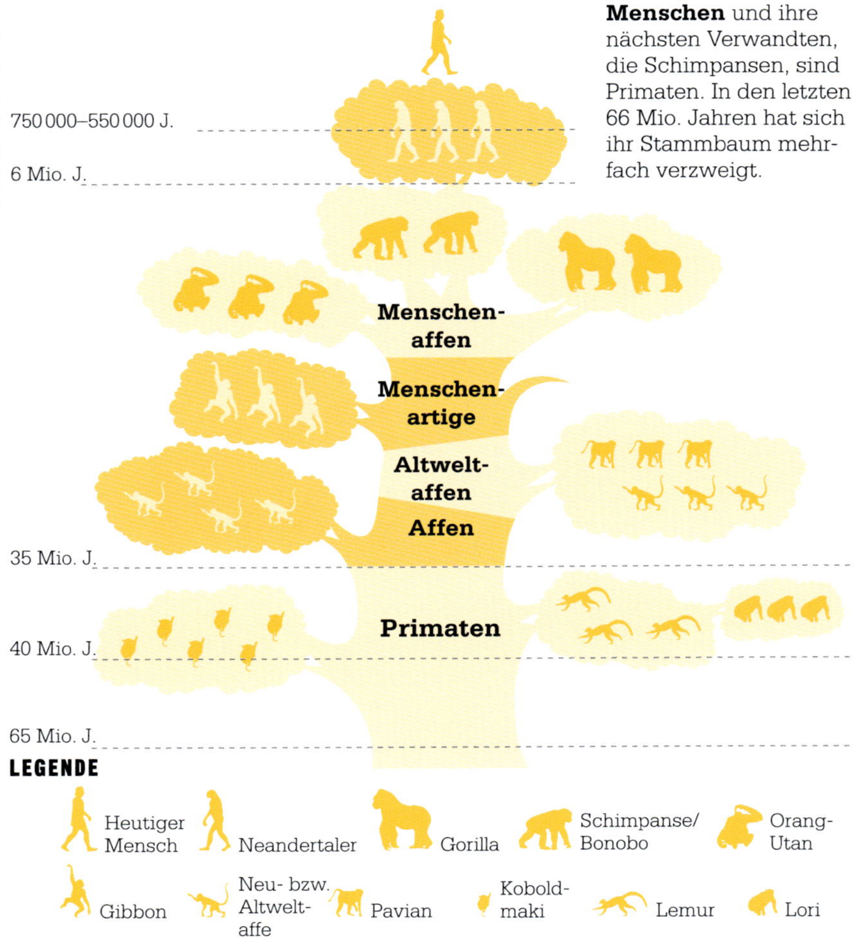

Menschen und ihre nächsten Verwandten, die Schimpansen, sind Primaten. In den letzten 66 Mio. Jahren hat sich ihr Stammbaum mehrfach verzweigt.

Viele moderne Kartierungen des Genoms des Menschen und von Tieren haben eine Theorie bestätigt, die Darwin erstmals Mitte des 19. Jahrhunderts äußerte: dass wir gemeinsame Vorfahren mit Menschenaffen haben. Heute zweifeln wenige Wissenschaftler daran, dass der Gemeine Schimpanse (*Pan troglodytes*) und der Bonobo oder Zwergschimpanse (*Pan paniscus*) unsere nächsten lebenden Verwandten sind. Ihre Erforschung ist daher eine einmalige Möglichkeit, uns selbst und den Ursprung unseres Verhaltens zu verstehen. Doch jahrelang galt allgemein die Überzeugung, dass sich die Menschheit vom Rest der Natur unterschied.

Vor allem die britische Primatologin Jane Goodall zeigte die Ähnlichkeiten zwischen Affen und Menschen auf. 1961 berichtete sie in einer begeisterten Nachricht an ihren Mentor Louis Leakey eine Beobachtung, die die Wissenschaft erschütterte: Ein Schimpanse hatte ein Werkzeug benutzt! Damit wurde der Werkzeuggebrauch erstmals dokumentiert. Dies stellte die vorherigen Annahmen, was Menschsein bedeutet, auf den Kopf. Seither wurde der Gebrauch von Werkzeug

Siehe auch: Evolution durch natürliche Selektion 24–31 ▪ Ein System zur Identifizierung aller Lebewesen 86–87 ▪ Tierökologie 106–113 ▪ Tierverhalten 116–117

bei vielen anderen Tierarten beobachtet, darunter Geradschnabelkrähen, Oktopusse, Seeigel und Delfine.

Jane Goodalls Wissen über Naturgeschichte beeindruckte Leakey bei seinem ersten Treffen mit ihr 1957. Er bot ihr eine Arbeitsstelle an, bei der es darum ging, das Verhalten von Schimpansen zu studieren. Als Anthropologe und Paläontologe ging Leakey von der evolutionären These aus, dass Menschen und Menschenaffen (Familie *Hominidae*) – Schimpansen, Bonobos, Gorillas und Orang-Utans – einen gemeinsamen Vorfahren haben.

Neue Ähnlichkeiten

Leakey suchte den *Missing Link,* das fehlende Bindeglied: fossile Übergangsformen zwischen Menschen und gemeinsamen Vorfahren. Schimpansen in Freiheit waren damals kaum erforscht und Leakey versprach sich Erkenntnisse zur menschlichen Evolution. Goodall als gute Beobachterin ohne akademische Pflichten war ideal. Wie Leakey gehofft hatte, brachte sie einen frischen Blickwinkel ein und hatte genug Mut zu sagen, dass sich Affen und Menschen mehr ähneln als gedacht. Bis dahin war der wissenschaftliche und populäre Konsens, dass die Fähigkeit, Werkzeuge herzustellen und zu gebrauchen, Menschen von Tieren unterschied. Goodall zwang die Wissenschaft dazu, diesen Ansatz zu überdenken.

Goodalls Camp lag im Gombe-Stream-Nationalpark in Tansania, wo sie eine Schimpansengemeinschaft am Ostufer des Tanganjikasees studierte. Sie beschloss, unter den Schimpansen zu leben, um ihr Verhalten direkt zu erleben, und gehörte damit zu den ersten Ethologen: Biologen, die Tiere in ihrer natürlichen Umwelt beobachten, um ihr natürliches Verhalten zu »

Ein Schimpanse hat die Blätter eines Zweigs entfernt, um mit diesem »Werkzeug« Termiten zu angeln. Goodall beobachtete in Gombe erstmals, dass diese Tiere einfache Technik einsetzen.

Jane Goodall

Der erste Schimpanse, den die 1934 in London geborene Jane Goodall sah, war das ausgestopfte Tier »Jubilee« ihres Vaters. Sie interessierte sich früh für Tiere – einmal versteckte sie sich stundenlang im Hühnerstall, um die Eiablage zu beobachten. Sie verließ mit 18 die Schule und hatte mehrere Jobs, bevor sie 1957 nach Kenia ging. Dort traf sie den Paläoanthropologen Louis Leakey. Mit seiner Hilfe gründete sie 1960 eine Forschungsstation in Gombe (Tansania) und studierte dort bis 1975 Schimpansen. Ihre Arbeit veränderte unser Verständnis dieser Tiere grundlegend und stellte Annahmen über den Platz des Menschen in der Natur infrage. 1965 promovierte sie an der Universität Cambridge. Zu ihren vielen Ehrungen zählen die der französischen Ehrenlegion (2006) und die amerikanische Freiheitsmedaille (2025).

Hauptwerke

1969 *My Friends the Wild Chimpanzees*
1986 *The Chimpanzees of Gombe: Patterns of Behaviour*
2009 *Hope for Animals and Their World*

Jane Goodall 2006 bei ihrer Arbeit mit Notizbuch im Gombe-Nationalpark. Die Pionierin der Primatenforschung setzte sich intensiv für den Schutz der gefährdeten Schimpansen ein.

verstehen. Während ihrer ersten Monate im Camp flohen die Schimpansen vor ihr, aber schon bald beachteten sie sie gar nicht mehr.

Goodall beobachtete die Schimpansen stundenlang, hielt Abstand und machte Notizen. Eines Tages im November 1961 sah sie, wie der Schimpanse, den sie David Greybeard nannte, vor einem Termitenhügel saß. Er steckte Grashalme in den Hügel, zog sie wieder heraus und steckte sie in den Mund. Sie beobachtete ihn eine Weile, bis der Schimpanse davonzog. Als sie selbst einen der weggeworfenen Grashalme in den Hügel schob, sah sie, dass sich die aufgeschreckten Termiten darin verbissen. Sie erkannte, dass der Schimpanse mit den Grashalmen nach Termiten »geangelt« hatte, um sie zu fressen.

Aus Gesprächen mit Leakey wusste Goodall, dass dies eine wichtige Entdeckung war. Sie sah auch, wie Schimpansen dünne Zweige benutzten, die sie von Blättern befreit hatten. Die Schimpansen setzten also nicht nur Werkzeuge ein, sondern stellten sie auch her.

Schimpansentechnik

Goodall beschrieb neun Werkzeuge, die die Gombe-Schimpansen einsetzten. Zunächst bezweifelten andere Forscher ihre Methoden und machten sich lustig, weil sie den Tieren Namen statt Nummern gab; dies zeige, dass ihre Freilandstudien nicht rigoros seien. Seither haben jedoch Studien aus der ganzen Welt ihre Ergebnisse bestätigt: Auch im Kongo entfernen Schimpansen für die Termitenjagd Blätter von Zweigen. In Gabon sah man Schimpansen mit einem fünfteiligen »Werkzeugset« in den Wald gehen, darunter Stöcke zum Öffnen von Bienennestern und Rindenstücke zum Aufsammeln des Honigs. Im Senegal trugen Jagdtrupps von Schimpansen Stöcke mit spitz zugebissenen Enden als Speere zum Töten von Galagos (»Buschbabys«, kleine Primaten).

» Hier stehen wir, die klügste Tierart, die jemals gelebt hat. Wie können wir also den einzigen Planeten zerstören, den wir haben? «

Jane Goodall

Mehr Gemeinsamkeiten

Ethologen beobachten das Verhalten mehrerer Arten, um allgemeine Annahmen zu formulieren, die auf viele Arten anwendbar sind. Die

»Wir geben zu, dass wir Affen ähneln, aber wir erkennen selten, dass wir Affen sind.«

Richard Dawkins
Britischer Evolutionsbiologe
A Devil's Chaplain: Reflections on Hope, Lies, Science, and Love, 2003

Überlegung, dass das Tierverhalten auch als Modell für das menschliche Verhalten dienen kann, beruht auf der Arbeit von Ethologen wie Konrad Lorenz, Nikolaas Tinbergen und Klaus von Frisch in den 1950ern und 1960ern. Das Studium von Tieren in ihrer natürlichen Umwelt zeigte, wie komplex ihr Leben ist. Es ging darum, die sozialen Interaktionen zu verstehen, die auf Instinkten und erlerntem Verhalten basieren. Tierstudien hielten dem Menschen einen Spiegel vor.

Der anhaltende Glaube, dass sich die Menschen grundlegend von Tieren unterscheiden, wurde klar durch die Genetik widerlegt. Die Kartierung des Schimpansengenoms 2005 und bald auch anderer Menschenaffen zeigte eindeutig: Menschen teilen 98,8 % ihrer DNA mit Schimpansen, 98,4 % mit Gorillas und 97 % mit Orang-Utans. Es gibt mehr Gemeinsamkeiten als Unterschiede. Doch man muss betonen, dass sich diese Daten auf Gene beziehen, die Proteine codieren, also nur auf einen kleinen Anteil (etwa 2 %) des gesamten Genoms. Was Menschen von Affen unterscheidet, findet sich vermutlich in den DNA-Abschnitten, die man »Junk-DNA« nennt, weil man sie früher für redundant hielt. Heute ist bekannt, dass diese Junk-DNA eine bedeutsame Rolle bei der Genexpression spielt, also dabei, wie und wann die Information der Gene zum Ausdruck kommt. Dennoch sind die genetischen Ähnlichkeiten zwischen Menschen und Menschenaffen erstaunlich.

Fleischfressende Jäger

Jane Goodall sah auch, wie Schimpansen Fleisch fraßen und Tiere jagten. Wie die Werkzeugherstellung widersprach die Vorstellung von Schimpansen als fleischfressende Jäger allem überlieferten Wissen. Zuerst hielten Wissenschaftler dies für abweichendes Verhalten, aber als immer mehr Studien dies bestätigten, wurde es zum Fakt. Dass sie Fleisch verzehren, ließ sich praktisch überall beobachten, wo Schimpansen studiert wurden: von den Nationalparks von Gombe und Mahale Mountains (Tansania) bis zum Nationalpark Taï (Elfenbeinküste). Dieses Verhalten gibt auch »

Chromosomenanalyse

Ein starker Beleg für die gemeinsame Abstammung ist der Chromosomenvergleich. Schimpansen (und Gorillas) haben 24 Chromosomenpaare; Menschen nur 23. Bei der evolutionären Aufspaltung vom gemeinsamen Vorfahren dürften zwei Chromosomen beim Menschen miteinander verschmolzen sein, sodass wir ein Paar weniger haben.

Am Ende jedes Chromosoms sitzen genetische Marker (DNA-Basensequenzen), die Telomere. In der Mitte von Chromosomen befinden sich andere Sequenzen, die Centromere. Sind zwei Chromosomen miteinander verschmolzen, sollten also telomerähnliche Sequenzen auch in der Mitte des Chromosoms liegen und das neue Chromosom sollte zwei Centromere haben. Genau das haben Forscher festgestellt. Das menschliche Chromosom 2 scheint die Verschmelzung der Schimpansenchromosome 2a und 2b zu sein. Es gibt praktisch keinen Zweifel, dass wir einen gemeinsamen Vorfahren mit Schimpansen, Bonobos und Gorillas haben.

Die Körpersprache eines Alphamännchens sagt deutlich »Bleib weg!« zu den um ihren Anteil der Beute bettelnden Schimpansen. Die Hauptbeute der Schimpansen sind Stummelaffen.

Schimpansen-Waisen, deren Mütter als Bushmeat getötet wurden, sind mit einem Pfleger in einem Schutzzentrum in Westafrika unterwegs.

Schutz der Schimpansen

Laut Jane-Goodall-Institut in Tansania ist die Zahl der frei lebenden Schimpansen im letzten Jahrhundert eingebrochen. Um 1900 gab es geschätzte 1 Mio. Schimpansen in Afrika, heute sind es weniger als 300 000. Der Habitatverlust durch den Flächenverbrauch der wachsenden Bevölkerung war ein enormer Faktor, aber auch Industrien wie die Holzwirtschaft und der Bergbau. Zudem wurden Affengemeinschaften durch den Bau von Straßen getrennt. Straßen bergen eine weitere Gefahr: die Jagd nach Bushmeat, dem in Afrika hoch geschätzten Wildfleisch, darunter auch das von Menschenaffen. Über die Straßen können Jäger aus der Stadt tief in den Busch eindringen. Der Schutz der Schimpansen konzentriert sich auf die Erhaltung von Habitaten und die Aufklärung der örtlichen und weltweiten Bevölkerung.

Hinweise auf die menschliche Evolution. Forscher haben lange gefragt, wann und warum Menschen erstmals Fleisch aßen. Prähistorische Steinwerkzeuge und Schnittmarken auf Knochen zeigen, dass Hominiden vor 2,5 Mio. Jahren Fleisch von Tierknochen schnitten, aber es war unklar, was sie zwischen diesem Zeitpunkt und vor 7 Mio. Jahren verzehrten, als der letzte gemeinsame Vorfahr von Schimpanse und Mensch lebte.

Es ist wahrscheinlich, dass diese frühen Hominiden ihre Beute jagten. Zwar hatten sie, anders als Schimpansen, keine großen Eckzähne, aber die sind zum Jagen und Töten kleiner Tiere auch nicht nötig. Biologen haben beobachtet, wie Schimpansen Stummelaffen (*Colobus*-Affen) von Bäumen fangen und sie dann töten, indem sie sie immer wieder auf den Boden schlagen; frühe Hominiden könnten auf ähnliche Weise lange vor den frühesten bekannten Steinwerkzeugen gejagt und getötet haben.

Kooperatives Verhalten

Ein weiterer Aspekt des Jagdverhaltens von Schimpansen, das dem der Menschen ähnelt, ist das soziale Element. Zwar jagen Schimpansen manchmal allein, doch sie tun es meist in der Gruppe. Sie stürmen durch den Wald und stimmen sich dabei ab; einige umringen und treiben die Beute, andere fangen sie. Nach der Jagd wird alles geteilt. So könnten auch die Vorfahren des Menschen ein kooperatives Verhalten entwickelt haben, das zu ihrem evolutionären Erfolg beitrug.

Schimpansenkriege

Eine schockierende Erkenntnis aus Gombe war, dass Schimpansen auch zu Gewalt, Mord und vor allem Kriegen fähig sind, was als rein menschliches Verhalten galt. 1974 bis 1978 beobachtete Goodall, wie die friedliche Schimpansengemeinschaft in zwei rivalisierende Gruppen zerfiel, die einen brutalen Krieg führten. Goodall war von den Handlungen der Schimpansen tief entsetzt, darunter Überfälle aus dem Hinterhalt, Kidnappings und blutige Morde. Der Auslöser des Kriegs war unklar; einige Forscher meinten sogar, dass Goodalls Futterstationen eine unnatürliche Dichte von Schimpansen begünstigte. Die Auflösung kam im März 2018, als ein Forscherteam der *Duke University* und der *Arizona State University* (USA) Goodalls sorgfältige Aufzeichnungen von 1967 bis 1972 digitalisierte und mit Computern die sozialen Netzwerke und Bündnisse aller männlichen Schimpansen analysierte. Demnach kam es schon zwei Jahre vor Kriegsbeginn zum Bruch, als ein Alphamännchen namens Humphrey den Trupp übernahm und dabei zwei andere hochrangige Männchen, Charlie und Hugh, verstimmte, die mit einigen anderen Schimpansen nach Süden zogen.

Schimpansen kämpfen um Territorien, Ressourcen oder Geschlechtspartner, doch einige Primatologen sind der Ansicht, dass solche Aggressionen unnatürlich sind und als Folge menschlicher Einflüsse auftreten.

» Ich setze mich dafür ein, dass auch meine Urenkel noch nach Afrika gehen und Menschenaffen in Freiheit sehen können. «

Jane Goodall

Die beiden Gruppen entfremdeten sich immer mehr und lebten in verschiedenen Waldgebieten. Zunächst gab es gelegentliche aggressive Reibereien, doch dann brach der Krieg aus. Im Lauf von vier Jahren töteten Humphrey und seine Gefährten jedes Männchen der Südgruppe und übernahmen ihr Territorium sowie die drei überlebenden Weibchen. Möglicherweise war der Grund für den vollen Krieg ein Mangel an geschlechtsreifen Weibchen in der Nordgruppe. Derartige Kämpfe um Macht und Partner erscheinen sehr menschlich.

Kampf um Ressourcen

Der lange Krieg, den Goodall beobachtete, ist der einzige anhaltende Konflikt unter Schimpansen, der gut dokumentiert ist, aber Gewalt innerhalb von Gruppen wurde oft beobachtet. Schimpansen stehlen und töten Schimpansenbabys oder rotten sich gegen ein unbeliebtes Alphamännchen zusammen. In Gruppen in Uganda schlagen die Männchen regelmäßig die Weibchen, mit denen sie sich paaren. Diese Gewaltneigung dürfte mit dem Nahrungsangebot und dem Fleischverzehr zusammenhängen. Ist das Futter knapp, werden Schimpansen aggressiver, um mehr Ressourcen zu gewinnen. Man weiß, dass sie mehr Fleisch essen, wenn Früchte knapp sind.

Küssende Cousins

Die Beziehung zwischen Nahrungsknappheit und Aggression könnte erklären, warum unser anderer evolutionärer Cousin, der Bonobo (Zwergschimpanse), so friedfertig ist. Diese kleinen, friedlichen Affen sind Allesfresser und leben in Umgebungen, in denen Früchte die meiste Zeit reichlich vorkommen. Sie gehen in Gruppen auf Nahrungssuche und nutzen gerne Sex (sowohl hetero- als auch homosexuelles Verhalten), um soziale Spannungen abzubauen. Konflikte treten in Bonobogemeinschaften selten auf. Sie sind zudem matriarchalisch, im Gegensatz zu den männlich dominierten Schimpansen.

Ein Experiment an der *Duke University* (North Carolina, USA) von 2017 zeigte zudem, dass Bonobos selbstlos handeln. Zwei Exemplare, die sich nicht kannten, wurden in getrennte, benachbarte Räume (A und B) gesetzt. Über Raum B hing eine Frucht. Der Bonobo in Raum A konnte die Frucht freigeben, sie aber selbst nicht erreichen. Die Forscher stellten fest, dass ein Bonobo stets die Frucht für den anderen freigab; er half also dem Fremden, ohne selbst einen Nutzen zu haben.

Forscher beobachteten auch, dass Filmaufnahmen von gähnenden Bonobos die zuschauenden Bonobos ebenfalls zum Gähnen brachten; dies deutet auf Empathiefähigkeit hin. In anderen Studien trösteten Bonobos sich gegenseitig bei Stress. Anders als das »negative« Verhalten, das wir mit Schimpansen teilen, spiegeln diese Eigenschaften die lobenswerten Charaktermerkmale der Menschen wie das Mitgefühl wider. Dieses Verhalten bei Bonobos zu verstehen kann aufklären helfen, wie unser eigenes Sozialverhalten entstand. ■

Bonobos sind sehr sozial orientiert. Ihre Fähigkeit zur Empathie macht sie weniger aggressiv und lässt sie ihren menschlichen Cousins wohl mehr ähneln als der Gemeine Schimpanse.

ALLE KÖRPERLICHE AKTIVITÄT HÄNGT VON DER TEMPERATUR AB

THERMOREGULATION BEI INSEKTEN

IM KONTEXT

SCHLÜSSELFIGUR
Bernd Heinrich (*1940)

FRÜHER
1837 Der Brite George Newport beobachtet, dass fliegende Insekten ihre Körpertemperatur über die Temperatur der Umgebung anheben können.

1941 Die Dänen August Krogh und Eric Zeuthen erkennen, dass bei Insekten die Temperatur der Flugmuskeln kurz vor dem Start die Muskelleistung während des Flugs bestimmt.

SPÄTER
1991 Der deutsche Biologe Harald Esch zeigt die Rolle des »Aufwärmens« durch Muskelzittern bei der Larvenaufzucht, der Verteidigung der Kolonie und der Flugvorbereitung.

2012 Durch Infrarot-Thermografie zeigt der spanische Zoologe José R. Verdú, dass einige Mistkäferarten ihren Thorax wärmen oder kühlen, was die Flugleistung erhöht.

Insekten werden meist als »kaltblütig«, »wechselwarm« oder »ektotherm« beschrieben. Anders als »warmblütige«, »gleichwarme«, »endotherme« Tiere wie Säugetiere und Vögel, die ihre Körpertemperatur relativ konstant halten, haben Insekten eine variable Körpertemperatur, die von der Umgebung abhängt.

Im frühen 19. Jahrhundert entdeckte der britische Entomologe George Newport, dass einige Motten und Bienen die Temperatur des Thorax (des mittleren Körperabschnitts, an dem Flügel und Beine sitzen) über die der Umgebungsluft erhöhen können, indem sie die Flugmuskeln im Thorax schnell anspannen. Heute sind viele Insekten als heterotherm bekannt: Sie bringen verschiedene Körperteile auf verschiedene Temperaturen, oft deutlich über die der Umgebung.

> »Bei Insekten … sind die aktiven Flugmuskeln … die Gewebe mit dem aktivsten Stoffwechsel, die wir kennen.«
>
> **Bernd Heinrich**
> *Thermoregulation in Endothermic Insects,* in: *Science,* 1974

Die richtige Temperatur

Das Hauptproblem für Insekten: Sie müssen warm genug zum Fliegen sein, aber kühl genug, um nicht zu überhitzen. Der deutsch-amerikanische Entomologe Bernd Heinrich erklärte 1974, wie Motten, Bienen und Käfer funktionsfähig bleiben, indem sie ihre Körpertemperatur kontrollieren. Demnach unterscheidet sich die Temperaturanpassung bei den Insekten weniger von der bei Wirbeltieren als gedacht.

Die meisten Fluginsekten haben höhere Stoffwechselraten als andere Tiere, aber da sie klein sind, verlieren sie Wärme schnell und können ihre Körpertemperatur nicht konstant halten. Die Mindesttemperatur zum Fliegen variiert je nach Art, die Maximaltemperatur liegt bei etwa 40 bis 45 °C. Um das Überhitzen zu vermeiden, können Insekten Wärme vom Thorax zum Abdomen (dem hintersten Körperabschnitt) leiten.

Viele größere Fluginsekten würden festsitzen, könnten sie die Tem-

Siehe auch: Evolution durch natürliche Selektion 24–31 ▪ Ökophysiologie 72–73 ▪ Tierökologie 106–113 ▪ Organismen und ihre Umwelt 166

Ein Kleiner Fuchs saugt Nektar an einem Löwenzahn. Viele Schmetterlinge winkeln zur Kühlung ihre Flügel nach oben an – eine Form der verhaltensgesteuerten Thermoregulation.

peratur der Flugmuskeln nicht erhöhen. Sie »zittern« mit den Muskeln im Thorax, die den Auf- und Abschlag der Flügel bewirken, um vor dem Abheben Wärme zu erzeugen.

Im Flug verbrauchen die Muskeln große Mengen chemischer Energie, davon wird nur ein Teil für den Flügelschlag aufgewendet, der Rest wird zu Wärme. Diese birgt zusammen mit der Sonnenstrahlung die Gefahr von Überhitzung. Daher haben viele Insektenarten Wärmetauschersysteme, die überschüssige Wärme vom Thorax zum Abdomen leiten, damit die Temperatur im Thorax stetig gleich bleibt.

Verschiedene Techniken

Schmetterlinge kontrollieren die Körpertemperatur durch den Stellwinkel der Flügel. Um sich aufzuwärmen, breiten sie die Flügel weit aus, denn das maximiert die Sonneneinstrahlung. Um sich abzukühlen, ruhen sie im Schatten oder winkeln die Flügel so an, dass wenig Sonnenlicht direkt auf sie fällt.

Manche Insekten haben noch erstaunlichere Regulierungsmechanismen. Trinkt ein Moskito das warme Säugetierblut, steigt seine Körpertemperatur stark an. Daher sondert er Flüssigkeitstropfen ab, die am Ende des Abdomens hängen; die Verdunstungskälte senkt die Körpertemperatur. Mistkäfer rollen Kugeln aus Mist, in die das Weibchen die Eier legt. Einige Mistkäfer können die Thoraxtemperatur erhöhen, um schwerere Kugeln zu rollen.

Die Vielfalt der Thermoregulationstechniken zeigt, wie sich Leben entwickelt, um sich besser an die Umwelt anzupassen. Sie inspiriert auch die Technik: So gibt es Solarpaneele, die der Sonne nachgeführt werden, um die maximale Einstrahlung einzufangen – genauso wie die Schmetterlingsflügel. ▪

Wärmeregulation

Honigbienen sind bekannt dafür, dass sie die Temperatur in ihrem Stock kontrollieren. Wird es zu heiß, fächern sie die warme Luft mit den Flügeln aus dem Nest. Wird es zu kalt, erzeugen sie Körperwärme indem sie ihre Flugmuskulatur schnell an- und entspannen. Sie nutzen Hitze auch zur Verteidigung, z. B. wenn sie von Hornissen, ihren aggressiven Fressfeinden, angegriffen werden. Diese können viele Bienen schnell töten und sind daher eine ernste Gefahr für die Kolonie. Japanische Hornissen beginnen den Angriff, indem sie einzelne Bienen am Eingang des Stocks töten, die Japanischen Honigbienen verteidigen sich mit selbsterzeugter Wärme. Sie schwärmen um die Hornisse herum und vibrieren mit den Flugmuskeln, um ihre kollektive Temperatur zu erhöhen. Da Hornissen Temperaturen über 46 °C nicht aushalten, während Bienen auch bis zu 48 °C überleben, sterben die Angreifer am Ende oft.

Die Japanische Riesenhornisse überfällt Brutwaben in einem Bienenstock in Japan. Die Hornissen wollen die Bienenlarven fressen, die sich in den Waben entwickeln.

ÖKOSYS

TEME

9. JH.

Von **'Abu Uthman 'Amr ibn Bahr al-Dschahiz** stammt die erste bekannte Beschreibung einer **Nahrungskette.**

1859

Charles Darwin stellt **Nahrungsnetze** in *Entstehung der Arten* dar.

1927

Charles Elton entwickelt das Konzept des Nahrungsnetzes in *Animal Ecology* und führt das Konzept der **ökologischen Nische** ein.

1935

Arthur G. Tansley prägt den Begriff **Ökosystem,** denn ein Habitat und alle seine Organismen müsse man als einzelnes, wechselwirkendes Ganzes ansehen.

1942

Die Zeitschrift *Ecology* veröffentlicht posthum einen Artikel von Raymond Lindeman über die **trophisch-dynamischen Aspekte** der Ökologie.

1957

George Evelyn Hutchinson führt das Konzept der **Nischenbreite** in einem Symposium über quantitative Biologie am *Cold Spring Harbor Laboratory* (USA) ein.

1960

Nach der **Grüne-Welt-Hypothese** von Nelson Hairston, Frederick Smith und Lawrence Slobodkin ist das **Räuber-Beute-Gleichgewicht** der Schlüssel für Ökosysteme.

Als Aristoteles schrieb, dass Pflanzen und Tiere zum Nutzen anderer existieren, zeigte er ein gewisses Verständnis von Nahrungsketten – ebenso wie zahlreiche weitere Naturbeobachter seit der Antike. Der arabische Literat al-Dschahiz beschrieb im 9. Jahrhundert eine Nahrungskette mit drei Konsumenten, ebenso 1717 der Niederländer Antoni van Leeuwenhoek. Der Brite Richard Bradley veröffentlichte seine detaillierteren Entdeckungen über Nahrungsketten 1718 und 1859 beschrieb Charles Darwin in *Entstehung der Arten* ein »Gewebe verwickelter Beziehungen« in der Natur. Das Konzept der Nahrungskette mit vielfältigen Räuber-Beute-Beziehungen wurde 1927 von Charles Elton in seinem klassischen Buch *Animal Ecology* ausgearbeitet.

Das Konzept des Ökosystems als erkennbare, eigenständige Einheit folgte bald. Der britische Botaniker Arthur Tansley forderte 1935, man müsse Lebewesen und Umwelt als einzelnes physisches System auffassen. In seiner Doktorarbeit erweiterte der US-Amerikaner Raymond Lindeman diese Idee: Ökosysteme setzten sich aus physikalischen, chemischen und biologischen Prozessen zusammen, die »innerhalb einer räumlich-zeitlichen Einheit beliebiger Größenordnung aktiv sind«.

Lindeman entwickelte auch das Konzept der Trophieebenen, der Stufen der Nahrungspyramide, die jeweils von der darunterliegenden abhängen. 1960 veröffentlichten die US-Amerikaner Nelson Hairston, Frederick Smith und Lawrence Slobodkin, welche Faktoren die Tiere auf den Trophieebenen jeweils kontrollieren. Sie fanden sowohl Top-down-Einflüsse, die Prädatoren »von oben nach unten« ausübten, als auch Bottom-up-Faktoren »von unten nach oben« durch Nahrungslimitierung. 20 Jahre später beschrieb der US-Amerikaner Robert Paine trophische Kaskaden: Veränderungen im Ökosystem, wenn Schlüsselarten verschwinden. So veränderte sich das Nahrungsnetz einer Gezeitenzone, als man den Ockerseestern experimentell entfernte. Der räuberische Seestern erwies sich als Schlüsselart mit einer Schlüsselrolle im Ökosystem.

Isolierte Inseln

Auch die Habitatfragmentierung oder Lebensraumzerschneidung ist ein großes Problem, weil sie spezialisierte Lebewesen isoliert. Daher ist die Biogeografie von

1967
Robert MacArthur untersucht die **Biodiversität isolierter Gemeinschaften** in dem Buch *Biogeographie der Inseln.*

1972
John Maynard Smith definiert die Theorie der **evolutionär stabilen Strategie (ESS)** in *On Evolution.*

1973
Crawford Stanley Holling verwendet den Begriff **»ökologische Resilienz«** für die Stabilität ökologischer Systeme gegen Störungen.

1976
Hal Caswell entwickelt eine **neutrale Theorie der Biodiversität,** nach der Konkurrenten oft gleich sind und der **Zufall eine entscheidende Rolle** spielt, wer den anderen auskonkurriert.

1980
Robert Paine prägt den Begriff **»trophische Kaskade«,** nachdem seine Freilandexperimente zeigen, wie sich das Entfernen einer Schlüsselart auswirkt.

2000
Forscher auf der Konferenz *Biodiversity and Ecosystem Function* in Paris diskutieren die Auswirkungen, die der Verlust der **Artenvielfalt** auf die **Ökosystemfunktion** hat.

2015
Eine Graslandstudie zeigt, dass **Biodiversität** die **Resistenz** eines Ökosystems während und seine **Resilienz** nach einem Klimaereignis erhöht.

Inseln – sowohl im Meer als auch »Inseln« eigenständiger Habitate, die von ganz anderen Umwelten umgeben sind – so wichtig. In den 1960ern entdeckten die US-Forscher Edward O. Wilson und Robert MacArthur Schlüsselfaktoren für die Vielfalt, die Einwanderung und das Aussterben von Arten auf Inseln. Später führte James Brown ähnliche Forschungen in isolierten Wäldern in Kalifornien durch. Mit deren Ergebnissen lassen sich Arten identifizieren, die am stärksten durch Isolation vom Aussterben bedroht sind.

Stabilität und Resilienz

Ein wichtiger Beitrag zum Verständnis von Ökosystemen war das Konzept der evolutionären Stabilität. In den 1970ern beschrieb der Brite John Maynard Smith mit dem Begriff »evolutionär stabile Strategie« (ESS) die beste Verhaltensstrategie für ein Tier, das mit anderen in seiner Umwelt konkurriert. Diese Strategie hängt vom Verhalten der anderen Tiere ab und ist mit dem genetischen Erfolg verknüpft – bei falschen Entscheidungen überlebt eine Art nicht und gibt die Gene nicht weiter. Die ESS der einzelnen Arten wechselwirken und in der Gesamtheit kommt es zu einem evolutionären Gleichgewicht, auch evolutionär stabiler Zustand genannt.

Der kanadische Ökologe Crawford Stanley Holling führte das Konzept der Resilienz ein: wie Ökosysteme die Folgen von starken Störungen wie Feuer, Überschwemmungen oder Entwaldung überstehen. Die Resilienz eines Systems ist seine Fähigkeit, Störungen auszugleichen, oder die Zeit, die es braucht, danach wieder einen Gleichgewichtszustand zu erreichen. Ökologen wissen heute, dass Ökosysteme mehr als ein stabiles Gleichgewicht haben können und dass resiliente Systeme nicht unbedingt gut für die Biodiversität sind.

Da die Population vieler Arten abnimmt oder Arten lokal aussterben, richten Forscher erneut ihre Aufmerksamkeit auf die Resilienz. Viele, etwa der Franzose Michel Loreau, meinen, dass Ökosysteme mit geringer Diversität weniger Chancen haben, große Störungen, etwa infolge des Klimawandels, zu überstehen. Heute arbeiten Loreau und andere an einer neuen allgemeinen Theorie der Beziehung zwischen Biodiversität und Resilienz von Ökosystemen, um Folgen heutiger Umweltveränderungen zu verstehen und zu bekämpfen. ■

JEDES EINZELTEIL DES WERKS DER NATUR IST NOTWENDIG, UM ALLE ANDEREN TEILE ZU UNTERSTÜTZEN

DIE NAHRUNGSKETTE

IM KONTEXT

SCHLÜSSELFIGUR
Richard Bradley (1688–1732)

FRÜHER
9. Jh. Der Araber al-Dschahiz beschreibt eine Nahrungskette aus Pflanzen, Ratten, Schlangen und Vögeln.

1717 Der Niederländer Antoni van Leeuwenhoek beobachtet, dass Schellfische Krabben fressen und Kabeljau Schellfische.

SPÄTER
1749 Der Schwede Carl von Linné führt das Konzept der Konkurrenz ein.

1768 Johannes (John) Bruckner, ein niederländisch-englischer Pastor, führt das Konzept des Nahrungsnetzes ein.

1859 Charles Darwin schreibt über Nahrungsnetze in *Die Entstehung der Arten.*

1927 *Animal Ecology* des Briten Charles Elton umreißt Grundlagen des Tierverhaltens, darunter Nahrungsketten.

Die Nahrungskette

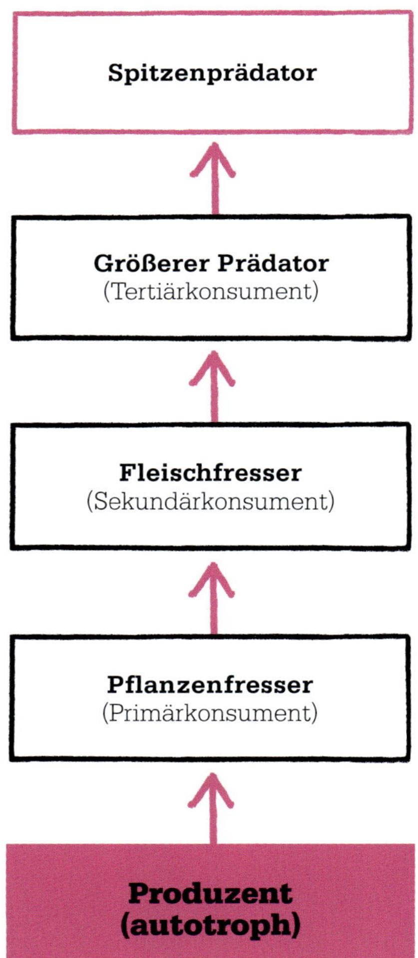

Alle Tiere müssen andere Lebewesen fressen, um die Nährstoffe zu erhalten, die sie zum Wachsen und Funktionieren brauchen. Eine Nahrungskette zeigt die Hierarchie des Fressens bei den Tieren eines Lebensraums. Sie zeigt etwa, dass Füchse Kaninchen fressen, aber Kaninchen niemals Füchse. Zwar gab es frühere Ideen von Nahrungshierarchien bei Tieren, aber erst der britische Botaniker Richard Bradley arbeitete das Konzept in dem Buch *New Improvements in Planting and Gardening* (1718) aus. Er erkannte, dass es zu jeder Pflanze eine spezifische Gruppe von Insektenarten gibt, die sich von ihr ernähren, und dass die Insekten wiederum von »niederen« Tieren gefressen werden. Damit, so Bradley, hängen alle Tiere in einer sich selbst erhaltenden Kette voneinander ab.

Produzent und Konsument

Im modernen Konzept der Nahrungskette erzeugen einige Organismen ihre Nahrung selbst: autotrophe Lebewesen oder Produzenten. Dazu gehören Pflanzen und die meisten Algen. Sie wandeln mithilfe von Sonnenenergie Wasser und Kohlendioxid in Glukose um,

Siehe auch: Räuber-Beute-Gleichungen 44–49 ▪ Mutualismus 56–59 ▪ Schlüsselarten 60–65 ▪ Optimaler Nahrungserwerb 66–67 ▪ Tierökologie 106–113 ▪ Das Ökosystem 134–137 ▪ Trophische Kaskaden 140–143 ▪ Ökologische Resilienz 150–151

»Jede Art hat ihren spezifischen Ort in der Natur, in der geografischen Lage und in der Nahrungskette.«

Carl von Linné
Genera plantarum, 1749

Ein Spitzenprädator wie der Bronzehai hat keine natürlichen Feinde. In den gemäßigten Meeren vor Südafrika findet der Hai enorme Mengen von Sardinen als Beute.

wobei Sauerstoff entsteht. Dieser Prozess, die Fotosynthese, ist der erste Schritt, um Nährstoffe zu erzeugen. An einigen Orten ohne Sonnenlicht existieren Organismen, die chemoautotroph sind, also chemische Energie nutzen: in der Tiefsee etwa energiereiche chemische Verbindungen im Wasser heißer hydrothermaler Schlote.

Tiere, die Produzenten oder andere Tiere fressen, sind heterotrophe Konsumenten. Eine Nahrungskette kann zwei, drei oder mehr »Trophieebenen« haben. Am Anfang stehen immer Produzenten und alle Ebenen darüber sind Konsumenten. Tiere, die sich nur von Produzenten ernähren, nennt man Primärkonsumenten oder (wenn die Produzenten Pflanzen sind) Pflanzenfresser. Dazu gehören Rinder, Kaninchen, Schmetterlinge und Elefanten. Tiere, die andere Tiere fressen sind Sekundärkonsumenten bzw. Fleischfresser, etwa Drosseln, Libellen und Igel. Sekundärkonsumenten werden oft von größeren Räubern – Tertiärkonsumenten – gefressen, etwa von Füchsen, Katzen und Raubvögeln. Die Tiere am Ende der Nahrungskette, die selbst nicht mehr gefressen werden, nennt man Spitzenprädatoren, Beispiele sind Tiger, Schwertwale oder Steinadler.

Die Nahrungskette endet nicht, wenn Lebewesen sterben. Saprophagen sind Organismen, die sich von toten Resten ernähren und die Nährstoffe und Energie recyceln.

Nahrungsnetze

Forscher, die nach Bradley kamen, sahen nicht nur einfache Nahrungsketten, sondern komplexe »Nahrungsnetze«, die alle Nahrungsketten eines Gebiets umfassen. Die Idee wurde schon 1768 von dem niederländisch-englischen Pastor Johannes (John) Bruckner geäußert und später von Charles Darwin aufgegriffen, der ein »Gewebe von verwickelten Beziehungen« sah. ▪

Richard Bradley

Der um 1688 geborene Richard Bradley fand Förderer, nachdem er im Alter von 22 Jahren *Treatise of Succulent Plants* geschrieben hatte. Auch ohne Studium an einer Universität wurde er zum Mitglied der *Royal Society* berufen und später der erste Professor für Botanik in Cambridge.

Bradleys Interessen waren breit gefächert und umfassten auch die Keimung von Pilzsporen sowie die Bestäubung von Pflanzen. In einigen Fällen war Bradley seiner Zeit voraus. So ging er beispielsweise davon aus, dass Infektionen durch mikroskopische Organismen entstehen. Seine Forschungen mit Kaninchengehegen und Fischteichen führten ihn zu Theorien über Räuber-Beute-Beziehungen. Er starb 1732.

Hauptwerke

1716–1727 *The History of Succulent Plants*
1718 *New Improvements in Planting and Gardening*
1721 *A Philosophical Account of the Works of Nature*

ALLE LEBEWESEN SIND POTENZIELLE NAHRUNGSQUELLEN FÜR ANDERE LEBE-WESEN

DAS ÖKOSYSTEM

IM KONTEXT

SCHLÜSSELFIGUR
Arthur Tansley
(1871–1955)

FRÜHER
1864 George Perkins Marsh, US-Diplomat und Philologe, veröffentlicht *Man and Nature*, in dem das Ökosystemkonzept angedeutet wird.

1875 Der österreichische Geologe Eduard Suess führt den Begriff »Biosphäre« ein.

SPÄTER
1953 Die US-Amerikaner Howard und Eugene Odum entwickeln den »Systemansatz« zur Erforschung der Energieflüsse in Ökosystemen.

1956 Der US-amerikanische Ökologe Paul Sears betont die Rolle von Ökosystemen beim Recycling von Nährstoffen.

1970 Paul Ehrlich und Rosa Weigert warnen vor potenziell gefährlichen Eingriffen des Menschen in Ökosysteme.

Der britische Biologe Arthur Tansley plädierte als Erster dafür, Gemeinschaften von Lebewesen in einem weiteren Rahmen zu betrachten, der auch die unbelebten Faktoren umfasst. Alle Lebewesen in einem bestimmten Gebiet und ihre geophysikalische Umgebung formen zusammen eine einzige wechselwirkende Einheit. Mit Begriffen aus der Technik versehen, war dieses Beziehungsnetzwerk für ihn ein dynamisches System im Sinne der Physik. Nach einem Vorschlag seines Kollegen Arthur Clapham prägte er dafür das Wort »Ökosystem«.

Siehe auch: Tierökologie 106–113 ▪ Die Nahrungskette 132–133 ▪ Energieflüsse in Ökosystemen 138–139 ▪ Die Biosphäre 204–205 ▪ Die Gaia-Hypothese 216–219 ▪ Rückkopplungen in der Umwelt 226–227 ▪ Beiträge der Natur für die Menschen 336–337

Tropische Korallenriffe gehören zu den artenreichsten Ökosystemen voller Fische, Schildkröten, Krebse, Muscheln und Schwämmen sowie eben Korallen.

Diese Idee war schon vor Tansleys einflussreichem Artikel von 1935 aufgekommen. Bereits 1864 hatte der US-Diplomat George Perkins Marsh, einer der ersten Umweltschützer, in dem Buch *Man and Nature* »die Wälder«, »die Gewässer« und »die Sandflächen« als unterschiedliche Habitattypen identifiziert. Er analysierte, wie die Beziehungen zwischen ihnen, den Tieren und den Pflanzen durch menschliche Aktivität gestört werden.

Verknüpfte Systeme

Im frühen 20. Jahrhundert hatte sich die Idee etabliert, die verschiedenen Umwelten als eigenständige Einheiten mit charakteristischen Wechselbeziehungen zwischen den lebenden und unbelebten Komponenten zu verstehen (aber auch mit wichtigen Beziehungen zwischen den Ökosystemen). 1916 baute der US-Amerikaner Frederic Clements in seinen Theorien zur Sukzession darauf auf, sah »Pflanzengesellschaften« als Grundeinheiten und verwendete den Begriff »Biom« für den gesamten Komplex an Lebewesen einer bestimmten Region.

Nach Tansley bestehen Ökosysteme aus biotischen (lebenden) Bestandteilen und aus abiotischen (unbelebten) wie Energie, Wasser, Stickstoff und Bodenmineralien, die für die Funktion des Systems als Ganzes essenziell sind. Die biotischen Komponenten wechselwirken nicht nur untereinander, sondern auch mit den abiotischen »

Arthur G. Tansley

Der Atheist, Freidenker und Fabianer (sozialistische Intellektuelle) Arthur Tansley war einer der einflussreichsten Ökologen seiner Zeit. Er wurde 1871 in London geboren und studierte Biologie am *University College London,* wo er später auch lehrte. 1902 gründete er die Zeitschrift *New Phytologist* und später die *British Ecological Society* mit dem *Journal of Ecology,* dessen Herausgeber er wurde. 1923 nahm er eine Auszeit und studierte Psychologie bei Sigmund Freud in Wien. Später wurde er Professor für Botanik in Oxford. Er ging 1937 in den Ruhestand, interessierte sich aber weiterhin für den Umweltschutz. Er wurde 1950 zum ersten Vorsitzenden der Naturschutzbehörde *Nature Conservancy* ernannt, fünf Jahre vor seinem Tod.

Hauptwerke

1922 *Types of British Vegetation*
1922 *Elements of Plant Ecology*
1923 *Practical Plant Ecology*
1935 *The Use and Abuse of Vegetational Terms and Concepts,* in: *Ecology 16 (3)*
1939 *The British Islands and Their Vegetation*

Teilen. Daher passen sich die Lebewesen eines Ökosystems sowohl an die biologischen als auch die physischen Aspekte der Umwelt an. Die Ökosystemtypen lassen sich durch ihre physische Umwelt definieren. Es gibt vier Hauptkategorien: terrestrische (an Land), limnische (Binnengewässer), marine (Meere) und atmosphärische (Luft) Ökosysteme. Sie lassen sich nach Umwelt und jeweiliger Biodiversität noch weiter unterteilen. Zu den terrestrischen Ökosystemen gehören z. B. Wüsten, Wälder, Grasland, Taiga und Tundra.

Dynamische Rückkopplung

Tansleys Haupteinsicht war, dass diese Gemeinschaften lebender und unbelebter Komponenten dynamische Systeme bilden. In einem terrestrischen Ökosystem etwa recyceln die Lebewesen Materie: Pflanzen entnehmen Kohlendioxid (CO_2) aus der Luft und Nährstoffe aus dem Boden, um zu wachsen. Sie erzeugen bei der Fotosynthese lebenswichtigen Sauerstoff und Nahrung für Tiere. Tierausscheidungen und tote Materie setzen Kohlenstoff frei und werden von Bakterien und Pilzen zersetzt, die wiederum Bodennährstoffe für Pflanzen liefern.

Tansley meinte zudem, diese inneren Vorgänge im Ökosystem folgten einem Prinzip, das er »großes universelles Gesetz des Gleichgewichts« nannte. Sie seien selbstregulierend und strebten natürlich einen stabilen Zustand an. In den Kreisläufen des Ökosystems gäbe es Rückkopplungsmechanismen, die Abweichungen vom Gleichgewicht wieder korrigieren.

Dynamischer Energietransfer

In diesem Ökosystem betreiben Pflanzen Fotosynthese. Die Pfeile zeigen den Energietransfer: zu Pflanzenfressern, dann zu Fleischfressern (Prädatoren) und zu Saprophagen, die Energie aus sich zersetzender Materie gewinnen und Nährstoffe an den Boden abgeben. Bei jedem Schritt geht etwas Energie als Wärme verloren.

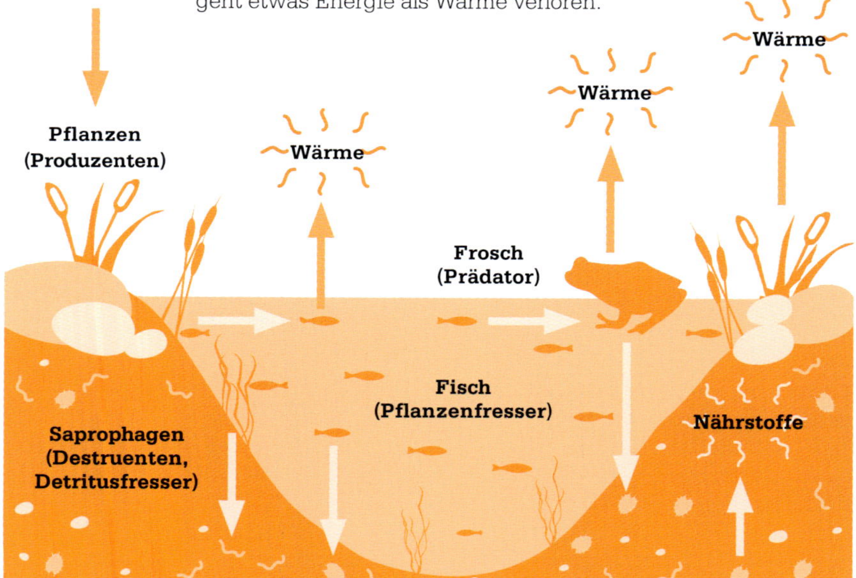

Kleine glaziale Seen wie der Lago Verde im Nationalpark Los Alerces (Argentinien) haben einzigartige Ökosysteme, abhängig etwa von Faktoren wie dem Nährstoffgehalt des Wassers.

Jedes Ökosystem belegt eine bestimmte Fläche, hat je nach Umwelt einzigartige Merkmale und verhält sich wie ein eigenständiges, selbstregulierendes System. Zusammen bildet der Flickenteppich an Ökosystemen auf der Erde das, was der Österreicher Eduard Suess die Biosphäre nannte – die Gesamtheit aller Ökosysteme.

Äußere Faktoren

Viele äußere Faktoren wie das Klima und die Geologie der Umgebung beeinflussen ein Ökosystem. Eine stetige äußere Kraft für praktisch alle Ökosysteme ist die Sonne. Ihre Energie ermöglicht die Fotosynthese und die Aufnahme von CO_2 aus der Luft. Ein Teil dieser Energie wird im Ökosystem und in den Nahrungsketten verteilt, ein anderer als Wärme abgeführt.

Andere äußere Faktoren können plötzlich auftreten und das Ökosystem belasten. Alle Ökosysteme unterliegen von Zeit zu Zeit externen Störungen und durchlaufen anschließend einen Erholungsprozess. Beispiele sind Stürme, Erdbeben, Überschwemmungen, Dürren und andere natürliche Phänomene, immer öfter aber auch menschliche

> »Es gibt keine Abfälle in funktionierenden … Ökosystemen. Alle Lebewesen, tot oder lebendig, sind potenzielle Nahrungsquellen für andere Lebewesen.«
>
> **G. Tyler Miller**
> Wissenschaftsautor
> *Resource Conservation and Management,* 1990

Aktivitäten – die Zerstörung von Habitaten durch Entwaldung, Verstädterung, Umweltverschmutzung und die kumulativen Auswirkungen des anthropogenen (menschengemachten) Klimawandels. Menschen führen oft auch invasive Arten ein. Ohne solche externen Faktoren würde ein Ökosystem einen stabilen Gleichgewichtszustand mit typischem Charakter halten.

Resistenz und Resilienz

Ökosysteme sind häufig stark genug, um bei natürlichen äußeren Störungen im Gleichgewicht zu bleiben. Einige sind resistent oder widerstandsfähig: Sie zeigen kaum Veränderungen, etwa weil sie an bestimmte Störungen angepasst sind, die für ihre Umwelt typisch sind. In einigen Wäldern etwa führen periodisch auftretende Waldbrände durch Blitze nur zu kleinen Ungleichgewichten. Bei starken Störungen zeigen viele Ökosysteme Resilienz oder Elastizität, d. h., sie verändern sich zunächst, kehren dann aber wieder »elastisch« in den Ursprungszustand zurück. Einige Ökosysteme sind allerdings empfindlicher und verändern sich bei Störungen unumkehrbar.

Resistenz und Resilienz eines Ökosystems dürften generell mit seiner Biodiversität zusammenhängen. Wenn etwa nur eine einzige Art eine bestimmte Funktion im Ökosystem ausübt und diese Art z. B. nicht frostresistent ist, kann ein ungewöhnlich harter Winter die ganze Art so sehr dezimieren, dass die Folgen das gesamte Ökosystem betreffen. Gibt es aber mehrere Arten mit der gleichen Rolle, wird eine davon wahrscheinlich gegen die Störung resistent sein.

Der Faktor Mensch

Einige Störungen sind so stark, dass sie für das Ökosystem katastrophal sind. Es kann sich nicht mehr erholen, verändert seinen Charakter dauerhaft oder wird ganz zerstört. Man befürchtet, dass viele der Störungen durch menschliche Aktivitäten zu solch permanenten Schädigungen führen können, vor allem wenn sie mit der Zerstörung des ganzen Habitats und dem Verlust der Artenvielfalt verbunden sind. Zudem ist nach Ansicht einiger Ökologen eine neue Kategorie von Ökosystemen entstanden, die »Techno-Ökosysteme«. So sind Kühlteiche künstliche Gewässer, mit denen das Abwasser von Kraftwerken gekühlt wird, aber sie werden auch zu Ökosystemen für Wasserlebewesen.

Die Beziehung zwischen Menschen und natürlichen Ökosystemen ist nicht immer negativ. Im letzten Jahrzehnt ist das öffentliche Bewusstsein für die Beiträge der Natur für die Menschen und unsere Abhängigkeit davon gewachsen. Diese »Dienstleistungen« der Natur umfassen etwa Bestäubung, Nahrung, Wasser, saubere Luft und sogar Aufgaben im Bereich Krankheits- und Klimamanagement. Andererseits leben viele indigene Völker und lokale Gemeinschaften seit Jahrhunderten im Einklang mit der Natur. Regierungen der ganzen Welt verpflichten sich immer stärker, diese Vorteile verantwortungsvoll und nachhaltig zu nutzen. ■

Das Eden-Projekt in Cornwall (Großbritannien) simuliert unter einer der riesigen Treibhauskuppeln ein Regenwaldökosystem. Die Halbkugelform nimmt viel Licht und Wärme auf.

DAS LEBEN WIRD VON EINEM GEWALTIGEN NETZWERK AUS PROZESSEN UNTERSTÜTZT

ENERGIEFLÜSSE IN ÖKOSYSTEMEN

IM KONTEXT

SCHLÜSSELFIGUR
Raymond Lindeman
(1915–1942)

FRÜHER
1913 Der US-amerikanische Zoologe Victor Shelford veröffentlicht die ersten Diagramme von Nahrungsnetzen.

1920 Frederic Clements definiert Assoziationen (typische Pflanzengesellschaften).

1926 Der russische Geochemiker Wladimir Wernadski stößt auf das Stoffrecycling lebender und unbelebter Dinge.

1935 Arthur Tansley entwickelt das Ökosystemkonzept.

SPÄTER
1957 Der US-Amerikaner Eugene Odum kartiert Nahrungsketten mit radioaktiven Elementen.

1962 Rachel Carson weist in *Der stumme Frühling* auf die Anreicherung von Pestiziden in Nahrungsketten hin.

Im Jahr 1941 schickte der US-amerikanische Student Raymond Lindeman das letzte Kapitel seiner Doktorarbeit an die renommierte Zeitschrift *Ecology*. Unter dem Titel *The Trophic-dynamic Aspect of Ecology* beschreibt es die Beziehung zwischen Nahrungsketten und zeitlichen Veränderungen in Artgemeinschaften.

Lindeman hatte fünf Jahre lang einen alten See, den Cedar Creek Bog in Minnesota (USA), studiert. Ihn interessierten besonders die Veränderungen des Sees, in dem aquatische Habitate immer mehr verlandeten. Er erhielt den Doktortitel, doch *Ecology* lehnte die Publikation zunächst als zu theoretisch ab.

Lindeman hatte mühsam Proben im ganzen See genommen: von Wasserpflanzen und mikroskopischem Phytoplankton über Würmer, Insekten und Krebse bis hin zu Fischen; sie fressen sich gegenseitig und sind voneinander abhängig. Er betonte, man könne Lebensgemeinschaften nicht isoliert verstehen, sondern nur im Kontext der Umgebung: Biotische (lebende) Organismen und abiotische (unbelebte) Komponenten (Luft, Wasser,

Produzenten (Pflanzen und Algen) sind von **Sonnenenergie** und Nährstoffen abgebauter **organischer Materie** abhängig.

Primärkonsumenten sind von einem **Überfluss an Produzenten** (Pflanzen bzw. Algen) abhängig.

Sekundärkonsumenten sind von einem Überfluss an **Primärproduzenten** als Nahrungsquelle abhängig.

Das Leben wird von einem gewaltigen Netzwerk aus Prozessen unterstützt.

Siehe auch: Ökologische Nischen 50–51 ▪ Nicht konsumtive Effekte der Räuber auf ihre Beute 76–77 ▪ Die Nahrungskette 132–133 ▪ Das Ökosystem 134–137

Bartwürmer sind Tiere der Tiefsee, die sich von Überresten von Tieren wie Walen ernähren. Sie lassen »Wurzeln« wachsen, mit denen sie Walknochen auflösen und Nährstoffe aufnehmen.

Bodenmineralien) sind durch Nährstoffkreisläufe und Energieflüsse miteinander verbunden. Diese Gesamtheit – das Ökosystem – ist die ökologische Grundeinheit.

Produzenten, Konsumenten

Lindeman zeigte, wie ein Ökosystem durch den Fluss von Energie zwischen Lebewesen angetrieben wird. Man kann Lebewesen auf verschiedene »Trophieebenen« (Stufen der Nahrungsketten) gruppieren – von Produzenten (Pflanzen, Algen und Phytoplankton), die Sonnenenergie absorbieren und Nährstoffe herstellen, zu Konsumenten (Tiere). Primärkonsumenten sind Pflanzenfresser, Sekundärkonsumenten die Fleischfresser, die Pflanzenfresser erbeuten. Jede Trophieebene hängt von der darunterliegenden ab, wenn es ums Überleben geht. Gleichzeitig wird tote Materie, die auf jeder Ebene anfällt, von Destruenten wie Bakterien und Pilzen zersetzt. Die Nährstoffe werden recycelt und können von den Primärproduzenten wieder genutzt werden.

Ein Teil der Energie auf jeder Trophieebene geht durch Ausscheidungen verloren oder wird bei der Atmung in Wärme umgewandelt. Lindemans eigene Studien zusammen mit Daten aus einer Vielzahl anderer Quellen ergaben ein klares Bild der Funktion des Ökosystems im Cedar Creek Bog.

Der Brite George Evelyn Hutchinson, der als einer der Begründer der modernen Ökologie gilt, war Lindemans Mentor an der *Yale University*. Er erkannte die Bedeutung der Arbeit seines Studenten für die zukünftige Entwicklung der Ökologie und plädierte dafür, die Veröffentlichung anzunehmen. Lindeman, der stets eine schwache Gesundheit gehabt hatte, starb 1942 tragischerweise mit 27 Jahren an Leberzirrhose, nur vier Monate bevor sein Artikel über die trophische Dynamik – heute ein Klassiker – erschien. ▪

» … biologische Gemeinschaften kann man als Netzwerke oder Kanäle beschreiben, durch die Energie fließt und umgewandelt wird … «

G. Evelyn Hutchinson
The Kindly Fruits of the Earth: Recollections of an Embryo Ecologist, 1979

Messung der Produktivität

Die trophisch-dynamische Theorie von Lindeman beleuchtete die Ökosystemproduktivität, die Ökologen zuvor mit eher vagen Begriffen definiert hatten. Die Produktivität einer Pflanze oder eines Tiers zeigt sich in der Zunahme von Biomasse, also der organischen Materie. Diese entspricht nicht der Energie, die das Lebewesen aufnimmt, weil die Energieumwandlung – von Sonnenenergie in Blättermasse bei Pflanzen bzw. von Nahrung in Fleisch bei Tieren – niemals zu 100 % effizient ist. Ein Teil der Energie wird als Wärme abgegeben, ein Großteil über die Atmung, die ein essenzieller Stoffwechselmechanismus aller Lebewesen ist.

Warmblütige Tiere verlieren eine Menge Wärme, wenn ihre Körpertemperatur deutlich über der der Umgebung liegt. Alle Tiere verlieren zudem Energie mit dem Urin. Ein Tier kann auch nicht alle Energie der Nahrung verdauen und das Material der Exkremente stellt ungenutzte chemische Energie dar.

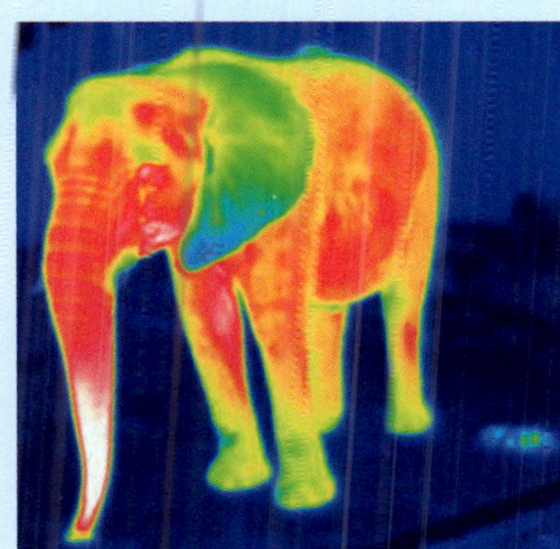

Dieses Wärmebild eines Elefanten zeigt, wie ein Teil der Körperwärme abgegeben wird. Sowohl der Körper als auch die Exkremente sind wärmer als die Umgebung.

DIE WELT IST GRÜN

TROPHISCHE KASKADEN

IM KONTEXT

SCHLÜSSELFIGUR
Nelson Hairston (1917–2008)

FRÜHER
1949 Aldo Leopold veröffentlicht *A Sand County Almanac,* das die ökologischen Auswirkungen jagender Wölfe auf die Bergvegetation beschreibt.

SPÄTER
1961 Lawrence Slobodkin, ein US-amerikanischer Meeresökologe, veröffentlicht das wichtige Lehrbuch *The Growth and Regulation of Animal Populations.*

1980 Robert Paine beschreibt die »trophische Kaskade« durch die Entfernung von Prädatoren aus der Gezeitenzone.

1995 Nachdem wieder Wölfe im Yellowstone-Nationalpark angesiedelt wurden, verändert sich dort das Ökosystem.

Kurz nach dem Zweiten Weltkrieg widersprach Aldo Leopold, einer der wichtigsten Experten für Wildtiermanagement in den USA, der Ansicht, Wölfe sollten ausgerottet werden, weil sie Nutztiere gefährden. In *A Sand County Almanac* (teils auf Deutsch: *Am Anfang war die Erde,* 1992; vollständig: *Ein Jahr im Sand County,* 2019) beschrieb er die zerstörerischen Folgen für den Rest des Ökosystems, sollte dieser Spitzenprädator entfernt werden. Vor allem würde das Wild Berghänge überweiden. Leopold beschrieb damit früh eine trophische Kaskade, auch wenn er diesen Begriff nicht kannte.

Prädatoren stabilisieren Nahrungsnetze, indem sie die Popula-

Siehe auch: Räuber-Beute-Gleichungen 44–49 ▪ Die Nahrungskette 132–133 ▪ Das Ökosystem 134–137 ▪ Energieflüsse in Ökosystemen 138–139 ▪ Evolutionär stabiler Zustand 154–155 ▪ Biodiversität und Ökosystemfunktion 156–157

Ockerseesterne fressen Muscheln und Napfschnecken. In einem berühmten Experiment entfernte Robert Paine sie aus Gezeitentümpeln und beobachtete die Folgen für das Nahrungsnetz.

tionen anderer Tiere regulieren. Sie verringern die Beutemenge, verändern aber auch ihr Verhalten: Die gejagten Tiere ziehen z. B. in andere Gebiete, fressen weniger oder verbringen mehr Zeit mit Beobachtung. Der Einfluss von Prädatoren kann sich in der Nahrungskette zur nächstniedrigeren Trophieebene fortsetzen, also bis zur Nahrungsquelle der Beute. Indem Räuber die Dichte und das Verhalten der Beute kontrollieren, sind sie indirekt vorteilhaft für die Nahrung ihrer Beute und erhöhen deren Häufigkeit.

Indirekte Wechselwirkungen über mehrere Trophieebenen werden trophische Kaskaden genannt. Laut Definition erstrecken sie sich über mindestens drei Stufen der Nahrungskette. Beispiele über vier oder fünf Ebenen sind bekannt, aber das kommt nur selten vor.

Kontrollfaktoren

1960 veröffentlichten die US-amerikanischen Ökologen Nelson Hairston, Frederick Smith und Lawrence Slobodkin den wichtigen Artikel *Community Structure, Population Control, and Competition*. Sie untersuchten die Faktoren, die die Population auf jeder Trophieebene regulieren. Demnach werden die Populationen von Produzenten, Fleischfressern und Destruenten durch ihre Nahrungsressourcen begrenzt. Die Arten auf jeder dieser Trophieebenen konkurrieren miteinander. Dagegen werden Pflanzenfresser durch Prädatoren limitiert; sie konkurrieren kaum mit anderen Pflanzenfressern um Ressourcen. Der Artikel betont die Rolle von Top-down-Einflüssen (der Prädation) und Bottom-up-Faktoren (des Nahrungsangebots) in Ökosystemen.

Der US-Amerikaner Robert Paine verwendete 1980 als Erster den Begriff »trophische Kaskade« für die Veränderungen der Nahrungsnetze nach dem Entfernen eines räuberischen Seesterns in der Gezeitenzone im US-Staat Washington in einem Experiment. Das Konzept der trophischen Kaskade ist heute allgemein anerkannt, es wird aber diskutiert, wie häufig sie vorkommt.

Top-down-Kaskaden

Die Kaskade »von oben nach unten« zeigt sich deutlicher. Sie tritt auf, wenn die Nahrungskette durch die Entfernung eines Spitzenprädators gestört wird. Das Ökosystem kann trotz der veränderten Artzusammensetzung weiter funktionieren, »

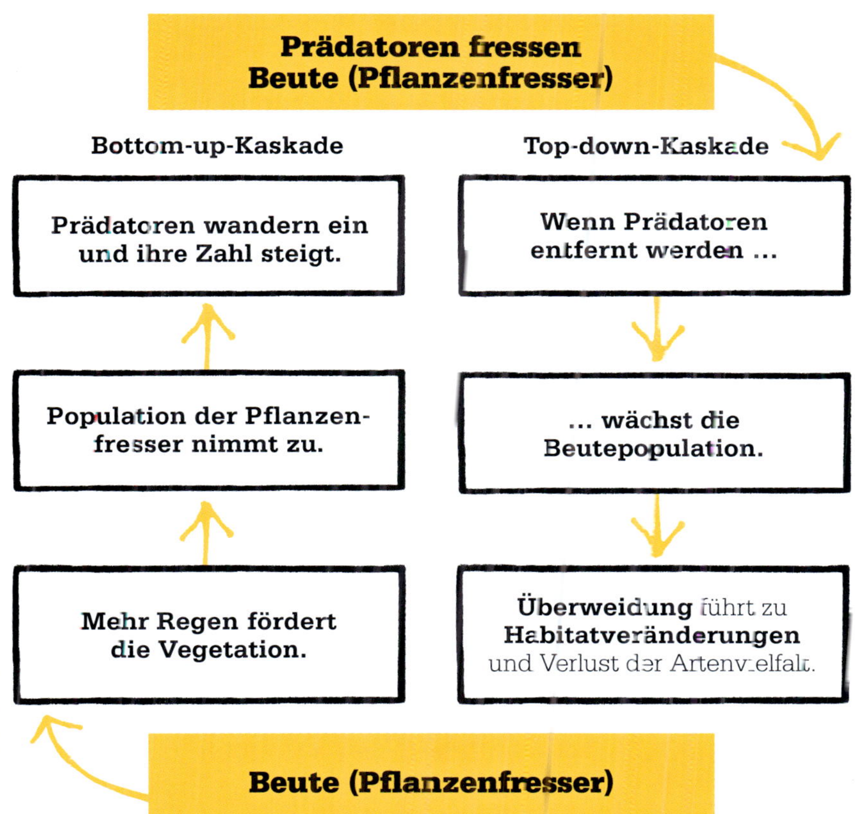

aber das Entfernen einer Art kann es auch kollabieren lassen. An der Küste im südlichen Neuengland (USA) gilt eine trophische Kaskade als Ursache dafür, dass Salzmarsch abstirbt. Hobbyangler haben die Anzahl der Raubfische so stark verringert, dass es immer mehr pflanzenfressende Krabben gibt. Dadurch wird wesentlich mehr Marschvegetation gefressen, was wiederum Folgen für andere Arten hat, die von ihr abhängen.

Trophische Kaskaden können auch durch das Einführen einer nicht einheimischen Art ausgelöst werden. So breitet sich seit etwa 1990 die Zuiderzeekrabbe in die Ostsee aus; sie stammt ursprünglich von der Ostküste Nordamerikas und wurde schon im 19. Jahrhundert in die Nordsee eingeschleppt. Allesfressende Krabben sind Schlüsselarten in vielen Küstenökosystemen und ernähren sich von benthischen (bodenlebenden) Gemeinschaften von Muscheln, Schnecken und anderen kleinen Wirbellosen – und zwar sehr effizient, sodass trophische Kaskaden stark ausfallen. In der Ostsee hatte es zuvor keine ähnlichen Prädatoren gegeben und das Einwandern der Zuiderzeekrabbe führte dazu, dass die Menge der benthischen Wirbellosen stark sank. Dadurch gab es mehr treibende Nährstoffe, was dem Phytoplankton, aber nicht den Bodenorganismen nützte. Der Effekt am Ende war also der Nährstofftransfer vom Meeresboden in die Wassersäule und die Verarmung des Ökosystems.

Bottom-up-Kaskaden

Wird eine Pflanze – ein Primärproduzent – aus einem Ökosystem entfernt, kann eine Kaskade »von unten nach oben« entstehen. Lässt etwa eine Pilzkrankheit das Gras sterben, bricht auch die davon abhängige Kaninchenpopulation ein. Die Räuber, die sich von den Kaninchen ernähren, verhungern oder wandern aus – das ganze Ökosystem kollabiert. Wenn umgekehrt Anpflanzungen oder Schutzmaßnahmen das Pflanzenwachstum fördern, werden viele Pflanzenfresser (und Insekten als Bestäuber) angezogen und damit auch Prädatoren.

Im Bottom-up-Fall gehen die Folgen für Pflanzenfresser und ihre Prädatoren in die gleiche Richtung: Mehr Pflanzen ernähren mehr Pflanzenfresser und mehr Räuber. Die Folgen bei Top-down-Kaskaden sind anders: Mehr Prädatoren führen dazu, dass es weniger Pflanzenfresser und mehr Pflanzen gibt.

» Ebenso wie ein Hirschrudel in Todesangst vor den Wölfen lebt, lebt der Berg in Todesangst vor den Hirschen. «

Aldo Leopold
A Sand County Almanac, 1949

Käfer, Ameisen und Motten

Trophische Kaskaden in Systemen mit vier Stufen sind schwieriger zu studieren, weil die Spitzenprädatoren sowohl andere Fleischfresser als auch Pflanzenfresser fressen können, sodass die Beziehungen kompliziert sind. 1999 studierten Forscher in einem tropischen Regenwald in Costa Rica einen einfacheren Fall mit drei Trophieebenen von Wirbellosen, in dem der Spitzenprädator – ein Buntkäfer – die räuberischen Ameisen auf der darunterliegenden Stufe frisst, aber nicht die Pflanzenfresser darunter. Wurde die Zahl der räuberischen Käfer im Studiengebiet erhöht, sank die Zahl der räuberischen Ameisen drastisch. Dies verringerte den Prädationsdruck auf die Dutzende Arten pflanzenfressender Wirbelloser, die wiederum mehr

Kalifornische Gelbe Baumlupinen wachsen schnell und sind eine invasive Art. Sie können ein Ökosystem stören, indem sie den Stickstoffgehalt erhöhen, was nicht einheimische Arten fördert.

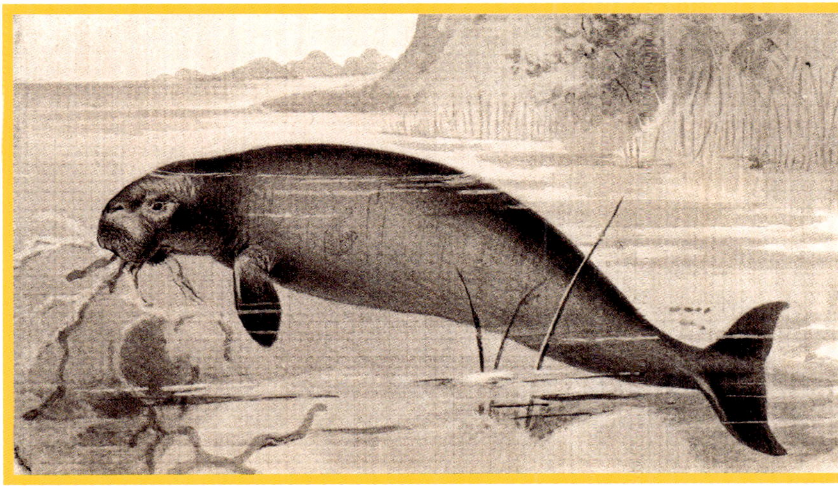

Stellers Seekuh war eine riesige Seekuh, die der deutsche Forscher Georg Wilhelm Steller 1741 entdeckte. Umstritten ist, warum sie ausstarb: durch Jagd oder fehlte die Nahrung?

Pflanzen fraßen, sodass sich die Blattfläche im Studiengebiet auf die Hälfte verringerte.

Nicht alle »Spieler« in trophischen Kaskaden sind offen sichtbar. Einige sind winzig und leben im Boden. So werden die Gelben Baumlupinen – Pflanzen an der kalifornischen Küste – vom Wurzelbohrer geschädigt, einer Motte, deren Raupen Wurzeln fressen. Andererseits leben Nematoden (Fadenwürmer) parasitisch von den Raupen. Sind im Boden Nematoden vorhanden, dann begrenzen sie die Raupenpopulation, sodass weniger Lupinenwurzeln gefressen werden.

Aussterbeereignisse

Im Extremfall können trophische Kaskaden zum Aussterben von Arten führen. Das passierte im Fall von Stellers Seekuh, einem großen Meeressäuger in der Beringstraße, der seit 1768 ausgestorben ist. Es gibt nun Hinweise darauf, dass ihr Aussterben auf eine verhängnisvolle trophische Kaskade zurückgeht, ausgelöst durch die Jagd auf Seeotter für den Fellhandel. Die fast völlige Ausrottung der Seeotter ermöglichte es Seeigeln, ihrer Hauptnahrung, sich übermäßig zu vermehren. Seeigel fressen Seetang, sodass ihre Ausbreitung zum Kollaps der Seetangwälder führte – Seetang war aber auch die Nahrung der Seekühe. Zwar wurden die Seekühe selbst kaum gejagt, doch sie starben aus. Zu verstehen, wie Eingriffe oder invasive Arten durch trophische Kaskaden ein Ökosystem schädigen, ist essenziell, um effektive Schutzmaßnahmen entwickeln zu können. ■

» Man erwartet, dass Pflanzenfresser gewöhnlich gut gesättigt und Fleischfresser gewöhnlich hungrig sind. «

Lawrence Slobodkin

zitiert in: *Resolution of Respect: Lawrence B. Slobodkin 1928–2009*, in: *Bull. Ecol. Soc. Am.*, 2011

Frühe Menschen und die Megafauna

In den letzten 60 000 Jahren, einem Zeitraum, der auch das Ende der letzten Eiszeit umfasst, starben etwa 51 Gattungen großer Säugetiere in Nordamerika aus. Die meisten waren Pflanzenfresser, darunter Riesenfaultiere, Mastodons und Riesengürteltiere, einige Fleischfresser wie Amerikanische Löwen, Amerikanische Geparden, Säbelzahnkatzen und Kurznasenbären.

Viele starben vor 11 500 bis 10 000 Jahren aus, kurz nach Ausbreitung der Clovis-Kultur (frühe Jäger und Sammler). Eine der überzeugendsten Erklärungen ist die »Hypothese der Prädation zweiter Ordnung«, nach der die Menschen eine trophische Kaskade auslösten. Die Jäger töteten die großen Fleischfresser, die mit ihnen um Beute konkurrierten. Mit weniger Prädatoren nahm die Zahl der Beutearten, also der Pflanzenfresser, erheblich zu, was zur Überweidung führte. Die Vegetation konnte dann die Pflanzenfresser nicht mehr ernähren, sodass viele verhungerten.

Höhlenmalereien in Altamira (Spanien) zeigen die Bedeutung des Bisons für die Menschen. Die wilde Population starb 1927 aus, doch sie wurden neu ausgewildert.

INSELN SIND ÖKOLOGISCHE SYSTEME

INSELBIOGEOGRAFIE

IM KONTEXT

SCHLÜSSELFIGUREN
Robert H. MacArthur (1930–1972),
Edward O. Wilson (1929–2021)

FRÜHER
1948 Eugene Munroe, ein kanadischer Lepidopterologe (Schmetterlingskundler), stellt eine Korrelation zwischen Inselgröße und Artenvielfalt von Schmetterlingen in der Karibik fest.

SPÄTER
1971–1978 James H. Brown studiert die Artenvielfalt von Säugetieren und Vögeln in »Waldinseln« im Großen Becken in Kalifornien und Utah.

2006 Die kanadischen Biologen Attila Kalmar und David Currie studieren Vogelpopulationen auf 346 Meeresinseln; ihre Artenvielfalt hängt sowohl vom Klima als auch von der Fläche und Isolation ab.

Inseln mit Mangrovensaum in den Florida Keys, die heute wegen ihres vielfältigen Meeres- und Landlebens geschützt sind, waren für die Erforschung der Inselbiogeografie wichtig.

»Wenn wir nicht das übrige Leben erhalten als unsere heilige Pflicht, werden wir uns selbst in Gefahr bringen, indem wir das Zuhause zerstören, in dem wir entstanden sind.«

Edward O. Wilson
Interview, Diane-Rehm-Show, WAMU 88,5 Radio, 22.4.2010

Inselbiogeografie befasst sich mit der Erforschung von Faktoren, die die Artenvielfalt isolierter natürlicher Gemeinschaften bestimmen. Schon Charles Darwin, Alfred Russel Wallace und andere Naturforscher des 19. Jahrhunderts schrieben über die Flora und Fauna von Inseln. Sie bezogen sich auf echte Inseln im Meer, aber ihre Methoden eignen sich für alle Habitate, die von einer Umwelt (der »Matrix«) umgeben sind, die die Ausbreitung von Lebewesen behindert. Beispiele sind Oasen in der Wüste, Höhlensysteme, Parks in Städten, Teiche in einer trockenen Landschaft oder kleine Bergwälder in unbewaldeten Tälern.

Mitte des 20. Jahrhunderts fingen Ökologen an, die Artenverteilung auf verschiedenen Inseln und die jeweiligen Entwicklungen intensiver zu studieren. In den USA formulierten Edward Wilson und Robert MacArthur das erste mathematische Modell für die relevanten Faktoren in Inselökosystemen, 1967

Siehe auch: Evolution durch natürliche Selektion 24–31 ▪ Räuber-Beute-Gleichungen 44–49 ▪ Freilandexperimente 54–55 ▪ Das Ökosystem 134–137

Zufällige Ausbreitung von Lebewesen auf Inseln

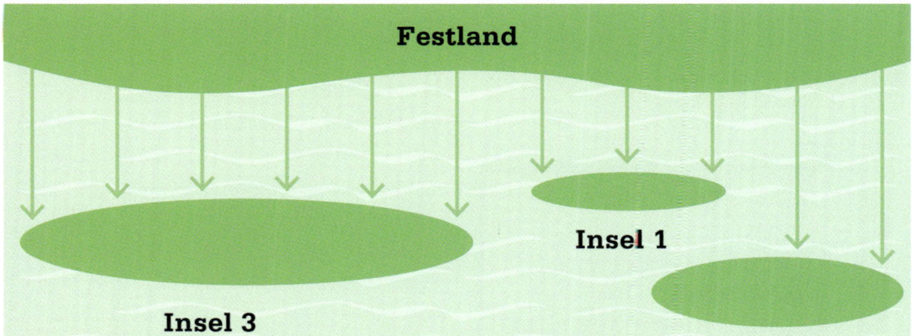

Die Inselgröße und die Entfernung zum Festland beeinflussen den Artenreichtum. Inseln nahe am Festland werden von mehr Lebewesen zufällig erreicht. Große Inseln erhalten mehr Zustrom, kleine, ferne Inseln am wenigsten.

skizzierten sie eine neue Theorie der Inselbiogeografie.

Danach stellt sich auf Inseln ein Gleichgewicht zwischen der Zuwanderungsrate neuer Arten und der Aussterberate der vorhandenen Arten ein. So hat etwa eine bewohnbare, aber relativ leere Insel eine geringe Aussterberate, weil es nur wenige Arten gibt, die überhaupt verschwinden können. Kommen mehr Arten an, wächst die Konkurrenz um begrenzte Ressourcen. Irgendwann werden kleine Populationen auskonkurriert und die Aussterberate steigt. Ein Gleichgewichtszustand tritt auf, wenn ebenso viele Arten zuwandern wie aussterben. Dann bleibt die Artenzahl konstant, bis eine der beiden Raten in Bewegung gerät.

Die Zuwanderungsrate sinkt in der Theorie mit zunehmender Entfernung zum Festland oder zu anderen Inseln. Die Inselfläche gilt als ein weiterer Faktor: Je größer sie ist, desto weniger Arten sterben aus. Falls einheimische Arten durch neue aus den besten Habitaten verdrängt werden, haben sie größere Chancen, alternative, »suboptimale« Habitate für sich zu finden. Größere Inseln bieten tendenziell auch mehr Vielfalt an Lebensräumen oder Mikrohabitaten, die Neuankömmlinge aufnehmen können. Die Kombination aus Vielfalt und niedrigerer Aussterberate führt hier insgesamt zu mehr Artenvielfalt als auf kleinen Inseln. Dies wird Arten-Areal-Beziehung genannt. Die Zusammensetzung der Vielfalt ändert sich mit der Zeit infolge von Kolonialisierung und Aussterben, aber mengenmäßig bleibt sie auf ziemlich gleichem Level.

Mangroven

1969 testeten Wilson und sein damaliger Student Daniel Simberloff die Theorie mit einem Freilandexperiment auf sechs kleinen Mangroveninseln in den Florida Keys (USA). Sie dokumentierten die dort lebenden Arten und entfernten dann sämtliche Gliederfüßer (Insekten, Spinnen und Krebstiere) von der Insel. In den folgenden zwei »

Robert H. MacArthur

Robert MacArthur wurde 1930 in Toronto (Kanada) geboren, die Familie zog dann nach Vermont (USA) um. Er studierte zunächst Mathematik. 1957 erhielt er den Doktortitel an der *Yale University* für seine Arbeit über die ökologischen Nischen von Waldsängerarten in Nadelwäldern. MacArthur betonte, wie wichtig das Testen von Hypothesen ist, und trug so dazu bei, dass die Ökologie keine rein beobachtende Disziplin blieb, sondern auch mit experimentellen Modellen arbeitete. Diese Methodik findet sich in *The Theory of Island Biogeography* (dt.: *Biogeographie der Inseln,* 1971), das er zusammen mit Edward O. Wilson schrieb. MacArthur erhielt viele Auszeichnungen und wurde 1969 in die Nationale Wissenschaftsakademie aufgenommen. 1972 starb er an Nierenkrebs. Die *Ecological Society of America* (ESA) verleiht alle zwei Jahre einen nach ihm benannten Preis.

Hauptwerke

1967 *Biogeographie der Inseln*
1971 *Geographical Ecology: Patterns in the Distribution of Species*

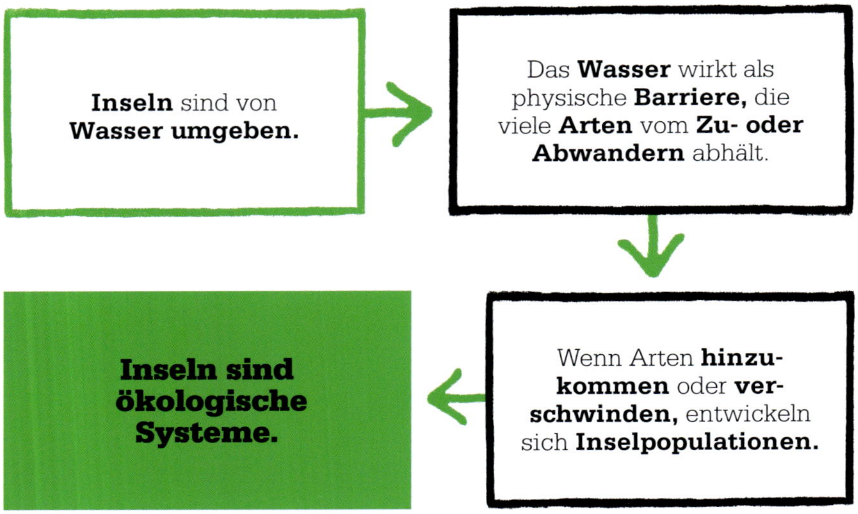

Jahren zählten sie die Arten und beobachteten die Wiederbesiedlung. Das Experiment zeigte, dass die Entfernung zum Festland tatsächlich eine wichtige Rolle spielte: Je weiter weg die Insel lag, desto weniger Wirbellose kamen zurück.

Wandern neue Arten ein, kann das sogar Inselarten vor dem Aussterben bewahren. Dies betrifft vor allem bestimmte Vogelarten, die schnell große Entfernungen überwinden können. Es gibt zudem den »Ziel-Effekt«, der dafür sorgt, dass gewisse Inseln wegen ihres Habitats ein beliebteres Ziel sind: Hat ein Vogel, der auf Bäumen lebt, die Wahl zwischen einer kargen Insel und einer bewaldeten, wird er natürlich die Insel mit Wald wählen.

Menschliche Einflüsse

Der Einfluss durch Menschen – die isolierte Inseln im Pazifik schon seit mindestens 30 000 Jahren besuchen – hatte manchmal drastische Folgen. In den vergangenen Jahrhunderten brachten Europäer Hunde, Katzen, Ziegen und Schweine mit, als sie Inseln im Pazifik und anderen Meeren besiedelten; zudem waren stets Ratten an Bord ihrer Schiffe. Auf vielen Inseln fraßen diese Nager die Eier von Seevögeln sowie die Samen endemischer Pflanzen, die nirgendwo sonst wachsen. Auf den Galápagos-Inseln fraßen z. B. Hunde Schildkröteneier, Leguane und sogar Pinguine. Ziegen beispielsweise konkurrierten mit den Galápagos-Schildkröten um Nahrung und rotteten bis zu fünf Pflanzenarten auf den Santiago-Inseln aus.

Die Aktivitäten des Menschen haben aber nicht immer die Artenvielfalt reduziert. Forscher fanden heraus, dass die Schifffahrt zu den karibischen Inseln durchaus positive Effekte hatte. So finden sich auf Trinidad wesentlich mehr Leguanartige als auf der viel größeren Insel Kuba, denn wegen der Wirtschaftssanktionen seit den 1960er-Jahren legten dort viel weniger Schiffe an und brachten daher auch keine Echsen als blinde Passagiere mit.

»Inselhabitate«

Zu den Schlüsselfaktoren für das Artengemisch auf einer Meeresinsel zählen: wie isoliert sie ist, wie lang das schon so ist, ihre Größe, die Art ihrer Habitate, wie sie relativ zu Meeresströmungen liegt und wie häufig zufällige Besiedlungen auftreten (etwa durch Lebewesen, die auf treibenden Pflanzenteppichen ankommen). Viele dieser Faktoren gelten für andere isolierte Habitate ebenfalls.

In den frühen 1970ern wendete der US-Amerikaner James H. Brown das Wilson-MacArthur-Modell auf »Inseln« aus Nadelwald auf 19 Bergrücken im Großen Becken von Kalifornien und Utah an. Sie sind durch eine weite *Sagebrush*-Steppe voneinander getrennt, eine vom Wüsten-Beifuß *(sagebrush)* geprägte Landschaft. Hier ließ sich die Vielfalt und die Verteilung kleiner Säugetiere (wie Fledermäuse) in den isolierten Wäldern jedoch nicht durch ein Gleichgewicht zwischen Kolonisation und Aussterben erklären. Einige Arten waren ausgestorben, aber seit Jahrmillionen keine neuen eingewandert. Brown nannte die Säugetiere »Relikt«. Einige Jahre später zeigte er, dass Vogelarten aus den großen, ähnlichen Wäldern der Rocky Mountains im Osten und der Sierra Nevada im Westen eingewandert waren. Offenbar, so Brown, können bestimmte Arten – insbesondere flugfähige – eher erfolgreich einwandern als andere.

» Den Regenwald aus Gewinnsucht abzuholzen ist so schlau, wie ein Renaissancegemälde zu verbrennen, um eine Suppe zu kochen. «

Edward O. Wilson
Time 9/1990

Ökologen haben auch die Vielfalt von Käfern und Fliegen in neun verschieden großen Parks in Cincinnati (Ohio, USA) erforscht. Die Fläche hatte den stärksten Einfluss auf die Artenvielfalt, doch eine genauere Analyse der Populationsgrößen zeigte, dass mehr Fläche vor allem die Aussterberate verringerte, sich aber weniger auf die Zahl der Habitate für neue Arten auswirkte.

Umwelt- und Naturschutz

Bald setzte man die Inselbiogeografie auch für den Naturschutz ein. Demnach sind Naturschutzgebiete und Nationalparks »Inseln« in einer von Menschen veränderten Landschaft. Als erstmals Schutzgebiete entstanden, ging es vor allem um die optimale Größe: Ist ein großes Reservat besser als viele kleine? Die Inselbiogeografie zeigt, dass die Biodiversität von vielen Faktoren abhängt und verschiedene Arten von verschiedenen Situationen profitieren. Große Säugetiere überleben in einem kleinen Gebiet nicht, aber viele kleine Lebewesen können hier gedeihen. In stark genutzten Gebieten hat die Inseltheorie dazu geführt, dass Biotopkorridore eingerichtet wurden, die Habitate verbinden. Ein solcher Biotopverbund ermöglicht ökologische Vorgänge wie Tierwanderungen oder das Überleben tragfähiger Populationen bestimmter Arten, ohne die Schutzflächen zu sehr auszudehnen. ■

Der Central Park in Manhattan (New York) ist eine »Insel« in urbaner Umgebung. In ihm leben 134 Vogel-, 197 Insekten-, neun Säugetier-, fünf Reptilien-, 29 Pilz- und 441 Pflanzenarten.

»Ich argumentiere, dass jedes bisschen biologischer Diversität unbezahlbar ist …«

Edward O. Wilson
The Diversity of Life, 1992

Die Wiedergeburt des Krakatau

1883 verwüsteten Vulkanausbrüche die indonesische Insel Krakatau; sie zerstörten die dortige Flora und Fauna sowie die der Nachbarinseln Sertung und Panjang. 1886 wuchsen auf Krakatau wieder Moose, Algen, Blütenpflanzen und Farne; die Samen waren durch den Wind oder die Wellen zur Insel gelangt. Junge Bäume zeigten sich 1887, einige Insektenarten und eine einzelne Eidechse wurden 1889 entdeckt. Nach heutigen Studien lag der Höhepunkt der Einwanderung in der Zeit der Waldbildung zwischen 1908 und 1921. Die Aussterberate war aber von 1921 bis 1923 am höchsten, als das Baumkronendach so dicht wurde, dass kein Licht mehr den Waldboden erreichte. Zwar wandern fast keine Landvögel und Reptilien mehr ein, aber neue Arten von Landmollusken und Insekten kommen immer noch aus Sumatra und Java, die kaum 45 km entfernt sind.

Der Ausbruch des Krakatau löste eine 80 km hohe Aschesäule aus, die das Klima beeinflusste und für fünf Jahre die globale Temperatur um 1,2 °C senkte.

DIE KONSTANTE ANZAHL VON ARTEN IST DAS, WAS ZÄHLT

ÖKOLOGISCHE RESILIENZ

IM KONTEXT

SCHLÜSSELFIGUR
Crawford Stanley Holling (1930–2019)

FRÜHER
1859 Charles Darwin nennt die Abhängigkeiten zwischen Arten ein »Gewebe von verwickelten Beziehungen«.

1955 In den USA definiert Robert MacArthur ein Maß für die Ökosystemstabilität; sie nimmt zu, wenn die Anzahl der Interaktionen zwischen den Arten häufiger wird.

1972 Anders als MacArthur meint der australische Ökologe Robert May, dass artenreichere Gemeinschaften mit komplexeren Beziehungen ein stabiles Gleichgewicht eventuell weniger leicht aufrechterhalten können.

SPÄTER
2003 Der australische Ökologe Brian Walker arbeitet mit Holling an treffenderen Definitionen der Resilienz.

Die Fähigkeit von Ökosystemen, sich nach einer Störung – etwa einem großen Feuer, Überschwemmungen, Stürmen, Umweltverschmutzungen oder der Einführung einer »exotischen« Art – wieder zu erholen, heißt ökologische Resilienz. Jeder dieser Einflüsse kann Nahrungsnetze teils drastisch stören, immer häufiger ist der Mensch der Auslöser.

Stabilität und Resilienz

Der Kanadier Crawford Stanley Holling entwickelte als Erster ein Konzept der ökologischen Resilienz. Wichtige Faktoren dabei waren Stabilität und Widerstandskraft, doch anders als frühere Ökologen waren diese beiden Dinge für Holling nicht dasselbe.

Ein System ist stabil, wenn es nach Störungen wieder ins Gleichgewicht zurückkehrt. Bei manchen zeigen sich dabei nur geringe Auswirkungen (dies nennt man heute Resistenz). Resilienz hingegen umfasst auch Veränderungen und Anpassungen. In ungestörten Systemen, so Holling, würden ständig einige Populationen wachsen und andere sich verringern. Doch diese Veränderungen seien weniger wichtig als die Frage, ob sich das Gesamtsystem fundamental verändert. Unter Resilienz (oder Elastizität) wird die Zeit verstanden, die ein System braucht, um nach einem großen Schock wieder ins Gleichgewicht zu kommen – also seine Fähigkeit, Störungen »elastisch« auszugleichen.

Holling erklärte dies am Beispiel der Fischerei in den Großen Seen Nordamerikas. In den frühen Jahrzehnten des 20. Jahrhunderts wurden Stör, Hering und andere Arten gefischt, doch wegen der Überfischung reduzierte sich die Ausbeute erheblich. Obwohl striktere Quoten eingeführt wurden, erholten sich

» Ökosysteme sind dynamisch – sie verändern sich ständig, sind inhärent unbestimmt mit vielfachen Zukünften … «

Crawford Stanley Holling
Resilience and Stability in Ecological Systems,
in: *Ann. Rev. Ecol. Syst.*, 1973

Siehe auch: Die Nahrungskette 132–133 ▪ Das Ökosystem 134–137 ▪ Energieflüsse in Ökosystemen 138–139 ▪ Trophische Kaskaden 140–143

Dicker Algenschaum bedeckt Teile des Lonar-Sees im indischen Bundesstaat Maharashtra. Algen gedeihen im nährstoffreichen Wasser, verbrauchen aber bei der Zersetzung Sauerstoff, sodass weniger Fische überleben.

die Fischpopulationen nicht mehr. Holling meinte, dass die intensive Fischerei nach und nach die Resilienz des Ökosystems schädigte.

Ökologische Resilienz, so Holling, ist nicht immer positiv. Wenn etwa durch landwirtschaftliche Düngung große Nährstoffmengen in einen See gelangen, wird er eutrophiert: Algen vermehren sich und verbrauchen den Sauerstoff – die Fische gehen ein und der See »kippt um«. Ein eutrophierter See ist zwar resilient, aber weniger biodivers. Nach Holling bestimmen drei kritische Faktoren die Resilienz: die maximale Veränderung, mit der das System eine Schwelle erreicht, ab der völlige Erholung nicht mehr möglich ist; wie leicht oder schwierig es ist, das System erheblich zu verändern; und wie nah an dieser Schwelle sich das System aktuell befindet.

Zustandsänderungen

Nach Holling ist die Resilienz von Ökosystemen höher, wenn ihre Populationen nicht zu starr sind, wenn sich also die Komponenten des Systems verändern können. Ein Beispiel ist das Verschwinden der Amerikanischen Kastanie aus den meisten Wäldern Nordamerikas, was überwiegend durch mehr Eichen und Hickorybäume ausgeglichen wurde. Holling sah dies als Resilienz: Auch wenn sich die Populationen mengenmäßig verändern, bleiben die Laubwälder bestehen.

Ökologen wissen heute auch, dass Ökosysteme mehrere stabile Zustände erreichen können. In Australien etwa können die von Mulga (Akazien) dominierten Baumsavannen grasreich und für die Schafzucht geeignet oder buschreich und für Schafe ungeeignet sein. ■

Die Rolle des Wicklers

Raupen von Motten aus der Familie der Wickler haben Balsamtannenwälder in Nordamerika seit dem 18. Jahrhundert sechsmal dezimiert. Holling beschrieb zwei Stadien: ein Stadium mit jungen, schnell wachsenden Bäumen und wenigen Wicklern und ein Stadium mit alten Bäumen und einer sehr großen Zahl von Wicklern.

Die jungen Balsamtannen wachsen neben Fichten und Graubirken. Während dieser Zeit ist die Wicklerpopulation nicht auffällig. Doch irgendwann werden die Tannen dominant. Gibt es dann mehrere trockene Jahre, wächst die Wicklerpopulation enorm. Die ausgewachsenen Tannen werden zerstört, sodass Fichten und Birken sich wieder regenerieren können. Indem er die Balsamtanne limitiert, fördert der Wickler das Wachstum der Fichten und Birken. Ohne diese Mottenart würden die Tannen die anderen Bäume verdrängen. So ist das System instabil, aber resilient (widerstandsfähig).

Wicklerraupen in Quebec (Kanada) fressen sich an Tannen und Fichten satt, bevor sie sich verpuppen. Etwa einen Monat später paaren sich dann die Motten.

POPULATIONEN UNTERLIEGEN UNVORHERSAGBAREN KRÄFTEN

DIE NEUTRALE THEORIE DER BIODIVERSITÄT

IM KONTEXT

SCHLÜSSELFIGUREN
Hal Caswell (*1949),
Stephen P. Hubbell (*1942)

FRÜHER
1920 Frederic Clements beschreibt, wie verschiedene Pflanzen in Gemeinschaften miteinander assoziiert sind.

1926 Henry Gleason meint, dass sich ökologische Gemeinschaften eher zufällig finden.

1967 Richard Root führt das Konzept der ökologischen Gilde ein – einer Gruppe von Arten, die Ressourcen auf ähnliche Weise nutzt.

SPÄTER
2018 Ein Artikel des niederländischen Ökologen Marten Scheffer und seiner Kollegen weist darauf hin, dass Arten, die die gleichen Ressourcen nutzen, zwar Konkurrenten sein, sich aber in ihrer Reaktion auf Stressfaktoren wie Dürren oder Krankheiten unterscheiden können.

Biodiversität bestimmt sich durch das Erscheinen neuer Arten und das Aussterben vorhandener Arten. In der Synökologie – der Ökologie von Gemeinschaften – galten die Beziehungen zwischen Arten stets als grundlegend. Konkurrieren zwei Arten um ähnliche Ressourcen, verdrängt entweder die konkurrenzstärkere Art die schwächere oder beide spezialisieren sich auf schmalere Nischen.

1976 führte der US-Amerikaner Hal Caswell jedoch die »neutrale Theorie« der Biodiversität ein. Danach sind ökologisch ähnliche Arten gleich konkurrenzstark, sodass Zufallsprozesse bestimmen, welche häufiger und welche seltener wird.

Neutrale Theorie

In seinem Buch *The Unified Theory of Biodiversity and Biogeography* veröffentlichte der US-Amerikaner Stephen P. Hubbell 2001 ein mathematisches Modell: die »Vereinheitlichte Neutrale Theorie«. Er ging wie Caswell von der »Nullhypothese« (Arten sind ökologisch identisch) aus und überprüfte seine Annahmen.

» Caswell unternahm einen gewagten Versuch, eine neutrale Theorie der Organisation von Gemeinschaften zu schaffen. «

Stephen P. Hubbell
The Unified Neutral Theory of Biodiversity and Biogeography, 2001

Neutrale Theorien hatten die Synökologie in letzter Zeit bestimmt. Doch eine australische Studie von 2014 über eine einst dominante Art in Korallenriffen, die durch Überfischung fast verschwunden ist, bestätigte diesen Ansatz nicht. Nach Hubbell sind Arten austauschbar, also hätten sich andere vermehren und den freien Platz einnehmen müssen. Dass dies nicht geschah, weist auf Mängel der neutralen Theorie hin. Wodurch Diversität in der Natur bestehen bleibt, ist also weiterhin offen. ■

Siehe auch: Menschliche Aktivität und Biodiversität 92–95 ▪ Inselbiogeografie 144–149 ▪ Klimaxgesellschaft 172–173 ▪ Offene Gemeinschaft 174–175

NUR EINE GEMEINSCHAFT VON FORSCHERN HAT DIE CHANCE, DAS GROSSE GANZE ZU DURCHDRINGEN

LANGZEITSTUDIEN

IM KONTEXT

SCHLÜSSELORGANISATION
National Science Foundation (gegründet 1950)

FRÜHER
1926 Der russische Geochemiker und Mineraloge Wladimir Wernadski formuliert das Konzept der Biosphäre, in der alles Leben der Erde stattfindet.

1935 Der britische Pionier der Ökologie Arthur Tansley definiert ein Ökosystem als die Gesamtheit aller Wechselbeziehungen zwischen einer Gruppe von Lebewesen mit ihrer Umwelt.

SPÄTER
1992 Auf dem Erdgipfel in Rio de Janeiro herrscht internationaler Konsens darüber, wie bedeutsam der Schutz der Biosphäre ist.

1997 Das Kyoto-Protokoll zur Reduzierung der Treibhausgasemissionen wird von 192 Nationen unterzeichnet.

Um Ökosysteme bis in die Tiefe zu verstehen, sind Langzeitstudien nötig. 1980 richtete die *National Science Foundation* in den USA unter dem Namen *Long Term Ecological Research* (LTER) sechs Forschungsareale ein, um langfristig ökologische Phänomene in großem Maßstab zu studieren. Heute gibt es 28 Areale, aus denen enorme Mengen an Daten gewonnen werden.

Ein Waldökosystem

Eines der ursprünglichen sechs LTER-Areale ist der Andrew Forest in Oregon. Er ist ein gutes Beispiel für einen gemäßigten Regenwald mit milden, feuchten Wintern und kühlen, trockenen Sommern. Mit 40 % altem Nadelurwald ist die Biodiversität in dem Gebiet aus Wäldern, Strömen und Wiesen sehr hoch. Ökologen haben Tausende Insekten-, 33 Vogel-, 19 Nadelbaum- und neun Fischarten dokumentiert. Projekte erforschen, wie Landnutzungsänderungen (etwa Forstwirtschaft) und Naturphänomene (Feuer, Überschwemmungen, Klima), die Hydrologie, Biodiversität und Stoffdynamik (den Fluss von Kohlenstoff und Nährstoffen durch das Ökosystem) beeinflussen. Es gibt weltweit viele andere Langzeit-Forschungsstationen, an denen Wissenschaftler Daten sammeln, die für die weltweite Forschung frei zugänglich gemacht werden. ■

Die Zersetzung von Holz ist seit 1985 für einen Zeitraum von 200 Jahren an sechs Urwaldstandorten im Andrews Forest (Oregon) Forschungsgegenstand.

Siehe auch: Das Ökosystem 134–137 ▪ Die Biosphäre 204–205 ▪ Die »Sustainable Biosphere Initiative« 332–333 ▪ Beiträge der Natur für die Menschen 336–337

WELCHE STRATEGIE GUT IST, HÄNGT DAVON AB, WAS ANDERE TUN

EVOLUTIONÄR STABILER ZUSTAND

IM KONTEXT

SCHLÜSSELFIGUR
John Maynard Smith
(1920–2004)

FRÜHER
1944 Der Mathematiker John von Neumann und der Ökonom Oskar Morgenstern entwickeln Theorien zu Strategiespielen als mathematische Modelle für wirtschaftliche und soziale Strukturen.

1964 Der britische Biologe W. D. Hamilton wendet die Spieltheorie auf die Evolution des Sozialverhaltens an.

1965 Hamilton beschreibt die ökologischen Folgen der natürlichen Selektion mithilfe der Spieltheorie.

1976 Richard Dawkins verbreitet das Konzept der evolutionär stabilen Strategien.

SPÄTER
1982 Smith wendet die Theorie auf die Evolution, Sexualbiologie und Lebenszyklen an.

Tiere **konkurrieren** um **Nahrung, Territorium** und **Geschlechtspartner.**

↓

Sie haben sich evolutionär dahin entwickelt, auf das Verhalten anderer Tiere auf **bestimmte Art zu reagieren.**

↓

Welche Strategie gut ist, hängt davon ab, was andere tun.

Die Verhaltensökologie erklärt, wie sich das Verhalten von Tieren – was sie fressen, ihre sozialen Beziehungen usw. – an ihre Umwelt angepasst hat. Die Triebkraft ist die natürliche Selektion, da die Umwelt Individuen mit bestimmten Genen fördert – einige bringen in bestimmten Situationen Vorteile, in anderen nicht –, die sie an die Nachkommen weitergeben. Da das Verhalten genetisch beeinflusst ist, hängt es auch mit der natürlichen Selektion zusammen.

Adaptives Verhalten

1972 führte der britische Evolutionsbiologe John Maynard Smith die Theorie der evolutionär stabilen Strategie (ESS) ein, um zu erklären, wie Verhaltensstrategien durch natürliche Selektion entstehen. Ebenso wie physische Faktoren (Nahrung, Temperatur usw.) gehört auch das Verhalten anderer Arten zur Umwelt, die auf ein Tier einwirkt. Die ESS ist die optimale Strategie, mit der ein Tier auf das Verhalten anderer reagiert und die ihm größere Chancen einräumt, seine Gene weiterzugeben. Nur natürliche Selektion, so Maynard Smith, kann dieses Gleichgewicht

Siehe auch: Evolution durch natürliche Selektion 24–31 ▪ Das egoistische Gen 38–39 ▪ Räuber-Beute-Gleichungen 44–49 ▪ Ökologische Nischen 50–51 ▪ Trophische Kaskaden 140–143 ▪ Biodiversität und Ökosystemfunktion 156–157

Das Verhalten bei Konflikten um Raum und Territorien kann als evolutionär stabile Strategie entstehen. Flughunde kämpfen um die besten Plätze im Baum, dabei verweisen Alphamännchen andere auf niedrigere Äste.

ändern – daher »evolutionär stabil« –, die Verhaltensmuster sind genetisch vorprogrammiert.

Die ESS hat ihre Wurzeln in der Spieltheorie, der mathematischen Disziplin, die sich mit der besten Strategie beim Spielen befasst. Viele Beispiele des Tierverhaltens haben sich als evolutionär stabile Strategien herausgestellt, etwa das Territorialverhalten oder das Verhalten in Hierarchien. So ergeben die vorprogrammierten »Regeln« der Territorialität – »hier sesshaft: Kämpfe und verteidige dich« sowie »zu Besuch: Gib nach und zieh dich zurück« – gemeinsam eine ESS.

Strategien im Vergleich

Der mögliche Gewinn für ein einzelnes Tier durch ein bestimmtes Verhalten oder der Aufwand, den es dabei riskiert, lässt sich quantifizieren. So können Biologen mit mathematischen Modellen (siehe Kasten) herausfinden, welche Strategie die stabilste ist. Stimmt die Modellvorhersage nicht mit dem beobachteten Tierverhalten überein, kann es sein, dass sich noch keine Stabilität eingestellt hat.

In realen Ökosystemen bezieht sich Stabilität nicht auf eine einzelne Strategie, sondern auf das Gleichgewicht zwischen mehreren Strategien in einem Gesamtsystem. Dieses Gesamtgleichgewicht sollte deshalb als evolutionär stabiler Zustand (nicht Strategie) bezeichnet werden. Eine solche Balance entsteht, wenn alle Organismen die gleiche evolutionäre Fitness haben, also ihre Gene in gleichem Maß weitergeben. Dieser Zustand bleibt stabil, selbst wenn kleine Umweltveränderungen auftreten. ▪

Das Falke-Taube-Spiel

Am einfachsten lässt sich die evolutionär stabile Strategie (ESS) an einer hypothetischen Reaktion auf Aggressionen im sogenannten Falke-Taube-Spiel aufzeigen. Individuen verfolgen entweder die »Falkenstrategie« und kämpfen oder die »Taubenstrategie«, bei der sie posieren und sich schnell zurückziehen. Beim Aufeinandertreffen gewinnen Falken gegen Tauben, werden aber im Kampf gegen einen anderen Falken verwundet. Tauben vermeiden Verletzungen, doch sie verschwenden Zeit. Welche Strategie ist besser? Das mathematische Modell von Smith und seinen Kollegen ergab hier – unter realistischen Annahmen, was bei einer Auseinandersetzung herauskommen sollte –, dass für ein stabiles Gleichgewicht sieben Falken auf fünf Tauben kommen: Individuen sollten sich also sieben Zwölftel der Zeit wie ein Falke und fünf Zwölftel wie eine Taube verhalten.

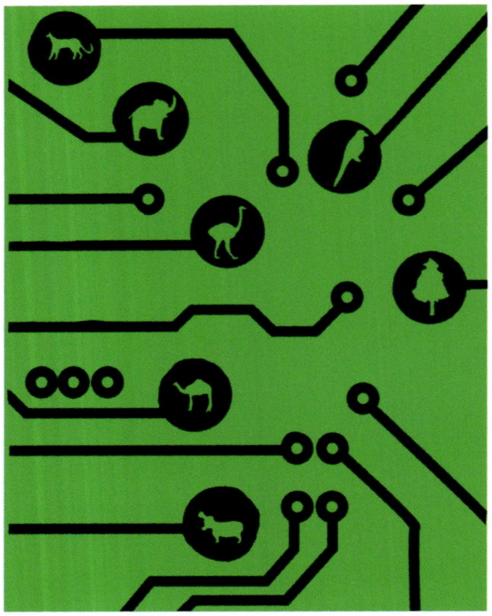

ARTEN ERHALTEN DIE FUNKTIONALITÄT UND DIE STABILITÄT VON ÖKOSYSTEMEN

BIODIVERSITÄT UND ÖKOSYSTEMFUNKTION

IM KONTEXT

SCHLÜSSELFIGUR
Michel Loreau (*1954)

FRÜHER
1949 Am *California Institute of Technology* wird das erste Phytotron (Klimakammer) gebaut, um zu erforschen, wie sich ein künstliches Ökosystem beeinflussen lässt.

1991 Das *Ecotron,* ein System experimenteller Ökosysteme in computergesteuerten Einheiten, wird am *Imperial College* in London konstruiert.

SPÄTER
2014 Ökologen in den USA erklären, dass der Verlust der Artenvielfalt Ökosysteme mindestens so stark beeinflusst wie Brände, Dürren oder andere Umweltstörungen.

2015 Ein Artikel in *Nature* belegt, dass eine höhere Biodiversität die Resilienz eines Ökosystems bei verschiedenen Klimaereignissen erhöht.

Ein Phytotron, das 1968 in North Carolina (USA) erbaut wurde, hat über 70 Kulturkammern, vier Treibhäuser und kontrollierte Umwelten, um Pflanzenkrankheiten und Insekten zu studieren.

In einer Zeit, in der sich durch den Einfluss des Menschen die komplexe Artenzusammensetzung vieler Lebensräume rapide wandelt, sind Ökologen immer mehr daran interessiert, herauszufinden, wie der Verlust der Biodiversität Ökosysteme verändert. Wenn Arten ersetzt werden oder verschwinden, bleibt dann das Ökosystem intakt – oder wird seine Funktion geschädigt?

Solche Fragen diskutierte 2000 in Paris die Konferenz *Biodiversity and Ecosystem Functioning* (BEF) des *International Geosphere-Biosphere Programme* (IGBP). Mehr als 60 führende Ökologen aus aller Welt, darunter auch Michel Loreau, Direktor des *Centre for Biodiversity Theory and Modelling* (CBTM) in Moulis (Pyrenäen, Frankreich), stellten ihre Arbeit vor: Einige erforschten Arten im Detail, andere die

Siehe auch: Mutualismus 56–59 ▪ Schlüsselarten 60–65 ▪ Das Ökosystem 134–137 ▪ Organismen und ihre Umwelt 166 ▪ Invasive Arten 272–275

» Der Verlust an Biodiversität wird wahrscheinlich die Widerstandsfähigkeit von Ökosystemen gegenüber den Folgen des Klimawandels verringern. «

Michel Loreau
Linking Biodiversity and Ecosystems, in: *Phil. Trans. Roy. Soc. B,* 2010

Funktionsmechanismen von Ökosystemen. Loreau hält eine neue vereinheitlichte Theorie für nötig, um den aktuellen extremen Herausforderungen zu begegnen. Sie müsse klären, wie die Beziehungen der Lebewesen im Ökosystem und die abiotischen Faktoren (die physikalischen und chemischen Umweltfaktoren) zusammenhängen.

Komplexe Zyklen

Forscher aller Teildisziplinen sind überzeugt, dass die Biodiversität, vor allem die Artenvielfalt und genetische Vielfalt, für die Ökosystemfunktion wichtig ist. Ökosysteme werden von Energie und Nährstoffen angetrieben: Pflanzen und Tiere wachsen, sterben und zersetzen sich, sodass Nährstoffe recycelt werden. Diese Prozesse hängen von den Arten im Ökosystem ab, die wiederum miteinander in Beziehung stehen, etwa als Räuber und Beute. Für einige Forscher machen eine große Artenvielfalt und sich ergänzende Arten ein Ökosystem funktionsfähig und resilient. Andere halten wenige Schlüsselarten für den wichtigeren Faktor, der den Kollaps von Ökosystemen verhindert.

Diesen Fragen sind Ökologen mit traditionellen Freilandbeobachtungen wie auch hoch entwickelten mathematischen Modellen nachgegangen. In letzter Zeit kamen immer mehr manipulative Freilandexperimente mit kontrollierten Umweltfaktoren hinzu, etwa auf Landflächen oder in geschlossenen Umwelten in riesigen treibhausähnlichen Anlagen, Phytotrons genannt. So lässt sich erforschen, welche Faktoren – z. B. welche Arten oder Artentypen und ihre Dominanz – Ökosysteme beeinflussen. Es zeigte sich, dass die Auswirkungen der Biodiversität auf die Ökosystemfunktion komplex sind. Zwar sind die diversesten Ökosysteme oft die produktivsten, ihr Erfolg hängt aber auch vom Klima und der Bodenfruchtbarkeit ab.

Wir haben noch viel darüber zu lernen, wie die Pflanzenvielfalt auf Bodenprozesse wirkt, welche Rolle die Mikrobenvielfalt im Boden spielt und wie sich mutualistische Symbiosen (etwa von Blütenpflanzen und Insekten) auswirken. Viel wurde erreicht, doch Fragen bleiben, und die von Loreau angemahnte vereinheitlichte Theorie steht noch aus. ▪

» Eine der auffallenden und faszinierenden Eigenschaften von ökologischen Systemen ist ihre außerordentliche Komplexität. «

Michel Loreau
Linking Biodiversity and Ecosystems, in: *Phil. Trans. Roy. Soc. B,* 2010

Habitatfragmentierung

Die Barro-Colorado-Insel im Panamakanal gibt es seit 1914, als der tropische Regenwald nach einer Aufstauung des Kanals überschwemmt wurde. Ein isoliertes Regenwaldfragment inmitten von Wasser entstand. Seit 1946 erforschen Biologen der *Smithsonian Institution* und anderer Einrichtungen dort die Folgen der Habitatfragmentierung: Die Artenvielfalt hat auf der Insel abgenommen, die Spitzenprädatoren gehören zu den am stärksten gefährdeten Arten. Studien zu den Folgen von Habitatfragmentierung in den Florida Keys (USA) führten zu dem bahnbrechenden Buch *Theory of Island Biogeography* (1967; dt.: *Biogeographie der Inseln*, 1967) von Robert MacArthur und E. O. Wilson.

Aus den Vorgängen in Biotopen wie diesen konnten Umweltschützer und Planer wichtige Lehren ziehen, wie sich Arten auf isolierten Habitatflächen – häufig in Städten – schützen lassen. Die Barro-Colorado-Insel und ähnliche Orte sind gut für ökologische Studien dazu geeignet, wie eine sich wandelnde Artenvielfalt die Funktion von Ökosystemen beeinflusst.

LEBEWES
IN EINER
SICH WAN
UMWELT

EN

DELNDEN

1799
Alexander von Humboldt reist nach **Lateinamerika** auf eine Expedition, die die Basis der modernen **Pflanzengeografie** schafft.

1845
Pierre-François Verhulst formuliert eine Gleichung für das **Populationswachstum.**

1880er
Als früheste **quantitative Erhebung** gelten Studien zum Vorkommen von **Wildfischen** des Biologen Stephen A. Forbes.

1895
Indem er zeigt, wie **Pflanzen** mit der **Umwelt** verbunden sind, vereint Johannes Warming die Disziplinen **Botanik** und **Ökologie.**

1898
Andreas Schimper betrachtet die Verbindung zwischen der **Physiologie** einer Pflanze und den **Umweltbedingungen** als Schlüssel zur **Pflanzenökologie.**

1899
Die sich **verändernde Vegetation** von Sanddünen inspiriert **Henry Chandler Cowles** zum Konzept der **Primärsukzession.**

1916
Frederic Clements prägt den Begriff **»Klimaxgesellschaft«** für den Endzustand der Stabilisierung **ökologischer Gemeinschaften** im Lauf der Zeit.

Die Verteilung von Lebewesen in Raum und Zeit ist eine fundamentale Fragestellung der Ökologie. Anfang des 19. Jahrhunderts studierte der preußische Entdecker Alexander von Humboldt die Pflanzengeografie in Lateinamerika im Detail. Philip Sclater beschrieb die globale Verteilung von Vogelarten und Alfred Russel Wallace die anderer Wirbeltiere – er definierte sechs zoogeografische Regionen, die im Wesentlichen heute noch verwendet werden.

Gemeinschaften

Frühe Freilandstudien untersuchten die Verbreitung und Häufigkeit von Lebewesen, erst später im 19. Jahrhundert erkannten Wissenschaftler, dass die gesammelten Daten auch die Wechselbeziehungen zwischen Arten beleuchten können. In gewisser Weise war dies die eigentliche Geburt der Ökologie. Zu den Pionieren gehörte der US-Amerikaner Stephen A. Forbes, der Wildfischpopulationen in den 1880ern studierte, und der Däne Johannes Warming, der die Wechselbeziehungen zwischen Pflanzen und ihrer Umgebung erforschte und das Konzept der Pflanzengemeinschaft einführte.

Das Verhältnis zwischen dem Klima und der dominanten Vegetation einer Region legte der Deutsche Andreas Schimper 1898 in einer weltweiten Klassifikation der Vegetationszonen dar. Im frühen 20. Jahrhundert konzentrierten sich Ökologen stärker auf die Beziehungen zwischen Lebewesen in einem Ökosystem, wie das Konzept der Biosphäre des Russen Wladimir Wernadski illustriert.

Als der Botaniker Henry Chandler Cowles in den 1890ern in Indiana (USA) die Vegetation auf Sanddünen am Michigansee studierte, erkannte er eine Sukzession (Abfolge) von Pflanzen. »Pionierpflanzen« wuchsen zuerst, andere verdrängten sie und wurden später selbst verdrängt. Ein anderer US-Amerikaner, Frederic Clements, führte den Begriff »Klimaxgesellschaft« für den Endpunkt dieser Sukzession ein. 1916 fasste er globale Vegetationsmuster als »Formationen« von Pflanzen – also Pflanzengemeinschaften – und den von ihnen abhängigen Lebewesen auf, die das regionale Klima widerspiegelten. In relativ feuchten, gemäßigten Gegenden würden z. B. Laubwälder dominieren, während Grasländer die trockeneren gemäßigten Gebiete prägen. Clements meinte, solche Klimaxgesellschaf-

1957
Der erste **Satellit** im All läutet das Zeitalter neuer Techniken zur **Naturbeobachtung** ein.

1967
Richard B. Brooks führt das Konzept der **ökologischen Gilde** in seiner Doktorarbeit über Blaumückenfänger ein.

1975
Dank **Citizen Science** können Fred und Norah Urquhart herausfinden, wohin der **Monarchfalter** im Winter fliegt.

1976
Robert May wendet die **Chaostheorie** auf die **Populationsdynamik** an, um die Zu- und Abnahme von Tierpopulationen vorherzusagen.

1988
John Odling-Smee meint, dass Organismen durch **»Nischenkonstruktion«** aktiv ihre Umwelt verändern können.

1989
James H. Brown und Robert Maurer entwickeln das Konzept der **Makroökologie,** die ökologische **Muster über größere Gebiete** analysiert.

1991
Ilkka Hanski skizziert die **Metapopulationstheorie** für Arten in fragmentierten Habitaten.

2004
Mathew Leibolds Konzept der **»Metagemeinschaft«** umfasst die Ausbreitung und Interaktion von Populationen einer Art.

ten seien eng verbunden und man müsse sie als einzelnen komplexen Organismus auffassen.

Clements wurde bald von dem US-Amerikaner Henry Gleason kritisiert. Zwar könne man Pflanzengemeinschaften kartieren, aber da individuelle Pflanzen keine gemeinsamen Ziele hätten, sei die Vorstellung von integrierten Gemeinschaften unsinnig. Seine Sicht wurde in den 1950ern durch die Freilandstudien von Robert Whittaker und die numerischen Modelle von John Curtis gestützt.

1967 führte der US-Amerikaner Richard Root das Konzept der Gilde ein: eine Gruppe (nicht unbedingt eng verwandter) Organismen, die die gleichen Ressourcen nutzen. Später verfeinerten James MacMahin und Charles Hawkins die Definition der Gilde: Arten, die »die gleiche Klasse von Umweltressourcen nutzen« unabhängig davon, auf welche Weise sie es tun.

Neue Ideen

Viele neue Ideen bereicherten die Ökologie im späten 20. und frühen 21. Jahrhundert. Der Finne Ilkka Hanski führte das Konzept der Metapopulation ein, eine Gruppe getrennter Populationen derselben Art, die dynamisch miteinander wechselwirken. Wenn z. B. eine Population ausstirbt, während eine andere gedeiht, kann zweitere ermöglichen, dass sich die ausgestorbene Population neu etabliert.

Dabei, so der Brite John Odling-Smee, schaffen Arten eine günstigere Umgebung für sich selbst – diese »Nischenkonstruktion« sieht man in zahllosen Beispielen, von sauerstoffproduzierenden Cyanobakterien, die in der Frühzeit der Erde die Zusammensetzung der Atmosphäre veränderten, bis hin zu Bibern, die Feuchtgebiete schaffen.

Moderne Methoden

Traditionell galt die Beobachtung von Umweltveränderungen als Arbeit der Akademiker und professionellen Ökologen, doch heute liefern auch Millionen interessierter Laien enorme Datenmengen. Sie erfassen unterschiedlichste Details, etwa das Blühdatum von Pflanzen, Schmetterlingszahlen, den Zustand von Korallenriffen oder Brutpopulationen von Vögeln. Angesichts der leistungsfähigen Computer, die riesige Datensätze verarbeiten können, sind solche »Citizen-Science-Projekte« wertvolle Werkzeuge der Ökologie, um die immer schnelleren Veränderungen der Erde zu erfassen. ■

DIE PHILOSOPHISCHE NATURKUNDE KANN DIE GEGENWART NICHT OHNE DIE VERGANGENHEIT FASSEN

DIE VERTEILUNG VON ARTEN IN RAUM UND ZEIT

Arten sind über die ganze **Welt verbreitet.**

→

Pflanzen und **Tiere** wandern mit der **Zeit,** weil sich die Erde und die Lebensräume **ändern.**

↓

Wissenschaftler studieren, **wo** und **wie Arten** heute leben, aber auch wo sie **früher** lebten und was sich **verändert** hat.

←

Die philosophische Naturkunde kann die Gegenwart nicht ohne die Vergangenheit fassen.

IM KONTEXT

SCHLÜSSELFIGUR
Alexander von Humboldt
(1769–1859)

FRÜHER
1750 Der schwedische Botaniker Carl von Linné erklärt, dass die Verteilung von Arten vom Klima bestimmt wird.

SPÄTER
1831–1836 Charles Darwins Beobachtungen von der Fahrt mit der *Beagle* bestätigen, dass viele Arten, die in einem Gebiet vorkommen, in ähnlichen Lebensräumen anderswo nicht auftreten.

1874 Der britische Zoologe Philip Sclater produziert eine Beschreibung der Zoogeografie (der geografischen Tierverteilung) der Vögel der Welt.

1876 Alfred Russel Wallace veröffentlicht das zweibändige Buch *The Geographical Distribution of Animals*, das die nächsten 80 Jahre als Standardwerk der Biogeografie gilt.

Die Verbreitung von Arten und Artgemeinschaften hängt von vielen Faktoren ab – Breitengrad, Klima, Höhe, Habitat, Isolierung usw. –, aber auch von Merkmalen der Art selbst. Die Erforschung der Verbreitung von Arten heißt Biogeografie. Sie beschäftigt sich auch damit, wie und warum sich Verbreitungsmuster mit der Zeit verändern.

Frühe Forscher wie Carl von Linné waren sich geografischer Unterschiede in der Artverteilung bewusst, sorgfältig erforscht wurden sie jedoch erstmals von dem preußischen Universalgelehrten Alexander von Humboldt, der 1799 mit dem französischen Botaniker Aimé Bonpland nach Lateinamerika reiste. Ihre fünfjährige Expedition begründete die Biogeografie. Für von Humboldt waren Beobachtungen *in situ* (am Originalort) am wichtigsten. Er dokumentierte mithilfe hoch entwickelter Instrumente die Pflanzen- und Tierarten – und die Faktoren, die die Daten beein-

Siehe auch: Diversität aus moderner Sicht 90–91 ▪ Tierökologie 106–113 ▪ Inselbiogeografie 144–149 ▪ Langzeitstudien 153 ▪ Klima und Vegetation 168–169

» Das wichtigste Resultat des sinnigen physischen Forschens ist daher dieses: in der Mannigfaltigkeit die Einheit zu erkennen. «

Alexander von Humboldt
Kosmos, 1845

flussen könnten. Sein ganzheitlicher Ansatz zeigt sich in seiner detaillierten Karte und dem Profil des Vulkans Chimborazo (Ecuador).

Beitrag von Wallace

Viele Forscher des 19. Jahrhunderts trugen zum biogeografischen Wissen bei, einer der bedeutendsten war der Brite Alfred Russel Wallace. Nachdem er Philip Sclaters Werk über die weltweite Verteilung von Vogelarten gelesen hatte, entschloss er sich, das Gleiche für andere Tiere zu tun. Er studierte alle Einflüsse, die man damals kannte, darunter auch frühere Landbrücken und Folgen der Eiszeit. Er erstellte Karten darüber, wie die Vegetation die Verbreitungsgebiete von Tieren beeinflusst, und er fasste die Verteilung aller bekannten Wirbeltierfamilien zusammen.

Wallace definierte sechs zoogeografische Regionen, die auch heute noch verwendet werden: Nearktis (Nordamerika), Neotropis (Mittel- und Südamerika), Paläarktis (Europa, Nordafrika und der Großteil Asiens), Afrotropis (Afrika südlich der Sahara), Orientalis (oder Indomalaya; Süd- und Südostasien) sowie Australis (Australien, Neuguinea und Neuseeland). Die Grenze zwischen den letzten beiden Regionen in Indonesien nennt man »Wallace-Linie«.

Plattentektonik

Wallace entdeckte auch Erstaunliches anhand von Fossilüberlieferung. So seien die Nagetiere auf der Nordhalbkugel entstanden und hätten sich über Eurasien nach Südamerika ausgebreitet. Später (1915) vertrat der deutsche Geologe Alfred Wegener die radikale Idee, dass Südamerika und Afrika einst zusammenhingen, sodass sich Tapire und andere Tiere hier ausbreiten konnten.

Wegener verstand, dass die Verbreitung von Arten teils erdgeschichtlich bestimmt ist. Arten besiedelten neue Gebiete, wenn es möglich war, und wurden dann durch neue Barrieren wie Meere oder Gebirge aufgeteilt. Heute, wo menschliche Eingriffe in das Klima und die Umwelt zunehmen und so neue Hindernisse entstehen, hat das Wissen über diese Zusammenhänge noch mehr Bedeutung. ■

Tapire entstanden in Nordamerika vor mindestens 50 Mio. Jahren. Sie breiteten sich nach Mittel- und Südamerika und Südostasien aus, wo sie heute noch leben; in Nordamerika starben sie aus.

Alexander von Humboldt

Der als »Gründer der Pflanzengeografie« bekannte von Humboldt lieferte auch wichtige Beiträge zur Geologie, Meteorologie und Zoologie. Er wurde 1769 in Berlin geboren und sammelte schon früh Pflanzen, Schnecken und Insekten. Seine Expedition nach Lateinamerika 1799 bis 1804 umfasste Mexiko, Kuba, Venezuela, Kolumbien und Ecuador. Seine Gruppe brach den Höhenweltrekord bei der Ersteigung des 5878 m hohen Chimborazo.

Von Humboldt spekulierte, dass Vulkane durch tiefe Erdspalten entstehen, erforschte die Veränderung der Temperatur abhängig von der Höhe und entdeckte, dass die Stärke des Erdmagnetfelds mit der Entfernung zu den Polen abnimmt. Das 23-bändige Werk über seine Expedition setzte neue Standards für wissenschaftliche Publikationen und begründete seinen Ruf.

Hauptwerke

1805 *Essai sur la Géographie des Plantes*
1805–1834 *Reise in die Aequinoctial-Gegenden des neuen Continents*

DAS VIRTUELLE WACHSTUM DER BEVÖLKERUNG WIRD DURCH DIE FRUCHTBARKEIT DES LANDES BEGRENZT

DIE LOGISTISCHE GLEICHUNG

IM KONTEXT

SCHLÜSSELFIGUREN
Thomas Malthus (1766–1834), **Pierre-François Verhulst** (1804–1849)

FRÜHER
1798 Thomas Malthus meint, dass Populationen exponentiell wachsen, während sich das Nahrungsangebot langsamer mit konstanter Rate vergrößert; so könnte es zu Nahrungsmangel kommen.

1835 Der belgische Statistiker Adolphe Quetelet denkt darüber nach, dass die Wachstumsrate einer Population abnimmt, wenn ihre Dichte zunimmt.

SPÄTER
1911 Der Schotte Anderson McKendrick, der als Militärarzt in Indien arbeitet, wendet die logistische Gleichung auf Bakterienpopulationen an.

1920 Der US-Amerikaner Raymond Pearl nennt die logistische Gleichung das »Gesetz des Bevölkerungswachstums«.

Pierre-François Verhulst war ein belgischer Mathematiker, der nach der Lektüre von Thomas Malthus' *Abhandlung über das Bevölkerungsgesetz* vom Bevölkerungswachstum fasziniert war. 1845 veröffentlichte er sein eigenes Modell, das heute als logistische Gleichung bekannt ist.

Zwar beeinflusste ihn Malthus, aber Verhulst sah ein großen Problem: Malthus hatte angenommen, dass die Bevölkerung als geometrische Folge (exponentiell) zunimmt, sich also in regelmäßigen Intervallen verdoppelt. Verhulst hielt das für zu einfach: Es berücksichtige nicht, dass eine große Population immer weniger Nahrung findet. Daher nähere sich die Population einem Gleichgewichtszustand, in dem sich die Fortpflanzungsrate proportional sowohl zur Population als auch zum Nahrungsangebot verhält. In dem Modell von Verhulst nimmt das Wachstum zunächst bis zu einem Maximum zu. Ab diesem »Umkehrpunkt« verlangsamt sich das Wachstum immer weiter, bis sich die Population einem Endwert nähert, der »Tragfähigkeit« des Lebensraums – der Anzahl an Individuen, die das Gebiet ernähren kann. Trägt man die Population grafisch auf, ergibt dieses Modell eine s-förmige Kurve, die logistische Kurve.

» Die Hypothese der geometrischen Progression kann nur unter sehr speziellen Umständen gelten. «

Pierre-François Verhulst
Notice sur la loi que la population suit dans son accroissement,
in: *Correspondance mathématique et physique,* 1838

Praktische Beispiele

Verhulsts Modell wurde jahrzehntelang ignoriert, auch weil er selbst nicht völlig überzeugt war. Doch 1911 nutzte der schottische Armeearzt und Epidemiologe Anderson McKendrick die logistische Gleichung, um das Wachstum von Bakterienkulturen vorherzusagen. 1920 wurde die Gleichung dann von Raymond Pearl bekannt gemacht.

Pearl führte dazu Versuche mit Fruchtfliegen und Hühnern durch. Er gab in einer Flasche gehaltenen Fruchtfliegen eine konstante Nah-

Siehe auch: Die Verteilung von Arten in Raum und Zeit 162–163 ▪ Metapopulationen 186–187 ▪ Metagemeinschaften 190–193 ▪ Überbevölkerung 252–253

» Biologen laufen in der heutigen Zeit keineswegs Gefahr, geächtet zu werden, wenn sie sich an das Studium menschlicher Probleme wagen. «

Raymond Pearl
Studies in Human Biology, 1924

rungsmenge. Zunächst steigerte sich ihre Fruchtbarkeit. Doch mit zunehmender Populationsdichte nahm die Konkurrenz um Ressourcen zu und es kam zu Engpässen. Danach sank die Fruchtbarkeit der Fliegen wieder; ihre Anzahl stieg zwar weiter, aber langsamer, und die Population stabilisierte sich.

Ähnliches stellte Pearl bei Hennen in einem Stall fest: Wenn ihre Zahl zunahm, war es schwieriger für sie, Nahrung zu finden. Sie hatten weniger Platz und legten immer weniger Eier. Mit der abnehmenden Fruchtbarkeit stabilisierte sich auch das Wachstum der Population.

Fortpflanzungsstrategien

Die beiden Variablen in der logistischen Gleichung sind die maximale Fortpflanzungsrate *r* der Population sowie die Tragfähigkeit *K* des Ökosystems. Demnach können Lebewesen sich nach der *r*-Strategie oder der *K*-Strategie fortpflanzen. Die *r*-Strategen wie Bakterien, Mäuse und Kleinvögel vermehren sich schnell, wachsen schnell und haben ein kurzes Leben. *K*-Strategen wie Menschen, Elefanten und Mammutbäume haben eine langsame Fortpflanzungsrate, brauchen sehr lange bis zur Geschlechtsreife und leben länger. Bei *r*-Strategen, die häufig in instabilen Umgebungen leben, erforscht die Ökologie die Risiken für ihre hohen Fortpflanzungsraten, bei *K*-Strategen die Risiken für das langfristige Überleben. ■

Fruchtfliegen sind kleine, häufig vorkommende Fliegen, die reife Früchte und Gemüse fressen. Sie sind für Laborstudien beliebt, weil sie sich schnell vermehren und einfach zu halten sind.

Thomas Malthus

Malthus wurde 1766 in Surrey (England) als siebtes Kind einer wohlhabenden Familie geboren. Nach dem Sprach- und Mathematikstudium an der Universität Cambridge wurde er Vikar an einer ländlichen Kirche. 1798 schrieb er in einem Essay, dass die Bevölkerung viel stärker wächst als die Lebensmittelproduktion, sodass Hungersnöte unvermeidbar seien. Malthus veröffentlichte sechs weitere Auflagen des Essays und reiste mehrfach durch Europa, um Daten über die Bevölkerung zu sammeln. 1805 wurde er Professor für Geschichte und politische Ökonomie am *East India Company College* in Hertfordshire. Er beteiligte sich mehr und mehr an Debatten über Wirtschaftspolitik und kritisierte die Armengesetze, weil sie die Inflation steigerten und das Leben der Armen nicht verbesserten. Er starb 1834.

Hauptwerke

1798 *Eine Abhandlung über das Bevölkerungsgesetz*
1820 *Principles of Political Economy*
1827 *Definitions in Political Economy*

DIE ERSTE VORAUSSETZUNG IST DIE GENAUE KENNTNIS DER NATÜRLICHEN ORDNUNG

ORGANISMEN UND IHRE UMWELT

IM KONTEXT

SCHLÜSSELFIGUR
Stephen A. Forbes
(1844–1930)

FRÜHER
1799–1804 Alexander von Humboldt begründet die Biogeografie durch seine Reisen nach Lateinamerika.

1866 Der Deutsche Ernst Haeckel prägt den Begriff »Ökologie« für die Erforschung der Beziehung von Organismen zu ihrer Umwelt.

1876 Nach ausgiebigen Reisen veröffentlicht der Brite Alfred Russel Wallace *The Geographical Distribution of Animals*.

SPÄTER
1890er Frederic Clements entwickelt das Konzept von ökologischen Gemeinschaften.

1895 Johannes Eugenius Warming beschreibt in *Plantesamfund* die Wirkung der Umwelt auf die Pflanzenverteilung.

Naturforschung – das Studium von Lebewesen in ihrer Umwelt – geht bis in die Antike zurück. Aristoteles machte vielfältige Beobachtungen der Tierwelt und legte die Grundlage für spätere Naturforscher. Doch erst im 19. Jahrhundert konnte man das Potenzial von Verbreitungsstudien genauer verstehen.

Erneuerte Ökologie

Als Forscher immer längere Expeditionen unternahmen, wurde die weltweite Verteilung der Arten klarer, die Ökologie wurde zunehmend als Wissenschaft akzeptiert.

Einer der ersten, der quantitative Methoden in der Ökologie einsetzte, war Stephen A. Forbes. Als er in den 1880ern einen See in Wisconsin studierte, erkannte er, dass Daten aus Freilandbegehungen (Surveys) nicht nur die Häufigkeit von Arten, sondern auch die Wechselbeziehungen zwischen ihnen zeigten. Forbes erweiterte die klassische beobachtende Freilandbegehung um quantitative Erhebungen sowie Experimente und theoretische Analysen. Diese ökologischen Begehungen geben ein Bild der Ordnung eines Lebensraums. Analysen der Wechselbeziehungen zwischen Pflanzen und Tieren können auch die Verteilung der Arten und ihre Variationen im Lauf der Zeit erklären. ■

Satellitenbilder ermöglichen es den Ökologen, großräumige Veränderungen zu beobachten. Die grünen Gebiete in diesem Bild des Kaspischen Meers zeigen Algenblüten durch Überdüngung.

Siehe auch: Klassifikation der Lebewesen 82–83 ■ Tierökologie 106–113 ■ Biodiversität und Ökosystemfunktion 156–157

GEWISSE ARTEN SCHLIESSEN SICH ZU NATÜRLICHEN VEREINEN ZUSAMMEN

DIE FUNDAMENTE DER PFLANZENÖKOLOGIE

IM KONTEXT

SCHLÜSSELFIGUR
Johannes Eugenius Bülow Warming (1841–1924)

FRÜHER
1859 Charles Darwins genaue Beschreibungen von Pflanzen und Tieren in ihrer natürlichen Umwelt stellen den Beginn dessen dar, was man später »Ökologie« nennt.

SPÄTER
1935 Der britische Botaniker Arthur Tansley veröffentlicht einen Artikel in der Fachzeitschrift *Ecology*, in der er den Begriff »Ökosystem« definiert.

1938 Die US-amerikanischen Botaniker John Weaver und Frederic Clements entwickeln das Konzept der Pflanzengesellschaft und der Sukzession weiter.

1995 David Attenboroughs Fernsehdokumentation *Das geheime Leben der Pflanzen* zeigt, wie Pflanzen dynamisch ihre Umwelt beeinflussen.

Pflanzenökologen erforschen, wie Pflanzen untereinander und mit ihrer Umwelt wechselwirken. Der dänische Botaniker Johannes Eugenius Warming kombinierte Botanik und Ökologie erstmals 1895 in *Plantesamfund* (dt.: *Lehrbuch der Ökologischen Pflanzengeographie*, 1896). Er beschrieb, wie Pflanzen auf die Umgebung reagieren und wie ihr Lebenszyklus und ihr Aufbau mit ihrem Standort in Beziehung stehen. Das Buch führte das Konzept der Pflanzengesellschaften ein und umreißt, wie Gruppen von Arten interagieren und sich infolge gleicher lokaler Bedingungen entwickeln.

Pflanzen und Ökosysteme

Lange Zeit wurden Pflanzen- und Tierökologie separat studiert, im frühen 20. Jahrhundert wurden sie dann angenähert. Wichtige Theorien über Pflanzengesellschaften und die Sukzession – den Wandel ökologischer Gesellschaften – kamen auf. 1926 führte der russische Geochemiker Wladimir Wernadski das Konzept der Biosphäre ein: die Teile der Erdoberfläche und Atmosphäre, in denen alle Lebewesen existieren und wechselwirken.

» Dass Land eine Gemeinschaft ist, ist das Grundkonzept der Ökologie. «

Aldo Leopold
US-amerikanischer Ökologe
A Sand County Almanach, 1949

Pflanzen sind empfindliche Indikatoren für Umweltveränderungen. Die Erforschung ihrer Anatomie, Physiologie, Verteilung und Häufigkeit, aber auch ihrer Wechselbeziehungen mit anderen Organismen und ihrer Reaktion auf Umweltfaktoren wie Bodenverhältnisse, Hydrologie und Umweltverschmutzung liefern uns wertvolle Informationen über das ganze Ökosystem. ■

Siehe auch: Klima und Vegetation 168–169 ▪ Ökologische Sukzession 170–171 ▪ Die Biosphäre 204–205 ▪ Gefährdete Lebensräume 238–241 ▪ Entwaldung 256–261

WELCHE FAKTOREN SORGEN FÜR UNTERSCHIEDE ZWISCHEN PFLANZEN?

KLIMA UND VEGETATION

IM KONTEXT

SCHLÜSSELFIGUR
Andreas Schimper
(1856–1901)

FRÜHER
1737 *Flora Lapponica* von Carl von Linné enthält Details der geografischen Verbreitung von Pflanzen in Lappland.

1807 Alexander von Humboldt veröffentlicht das bahnbrechende Werk *Ideen zu einer Geographie der Pflanzen*.

SPÄTER
1916 In *Plant Succession: an Analysis of the Development of Vegetation* beschreibt Frederic Clements, wie Pflanzengemeinschaften Aufschluss über das Klima geben.

1968 In ihrem Artikel *The Role of Climate in the Distribution of Vegetation* stellen die US-Amerikaner John Mather und Gary Yoshioka dar, dass Temperatur und Niederschläge allein die Verteilung von Pflanzen nicht erklären.

Dass verschiedene Pflanzen in verschiedenen Klimaten wachsen, war wohl seit Beginn der Landwirtschaft bekannt; viele Kulturen haben Pflanzen seit Jahrtausenden angebaut. Doch eine klare Verbindung zwischen den dominanten Vegetationstypen und dem Klima einer Gegend wurde erst mit dem Werk des deutschen Botanikers Andreas Schimper 1898 kategorisch aufgezeigt.

Botaniker wie Carl von Linné und Alexander von Humboldt hatten im 18. und frühen 19. Jahrhundert über die Pflanzenverteilung geschrieben. Der weit gereiste Humboldt hatte das Klima als einen Schlüsselfaktor erkannt, der bestimmt, wo Pflanzen vorkommen. Schimper ging noch einen Schritt weiter und erklärte, dass ähnliche Vegetationstypen unter ähnlichen klimatischen Verhältnissen in verschiedenen Gebieten der Welt entstehen. Aus seinen Beobachtungen entwickelte er eine globale Klassifikation der Vegetationstypen.

Schimpers Buch mit dem Titel *Pflanzen-Geographie auf physiologischer Grundlage* aus dem Jahr 1898 hatte fast 900 Seiten und ist eine der dicksten ökologischen Monografien von einem Einzelautor. Als Synthese der Pflanzengeografie und der Pflanzenphysiologie wurde es ein Standardlehrbuch der Pflanzenökologie. »Der Zusammenhang zwischen der Pflanzengestalt und den äußeren Bedingungen an den verschiedenen Punkten der Erdoberfläche«, schrieb Schimper, »bildet den Gegenstand der ökologischen Pflanzengeographie.« Die Vegetation wurde grob in tropisch, gemäßigt, arktisch, montan (im Gebirge) und aquatisch eingeteilt

»Lebende Steine« (*Lithops*) sind im südlichen Afrika einheimisch. Die dicken, fleischigen Blätter eignen sich ideal für trockene, steinige Gegenden. Verwandte Arten gibt es in Australien.

Siehe auch: Evolution durch natürliche Selektion 24–31 ▪ Ökophysiologie 72–73 ▪ Das Ökosystem 134–137 ▪ Die Fundamente der Pflanzenökologie 167 ▪ Biogeografie 200–201 ▪ Biome 206–209

» … die Zeit ist nicht mehr fern, wo alle Pflanzenarten und deren Verbreitung bekannt sein werden. «

Andreas Schimper
Pflanzen-Geographie auf physiologischer Grundlage, 1898

und dann nach vorherrschendem Klima weiter unterteilt. So gliederte Schimper die tropische Vegetation weiter in Savanne, Dornwald, Gehölz, tropischen Regenwald sowie Gehölzformationen periodisch trockener Gebiete, je nachdem, ob das Klima ganzjährig »immerfeucht« ist, überwiegend trocken ist oder ausgeprägte Trockenperioden zeigt.

Anpassung an Extreme

Schimper studierte auch die Pflanzenphysiologie genau: den funktionellen Aufbau von Pflanzen und ihre Anpassung an Temperaturen und Wasserverhältnisse. Besonders interessierten ihn extreme Klimata. In salzreicher Umgebung etwa müssen Pflanzen mit einem hohen Salzgehalt im Wasser und Boden umgehen können. Schimper stellte fest, dass die Vegetation in den Mangroven an der Küste Brasiliens, in der Karibik, an Stränden Sri Lankas und schwefelreichen Vulkankratern auf Java alle ähnlich salztolerant sind.

Auch Pflanzen in trockenen Klimata interessierten Schimper. Er fand, dass Pflanzen »ungleiche Vorrichtungen zur Regelung des Transpirationsstroms« (d. h. der Verdunstung) haben. Zur Illustration wählte er einen Pflanzentyp mit dicken, ledrigen Blättern, kurzen Internodien (Blattabständen auf der Sprossachse) und Blättern, die quer zum direkten Sonnenlicht stehen. Dieser Typ wächst in vielen ariden (trockenen) Gegenden der Welt. Schimper nannte sie Hartlaubpflanzen oder Sklerophyllen nach den griechischen Worten *skleros* (hart) und *phyllon* (Blatt); so nennt man sie heute noch.

Epiphyten – Pflanzen, die auf der Oberfläche anderer Pflanzen wachsen und Feuchtigkeit und Nährstoffe aus der Luft aufnehmen – faszinierten Schimper ebenfalls. Er erforschte das Spanische Moos in den südlichen USA und der Karibik und ähnliche Arten in Südamerika, Südasien und Südostasien. Sie alle leben in Gegenden mit warmen Temperaturen und ganzjährig hoher Luftfeuchtigkeit – eine Vegetationsformation, die er tropischen Regenwald nannte.

Schimpers große geografische Zonen werden immer noch verwendet, doch wir verstehen besser, wie sich die Vegetation als Reaktion auf weitere Faktoren jenseits einfacher klimatischer Unterschiede entwickelt. So sind potenzielle Verdunstung sowie Wasserüberschuss und -mangel deren Werte sich zu einem Feuchteindex kombinieren lassen, ein nützlicheres Maß als Temperatur- und Niederschlagswerte, um die Pflanzenverteilung zu bestimmen. ■

Wie andere Epiphyten wächst Spanisches Moos auf anderen Pflanzen, absorbiert aber Wasser und Nährstoffe aus der Luft, nicht aus dem Wirt. Es gedeiht in den Tropen und Subtropen

ICH HABE EINEN STARKEN GLAUBEN AN EINEN SAMEN

ÖKOLOGISCHE SUKZESSION

IM KONTEXT

SCHLÜSSELFIGUR
Henry Chandler Cowles
(1869–1939)

FRÜHER
1825 Adolphe Dureau de la Malle prägt den Begriff »Sukzession« in Bezug auf den Neubewuchs nach Waldrodungen.

1863 Der österreichische Botaniker Anton Kerner veröffentlicht eine Studie über die Pflanzensukzession im Donaubecken.

SPÄTER
1916 Frederic Clements meint, dass Gesellschaften nach der Sukzession ein Klimaxstadium – einen stabilen Endzustand – erreichen.

1977 Die Ökologen Joe Connell und Ralph Slatyer meinen, dass Sukzession auf unterschiedlichen Wegen erfolgt: Förderung (Wegbereitung für Nachfolger), Toleranz (von Ressourcenarmut) und Hemmung (von Konkurrenten).

Vor 15 000 Jahren war der Michigansee nur von Sand umgeben. Die Vegetation entwickelte sich entlang seines Gefälles: vom Sandstrand am Wasser hin zu den Wäldern weiter weg vom Ufer.

Die Dünen von Indiana bestehen aus einem windumtosten Streifen teils beweglichen Sandes am Südufer des Michigansees (USA). 1896 sah der Botaniker Henry Chandler Cowles die Dünen zum ersten Mal, damit begann seine Karriere in der jungen Disziplin Ökologie. Dünen gehören zu den instabilsten Landschaftsformen der Erde und sie wandeln sich schnell. Wo Pflanzen bestimmter Arten abstarben, bemerkte Cowles auf seinen Wanderungen, schuf das zerfallende Pflanzenmaterial günstige Bedingungen für andere Pflanzen. Wenn diese neuen Pflanzen abstarben, konnten wieder neue wachsen.

Mit diesen Beobachtungen entwickelte Cowles das Konzept der ökologischen Sukzession, allerdings hatten schon frühere Forscher die Grundlagen gelegt. In einer Rede

Siehe auch: Freilandexperimente 54–55 ▪ Das Ökosystem 134–137 ▪ Klimaxgesellschaft 172–173 ▪ Offene Gemeinschaft 174–175 ▪ Biome 206–209 ▪ Romantik, Naturschutz und Ökologie 302

Primäre Sukzession

Die primäre Sukzession beginnt auf vegetationsfreien Flächen, etwa nacktem Fels. Harte Pionierarten, meist Flechten, erscheinen zuerst. Über Jahrhunderte werden sie durch komplexere Gesellschaften und die stabile Klimaxgesellschaft ersetzt.

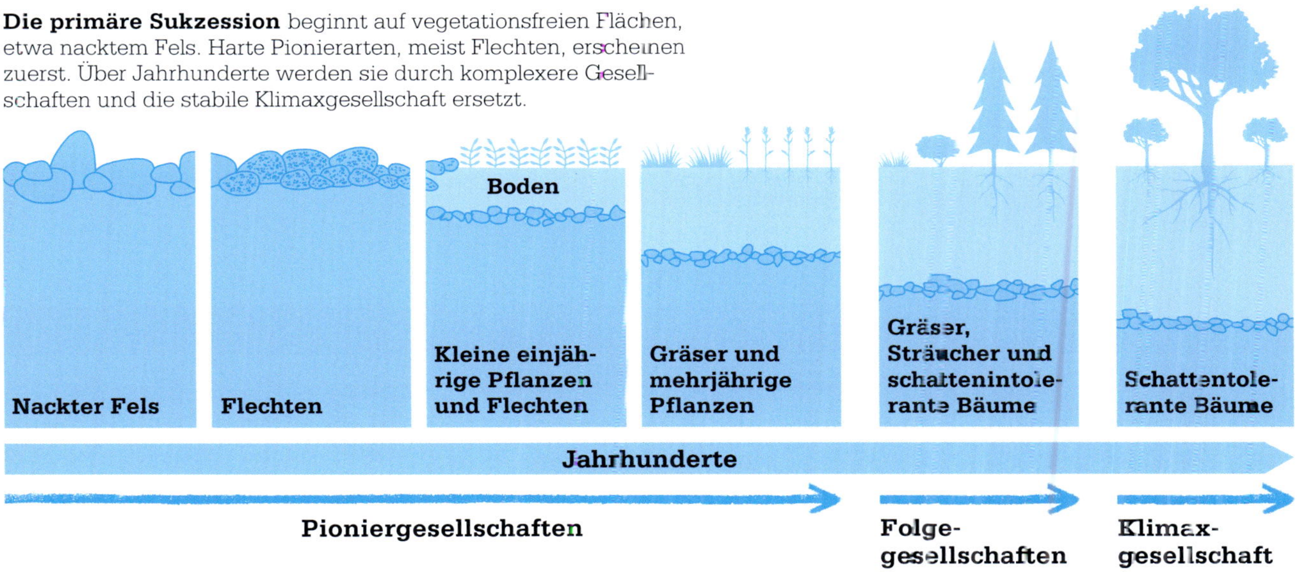

vor der *Middlesex Agricultural Society* in Massachusetts hatte Henry David Thoreau 1806 erklärt: »Zwar glaube ich nicht, dass eine Pflanze dort wächst, wo nie ein Same war, aber ich habe einen starken Glauben an einen Samen.«

Ein Ökosystem entsteht

Der französische Geograf Adolphe Dureau de la Malle gilt als derjenige, der das Wort »Sukzession« als Erster im ökologischen Sinn verwendet hat. Das war, nachdem er die Abfolge von Pflanzengesellschaften nach der Rodung eines Waldes beobachtet hatte. Cowles lieferte 1899 eine formalere Theorie der ökologischen Sukzession in *The Ecological Relations of the Vegetation on the Sand Dunes of Lake Michigan*. In diesem bahnbrechenden Artikel in der *Botanical Gazette* entwickelte er die Idee der primären Sukzession – des allmählichen Entstehens eines Ökosystems in einem zunächst pflanzenfreien Areal. Das Initialstadium der Sukzession bilden Pionierpflanzen (oft Flechten und Moose), später folgen Gräser, Büsche und Bäume.

Erholung nach Störungen

Die sekundäre Sukzession läuft ab, nachdem das Pflanzenleben zerstört wurde, etwa durch Überschwemmungen oder Feuer. Pflanzen etablieren sich wieder und es entsteht ein dem ursprünglichen ähnliches Ökosystem. Die Stadien der sekundären Sukzession gleichen denen der primären Form, aber der Vorgang kann an verschiedenen Punkten beginnen, je nach der Art und Stärke der Zerstörung.

Oft wird als Beispiel die sekundäre Sukzession nach einem Waldbrand in Eichen-Hickory-Wäldern angeführt. Die Nährstoffe der verbrannten Pflanzen und Tiere ermöglichen das Wachstum einjähriger Pflanzen. Pioniergräser folgen bald. Und einige Jahre später wachsen Eichen, Kiefern und Hickorybäume. Werden diese höher, beschatten sie das Unterholz immer stärker und die Gräser werden durch schattentolerante Pflanzen ersetzt. Nach etwa 150 Jahren ähnelt der Wald wieder der Pflanzengesellschaft vor dem Feuer. ■

» Ich … hatte unbestreitbare Beweise gefunden, (a) dass Wälder auf Prärien folgen und (b) dass Prärien auf Wälder gefolgt waren. «

Henry Allan Gleason
US-amerikanischer Ökologe
Brief an Julius Cohn, 15.11.1952,
zitiert in: *Brittona* 39(2), 1987

DIE GESELLSCHAFT ENTSTEHT, WÄCHST, REIFT UND STIRBT

KLIMAXGESELLSCHAFT

IM KONTEXT

SCHLÜSSELFIGUR
Frederic Clements
(1874–1945)

FRÜHER
1872 Der deutsche Botaniker August Grisebach klassifiziert die Vegetationsmuster der Welt nach dem Klima.

1874 Der britische Philosoph Herbert Spencer sagt, dass man die menschliche Bevölkerung als riesigen Organismus auffassen kann.

1899 Nach Henry Cowles (USA) entwickelt sich Vegetation in Stadien (Sukzession).

SPÄTER
1926 Der US-Ökologe Henry Gleason meint, Klimaxgesellschaften seien nur zufällige Ansammlungen von Arten.

1939 Der Brite Arthur Tansley meint, dass es keine einzelne Klimaxgesellschaft gibt, sondern »Polyklimaxe«, die auf Umweltfaktoren reagieren.

In jedem Gebiet **wachsen Pflanzen** durch eine **Sukzession von Gesellschaften.**

↓

In jedem Stadium wird die Pflanzengesellschaft **größer, komplexer** und **stärker vernetzt.**

↓

Irgendwann nimmt die **Vegetation** die komplexeste, am stärksten **vernetzte** Form an, die die **Umwelt** ermöglicht.

↓

Wenn die »Klimaxgesellschaft« erreicht ist, verändert sie sich nicht mehr.

Der Begriff »Klimaxgesellschaft« wurde 1916 von dem US-Botaniker Frederic Clements eingeführt. Er beschrieb damit eine dauerhafte ökologische Gesellschaft, die einen stabilen Zustand erreicht hat, etwa den natürlich stabilen Urwald, der keinen unnatürlichen Eingriffen wie Holzschlag ausgesetzt war.

Regionale Gesellschaften

Im 19. Jahrhundert gehörten die deutschen Botaniker August Grisebach und Oscar Drude zu den Ersten, die erkannten, dass Vegetationsmuster auf der ganzen Welt Faktoren wie das Klima reflektierten. So war klar, dass sich die typische Vegetation in einem feuchten tropischen Klima von der in einem trockenen gemäßigten Klima unterscheidet. Der US-Amerikaner Henry Cowles beschrieb in einem bahnbrechenden Artikel die Besiedlung der Sanddünen am Michigansee durch Pflanzen in mehreren Stadien – einer Sukzession – zunehmender Komplexität.

In dem einflussreichen Buch *Plant Succession* (1916) entwickelte Frederic Clements die Ideen von Cowles weiter und vereinte sie mit den biogeografischen Überlegun-

Siehe auch: Das Ökosystem 134–137 ▪ Die Verteilung von Arten in Raum und Zeit 162–163 ▪ Ökologische Sukzession 170–171 ▪ Offene Gemeinschaft 174–175 ▪ Die ökologische Gilde 176–177 ▪ Biome 206–209

Die Sonora-Wüste gilt oft als Klimaxgesellschaft. Es regnet im Sommer und Winter, sodass ihre einzigartige Pflanzenwelt, darin der Saguaro-Säulenkaktus (*Carnegiea*), ungewöhnlich reich ist.

gen der beiden Deutschen zu einer allgemeinen Theorie der Entwicklung natürlicher Gesellschaften.

Um weltweite Vegetationsmuster zu verstehen, muss man sie, so Clements, als »Formationen« ansehen. Eine Formation ist eine große, natürliche Pflanzengesellschaft, die von bestimmten Organismen dominiert wird, die das regionale Klima widerspiegeln. In jeder Region durchläuft die Vegetation eine Sukzession von Stadien, bis die komplexeste, am höchsten integrierte Vegetation erreicht ist, die am Ort möglich ist. Wenn die Gesellschaft diesen Zustand erreicht hat, stabilisiert sie sich zu einem Gleichgewicht und ändert sich nicht weiter.

Clements meinte weiter, dass Klimaxgesellschaften eine Einheit bilden. Zwar besteht eine ökologische Gesellschaft aus einer Vielzahl von Pflanzen in unterschiedlichen Wachstumsstadien, doch laut Clements kann man sie als einzelnen komplexen Organismus begreifen. Die Sukzession einer Gesellschaft vom Initial- zum Klimaxstadium verliefe dann analog zur Entwicklung eines Individuums im Lauf des Lebens. Clements erweiterte diese Idee weiter zum »Biom«: Es umfasst »alle Pflanzen- und Tierarten, die in einem bestimmten Habitat leben«. Daraus entstand später die Idee des Ökosystems als »Superorganismus«.

» Für Clements sind Klimata wie Genome und die Vegetation ist wie ein Organismus, dessen Genom seine Merkmale bestimmt. «

Christopher Eliot
Wissenschaftsphilosoph
Method and Metaphysics in Clements's and Gleason's Ecological Explanations,
in: *Stud. Hist. Phil. Biol.*, 2007

Ein fluktuierender Prozess

Clements' Arbeit wurde stets hinterfragt, doch die Vorstellung eines stabilen Gleichgewichts blieb weiterhin bestehen und dominierte das ökologische Denken bis in die 1960er-Jahre. Forscher erkannten jedoch, dass sich Gesellschaften als Reaktion auf äußere Einflüsse ständig verändern, sodass es fast unmöglich ist, echte Klimaxgesellschaften zu beobachten. Das Preisgeld von 10 000 Dollar, das der US-Botaniker Frank Egler in den 1950ern für das Auffinden einer solchen Gesellschaft ausschrieb, wurde nie eingefordert. Trotz der Probleme nutzten Ökologen das Konzept der Klimaxgesellschaft bei Strategien gegen invasive Arten, die eine etablierte einheimische Gesellschaft bedrohten. Clements' Vorstellungen haben in letzter Zeit sogar wieder mehr Unterstützung gefunden.

Die Sukzession ist nach wie vor ein Grundprinzip der Ökologie. Meist bestehen die Initialstadien aus schnell wachsenden und weitverbreiteten Arten, die durch konkurrenzstärkere ersetzt werden. Zunächst hielt man die ökologische Sukzession mit dem Klimaxstadium für beendet, doch heute wird akzeptiert, dass sie ein dynamischer Vorgang ist, der mit ständigen Veränderungen einhergeht. ■

EINE ASSOZIATION IST KEIN ORGANISMUS, SONDERN EIN ZUFALL

OFFENE GEMEINSCHAFT

IM KONTEXT

SCHLÜSSELFIGUR
Henry Allan Gleason (1882–1975)

FRÜHER
1793 Alexander von Humboldt bezeichnet das Pflanzenspektrum in einem bestimmten Habitat als »Assoziation«.

1899 In den USA erklärt Henry Cowles, dass sich Vegetation in Stadien entwickelt, was er Pflanzensukzession nennt.

1916 Frederic Clements bringt die Idee der Klimaxgesellschaft als einzelnen Organismus vor.

SPÄTER
1935 Arthur Tansley prägt den Begriff »Ökosystem«.

1947 Robert H. Whittaker führt Freilandstudien durch, die Clements' ganzheitliche Idee von Gesellschaften widerlegen.

1959 John Curtis stärkt Henry Gleasons Ideen und dessen Ansehen durch numerische Studien an Präriepflanzen.

Pflanzen **wachsen** nach ihren **individuellen Bedürfnissen.**

Es gibt **keine Hinweise** auf eine **integrierte Entwicklung** von Pflanzen.

Sie **wachsen zufällig,** nur von den Umweltbedingungen bestimmt.

Eine ökologische Gemeinschaft ist kein Organismus.

Als der US-amerikanische Botaniker Frederic Clements 1916 das Konzept der Klimaxgesellschaft einführte, stellte er sich eine Gesellschaft als Superorganismus vor, in dem alle Pflanzen und Tiere interagieren und sich gemeinsam entwickeln. Ein Jahr später widersprach dem der Pflanzenökologe Henry Gleason: Pflanzenarten hätten kein gemeinsames Ziel, sondern folgten einfach ihren individuellen Bedürfnissen. Gleasons These wurde als *»Open Community Theory«* (Theorie der offenen Gemeinschaft) bekannt. Der Disput hält in der Ökologie noch an.

Gleason bezweifelte nicht, dass man Pflanzengemeinschaften definieren, kartieren und ihre Wechselbeziehungen identifizieren kann, aber er sah die Integration nicht, die Clements annahm. Vielmehr seien sie zufällige Ansammlungen von Individuen und Arten, die auf lokale Verhältnisse reagierten.

Individuelle Bedürfnisse

Gleason sah den Wandel während der Sukzession, bei der sich die Zusammensetzung der Gemeinschaft verändert, nicht als integrierte Stadien analog zu den Entwicklungsstadien eines Organismus. Vielmehr seien sie eine Kombination von Reaktionen individueller Arten, die jeweils ihre eigenen Bedürfnisse hätten. »Jede Pflanzenart«, so Gleason, »folgt ihren eigenen Gesetzen.« Gleason bezweifelte

Siehe auch: Das Ökosystem 134–137 ▪ Die Verteilung von Arten in Raum und Zeit 162–163 ▪ Ökologische Sukzession 170–171 ▪ Klimaxgesellschaft 172–173 ▪ Die ökologische Gilde 176–177 ▪ Biome 206–209

Krankheiten wie der Kastanienrindenkrebs (ein Pilz) stellen die Idee der integrierten Klimaxgesellschaft infrage, weil beim Verlust der dominanten Baumart das ganze Ökosystem kollabieren kann.

auch, dass es einen Endpunkt oder ein Klimaxstadium gibt; Gemeinschaften veränderten sich ständig.

Meinungsumschwünge

Gleasons Disput mit Clements erregte damals viel Aufsehen. Clements schien eine Gesamtschau geschaffen zu haben, in der klare Regeln die natürlichen Vegetationsmuster bestimmen, ähnlich wie sich in der newtonschen Mechanik die Planeten nach unstrittigen Gesetzen bewegen. Clements und seine Unterstützer sahen das große Ganze, während Gleason als Reduktionist galt, der kurzsichtig auf Details fixiert war und die ganze Idee der Ökologie als gesetzmäßige Wissenschaft infrage stellte.

Es schien, als wolle Gleason behaupten, es gäbe in der Natur keine Muster: Alles sei nur zufällig. Ihm wurde sogar vorgeworfen, eine ausbeuterische Landwirtschaft zu rechtfertigen, weil er zu implizieren schien, eine Störung des natürlichen Gleichgewichts sei kein Problem – weil es ein Gleichgewicht gar nicht gäbe. So wurde Gleason in dem Eifer, die Ökologie als Wissenschaft zu etablieren, schnell abgelehnt. Sein Frust wurde daraufhin so groß, dass er in den 1930ern die Ökologie aufgab, während der Holismus durch Konzepte wie das interaktive ›Ökosystem‹ mehr Unterstützung fand.

Doch mit fortschreitendem Wissen fanden Ökologen immer mehr Mängel in Clements' Theorie. In den 1950ern zeigten die US-amerikanischen Pflanzenökologen Robert H. Whittaker und John Curtis, dass es unmöglich ist, Gemeinschaften als klare Einheiten einer holistischen Theorie zu identifizieren; die reale Welt ist nuancierter und komplexer. Studierte man die Ökologie im Freiland, schienen Gleasons Vorstellungen besser zu passen.

In den folgenden Jahrzehnten bevorzugten Umweltschützer holistische Ideen, aber Ökologen integrierten auch zunehmend Gleasons Vorstellungen in ihre Arbeit. Heute gilt er als einer der wichtigsten Denker in der Ökologie des 20. Jahrhunderts. ▪

Henry Allan Gleason

Der 1882 geborene Gleason studierte Biologie an der *University of Illinois.* Er war Dozent und führte bereits früh ökologische Studien am *Sand Ridge State Forest* (Illinois) durch, die sehr bekannt wurden. In den 1920er-Jahren stieß Gleasons Theorie individualistischer (statt holistischer) Pflanzengesellschaften bei Ökologen auf Ablehnung, sodass er in den 1930ern die Ökologie aufgab. Er war lange Kurator am *New York Botanical Garden* und wurde für seine Arbeiten zur Pflanzensystematik berühmt. Mit Arthur Cronquist schrieb er den maßgeblichen Pflanzenführer der nordöstlichen USA. 1950 ging er in Pension, schrieb und forschte aber weiter. Gleason starb 1975.

Hauptwerke

1922 *On the Relation between Species and Area*, in: *Ecology* 3(2)
1926 *The Individualistic Concept of the Plant Association*, in: *Bull. Torrey Botanical Club* 53(1)

EINE GRUPPE VON ARTEN NUTZT IHRE UMWELT AUF ÄHNLICHE WEISE

DIE ÖKOLOGISCHE GILDE

IM KONTEXT

SCHLÜSSELFIGUR
Richard B. Root (1936–2013)

FRÜHER
1793 Alexander von Humboldt beschreibt mit dem Wort »Association« das Pflanzengemisch in einem Habitat.

1917 In den USA prägt Joseph Grinnell den Begriff »Nische« dafür, wie ein Organismus in seine Umwelt passt.

1935 Der britische Botaniker Arthur Tansley definiert Ökosysteme (integrierte Lebensgemeinschaften) als grundlegende Einheit der Ökologie.

SPÄTER
1989 James MacMahon (USA) meint, dass es egal ist, wie Mitglieder einer ökologischen Gilde Ressourcen nutzen.

2001 Die argentinischen Ökologen Sandra Diaz und Marcelo Cabido entwickeln Gruppierungen von Arten, die auf ihre Umwelt ähnlich einwirken.

Ökologen wollen schon seit langer Zeit verstehen, wie Arten in einer Gemeinschaft bei der Ressourcennutzung interagieren. Ein Schlüsselkonzept ist dabei die ökologische Gilde, erstmals 1967 von dem US-Amerikaner Richard B. Root entwickelt.

Root hatte für seine Doktorarbeit untersucht, wie der Blaumückenfänger seine ökologische Nische nutzt. Das Konzept der Nische geht auf Joseph Grinnell zurück, der den Begriff 1917 verwendet hatte, um zu beschreiben, wie die Kaliforniespottdrossel in den Chaparral – die trockene Buschvegetation Kaliforniens – passt. Die »Nische« beschreibt nach Cornell die Aspekte des Habitats, an die der Vogel gut angepasst ist.

Der Blaumückenfänger frisst Insekten, die auf Eichenblättern leben. Indem Root sorgfältig den Mageninhalt analysierte, fand er heraus, dass mehrere andere

Der Blaumückenfänger ist Mitglied einer Gilde von kleinen Vögeln, die auf Eichen lebende Insekten fressen. Andere Mitglieder der Gilde sind der Huttonvireo und die Schlichtmeise.

Siehe auch: Evolution durch natürliche Selektion 24–31 ▪ Räuber-Beute-Gleichungen 44–49 ▪ Optimaler Nahrungserwerb 66–67 ▪ Tierökologie 106–113 ▪ Offene Gemeinschaft 174–175 ▪ Nischenkonstruktion 188–189 ▪ Metagemeinschaften 190–193

Vogelarten ebenfalls Insekten von Eichenblättern fressen. Er fasste all diese Vogelarten, die die gleiche Ressource nutzen, zu einer »Gilde« zusammen: der Gilde der »Eichenkronenabsucher«.

Geteilte Ressourcen

Root definierte eine Gilde als eine Gruppe von Arten, die »die gleiche Klasse von Umweltressourcen auf ähnliche Weise nutzen«. Dabei spielt es keine Rolle, ob die Arten in einer Gilde miteinander verwandt sind – es geht nur darum, wie sie ihre Umwelt nutzen. Sie brauchen nicht einmal die gleiche Nische zu besetzen, solange sie auf dieselbe Ressource zurückgreifen.

Gilden werden meistens über die Nahrung definiert, können sich aber auch auf jede andere geteilte Ressource beziehen. Gildenmitglieder konkurrieren oft um die geteilte Ressource, stehen aber nicht zwingend ständig im Wettbewerb. So konkurrieren sie z. B. um die gleiche Nahrung, können aber bei anderer Gelegenheit kooperieren, etwa um Räuber abzuwehren.

» … … spielt es eine Rolle, dass eine bestimmte Insektenart von einem seidenen Spinnennetz statt eines Vogelschnabels gefangen wird? «

Charles Hawkins und James MacMahon
Guilds: The Multiple Meanings of a Concept, in: *Annual Review of Entomology,* 1989

Verschiedene Arten können die **gleiche Ressource nutzen.**
→
Diese Arten sind durch die **gemeinsam** genutzte **Ressource** miteinander **verbunden.**
→
Arten, die eine Ressource teilen, gruppiert man als Gilde.

Das Konzept der Gilde war ein wichtiger Durchbruch im Hinblick auf das Verständnis der Beziehungen zwischen Lebewesen in einem Ökosystem. Die Theorie beinhaltet, dass die gesamte Funktion eines Ökosystems verstanden werden kann, wenn man die Gilden in ihm identifiziert. Bei den insekten- bzw. kleintierfressenden Vögeln sind etwa diese Gilden häufig: Boden-, Stamm-, Strauch- bzw. Kronenabsucher, Stammhacker, Vertebratenjäger am Boden, Flugjäger und Aasfresser.

Breite Verbindungen

In dem Bemühen, Gilden zu identifizieren, gab es einige Verwirrung darüber, was genau gemeint ist. In den 1980ern sahen die US-Amerikaner Charles Hawkins und James MacMahon die Notwendigkeit, den Begriff neu zu definieren. Die Worte »auf ähnliche Weise« sollten weggelassen werden, denn es spiele keine Rolle, ob ein Lebewesen etwa ein Blatt entferne, um es zu fressen oder um ein Nest damit zu bauen. Es ist die Ressource selbst – das Blatt –, die wichtig ist, nicht der Zweck, zu dem es verwendet wird. Entsprechend sollten Blattnutzer in die gleiche Gilde gestellt werden, weil sie ein und dieselbe Ressource nutzen. ■

Richard B. Root

Root wurde 1936 in Dearborn (Michigan, USA) geboren und wuchs auf einer Farm auf. Er erkundete die Natur und wollte wissen, »wie Wälder funktionieren«. Zum Ende seines Studiums an der *University of Michigan* war er bereits ein fähiger Ökologe. Seine Doktorarbeit über den Blaumückenfänger, die das Schlüsselkonzept der ökologischen Nische einführte, festigte seinen Ruf. Root wurde an die *Cornell University* berufen, wo er Biologie und Ökologie lehrte. Dort erforschte er die Beziehung zwischen Arthropoden (Gliederfüßer, zu denen unter anderem Insekten und Spinnen gehören) und Goldruten (eine Blütenpflanze). Er erhielt viele Ehrungen, darunter 2003 den *America's Eminent Ecologist Award* der *Ecological Society of America* und 2004 den *Odum Award*.

Hauptwerke

1967 *The Niche Exploitation Pattern of the Blue-Gray Gnatcatcher,* in: *Ecological Monographs* 37(4)

DAS BÜRGERNETZ BERUHT AUF FREIWILLIGKEIT

CITIZEN SCIENCE

IM KONTEXT

SCHLÜSSELFIGUREN
Fred Urquhart (1911–2002),
Norah Urquhart (1918–2009)

FRÜHER
1883 In den USA beginnt die systematische Beobachtung von Zugvögeln.

1966 Der *North American Breeding Birds Survey* startet in Maryland (USA).

SPÄTER
2007 Die *Global Biodiversity Information Facility* (GBIF), ein internationales Netzwerk, startet ein Onlineportal, um Pflanzen- und Tierdaten von Ehrenamtlichen zu sammeln.

2010 *eBird* des *Cornell Laboratory of Ornithology* wird global. Bei dem Onlineprojekt können Ehrenamtliche seit 2002 Vogelbeobachtungen registrieren.

2020er Neue Citizen-Science-Projekte wie *The Great Egg-case Hunt* (global) oder *Indian Bird Nest Survey* entstehen.

Nordamerikanische Zugwege

Zugvögel in Nordamerika ziehen auf Routen, die sich in vier nordsüdliche Korridore oder Zugwege einteilen lassen. Bürger als Wissenschaftler können eine wichtige Rolle dabei spielen, die Rast- und Futterplätze auf den Routen zu dokumentieren, wenn die Vögel im Frühjahr nach Norden und im Herbst nach Süden fliegen.

» Schmetterlinge – Millionen und Abermillionen – bedeckten den Boden in feurigen Myriaden an diesem mexikanischen Berghang. «

Fred Urquhart
National Geographic, 1976

Citizen Science oder »Bürgerwissenschaft« ist Forschung oder wissenschaftliche Beobachtung, die nicht beruflich durchgeführt wird, sondern von Einzelnen, Teams oder ganzen Netzwerken von Freiwilligen, oft gemeinsam mit professionellen Wissenschaftlern. Sie beruht auf dem Bewusstsein, dass die Wissenschaft die Anliegen der ganzen Gesellschaft einbeziehen sollte, und auf der Erkenntnis, dass interessierte Bürger zuverlässige wissenschaftliche Daten liefern können, die unser Wissen erweitern. Durch die Einbeziehung normaler Bürger können Forschungseinrichtungen Projekte realisieren, die ansonsten viel zu zeitaufwendig und teuer wären.

Frühe Begeisterung

Zwar ist der auch im Deutschen übliche Begriff »Citizen Science« relativ neu – er stammt aus den 1980ern –, doch die Idee, Laien bei der Naturbeobachtung einzubeziehen, hat eine lange Tradition. So begannen in den 1870ern kleine Gruppen von Ornithologen in Deutschland und Schottland, Berichte der Herbstwanderung von Zugvögeln zu sammeln. Schottische Enthusiasten nutzten dazu die Leuchttürme entlang der Küste als Beobachtungsposten. Die gesamten USA umfasste ein Programm, das in 1880ern der Ornithologe Wells Cooke begann, um die Ankunftsdaten von Zugvögeln und ihre Zugwege zu dokumentieren. Cookes Projekt lief bis zum Zweiten Weltkrieg: 3000 Freiwillige hatten bis dahin 6 Mio. Karteikarten für über 800 Vogelarten eingereicht. 2009 begann das *North American Bird Phenology Program,* diese Daten zu digitalisieren; die Ergebnisse lieferten wertvolle Hinweise auf veränderte Zugwege und Zugzeiten wegen des Klimawandels.

Das weltweit am längsten laufende Citizen-Science-Projekt ist der jährliche *Christmas Bird Count* (CBC) in den USA. Vogeljagden zu Weihnachten waren in vielen ländlichen Gebieten im 19. Jahrhundert eine beliebte Unterhaltung, egal ob

Siehe auch: Langzeitstudien 153 ▪ Die Verteilung von Arten in Raum und Zeit 162–163 ▪ Einsatz künstlicher Intelligenz 330

die Vögel essbar waren oder nicht. 1900 schlug Frank Chapman, ein Mitarbeiter der *Audubon Society* (benannt nach dem US-amerikanischen Ornithologen und Maler John James Audubon), vor, die Vögel zu zählen, statt sie zu schießen. Beim ersten Mal konnte er 27 Vogelbeobachter für sein Vorhaben gewinnen. Das Projekt wuchs von Jahr zu Jahr, und im Winter 2023/24 lieferten 83 186 Beobachter Zählungen von 2677 verschiedenen Orten in Nord- und Lateinamerika, am Pazifik und in der Karibik. Die Daten über die Verbreitung und Zahl der Vögel sind wertvolles Material für Ökologen, um Habitate über lange Zeiträume zu vergleichen.

Suche nach dem Monarch

Das wohl berühmteste Beispiel eines Citizen-Science-Projekts war die Auflösung des Rätsels, wohin Monarchfalter zur Überwinterung fliegen. 1952 begann ein kanadisches Ehepaar, die Zoologen Norah und Fred Urquhart, die dieser Schmetterling schon lange fasziniert hatte, ein Markierungsprojekt, um herauszufinden, wo die Reise endet, die im Herbst im Süden Kanadas und im Norden der USA beginnt. Sie warben einige Freiwillige an, die die Flügel der Schmetterlinge markierten und Sichtungen aufzeichneten. Sie starteten mit etwa einem Dutzend Helfer. Nach einigen Jahren hatte ihre *Insect Migration Association* Hunderte von Mitgliedern, die über Jahre hinweg die Flügel von Hunderttausenden Monarchfaltern mit einem winzigen Aufkleber mit dem Hinweis »Send to Zoology, University of Toronto« versahen.

Trotz all der Bemühungen der Urquharts verlor sich die Spur in Texas. Doch schließlich entdeckten am 2. Januar 1975 zwei Amateurforscher, Ken Brugger und Catalina Aguado, den Überwinterungsort ››

Vogelbeobachtungen, die von freiwilligen Helfern in Parks und Gärten dokumentiert werden, liefern Ökologen wichtige und umfassende Daten über viele Arten, wie den Stieglitz.

Fred und Norah Urquhart

Der 1911 geborene Frederick Urquhart wuchs nahe einer Eisenbahnlinie am Rand von Toronto (Kanada) auf. Ihn faszinierten die Monarchfalter, die ihre Eier in der Nähe der Gleise ablegten. Nach seinem Abschluss in Biologie an der Universität Toronto im Jahr 1937 begann er, diesen Schmetterling zu erforschen. Im Zweiten Weltkrieg bildete er Piloten in Meteorologie aus und kehrte dann an die Universität zurück, wo er Zoologie lehrte. Er heiratete Norah Roden Patterson, die ebenfalls in Toronto studiert hatte, gemeinsam machten sie sich auf die Suche nach dem Winterquartier der Monarchfalter. Fred Urquhart arbeitete auch als Kurator für Insekten und Direktor für Zoologie und Paläontologie am *Royal Ontario Museum*. 1998 erhielten Fred und Norah Urquhart die höchste zivile Auszeichnung ihres Landes, die *Order of Canada*.

Hauptwerke

1960 *The Monarch Butterfly*
1987 *The Monarch Butterfly: International Traveller*

Monarchfalter bilden eine Traube, um auf der Wanderung warm zu bleiben. Markierungen durch Freiwillige haben ihre Zugwege identifiziert; heute noch findet der *Monarch Watch* jährlich statt.

»Die Wissenschaft sollte von Amateuren dominiert sein statt von geldversessenen Bürokraten.«

Erwin Chargaff
Österreichisch-ungarischer Biochemiker

in einem Bergwald nördlich von Mexiko-Stadt. Doch dort fanden sich keine markierten Falter. Erst im Januar darauf entdeckten die Urquharts ein Exemplar, das im vorangegangenen August von zwei Schülern in Minnesota markiert worden war. Citizen Science hatte also den Beweis geliefert, dass die Schmetterlinge von Nordamerika bis nach Mexiko zogen. Nachdem bekannt war, wo die Millionen Falter den Winter verbrachten, ging es darum, die Zugwege im Frühling und Herbst zu finden. Tausende Freiwillige in Mexiko, den USA und Kanada helfen bis heute dabei, noch genauer zu erforschen, welche Routen die Falter nehmen und wie sie auf Wetterwechsel reagieren.

Mehr Bürgerbeteiligung

Weitere Projekte begannen in den 1960ern und 1970ern, etwa der *North American Breeding Bird Survey* (BBS) und ein Projekt über die Eiablage bei Meeresschildkröten in Japan; auch das britische *Nest Records Scheme* (NRS) von 1939 erhielt Zulauf. 1979 startete die *Royal Society for the Protection of Birds* (RSPB) in Großbritannien den *Big Garden Birdwatch,* für den Teilnehmer nicht einmal ihr Haus verlassen müssen, sondern einfach melden, was sie in ihrem Garten oder ihrer Straße sehen. 2024 nahmen über 600 000 Menschen teil und dokumentierten 9,7 Mio. Vögel. Mit den enormen Datenmengen können jährliche Veränderungen seit 1979 analysiert werden. Ohne Freiwillige wäre dies unmöglich.

1989 erschien der Begriff »Citizen Science« erstmals gedruckt in der Zeitschrift *American Birds* im Zusammenhang mit einem Freiwilligenprojekt der *Audubon Society,* das Regenproben auf den Säuregehalt untersuchte. Es sollte Bewusstsein schaffen für den sauren Regen, durch den Seen und Flüsse versauern, was Fische und Wirbellose tötet und indirekt auch Vögel, die sich von ihnen ernähren. Das Projekt sollte zudem die US-Regierung unter Druck setzen, die 1990 ein Luftreinhaltegesetz, den *Clean Air Act,* einführte.

Citizen Science hat sich auch beim Schutz der Meere bewährt. Auf den Bahamas gründete sich nach einem Bericht über die Abnahme der Großen Fechterschnecke (engl.: *queen conch*) 2012 die Kampagne »Conchservation«, um diese Meeresschnecken zu markieren. Ein anderes Projekt, das 2010 an der *University of Georgia* (USA) begann, sammelt Sichtungen von Müll im Meer mit der Smartphone-App *Marine Debris Tracker*. Daten über die Muster der Müllverteilung in den Weltmeeren helfen Forschern zu verstehen, wie er von Strömungen transportiert wird und wo Aufräumaktionen am effektivsten sind.

Moderne Technik ermöglicht viele neue Citizen-Science-Projekte, über das Internet können Bürger heute alles Mögliche melden. In London etwa steht den Bürgern die Möglichkeit offen, über die Website des *Greenspace Information for Greater London* (GiGL) des *National Biodiversity Networks* online Beobachtungen an Datenbanken zu senden, die den Wissenschaftlern bei Maßnahmen zum Schutz von Arten und Habitaten helfen.

Grenzen und Chancen

Einige ökologische Forschungsprojekte liegen jenseits der Fähigkeiten von Amateuren, weil sie eine Ausbildung oder teure bzw. komplexe Geräte erfordern. Menschen, die mit wissenschaftlichen Methoden nicht vertraut sind, können unabsichtlich auch Daten verzerren, etwa indem sie Arten weglassen, die sie nicht bestimmen können.

Die meisten Citizen-Science-Projekte erfordern jedoch kein Training und selbst einige komplexere Methoden lassen sich nach kurzer Anleitung meistern. Oft begeistern sich Menschen für Citizen-Science-Projekte, gerade weil sie dabei neue Fertigkeiten erlernen. Angesichts der zunehmenden Gefahren für die Umwelt werden immer mehr Daten gebraucht, die das Vorkommen, Fehlen und Veränderungen von Arten, Habitaten und Ökosystemen dokumentieren. Projekte wie Zooniverse, die größte Citizen-Science-Plattform der Welt, helfen dabei, diesen Bedarf durch die Beobachtungen von etwa 2,8 Mio. Freiwilligen weltweit zu decken. Solche Projekte werden auf absehbare Zeit eine wertvolle Hilfe für Umweltorganisationen, Forschungsinstitute, Nichtregierungsstellen und Regierungen sein. ■

Junge Freiwillige am Siyeh-Pass im US-Staat Montana dokumentieren Sichtungen von Schneeziegen im Rahmen eines Citizen-Science-Projekts im Glacier-Nationalpark.

Vom Detail zum Gesamtbild

Freiwillige sind heute weltweit die wichtigste Quelle für Daten zur Verbreitung von Lebewesen. Daten sind heute viel einfacher zu übermitteln und Algorithmen der künstlichen Intelligenz können sie in Minuten auswerten. Das hätte früher Wochen gedauert. Wer etwa einen Vogel im Garten sieht, kann ihn mit dem Smartphone an die eBird-Website (http://ebird.org) der *Cornell University* melden. Die Site steht weltweit in vielen Sprachen zur Verfügung. Die Meldung wird dann mit vorhandenen Daten über Populationszahlen und Zugwege verglichen. Bis 2021 haben über 680 000 Nutzer über 1 Mrd. Datensätze aus 202 Ländern an eBird übermittelt. Die Daten gehen in Datenbanken der in Dänemark koordinierten *Global Biodiversity Information Facility* (GBIF) ein, die mehr als 3 Mrd. Beobachtungen von Pflanzen, Tieren, Bakterien und Pilzen umfassen und täglich weiterwachsen.

DIE POPULATIONSDYNAMIK WIRD UNVORHERSEHBAR, WENN DIE REPRODUKTIONS-RATE SEHR HOCH IST

CHAOTISCHE POPULATIONSÄNDERUNGEN

IM KONTEXT

SCHLÜSSELFIGUR
Robert May (1936–2020)

FRÜHER
1798 Thomas Malthus meint, dass die Bevölkerung immer schneller wächst, sodass Hungersnöte unausweichlich sind.

1845 Der Belgier Pierre-François Verhulst meint, dass mehr Faktoren gegen das Bevölkerungswachstum wirken, wenn die Bevölkerung wächst.

SPÄTER
1987 Per Bak, Chao Tang und Kurt Wiesenfeld, ein Forscherteam in New York, beschreiben »selbstorganisierte Kritikalität« – den Zustand eines Systems, der spontan drastische Veränderungen auslöst.

2014 Der japanische Ozeanograf George Sugihara nutzt chaostheoretische Methoden, die empirische dynamische Modellierung, um die Lachspopulation im Fraser River (Kanada) besser einzuschätzen.

Die Chaostheorie kam in den 1960ern auf. Sie betrachtet »nicht lineare« Systeme, deren Langzeitverhalten nicht vorhersagbar ist. Der US-Meteorologe Edward Lorenz beobachtete den Effekt in Wettermustern und beschrieb ihn 1961. Seither wurde die Theorie vielfach angewendet, z. B. auf die Populationsdynamik.

Chaotische Populationen

In den 1970ern begann sich der australische Physiker Robert May für die Dynamik von Tierpopulationen zu interessieren und arbeitete an Modellen zur Vorhersage des Wachstums. Er stieß auf die logistische Gleichung, die der Belgier Pierre-François Verhulst entwickelt hatte. Stellt man die Population im Lauf der Zeit grafisch dar, ergibt sie eine s-förmige Kurve: Sie wächst zuerst langsam, dann immer schneller, flacht wieder ab und erreicht einen stabilen Zustand.

May experimentierte mit den Parametern der Gleichung, vor allem der Fortpflanzungsrate r. Er fand heraus, dass nur ein niedriger Wert zu einer S-Kurve mit stabilem Endzustand führt. Bei höherem r steigt und sinkt die Populationsgröße periodisch und bei Fortpflanzungsraten über 3,9 schwankt ihr Verhalten sehr. Statt stabiler, wiederholter Muster zeigen sich zufällige Bewegungen. Mays Arbeit zeigte, wie eine einfache Rechnung chaotisches Verhalten ergab. Diese Gleichung ist heute ein wichtiges Hilfsmittel, um die Entwicklung von Populationen zu verfolgen und zu verstehen. ■

» Chaos: Wenn die Gegenwart die Zukunft bestimmt, aber die Annäherung der Gegenwart nicht annähernd die Zukunft bestimmt. «

Edward Lorenz
zitiert in: Christopher Danforth:
Chaos in an Atmosphere, Mathematics of Planet Earth Blog

Siehe auch: Räuber-Beute-Gleichungen 44–49 ▪ Nicht konsumtive Effekte der Räuber auf ihre Beute 76–77 ▪ Die logistische Gleichung 164–165 ▪ Metapopulationen 186–187

UM DAS GROSSE GANZE ZU ERKENNEN, BETRACHTE ES AUS DER ENTFERNUNG

MAKROÖKOLOGIE

IM KONTEXT

SCHLÜSSELFIGUR
James H. Brown (*1942)

FRÜHER
1920 Der schwedische Biochemiker Olof Arrhenius stellt eine mathematische Beziehung zwischen Fläche und Artenvielfalt auf.

1964 Der britische Entomologe C. B. Williams dokumentiert Muster der Häufigkeit, Verteilung und Vielfalt von Arten in dem Buch *Patterns in the Balance of Nature*.

SPÄTER
2002 Die Briten Tim Blackburn und Kevin Gaston fordern – im Gegensatz zu anderen –, dass Makroökologie eine eigene Disziplin, getrennt von der Biogeografie, sein solle.

2018 Ein Forscherteam zeigt mit praktischen makroökologischen Methoden, dass Vogelarten auf Inseln relativ größere Gehirne haben als ihre Verwandten auf dem Festland.

Forscher, die die vielen Risiken für Pflanzen- und Tierpopulationen effizient analysieren und bekämpfen wollen, nutzen dazu immer häufiger die Makroökologie. Der 1989 von den US-Ökologen James Brown und Brian Maurer geprägte Begriff beschreibt das Studium von Organismen und ihrer Umwelt in großen räumlichen Maßstäben, um Muster bei Häufigkeit, Diversität und Verteilung sowie Veränderungen zu erkennen.

Brown hatte seine Methodik in den 1970ern getestet, als er die Folgen der Erderwärmung auf Arten in kühlen, feuchten Wald- und Wiesenhabitaten auf 19 isolierten Bergrücken im Großen Becken in Kalifornien und Utah (USA) erforschte. Er musste einsehen, dass jahrelange Freilandstudien nötig wären. Stattdessen nutzte er vorhandene Daten und ging neue Fragen an. Zunächst berechnete er, wie stark die Habitate bei einem angenommenen Temperaturanstieg schrumpfen würden. Mit den Daten zu den minimalen Habitatflächen, die für die Population jeder Kleinsäugerart nötig ist, konnte Brown das Aussterberisiko durch die Erwärmung bestimmen und Prioritäten für Schutzmaßnahmen vorschlagen.

Bessere Freilandstudien

Die Makroökologie ergänzt oft Freilandstudien, teils mit überraschenden Entdeckungen. Als man Chamäleons in Madagaskar mit Satellitendaten modellierte, wurden sie jenseits der bekannten Habitate vorausgesagt. Forscher fanden dann in diesen Gebieten tatsächlich mehrere neue Schwesterarten. ■

Durch vergleichende Studien mit Wüstengemeinschaften aus der ganzen Welt bestimmen Makroökologen die größten Gefahren für Wüstenarten wie diese Fahnenschwanz-Kängururatte.

Siehe auch: Freilandexperimente 54–55 ▪ Tierökologie 106–113 ▪ Inselbiogeografie 144–149 ▪ Langzeitstudien 153 ▪ Gefährdete Lebensräume 238–241

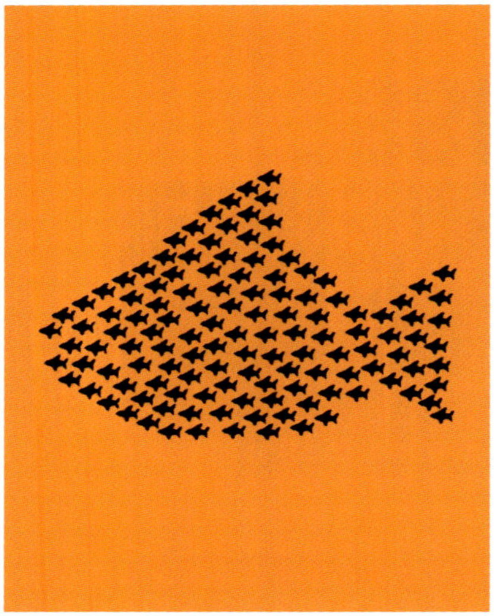

EINE POPULATION VON POPULATIONEN

METAPOPULATIONEN

IM KONTEXT

SCHLÜSSELFIGUR
Ilkka Hanski (1953–2016)

FRÜHER
1931 In den USA erforscht der Genetiker Sewall Wright den Einfluss genetischer Faktoren auf Artpopulationen.

1933 In Australien entwickeln der Entomologe Alexander Nicholson und der Physiker Victor Bailey ein Modell der Populationsdynamik einer Wirt-Parasit-Beziehung.

1954 In *The Distribution and Abundance of Animals* stellen die australischen Ökologen Herbert Andrewartha und Charles Birch die Idee infrage, dass Populationen allein durch die Dichte kontrolliert werden.

SPÄTER
2007 Der US-amerikanische Ökologe James Petranka verknüpft die Metapopulationstheorie mit den Metamorphosestadien von Amphibien.

Eine **Art stirbt** in einem Teil des Habitats **aus.**

Eine **Art besiedelt** einen **leeren** Teil des Habitats.

Aussterben und **Besiedlung** sind **dynamische Prozesse.**

Ein lokales Aussterben bedeutet nicht das Aussterben der Art.

Eine Metapopulation ist ein System von separaten, lokalen Populationen der gleichen Art. Der Begriff wurde 1969 von dem US-Amerikaner Richard Levins geprägt, um zu beschreiben, wie Populationen von Insektenschädlingen auf Äckern wachsen und schrumpfen. Heute beschreibt man so jede Art, die in lokale Populationen in fragmentierten Habitaten zerfällt, an Land wie im Meer.

Eine bestimmte Vogelart etwa kann in separaten Populationen in einem Wald im Tal, auf Bergen und an anderen Orten vorkommen. Die Art ist wie eine Familie, deren Mitglieder in verschiedene Städte gezogen sind, die aber immer noch verwandt sind. Die Gesamtheit vieler Populationen kann das langfristige Überleben der Art verbessern.

Getrennt gemeinsam

Ein wesentlicher Aspekt von Metapopulationen ist das Ausmaß des Kontakts zwischen getrennten lokalen Populationen. Bei engen Beziehungen spricht man nicht von einer Metapopulation, vielmehr sind die einzelnen Gruppen dann einfach Teil einer Population. In einer Meta-

Siehe auch: Tierökologie 106–113 ▪ Regulierung der Gelegegröße 114–115 ▪ Inselbiogeografie 144–149 ▪ Metagemeinschaften 190–193

population ist der Kontakt zwischen lokalen Gruppen begrenzt; sie sind in ihren jeweiligen Habitaten teils abgeschnitten. Eine gewisse Wechselwirkung muss jedoch vorliegen. Das kann etwa ein einzelnes abenteuerlustiges oder ausgestoßenes Individuum sein, das das Gebiet einer anderen Gruppe erreicht und sich dort paart. Sind Gruppen lange völlig isoliert, entwickeln sie sich auseinander, können sich nicht mehr paaren und werden zu eigenen Arten oder Unterarten.

In den 1990ern sah der finnische Ökologe Ilkka Hanski als Kern der Metapopulationstheorie an, dass lokale Populationen instabil sind. Die Gesamtpopulation kann zwar stabil sein, aber die lokalen wachsen und schrumpfen öfter in ihrem jeweiligen Gebiet infolge innerer und äußerer Einflüsse. Dann wandern einige Gruppenmitglieder in eine stark reduzierte Nachbarpopulation ein, die vor dem Aussterben steht, und stärken sie – diese Eigenschaft von Metapopulationen nennt man »Rettungseffekt«. Einige Gruppen verschwinden vielleicht und hinterlassen leere Gebiete, die andere Populationen neu besiedeln können. Es gibt, so Hanski, ein stetes Gleichgewicht zwischen »Todesfällen« (lokalem Aussterben) und »Geburten« (Neuansiedlungen in unbesetzten Gebieten). Hanski verglich dies mit der Ausbreitung von Krankheiten, wobei empfängliche und infizierte Individuen sozusagen leere bzw. besiedelte Gebiete für die Erreger darstellen.

Das Metapopulationskonzept ist wichtig, um zu verstehen, wie Arten überleben, vor allem angesichts menschlicher Einflüsse auf Habitate. Die Theorie hilft, das Wachsen und Schrumpfen von Populationen zu erklären sowie mit mathematischen Modellen die Wechselbeziehungen zu untersuchen und vorherzusagen, wie stark Habitate zerstückelt werden können, bevor eine Art ausstirbt. ▪

Die Metapopulation des Wegerich-Scheckenfalters in den fragmentierten Habitaten auf den Åland-Inseln (Finnland) waren das ideale Objekt für Hanskis Studien über Artpopulationen.

Ilkka Hanski

Ilkka Hanski, der allgemein als Vater der Theorie der Metapopulationen gilt, wurde 1953 in Lempäälä (Finnland) geboren. Als Kind sammelte er Schmetterlinge und nachdem er eine seltene Art gefunden hatte, widmete er sein Leben der Ökologie. Er studierte in Helsinki und Oxford.

Ökologen achteten damals kaum auf die lokale Verteilung von Populationen einer Art, aber Hanski erkannte, dass dies essenziell ist. Und so verbrachte er einen Großteil seiner Karriere damit, die Metapopulationstheorie zu testen, indem er über 4000 Habitatflecken des Wegerich-Scheckenfalters auf den Åland-Inseln kartierte. Dies brachte ihm internationale Anerkennung und ermöglichte es ihm, 1991 das *Metapopulation Research Centre* an der Universität Helsinki zu gründen, eines der führenden ökologischen Forschungszentren der Welt. Hanski starb im Mai 2016 an Krebs.

Hauptwerke

1991 *Metapopulation Dynamics*
1999 *Metapopulation Ecology*
2016 *Messages From Islands*

ORGANISMEN VERÄNDERN UND GESTALTEN DIE WELT, IN DER SIE LEBEN

NISCHENKONSTRUKTION

IM KONTEXT

SCHLÜSSELFIGUR
F. John Odling-Smee
(*1935)

FRÜHER
1969 Der britische Biologe Conrad Waddington befasst sich mit der Fragestellung, wie Tiere ihre Umwelt verändern, und nennt dies das »Ausnutzungssystem«.

1983 Richard Lewontin, ein US-amerikanischer Biologe, argumentiert in seinem Beitrag *Gene, Organism, and Environment* in dem Sammelband *Cycles of Contingency*, dass Organismen aktive Konstrukteure ihrer eigenen Umwelt sind.

SPÄTER
2014 Der kanadische Ökologe Blake Matthews stellt Kriterien dafür auf, wann ein Organismus als Nischenkonstrukteur gelten kann.

Alle Organismen verändern ihre Umwelt entsprechend ihren Bedürfnissen. Tiere graben Höhlen, bauen Nester oder andere Bauten, um sich vor Sonne und Wind zu schützen. Pflanzen verändern die Bodenchemie und recyceln Nährstoffe. Wenn Lebewesen ihren eigenen Platz im Ökosystem und den anderer Organismen verändern, spricht man von »Nischenkonstruktion« – ein Begriff, den 1988 der britische Evolutionsbiologe F. John Odling-Smee prägte.

Der US-amerikanische Evolutionsbiologe Richard Lewontin hatte schon früher überlegt, dass Tiere nicht nur passive Objekte der natürlichen Selektion sind. Vielmehr konstruieren und verändern sie aktiv ihre Umwelt und beeinflussen dabei ihre eigene Evolution. Luchs und Hase bestimmen gegenseitig ihre gemeinsame Evolution und Umwelt, weil sie sich stets überbieten müssen. Nischenkonstruktion und »ökologische Vererbung« (die »Weitergabe« der veränderten Umweltbedingungen an die Nachkommen), so Odling-Smee, sollten als ökologische Vorgänge gesehen werden.

> »Hasen sitzen nicht herum und konstruieren Luchse! Doch im wichtigsten Sinne tun sie es.«
>
> **Richard Lewontin**
> *Gene, Organism, and Environment* in: *Cycles of Contingency*, 2001

Ebenen der Konstruktion

Einige häufige Formen der Nischenkonstruktion sind offensichtlich, während andere auf mikroskopisch kleinem Maßstab ablaufen. Biber bauen mächtige Dämme, sodass Seen entstehen und Flussläufe sich umgestalten. Dies verändert die Wasserqualität und das angeschwemmte Material stromabwärts, was die Habitate anderer Lebewesen und damit die Zusammensetzung der Pflanzen- und Tiergemeinschaften am Fluss verändert. Der britische Biologe Kevin Laland meint zudem, dass außer der großen evolutionären und ökologischen Bedeutung der Dämme der Kot von Bibern enorme Effekte hat.

Siehe auch: Ökologische Nischen 50–51 ▪ Das Ökosystem 134–137 ▪ Organismen und ihre Umwelt 166 ▪ Entwicklung naturbasierter Lösungen 331

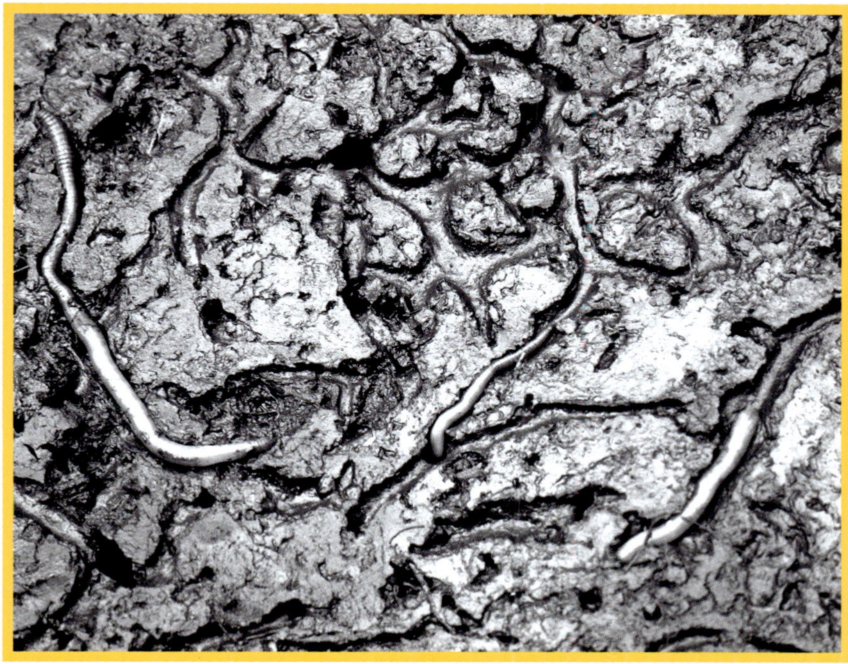

Regenwurmkot ist ein wertvoller natürlicher Dünger. Die Würmer verändern den Boden nicht nur für sich, sondern unterstützen auch Pflanzen.

Regenwürmer sind ebenfalls hocheffiziente Nischenkonstrukteure: Sie arbeiten ständig den Boden um, in dem sie leben. Dabei zersetzen sie totes Pflanzenmaterial und liefern kleinere organische und mineralische Nährstoffe, die Pflanzen wieder aufnehmen können. Ihre Exkremente enthalten fünfmal so viel nutzbaren Stickstoff, siebenmal so viel Phosphate und etwa elfmal so viel Kalium wie die Erde in der Umgebung.

In Meeresbodensedimenten sondern mikroskopische Diatomeen (Kieselalgen) Stoffe ab, die den Sand binden und stabilisieren. In der Bay of Fundy (Kanada) ermöglichen solche physischen Bodenveränderungen anderen Organismen wie Krabben die Besiedlung.

Wenn Vögel Schwärme aus mehreren Arten bilden, was oft außerhalb der Brutzeit geschieht, dann, so die britischen Biologen Nancy Harrison und Michael Whitehouse, ändern sie ihre Beziehung zu Konkurrenten, um mehr Nahrung zu finden und sich gegen Räuber zu schützen. Sie schaffen eine komplexe soziale Umwelt, in der sich die Ökologie und das Verhalten verändern.

Bei der Erklärung der Nischenkonstruktion wies Odling-Smee auch auf Cyanobakterien hin, die vor über 2 Mrd. Jahren Sauerstoff als Nebenprodukt der Fotosynthese produzierten. Dies war ein Hauptfaktor der großen Sauerstoffkrise, die die Zusammensetzung von Luft und Wasser und damit die Umwelt der Erde massiv veränderte. Der Sauerstoff schuf jedoch die Bedingungen für die Evolution wesentlich komplexerer Lebensformen – einschließlich des Menschen. ▪

Ökosystemingenieure

Für Nischenkonstrukteure wurde auch der Begriff »Ökosystemingenieure« geprägt: 1994 von Clive Jones, John Lawton und Moshe Shachak. Sie umrissen zwei Typen. Die allogenen Ökosystemingenieure verändern externes Material (allogen = anderswo entstanden). Beispiele sind Biber, die Dämme errichten, Spechte, die Baumhöhlen bauen, oder Menschen, die Kies abbauen: All diese Tätigkeiten ändern das Ressourcenangebot für andere Arten. Wenn Spechte ihre Höhlen aufgeben, ziehen Kleinvögel oder andere Tiere ein. Eine Kiesgrube wandelt sich zum Baggersee, der von Enten und Libellen besiedelt wird.

Ökosystemingenieure können auch autogen sein (selbst entstanden), d. h., sie schaffen durch ihr eigenes Wachstum Habitate für andere Lebewesen. Eine alte Eiche etwa ist Lebensraum für eine größere Vielfalt an Insekten, Vögeln und kleinen Säugern als ein junger Setzling. Ebenso beherbergt ein Korallenriff immer mehr Fische und Krebstiere wenn es wächst.

Ein Gemeiner Star in Arizona (USA) nutzt eine Höhle, die von einem Gilaspecht verlassen wurde um sein eigenes Nest anzulegen.

LOKALE GEMEINSCHAFTEN, DIE KOLONISTEN AUSTAUSCHEN

METAGEMEINSCHAFTEN

IM KONTEXT

SCHLÜSSELFIGUR
Mathew Leibold (*1956)

FRÜHER
1917 Arthur Tansley beobachtet, dass zwei Arten von Labkraut (*Galium*) an verschiedenen Stellen unterschiedlich wachsen.

1934 Georgi Gause entwickelt das Konkurrenzausschlussprinzip, nach dem zwei Arten, die um die gleiche Schlüsselressource konkurrieren, nicht lange koexistieren können.

2001 Stephen Hubbells »neutrale Theorie der Biodiversität« geht davon aus, dass Vielfalt durch Zufallsprozesse entsteht.

SPÄTER
2006 Mathew Leibold und der US-Amerikaner Marcel Holyoak vertiefen die Theorie der Metagemeinschaften und entwickeln sie weiter.

Einer der Mängel der traditionellen Synökologie, der Ökologie von Lebensgemeinschaften, bestand darin, dass sie Gemeinschaften lokal betrachtete und Beziehungen über größere Entfernungen oder mehrere Orte kaum einbezog. Doch in den letzten Jahrzehnten entwickelten sich Theorien über Metagemeinschaften, die ein Autorenteam um den US-Ökologen Mathew Leibold 2004 in einem wichtigen Fachartikel zusammenfasste.

Das Konzept der Metagemeinschaften ist mit dem der Metapopulationen verbunden. Während Metapopulationen mehrere Areale umfassen, in denen Populationen der gleichen Art leben, geht es bei

Siehe auch: Das Konkurrenzausschlussprinzip 52–53 ▪ Das Ökosystem 134–137 ▪ Die neutrale Theorie der Biodiversität 152 ▪ Metapopulationen 186–187 ▪ Den Verlust von Artenvielfalt aufhalten 326–327

Schneeziegen in Colorado (USA) leben in Metagemeinschaften von Arten in einem Gebirge (den Rocky Mountains), aber in einer Population von Ziegen auf einem einzelnen Gipfel.

Metagemeinschaften um Areale mit jeweils einer ganzen Lebensgemeinschaft, in denen mehrere Arten wechselwirken.

Interaktionen in Gruppen

Metagemeinschaften sind letztlich Gruppen von Gemeinschaften. Die einzelnen Gemeinschaften sind räumlich getrennt, aber nicht völlig isoliert und unabhängig. Sie wechselwirken, indem sich verschiedene Arten zwischen ihnen bewegen. So könnte eine Metagemeinschaft aus separaten Waldstücken in einem Gebiet bestehen. Die verschiedenen Arten in jedem der Waldstücke interagieren als unabhängige Gemeinschaft. Bestimmte Arten, etwa Rehe oder Kaninchen, wandern aber auch zu anderen Gemeinschaften der Metagemeinschaft, etwa wenn sie nach Nahrung, Schutz oder Partnern suchen und in ein anderes Waldstück wechseln. Verschiedene Habitattypen haben unterschiedliche Gleichgewichte zwischen unabhängiger und verflochtener Entwicklung. Die Theorie der Metagemeinschaften liefert den Rahmen dafür, wie und warum Variationen entstehen und welche Folgen sie für Biodiversität und Populationsschwankungen haben.

Lokal oder regional?

Gemeinschaften in diesem räumlichen Kontext zu betrachten kann einige scheinbar widersprüchliche Beobachtungen auflösen. Angenommen eine Studie untersucht das Zusammenleben und die Wechselbeziehungen der Arten in einer kleinen lokalen Gemeinschaft. Nach dieser eng umgrenzten Studie ist die Konkurrenz um Nahrung der wesentliche Faktor. Eine andere Studie betrachtet eine größere Gemeinschaft und erkennt, dass Konkurrenz praktisch keine Rolle spielt. Welche Studie hat recht? Die Antwort könnte sein, dass beides »

Biotopkorridore

Viele Arten wandern von Natur aus zwischen verschiedenen Biotopen, etwa als jahreszeitlicher Ablauf, als Reaktion auf Einflüsse von außen wie Brände oder Überschwemmungen oder als langsame Ausbreitung über lange Zeit. So entstehen Verbindungen, die für die Gesundheit und das Überleben der Art oft essenziell sind, weil sie in Krisenzeiten eine Erneuerung oder den Zugang zu neuen Ressourcen ermöglichen. Doch immer öfter zerschneiden menschengemachte Hindernisse wie Rodungen, Landwirtschaft, Straßen, Eisenbahnen und die Verstädterung die natürlichen Verbindungen in Lebensräumen. Die Idee von Korridoren ist nicht neu. So werden seit Jahrhunderten Fischleitern gebaut, damit Fische Staudämme überwinden können. Heute kommen Biotopkorridore – etwa Bärenbrücken in Kanada, Tunnel für Wüstenschildkröten in Kalifornien oder Krötentunnel in Europa – als fester Teil von Baumaßnahmen immer häufiger vor. Tausende bepflanzter Brücken und Unterführungen helfen heute, Habitate zu erhalten und Tiere z. B. vor Autounfällen zu schützen.

stimmt und es einfach auf die Größenordnung ankommt. Mit der Theorie der Metagemeinschaft können Ökologen solche Diskrepanzen auflösen und nach Erklärungen sowohl auf lokaler als auch auf regionaler Ebene suchen.

Eine Metagemeinschaft kann aus einem halben Dutzend Laubbäumen in einem Park bestehen, wobei jeder Baum eine eigene Gemeinschaft ist. Auch sämtliche Laubwälder der gemäßigten Zone bilden eine Metagemeinschaft. Mit der Theorie dahinter können Ökologen auf jeder Größenebene arbeiten, zumindest theoretisch.

Rahmentheorie

Das Studium von Metagemeinschaften, so Leibold, vereint viele scheinbar getrennte Teildisziplinen der Ökologie und scheinbar gegensätzliche Ansätze. So könnte der 100 Jahre alte Konflikt zwischen der »deterministischen«, nischenbasierten Theorie – nach der die Artenvielfalt einer Gemeinschaft von der ökologischen Nische jeder Art bestimmt wird – und der »stochastischen« (zufälligen) Theorie – die Zufälle bei der Besiedlung sowie ökologische Drift (zufällige Veränderungen der Populationsgröße) als ausschlaggebend ansieht – leichter beizulegen sein.

Die Theorie der Metagemeinschaften liefert den Rahmen, in dem deterministische und stochastische Prozesse zusammenwirken können. So können Muster der Biodiversität sowohl von lokalen biologischen Faktoren, etwa dem Verhältnis von Sonne und Schatten in Gezeitentümpeln oder Variationen der Wasserqualität in Flüssen, als auch regionalen stochastischen Prozessen, etwa der Verbreitung von Arten durch außergewöhnliche Stürme oder Massensterben durch Epidemien, bestimmt sein. Die Theorie erkennt an, dass regionale Veränderungen aus dem Zusammenspiel lokaler Faktoren entstehen können.

Mehrere Typen

Eines der Probleme von Leibolds Konzept ist, dass die einzelnen Komponenten einer Metagemeinschaft nicht einfach zu identifizieren sind. Für Fische und andere Wasserorganismen etwa ist jeder See in einem Seengebiet eine klar umgrenzte Gemeinschaft. Doch für Vögel, die in Minuten von einem See zum anderen fliegen können, gehören alle Seen zur gleichen Gemeinschaft. Wohl aus diesem Grund ist ein Großteil der For-

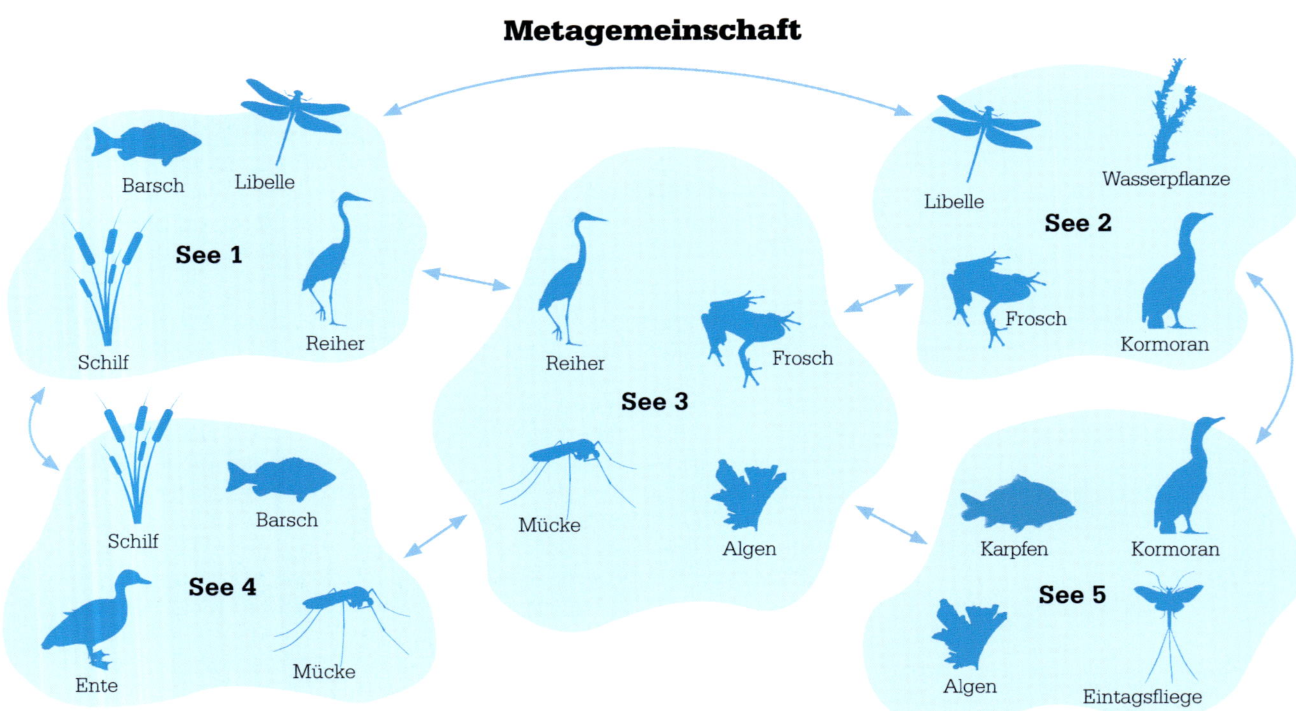

Dieses Beispiel einer Metagemeinschaft zeigt den Austausch von Arten zwischen Seen, um zu fressen oder sich zu paaren. Samen und Algensporen verbreitet der Wind.

Gezeitentümpel auf einer Brandungsplattform auf Eysturoy auf den Färöern bilden eine Metagemeinschaft. Die Tümpel sind bei Niedrigwasser getrennt, doch die Flut verbindet sie.

schung über Metagemeinschaften bisher eher theoretisch-abstrakt geblieben. Einige Metagemeinschaften sind leicht identifizierbar, etwa Inseln in einer Inselgruppe oder Gezeitentümpel, die bei Niedrigwasser getrennt sind, aber bei Flut verbunden. In ihrem Artikel von 2004 erkannten Leibold und seine Kollegen an, dass lokale Gemeinschaften nicht immer durch klare Grenzen als Einheiten erkennbar sind und dass jede Art auf Faktoren verschiedener Größenskalen reagiert. Sie identifizierten drei Typen: klar abgegrenzte Bereiche, kurzlebige, aber ausgeprägte Bereiche, die in einem Habitat zeitweise in verschiedener Größe erscheinen, sowie permanente Bereiche mit verschwommenen Grenzen.

Auffällige Muster

Die offensichtlichsten klar abgegrenzten Bereiche sind Inseln im Meer. Sie sind praktische Studienobjekte, zur Inselbiogeografie gibt es eine enorme Menge an Literatur, die bis zu Charles Darwins berühmter Studie zu den Unterschieden der Finken auf den Galápagos-Inseln im Pazifik zurückreicht. Klar begrenzte Bereiche sind leicht zu erforschen und daher bei Ökologen beliebt. Doch natürlich kommen Vögel über das Meer und andere Organismen werden angeschwemmt, sodass selbst Inselgemeinschaften nicht völlig isoliert sind. Daher nehmen einige Studien den Raum zwischen den Gemeinschaften in den Blick, selbst wenn die Bereiche klar abgegrenzt sind, etwa Teiche oder Seen, und analysieren die Bewegung der Arten dazwischen.

Kurzlebige Bereiche sind oft viel schwerer zu identifizieren. So haben Ökologen Metagemeinschaftsstudien an Baumlöchern gemacht, die sich kurzzeitig nach einem Gewitter mit Wasser füllen, an Bereichen mit Fruchtkörpern von Pilzen, die nur ein paar Tage oder Wochen existieren, und sogar an Kannenpflanzen, die sich bei Regen oder Tau füllen und ein kurzzeitiges aquatisches Habitat für Bakterien und Insekten bilden.

Verschwommene Grenzen

Leibolds Artikel von 2004 erkannte an, dass Metagemeinschaften mit verschwommenen Grenzen wohl am schwersten zu definieren sind. Korallenriffe etwa sehen wie getrennte Bereiche aus, doch viele der dort lebenden Arten schwimmen frei herum und reagieren auf eine ganze Menge äußerer Umstände, beispielsweise auf veränderliche Meeresströmungen.

Da sich der Großteil des Lebens auf der Erde in solch schwach definierten Bereichen aufhält, versuchen Theoretiker, dies besser zu klären. Leibold und seine Kollegen haben zwei Wege zur Identifikation von Metagemeinschaften in Studien vorgeschlagen: spezifische Gemeinschaften, die in ein »Matrixhabitat« eingebettet sind, etwa eine Lichtung in einem ressourcenreichen Wald, und willkürliche Forschungsareale, etwa ein zufälliger Kreis von Bäumen in einem Wald.

Die Forschung steht noch am Anfang. Die Welt erlebt eine Biodiversitätskrise, zahllose Arten und Gemeinschaften scheinen durch den Menschen bedroht zu sein. Die Metagemeinschaftstheorie könnte in Zukunft zu unserem Verständnis beitragen, wie natürliche Gemeinschaften reagieren und wie sich lokale Veränderungen von Habitaten regional fortpflanzen – in negativer wie in positiver Weise. ■

DIE LEB
ERDE

ENDE

1840

Louis Agassiz zeigt, dass eine **Eisdecke** einst die Schweiz bedeckte, und nimmt eine **Eiszeit** in der jüngeren Erdgeschichte an.

1869

Der »Vater der Biogeografie« Alfred Russel Wallace beschreibt die klare **evolutionäre Grenze** zwischen Tierarten auf Nachbarinseln.

1896

Svante Arrhenius argumentiert als Erster, dass **Kohlendioxidemission** zur **globalen Erwärmung** führt.

1912

Alfred Wegener veröffentlicht die Theorie, dass die Kontinente einst **eine Landmasse** bildeten und später **auseinanderdrifteten.**

1926

Wladimir Wernadski erklärt in dem Buch *Biosfera,* wie die **Zusammensetzung der Atmosphäre** durch **biologische Prozesse** entstand.

1935

Arthur Tansley prägt den Begriff **»Ökosystem«** für eine voneinander **abhängige Gemeinschaft** biologischer und nicht biologischer Teile.

Seit Jahrhunderten haben Forscher der westlichen Welt versucht, die Funde von Geologen und Fossilsuchern mit der wörtlichen Interpretation der Bibel über die Schöpfung und die Sintflut in Einklang zu bringen. So datierte 1654 Erzbischof James Ussher die Erschaffung der Erde auf den 22. Oktober 4004 v. Chr. Viele Entdeckungen stellten dies infrage und führten zu neuen Vorstellungen über die dynamische Geschichte des Lebens.

Hinweise in Stein

Zwei schottische Geologen, James Hutton und Charles Lyell, brachten unser Verständnis vom Alter der Erde enorm voran. In *Theory of the Earth* (1795) argumentierte Hutton, dass die wiederholten Zyklen der Erosion und Sedimentation in Gesteinsschichten, die Tausende Meter dick sind, ein sehr hohes Alter der Erde belegen. Lyell entwickelte diesen Ansatz in den 1830ern weiter. Der schweizerisch-amerikanische Geologe Louis Agassiz erklärte kurz darauf, manche Landschaften wären durch Vereisungen geformt worden. Hutton und Lyell bemerkten auch, dass Pflanzen und Tiere in der Fossilüberlieferung verschwanden. Lyell hielt dies für Belege für das Aussterben und stellte den vorherrschenden Glauben infrage, Arten seien unveränderlich.

Fossilien lieferten auch Hinweise auf die Bewegungen der Kontinente. Dem deutschen Meteorologen Alfred Wegener fiel auf, dass auf beiden Seiten des Südatlantiks ähnliche Fossilien gefunden worden waren, obwohl sie Tausende Kilometer Meer trennte. Im Rahmen der Theorie der Kontinentaldrift von 1912 sah Wegener dies als Beweis, dass die Kontinente einst miteinander verbunden waren. Doch erst in den 1960ern entdeckte man, wie solche Bewegungen abgelaufen sein könnten. Geophysiker erkannten Muster in der Magnetisierung der Gesteine beiderseits des mittelozeanischen Rückens und die Meeresbodenspreizung: Heißes Magma steigt im zentralen Graben der Rücken auf und bildet eine neue Kruste, während die Ränder auseinanderdriften. Dadurch verschieben sich langsam die Kontinente.

Geburt der Biogeografie

Im 16. Jahrhundert begann man, die geografische Verteilung von Pflanzen und Tieren zu studieren. In den 1860ern betrachtete Alfred Russel Wallace die Verteilungsmuster, die

1939
In dem Buch *Bioecology* verbreiten Frederic Clements und Victor Shelford das Konzept von **Biomen.**

1947
Leslie Holdridge definiert eine biogeografische Klassifikation mit **38 »Lebenszonen«** der Vegetation nach **Wärme und Niederschlag.**

1953
Eugene und Howard Odum beschreiben den **lebenden Planeten** als globale Sammlung **verschränkter Systeme.**

1970
Der **erste Tag der Erde** wird begangen und die Idee, dass Menschen die **Erde ganzheitlich sehen** müssen, wird populärer.

1974
James Lovelocks **Gaia-Hypothese** stellt die Erde als ein einziges, selbstregulierendes System dar.

AB 2000
Viele Forschende meinen, dass die Erde wegen menschlicher Aktivitäten aktuell ein **sechstes Massenaussterben** durchläuft.

klar durch physische Barrieren wie Gebirge oder Meere definiert waren, als ein Hauptargument für die Evolution. So erkannte er etwa die Rolle von Wasserwegen als scharfe Fauna- und Floragrenze zwischen Australasien und Südostasien.

Mit besseren Kenntnissen der Biogeografie unterteilten Ökologen im 20. Jahrhundert den Planeten in Biome: breite Typen von Flora und Fauna in verschiedenen Habitaten, etwa tropische Regenwälder, Wüsten oder Tundren. Der Botaniker Leslie Holdridge entwickelte dieses Konzept 1947 zu »Lebenszonen« weiter, die er durch zwei wesentliche Faktoren für die Vegetation definierte: Wärme und Niederschläge.

Ein ganzheitlicher Ansatz

Das Wort »Biosphäre« wurde 1875 von dem österreichischen Geologen Eduard Suess für alle Gebiete nahe der Erdoberfläche geprägt, in denen Leben existiert. 1926 diskutierte der russische Geochemiker Wladimir Wernadski die engen Wechselwirkungen der Biosphäre mit den Gesteinen (Lithosphäre), dem Wasser (Hydrosphäre) und der Luft (Atmosphäre). Dies wiederum führte den US-Amerikaner Eugene Odum zu einem ganzheitlichen Zugang zur Ökologie. Es sei, so Odum, nicht möglich, einen einzelnen Organismus oder eine Organismengruppe ohne das Ökosystem zu verstehen, in dem sie leben. Diese Sicht nannte er »neue Ökologie«.

1974 formulierte der Brite James Lovelock die Gaia-Hypothese: Die Beziehungen zwischen lebenden und unbelebten Teilen der Biosphäre machten die Erde zu einem komplexen, selbstregulierenden System, das die Bedingungen für Leben aufrechterhält. Fast zwei Jahrhunderte früher hatte James Hutton ähnlich gedacht. Biologische und geologische Prozesse seien verknüpft und die Erde so etwas wie ein Superorganismus: »Der Erdglobus ist nicht nur eine Maschine, sondern ein organisierter Körper, denn er hat eine regenerative Kraft.«

Droht ein Aussterben?

Das Leben hat auf der Erde Jahrmilliarden überlebt – trotz fünf Massenaussterben. Doch wird es das noch einmal schaffen? Ein sechstes Massenaussterben hat vielleicht schon begonnen – infolge menschlicher Aktivität. Doch wenn Lovelocks Gaia-Hypothese stimmt, dürfte das Leben auf der Erde erhalten bleiben – auch wenn die Menschen und viele andere Arten untergehen. ■

DER GLETSCHER WAR GOTTES GROSSER PFLUG

EISZEITEN

IM KONTEXT

SCHLÜSSELFIGUR
Louis Agassiz (1807–1873)

FRÜHER
1795 Der schottische Geologe James Hutton meint, dass erratische Blöcke (»Findlinge«, Gesteinsblöcke, die sich von den Vorhandenen unterscheiden) in den Alpen durch Gletscher transportiert wurden.

1818 In Schweden veröffentlicht Göran Wahlenberg erstmals Hinweise auf frühere Gletscher in Schweden.

1824 Der dänisch-norwegische Mineraloge Jens Esmark sagt, dass Gletscher einst größer und dicker waren und den Großteil Norwegens und die Schelfgebiete bedeckten.

SPÄTER
1938 Der serbische Mathematiker Milutin Milanković veröffentlicht eine Theorie zur Periodizität von Eiszeiten durch Veränderungen der Erdbahn um die Sonne.

Im frühen 19. Jahrhundert gab es widersprüchliche Erklärungen für die Entstehung von Landschaftsformen, Pflanzen und Tieren. Katastrophisten meinten, wiederholte zerstörerische Ereignisse, etwa die Sintflut wie in der Bibel beschrieben, hätten die Erdoberfläche mehrfach umgestaltet, Berge, Seen und Flüsse neu geformt und viele Pflanzen- und Tierarten ausgerottet. Dagegen hielten Aktualisten die heutige Landschaft für das Ergebnis ständig ablaufender, gleichförmiger Vorgänge wie Erosion, Sedimentation (die Ablagerung von Gesteinsfragmenten durch Strömungen) und Vulkanismus.

Detaillierte geologische Studien zeigten, dass keine Seite ganz recht hatte. Die Erdgeschichte stellte sich als ein langsamer Wandel heraus, unterbrochen von katastrophalen Ereignissen. Das zeigte das Studium der Gletscher und der Landschaftsformen, die sie erschaffen. Aufgrund paralleler Schrammen im Fels der Schweizer Alpen meinte der deutsch-schweizerische Geologe Johann von Charpentier (auch Jean de Charpentier), die Gletscher seien einst viel ausgedehnter gewesen. Diese »Gletscherschrammen« entstünden durch langsam fließendes Eis, das angefrorene Steine über den Fels zog. Jens Esmark zog ähnliche Schlüsse in Norwegen.

Gletscherbewegungen

Der Schweizer Zoologe Louis Agassiz entwickelte diese Ideen weiter. 1837 schrieb er, dass riesige Eisdecken einst einen Großteil der Nordhalbkugel vom Nordpol bis zum Mittelmeer und dem Kaspischen Meer bedeckt hatten. Er studierte Gletscherbewegungen in der Schweiz und beschrieb sie 1840 in *Études sur les Glaciers.* Im gleichen Jahr

Tiere betreten die Arche Noah in dieser Darstellung der Sintflut, wie in der Bibel beschrieben. Katastrophisten sahen die Sintflut als eines der Ereignisse, die die Geologie formten.

Siehe auch: Globale Erderwärmung 202–203 ▪ Die Keeling-Kurve 242–243 ▪ Ozonabbau 262–263 ▪ Frühlingsverschiebung 276–281

Gletscher fließen am Piz Argient, einem Berg in den Schweizer Alpen, zusammen. Wie andere Alpengletscher waren diese einst viel länger als heute und sie schrumpfen noch weiter.

besuchte er den Geologen William Buckland in Schottland, um dort glaziale Merkmale zu erforschen, was den schottischen Glaziologen James Forbes zu ähnlichen Studien in den französischen Alpen anregte.

Unter anderem die katholische Kirche meinte weiterhin, die Gletscherschrammen seien während der Sintflut entstanden, genauer gesagt durch die Silt- und Gesteinssedimente von Eisbergen, die die Flut mitgeschwemmt hatte. Ab den 1860er-Jahren fand dann die Gletschertheorie Unterstützung. Man akzeptierte, dass die Gletscher Norwegens und der Alpen einst viel ausgedehnter gewesen waren und sich sogar eine Eisdecke über Europa und den Norden Nordamerikas ausgebreitet hatte – mit enormen Auswirkungen auf Tiere und Pflanzen.

Als Grönland und die Antarktis dann genauer erkundet wurden – im späten 19. und frühen 20. Jahrhundert –, zeigte sich, dass beide Regionen noch eisbedeckt waren. Luftaufnahmen aus den 1920er- und 1930er-Jahren bestätigten das Ausmaß der enormen Eisdecken; heute nennt man Eis auf Flächen über 50 000 km^2 Eisdecken, während Eiskappen kleinere Eisflächen wie der Vatnajökull auf Island sind.

Weitere Forschungen zeigten, dass nicht nur eine Eiszeit, sondern mindestens fünf Eiszeitalter in der Erdgeschichte stattgefunden hatten. Das letzte, das quartäre, begann vor 2,58 Mio. Jahren und hält bis heute an. In den letzten 750 000 Jahren gab es acht Zyklen, in denen das Eis vordrang (»Glaziale«) und zurückwich (»Interglaziale«). Im letzten Glazial, das vor 15 000 bis 10 000 Jahren endete, war das Eis bis 4 km dick und der Meeresspiegel 120 m tiefer als heute. ▪

Gletscherrückzug und Zugvögel

Auf dem Höhepunkt der letzten Vereisung vor ungefähr 26 500 Jahren waren große Teile Nordamerikas und des nördlichen Eurasiens von Eisdecken bedeckt. Diese Umgebung war so feindlich, dass die meisten Vögel in subtropischen und tropischen Regionen lebten.

Als die Temperaturen stiegen, zog sich die Eisdecke zurück und hinterließ neue Landschaften. Eisfreie Flächen und kurze, feuchte Sommer waren ideal für Insekten, auch Vögel wanderten ein, um diese Nahrungsquelle zu nutzen. Wenn die Tage im Herbst kürzer wurden, blieben einige Vögel über Winter, andere kehrten in den Süden zurück.

Die Entfernungen, die die Zugvögel zurücklegen mussten, wurden immer länger, als sich die Eisdecke immer weiter nach Norden zurückzog. Letztlich kam es so zu den langen Frühlings- und Herbstzügen zwischen den Tropen und den nördlichen Breiten. Häufige Zugvögel sind Schwalben, Kuckucke und einige Singvögel.

Ein Baltimoretrupialmännchen sitzt auf einem Baumfarn in Costa Rica. Die Art fliegt im März zur Brut nordwärts und kehrt im August oder September in die Tropen zurück.

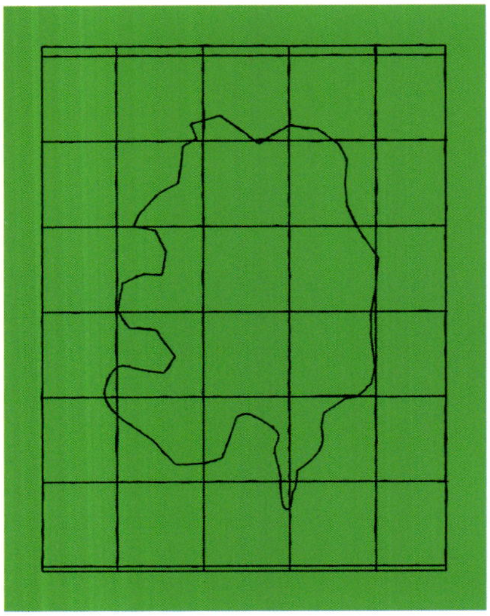

AUF DER KARTE GIBT ES NICHTS, WAS DIE GRENZE MARKIERT

BIOGEOGRAFIE

IM KONTEXT

SCHLÜSSELFIGUR
Alfred Russel Wallace
(1823–1913)

FRÜHER
1831–1836 Darwins Studien auf der Reise mit der *HMS Beagle* bestätigen, dass viele Arten, die an einem Ort leben, nirgendwo sonst vorkommen.

SPÄTER
1874 Der britische Zoologe Philip Sclater gruppiert Vögel in zoogeografische Regionen.

1876 Alfred Russel Wallace veröffentlicht *The Geographical Distribution of Animals* – die erste umfassende Publikation der Biogeografie.

1975 Der ungarische Biologe Miklos Udvardy unterteilt biogeografische Reiche weiter in biogeografische Provinzen.

2015 Der Mexikaner Juan J. Morrone schlägt eine *International Code of Area Nomenclature* (ICAN) für die Biogeografie vor.

Das Vorkommen von Tieren und Pflanzen variiert oft gesetzmäßig nach geografischen Faktoren wie dem Breitengrad, der Höhe und den Lebensraumtypen. Die Erforschung dieser Variationen heißt Biogeografie. Ein Teilbereich, die Phytogeografie, studiert die Verteilung von Pflanzen, während der andere, die Zoogeografie, die Verteilung von Tieren analysiert. Der britische Entdecker und Biologe Alfred Russel Wallace gilt als »Vater der Biogeografie«.

Im 18. Jahrhundert, als Entdecker und Kolonisatoren Tiere und Pflanzen dokumentierten, wurden geografische Variationen besser erkennbar. Auf der großen Expedition der *HMS Beagle* 1831 bis 1836 sah Charles Darwin Vogelarten auf den Falklandinseln, die im kontinentalen Südamerika nicht vorkamen, Riesenschildkröten, die nur auf den Galápagos-Inseln lebten, und Beuteltiere wie die Kängurus Australiens. So fand er neue Teile des biogeografischen Puzzles.

Zoogeografische Regionen der Welt

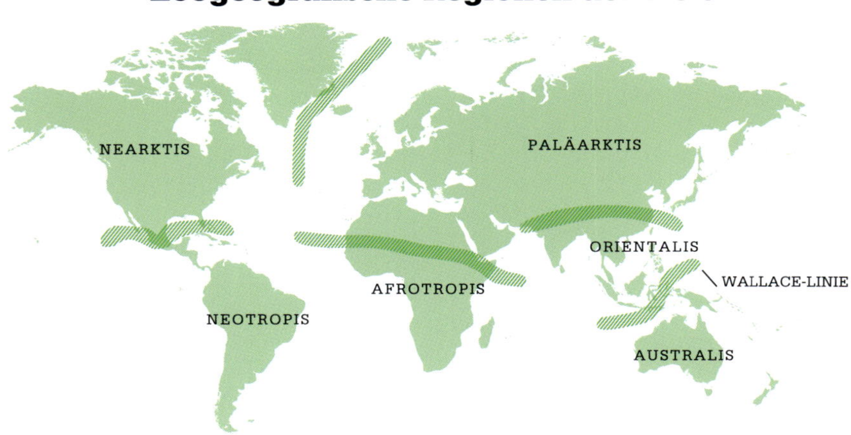

Die sechs zoogeografischen Regionen nach Wallace begannen mit der Linie, die er 1859 einführte, um die Grenze zwischen den Faunen von Südostasien und Australasien zu markieren.

Siehe auch: Evolution durch natürliche Selektion 24–31 ▪ Inselbiogeografie 144–149 ▪ Die Verteilung von Arten in Raum und Zeit 162–163 ▪ Biome 206–209

Ganz Sibirien gehört zur biogeografischen Region Paläarktis. Die Sibirischen Weißbirken in diesem Bild gehören zu einer Unterregion, die Ostsibirische Taiga genannt wird.

Ab 1848 führte Wallace jahrelange Freilandstudien in Südamerika und Südostasien durch. Er erforschte die Nahrungs- und Fortpflanzungsgewohnheiten sowie die Wanderungen Tausender Tierarten, wobei er besonders auf ihre Verteilung in Bezug auf geografische Barrieren wie Meeresstraßen achtete. Er schlussfolgerte, dass die Zahl der Organismen in einer Gemeinschaft vom Nahrungsangebot im spezifischen Habitat abhängt.

Wallace-Linie

Auf seiner Expedition zum Malaiischen Archipel in den Jahren 1854 bis 1862 sammelte Wallace erstaunliche 126 000 Exemplare, viele davon Arten, die der westlichen Wissenschaft zuvor unbekannt waren, unter anderem 2 % aller Vogelarten der Welt. Die Biogeografie belegte für ihn die Theorie der Evolution durch natürliche Selektion. Eine seiner wichtigen Entdeckungen waren die deutlichen Unterschiede der Vogelarten auf beiden Seiten einer Grenze, die Wallace-Linie heißt und die entlang der Straße von Makassar (zwischen den Inseln Borneo und Sulawesi) und der Straße von Lombok (zwischen Bali und Lombok) verläuft. Sie trennt die Fauna Asiens von der Australasiens. Große Tiere und die meisten Vögel hatten diese Linie nicht überschritten. So leben Tiger und Nashörner nur auf der asiatischen Seite, Babirusas (Hirscheber), Beuteltiere und Gelbhaubenkakadus nur auf der anderen Seite. Er stellte auch deutliche Unterschiede der Fauna in Nord- und Südamerika fest.

1876 definierte Wallace sechs zoogeografische Regionen: Nearktis (Nordamerika), Neotropis (Mittel- und Südamerika), Paläarktis (Europa, Afrika nördlich der Sahara und Zentral-, Nord- und Ostasien), Afrotropis (Afrika südlich der Sahara), Orientalis (Süd- und Südostasien) und Australis (Australien, Neuguinea und Neuseeland). Heute nennt man diese Regionen, zu denen noch Ozeanien (Pazifikinseln) und Antarktis hinzukommen, biogeografische Reiche. ■

Alfred Russel Wallace

Der Entdecker, Naturforscher, Biologe, Geograf und Sozialreformer Alfred Russel Wallace verließ die Schule mit 14 Jahren und arbeitete als Landvermesser und Lehrer in England. Er begeisterte sich nach einem Treffen mit dem Entomologen Henry Walter Bates für Insekten. Im Jahr 1848 brachen die beiden zu einer vierjährigen Expedition ins Amazonasbecken auf, es folgten Reisen zum Orinoco und zum Malaiischen Archipel. Wallace kam nach seinen Forschungen zum gleichen Schluss wie Charles Darwin bezüglich der Entstehung von Arten durch natürliche Selektion. Als Weltautorität im Bereich der Faunenverteilung schuf Wallace ein Bewusstsein für die Folgen menschlicher Eingriffe in die Umwelt.

Hauptwerke

1869 *Der Malayische Archipel*
1870 *Contributions to the Theory of Natural Selection*
1876 *The Geographical Distribution of Animals*
1878 *Die Tropenwelt nebst Abhandlungen verwandten Inhalts*
1880 *Island Life*

DIE ERDERWÄRMUNG IST KEINE VORHERSAGE, SIE FINDET STATT

GLOBALE ERDERWÄRMUNG

IM KONTEXT

SCHLÜSSELFIGUR
Svante Arrhenius
(1859–1927)

FRÜHER
1824 Der französische Physiker Joseph Fourier meint, dass die Erdatmosphäre einen Teil der Sonnenwärme einfängt wie ein Treibhaus.

1859 Der irische Physiker John Tyndall liefert experimentelle Belege für die frühere Hypothese, dass Atmosphärengase Wärmestrahlung aufnehmen.

SPÄTER
1976 Der US-amerikanische Chemiker Charles Keeling zeigt, dass der Kohlendioxidgehalt der Atmosphäre zwischen 1959 und 1971 um 3,4 % pro Jahr zugenommen hat.

2006 In *Vor uns die Sintflut* erzählt die Journalistin Elizabeth Kolbert die Geschichten von Menschen und Orten, die vom Klimawandel betroffen sind.

Im Jahr 1896 argumentierte der schwedische Chemiker Svante Arrhenius als Erster, dass die Emissionen von Kohlendioxid (CO_2) durch den Menschen eine globale Erwärmung bewirken könnten. Arrhenius erkannte, dass die mittleren bodennahen Temperaturen durch CO_2 und andere »Treibhausgase« (wie man sie heute nennt) beeinflusst werden, und er glaubte, dass steigende Konzentrationen an CO_2 die Erde wärmer machen würden. Bei einer Zunahme des CO_2 um den Faktor 2,5 bis 3, das berechnete Arrhenius, müssten die Temperaturen in der Arktis um 8 bis 9 °C steigen.

Der Treibhauseffekt

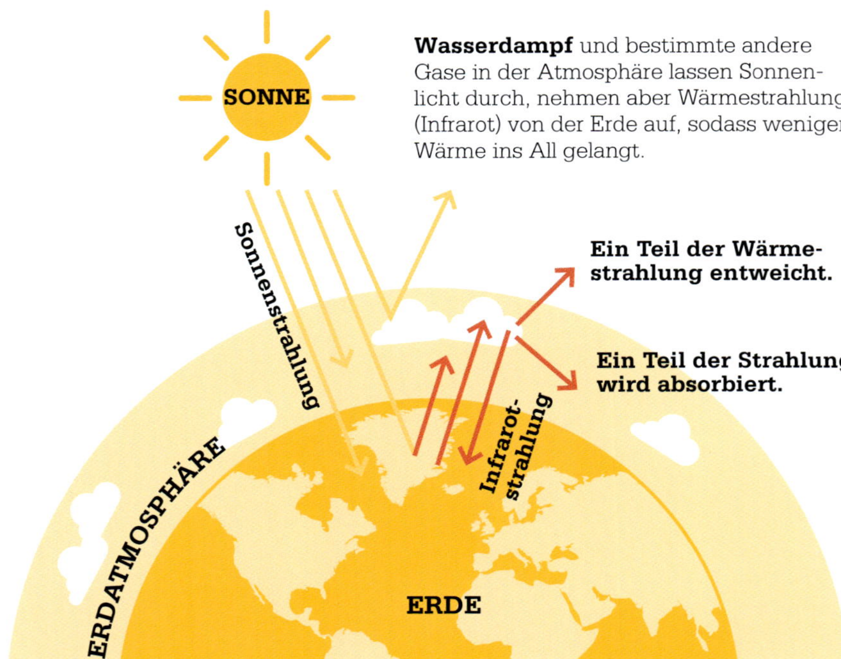

Siehe auch: Rückkopplungen in der Umwelt 226–227 ▪ Erneuerbare Energien 304–309 ▪ Die Umweltbewegung 312–313 ▪ Den Klimawandel aufhalten 320–325

Arrhenius baute auf den Erkenntnissen von Joseph Fourier und John Tyndall aus dem frühen 19. Jahrhundert auf. Fourier fragte sich, warum die Erde keine unbewohnbare Eiswüste war. Er hatte berechnet, dass die Sonne zu weit weg sei, um die Erde auf die beobachtete Temperatur zu erwärmen. Er wusste, dass warme Körper Wärmestrahlung (Infrarotstrahlung) abgeben und die Erde durch diese Wärmeabstrahlung abkühlt. Doch etwas kontrollierte die Temperatur, und Fourier spekulierte, dass das Gasgemisch der Atmosphäre (wie das Glas von Treibhäusern) Sonnenenergie durchlässt, aber Wärme zurückhält. Obwohl sie die Realität stark vereinfacht, führte diese Überlegung zur Theorie des Treibhauseffekts.

John Tyndall konnte als Erster diesen Treibhauseffekt nachweisen. Die Erde erwärmt sich durch die Sonneneinstrahlung. Tyndalls Experimente zeigten, dass bestimmte Atmosphärengase, vor allem Wasserdampf, die Wärmestrahlung absorbieren und dabei die Luft erwärmen, wenn die Wärme wieder abgestrahlt wird. Dieser Treibhauseffekt hält die Temperatur der Erdoberfläche im Mittel auf etwa 15 °C. In den letzten Jahrzehnten haben menschliche Aktivitäten den Treibhauseffekt jedoch verstärkt. So fielen alle zehn wärmsten je gemessenen Jahre in die Zeit ab 2014, wobei 2024 das wärmste war.

» Wenn der Planet ein Patient wäre, hätten wir ihn schon vor langer Zeit behandelt. «

Charles III.
König des Vereinigten Königreichs Großbritannien und Nordirland
Rede zur Eröffnung der Pariser Klimakonferenz, November 2015

» Die Atmosphäre könnte wie das Glas eines Treibhauses wirken … und die mittlere Temperatur der Erdoberfläche erhöhen. «

Nils Ekholm
Schwedischer Meteorologe
On the Variations of the Climate, in: *Quart. J. Royal Met. Soc.*, 1901

Eine wärmere Welt

Schon 1904 zeigte sich Arrhenius über die dramatische Zunahme von CO_2 durch menschliche Aktivitäten besorgt – vor allem durch die Verbrennung fossiler Brennstoffe wie Kohle oder Öl. Er sagte korrekt den Einfluss der CO_2-Emissionen auf die globalen Temperaturen voraus, kam aber letztlich zu dem Schluss, dass die Erwärmung für das Pflanzenwachstum und die Lebensmittelproduktion positiv wäre.

Die Verbrennung fossiler Brennstoffe hat jedoch den CO_2-Gehalt schneller steigen lassen, als Arrhenius erwartet hatte, auch wenn die Erwärmung etwas geringer ausfiel, als seine Berechnung voraussah. Heute wissen Wissenschaftler, dass die Erwärmung Menschen und die Umwelt schädigt und dass sie sich weiter verstärken wird, solange die Emissionen weiter steigen. ▪

Die Auswirkungen der globalen Erwärmung

Seit Beginn der industriellen Revolution um 1750 ist der Gehalt an Kohlendioxid (CO_2) in der Atmosphäre um 50 % gestiegen. Entsprechend lag 2024 die globale Temperatur um 1,46 °C höher als um 1750. Dies hat, wie Forschungen zeigen, zum Abschmelzen von Gletschern und Meereis, zum Anstieg des Meeresspiegels um etwa 21 cm seit 1890 sowie zu Schäden an Korallenriffen geführt. Weitere mögliche Folgen des Klimawandels sind eine längere Waldbrandsaison, mehr Extremwetterereignisse sowie Verschiebungen bei der Verteilung von Tieren und Pflanzen, was Krankheiten, Artensterben und Lebensmittelknappheit auslösen kann.

Der zukünftige Temperaturanstieg hängt davon ab, ob und wie schnell die CO_2-Emissionen sinken. Wie es derzeit aussieht, könnte die Erwärmung weitere 0,3 bis 4,6 °C bis 2100 betragen. Am stärksten erwärmt sich die Arktis.

Der Perito-Moreno-Gletscher in Patagonien galt bis 2018 als relativ stabil, zählt aber nun zu den vielen Gletschern weltweit, die abschmelzen, was den Meeresspiegel anhebt.

LEBENDE MATERIE IST DIE MÄCHTIGSTE GEOLOGISCHE KRAFT

DIE BIOSPHÄRE

IM KONTEXT

SCHLÜSSELFIGUR
Wladimir Wernadski
(1863–1945)

FRÜHER
1785 Der schottische Geologe James Hutton meint, um die Erde zu verstehen, müsse man alle Wechselwirkungen auf ihr studieren.

1875 Der österreichische Geologe Eduard Suess verwendet als Erster den Begriff »Biosphäre« für die Zone, auf die »das organische Leben beschränkt« ist.

SPÄTER
1928 In *Metodologiia sistematiki* warnt der russische Zoologe Wladimir Beklemischew, dass die Zukunft der Menschheit eng mit dem Schutz der Biosphäre verbunden ist.

1974 Der Brite James Lovelock und die US-Amerikanerin Lynn Margulis veröffentlichen die Gaia-Hypothese: die Idee der Erde als lebende Einheit.

Es gibt vier wechselwirkende Teilbereiche der Erde: die Lithosphäre, das ist die feste äußere Gesteinsschicht, die Hydrosphäre, die Gesamtheit des Wassers an der Oberfläche, die Atmosphäre aus Schichten des Gasgemisches der Luft sowie die Biosphäre – alle Orte, die Leben ermöglichen, von der tiefsten Tiefsee bis zu den höchsten Gipfeln.

Die Biosphäre ist uralt: Fossilien von winzigen Mikroben wurden auf 4,28 Mrd. Jahre datiert, sind also fast so alt wie die Erde selbst. Die Biosphäre erstreckt sich über jede land- und wasserbasierte Umwelt, sogar in extreme Habitate wie das immens heiße, mineralreiche Wasser um hydrothermale Schlote der Tiefsee. Man gliedert sie oft in »Biome«: große Lebensräume wie Wüsten, Savannen, Ozeane, Tundren oder Regenwälder.

» Der Mensch wird eine immer stärkere geologische Kraft und die Veränderung seiner Stellung auf der Erde fiel mit diesem Prozess zusammen. «

Wladimir Wernadski
zitiert in: Vyacheslav Stepin: *Theoretical Knowledge,* 2005

Erde als Superorganismus

Die ersten Ideen zur Biosphäre entstanden im 18. Jahrhundert, als der schottische Geologe James Hutton die Erde als eine Art Superorganismus beschrieb: als einzelne lebende Einheit. Ein Jahrhundert später führte Eduard Suess dies in *Das Antlitz der Erde* (1888–1909) weiter aus. Das Leben, so Suess, ist auf eine dünne Zone an der Erdoberfläche beschränkt. Pflanzen seien ein gutes Beispiel für Beziehungen zwischen der Biosphäre und anderen Zonen. Sie wachsen im Boden der Lithosphäre, doch die Blätter atmen in der Atmosphäre.

In *Biosfera* (1926) definierte der russische Geochemiker Wladimir Wernadski, der Suess 1911 getroffen hatte, das Konzept wesentlich detaillierter. Er fasste darin seine Sicht des Lebens als wichtige geologische Kraft zusammen. Als Erster erkannte er, dass die Luftgase

Siehe auch: Das Ökosystem 134–137 ▪ Biodiversität und Ökosystemfunktion 156–157 ▪ Eine ganzheitliche Sicht der Erde 210–211 ▪ Die Gaia-Hypothese 216–219

Über Jahrmilliarden sind Cyanobakterien zu Stromatolithen versteinert: Haufen aus gebundenen Sedimenten wie hier im Hamelin Pool in der Shark Bay in Westaustralien.

Sauerstoff und Kohlendioxid auf biologische Prozesse zurückgehen, nämlich auf die Fotosynthese und die Atmung von Pflanzen und Tieren. Organismen formen den Planeten ebenso wie physische Kräfte, z. B. Wellen, Wind und Regen. Er sah zudem drei Entwicklungsphasen der Erde: erstens die Entstehung des Planeten als Geosphäre aus unbelebter Materie, zweitens die Entstehung des Lebens in der Biosphäre und drittens die Epoche, in der der Mensch den Planeten für immer verändert – die Noosphäre.

Wechselwirkende Sphären

Die Biosphäre hat sich ständig verändert. Der Sauerstoffgehalt der Luft begann vor mindestens 2,7 Mrd. Jahren anzusteigen, als sich Cyanobakterien (eine Mikrobengruppe) vermehrten. Dank des Sauerstoffs konnten komplexere Lebensformen entstehen, die die Erde vielfältig gestalteten, die Oberfläche erodierten, sie umformten und ihren chemischen Aufbau veränderten.

Mit der Zeit wurden Teile der Biosphäre Teil der Lithosphäre. Über Jahrmillionen türmten sich tote Korallen zu Riffen in tropischen Flachmeeren auf und Kalkskelette unzähliger Meeresorganismen sammelten sich am Meeresboden und wurden zu Kalkstein. ▪

» Ich blicke mit großem Optimismus in die Zukunft. Wir leben im Übergang zur Noosphäre. «

Wladimir Wernadski
The Biosphere and the Noosphere, in: *American Scientist,* 1945

Wladimir Wernadski

Der 1863 geborene Wernadski graduierte im Alter von 22 an der Staatsuniversität in St. Petersburg und erforschte dann als Postdoktorand in Italien und Deutschland die optischen, elastischen, magnetischen, thermischen und elektrischen Eigenschaften von Kristallen. Nach der Russischen Revolution im Februar 1917 wurde Wernadski stellvertretender Bildungsminister der Übergangsregierung. Im folgenden Jahr gründete er die Akademie der Wissenschaften der Ukraine in Kiew. Zwar wurde sein Buch *Biosfera* außerhalb Russlands kaum ernst genommen, doch später wurde es eine der Grundlagen der Gaia-Hypothese.

In den 1930ern propagierte Wernadski die Nutzung der Kernenergie und war Berater beim sowjetischen Atombombenprogramm. Er starb 1945.

Hauptwerke

1924 *Geochemie in ausgewählten Kapiteln*
1926 *Biosfera*
1943 *The Biosphere and the Noosphere,* in: *American Scientist* 33 (1), 1945
1944 *Problems of Biochemistry*

DAS SYSTEM DER NATUR

BIOME

IM KONTEXT

SCHLÜSSELFIGUREN
Frederic Clements (1874–1945), **Victor Shelford** (1877–1968)

FRÜHER
1793 Alexander von Humboldt prägt das Wort »Assoziation« als Sammelbegriff für das Gemisch an Pflanzentypen in einem bestimmten Habitat.

1866 Ernst Haeckel stellt das Konzept des Biotops vor: der Lebensraum einer Reihe von Tieren und Pflanzen.

SPÄTER
1966 Leslie Holdridge schlägt Lebenszonen, basierend auf den biologischen Auswirkungen von Temperatur und Niederschlägen, vor.

1973 Der deutsch-russische Botaniker Heinrich Walter veröffentlicht eine Biomsystematik, die Jahreszeiten berücksichtigt.

In verschiedenen Teilen der Erde kommen verschiedene Muster der Pflanzen- und Tierwelt vor, doch es gibt Ähnlichkeiten über große Gebiete: die Biome. Das sind große biogeografische Regionen mit typischen Pflanzen- und Tiergesellschaften und Ökosystemen. Das Konzept der Biome wurde erstmals von dem Pflanzenökologen Frederic Clements und dem Zoologen Victor Shelford in den USA in ihrem Werk *Bioecology* (1939) veröffentlicht, doch es hat ältere Ursprünge.

Das Biomkonzept entwickelte sich, als Theorien über Sukzession und die Ökologie von Gemeinschaften entstanden. Clements identifizierte »Formationen«, große Pflan-

Siehe auch: Die Verteilung von Arten in Raum und Zeit 162–163 ▪ Klimaxgesellschaft 172–173 ▪ Offene Gemeinschaft 174–175 ▪ Biogeografie 200–201

zengesellschaften, was 1916 zum Konzept der Klimaxgesellschaften führte. Im gleichen Jahr verwendete er den Begriff »Biom« für biotische Gesellschaften: die wechselwirkenden Lebewesen eines Habitats.

Gleichgesinnte Denker

Nicht nur Clements dachte in diese Richtung, sondern auch der Zoologe Victor Shelford. Während die beiden ihre eigenen Studien verfolgten, trafen sie sich über 20 Jahre hinweg immer wieder mit dem Ziel, die Welt der Tiere und der Pflanzen zu verbinden. Clements studierte Pflanzenbiome in Colorado gemeinsam mit seiner Frau, der bedeutenden Botanikerin Edith Clements. Unterdessen erstellte Shelford den *Naturalist's Guide to the Americas* (1926), die erste große geografische Übersicht der Tierwelt Amerikas, in der er von »Biota« sprach. Das Buch war die Basis späterer Entdeckungen.

Ein wichtiger Schritt der Erforschung von Wechselwirkungen in »

Die **Verbreitung** von Pflanzen bestimmt vor allem das **Klima.**

↓

Manche Pflanzen gedeihen in jeder **Klimaregion.**

↓

Die **Haupttypen** von Pflanzen **passen** genau zu den **Temperatur- und Niederschlagsmustern.**

↓

Mit den Hauptpflanzentypen kann man die Welt in breite natürliche Zonen einteilen, die Biome, die Variationen des Klimas wiedergeben.

Die mongolische Steppe gehört zum gleichen Graslandbiom wie die Prärien Nordamerikas. Obwohl sie auf verschiedenen Kontinenten liegen, verbinden sie das Klima, die Tiere und Pflanzen.

Gefährdete Korallenriffbiome

Korallenriffe sind sehr reiche Habitate, sodass man sie oft »Regenwälder des Meeres« nennt. Sie ernähren ein Viertel aller marinen Arten und von ihnen leben 500 Mio. Menschen. Doch die Korallenriffe sind stark bedroht. Die Hälfte der von lebenden Korallen besiedelte Fläche ist seit den 1950ern verschwunden, laut Experten könnten nach den nächsten 30 Jahren 90 % zerstört sein. Zu den größten Gefahren zählen die Versauerung der Meere und die Erderwärmung. Bei Wärmestress stoßen die Korallen die symbiotischen Algen ab, die sie für ihre Ernährung brauchen. Sie wachsen dann nicht mehr, verlieren ihre Farbe und sterben; dies wird als Korallenbleiche bezeichnet. Immer häufiger tritt dieser Vorgang auf. Zudem gibt es lokale Bedrohungen durch das Fischen. Beim Fang von Aquarienfischen wird oft Natriumcyanid verspritzt, um die Fische zu lähmen, doch die Korallen tötet es. Nahrungsfische werden teils mit Dynamit gefangen; die Explosion tötet sie, sodass sie leicht in großer Zahl zu sammeln sind, zerstört aber auch die Riffe.

ökologischen Gemeinschaften war der Begriff »Ökosystem«, den der britische Botaniker Arthur Tansley 1935 einführte. Als Clements und Shelford 1939 die Ergebnisse ihrer Zusammenarbeit publizierten, war dies kein plötzlicher Durchbruch, sondern die Verfestigung von Ideen, die schon lange gärten.

Die Verbindung von Botanik und Zoologie war entscheidend. Erst wenn man die Gesamtheit der Natur mit ihren dynamischen Beziehungen betrachtet, kann man hoffen, das große Ganze zu sehen. Clements definiert ein Biom als »organische Einheit aus allen Pflanzen- und Tierarten, die in einem bestimmten Habitat leben«. Doch letztlich wurden Biome vor allem durch ihren Vegetationstyp definiert.

Das wichtigste Merkmal von Biomen ist, dass sie die Vegetation und Pflanzengemeinschaften auf der ganzen Welt verbinden. Es gibt z. B. tropische Regenwälder auf jedem Kontinent, doch die meisten Baumarten kommen nur auf einem vor. Daher unterscheiden sich die Baumarten im Amazonas völlig von denen in Indonesien. Doch beide Waldgebiete sind als Tropenwälder identifizierbar, weil die Bäume gemeinsame Merkmale haben.

Seit dem Erscheinen von *Bio-ecology* gab es zahllose Versuche, Biome genau zu definieren und zu klassifizieren. Biome sind ein einfaches Mittel, um globale Vegetationsmuster zu verstehen, aber bei genauerem Hinsehen stellen sie nur eine sehr grobe Gruppierung von Ökosystemen dar. Es gibt keine allgemein anerkannte Systematik und die einzige anerkannte Einteilung ist die in terrestrische (landbasierte) und aquatische (wasserbasierte) Biome. Einige Namen für Biome tauchen in vielen Klassifikationssystemen auf, wie etwa Polarbiom, Tundra, Regenwald, Grasland und Wüste, doch sie werden jeweils unterschiedlich definiert.

Das Klima als Faktor

Der einzige gemeinsame Faktor aller Biomklassifikationen ist das Klima, wobei auch andere abiotische Faktoren einfließen. Das Klima bestimmt die Pflanzenform, die für ein Gebiet am besten geeignet ist; Pflanzen sind durch ihre Wuchsform auf bestimmte Klimate beschränkt. Laubbaumblätter sind breit mit einer großen Oberfläche zur Lichtabsorption, doch sie kommen mit Austrocknen und Frost nicht gut zurecht. Die Nadeln der Nadelbäume dagegen überstehen auch starken Frost. Wüstenbüsche haben oft dünne oder gar keine Blätter als Schutz gegen das Austrocknen. Die Rolle des Klimas sieht man schon an Biomnamen wie »tropischer Regenwald« oder »gemäßigtes Grasland«.

Terrestrische Biome der Welt

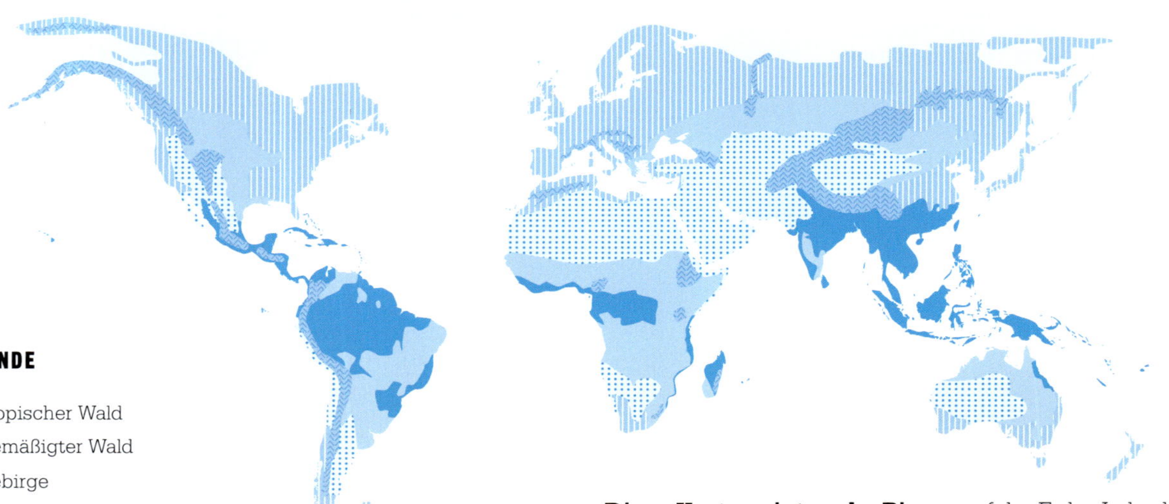

LEGENDE

- Tropischer Wald
- Gemäßigter Wald
- Gebirge
- Grasland
- Wüste
- Polargebiet

Diese Karte zeigt sechs Biome auf der Erde. Jedes hat eine unterschiedliche Flora, da die Pflanzentypen je nach Klimazone variieren. Marine Biome und Süßwasserbiome sind hier nicht dargestellt, aber in der Biosphäre ebenso wichtig.

Der tropische Regenwald ist das wärmste und feuchteste Biom, er bedeckt 7 % der Erdoberfläche. Als eines der ältesten Biome enthält es viel mehr Tier- und Pflanzenarten als alle anderen.

Selten haben Arten exakt die gleichen Ansprüche ans Klima, sogar Varietäten einer Art unterscheiden sich oft. Der Zuckerahorn im Osten Nordamerikas etwa ist winterhärter als sein Cousin, der Silberahorn. Die Verbreitungsgebiete der beiden Arten überlappen zwar, aber der Zuckerahorn kommt bis weit nach Kanada hinein vor, während der Silberahorn im Süden bis nach Texas gedeiht. Da Biome nur ein grobes Bild der Tier- und Pflanzenverteilung geben, entwickeln Ökologen ständig neue Systematiken.

Regen, Wärme, Evolution

Die wohl verbreitetste Klassifikation ist die nach Lebenszonen, die der US-amerikanische Botaniker Leslie Holdridge 1947 definierte und 1967 verbesserte. Demnach bestimmen zwei Faktoren die Vegetation einer Region: Niederschläge und Wärme. Die 38 Lebenszonen werden in einem Dreieck grafisch dargestellt. Zwei Seiten des Dreiecks sind Achsen für Niederschläge und Evapotranspiration (die Verdunstung, die von Temperatur und Feuchtigkeit abhängt). Warme Gebiete liegen an der Basis, kühle an der Spitze des Dreiecks. Sein Inneres ist in Sechsecke geteilt, die jeweils Bereiche dieser Variablen sowie (indirekt) den Breitengrad und die Höhenlage repräsentieren.

Der US-amerikanische Pflanzenökologe Robert Whittaker entwickelte eine einfachere Grafik mit zwei Achsen: Durchschnittstemperatur und Jahresniederschläge. Die Fläche dazwischen teilte er in neun Biome vom tropischen Regenwald (dem wärmsten, feuchtesten) zur Tundra (der kältesten, trockensten).

Alle Systematiken beruhen auf der Idee der konvergenten Evolution, die besagt, dass Arten in ähnlichen Umwelten ähnliche Merkmale ausbilden. Insekten, Fledermäuse, Vögel und Flugsaurier entwickelten unabhängig voneinander Flügel. Biome umfassen also Lebewesen, die sich in ähnlichen Umwelten ähnlich entwickelt haben. Doch in den letzten Jahrzehnten zeigte sich, dass sich Arten im gleichen Biom unterschiedlich entwickeln und im gleichen Klima verschiedene stabile Biome entstehen können. Zwar sind Biome zentral für das Verständnis des Lebens, aber das Konzept dahinter ist komplex und schwer fassbar. ■

Ökozonen

Biome sind ein Weg, ähnliche Formen zu identifizieren, die das Leben als Reaktionen auf spezielle regionale Bedingungen wie Klima, Boden und Topografie bildet. Doch man kann die Welt auch auf andere Arten ökologisch unterteilen. 1973 stellte der ungarische Biologe Miklos Udvardy das Konzept der biogeografischen Reiche vor; es wurde vom *World Wildlife Fund* (WWF) weiterentwickelt. Die BBC ersetzte später das Wort »biogeografisches Reich« durch »Ökozonen«. Biogeografische Reiche unterteilen den ganzen Planeten gemäß der evolutionären Geschichte der Pflanzen und Tiere. Da Kontinente wanderten, sich trennten und neu verbanden, entwickelten sich die Arten in jeder Weltregion verschieden. Ökozonen beruhen auf der Identifikation dieser Unterschiede. Australis (oder Australasien) ist eine Ökozone, weil sich dort Beuteltiere isoliert von anderen Säugetieren entwickelt haben.

Der Kurzschnabeligel ist eines der häufigsten einheimischen Säugetiere der australasiatischen Ökozone. Sie leben in vielen Habitaten von Wüsten bis zu Regenwäldern.

WIR HALTEN DIE DIENST-LEISTUNGEN DER NATUR FÜR SELBSTVERSTÄNDLICH, WEIL WIR NICHT DAFÜR BEZAHLEN

EINE GANZHEITLICHE SICHT DER ERDE

IM KONTEXT

SCHLÜSSELFIGUR
Eugene Odum (1913–2002)

FRÜHER
1905 In *Research Methods in Ecology* schreibt der US-Amerikaner Frederic Clements über Pflanzengesellschaften und ihre Veränderungen.

1935 Arthur Tansley, ein britischer Botaniker, führt den Begriff »Ökosystem« für eine Gemeinschaft von Pflanzen und Tieren samt Boden, Wasser und Luft ein.

SPÄTER
1954 Eugene und Howard Odums Studie des Korallenatolls Eniwetok im Pazifik wendet Prinzipien der holistischen Ökologie an.

1974 Der Brite James Lovelock und die US-Amerikanerin Lynn Margulis veröffentlichen die Gaia-Hypothese: die Erde als selbstregulierendes System, das für Verhältnisse sorgt, die für das Leben geeignet sind.

Salzmarschen wie hier an der Küste nahe Porthmadog (Nordwales) formen ein eigenes Ökosystem. Das Salzwasser und seine Nährstoffe schaffen einen einzigartigen Lebensraum.

Der US-amerikanische Ökologe Eugene Odum war nicht der erste Wissenschaftler, der über Ökologie schrieb, aber er forderte in den 1950ern, man solle sie als eigenständige Disziplin anerkennen. Zuvor galt die Ökologie als relativ unbedeutender Teilbereich der Biologie oder als kleiner Bruder von Zoologie und Botanik. Odum war jedoch fest davon überzeugt, dass das isolierte Studium von Pflanzen oder Tieren niemals zu einer vollständigen Kenntnis des Lebens führen kann. Es sei wichtiger, Orte und Rollen zu erforschen, die Arten in ihrer Gemeinschaft besetzen, statt nur ihre Merkmale zu beschreiben. Seinen neuen Ansatz beschrieb

Siehe auch: Das Ökosystem 134–137 ▪ Makroökologie 185 ▪ Die friedliche Koexistenz von Menschheit und Natur 299 ▪ Die Umweltbewegung 312–313

er 1953 in dem Buch *Fundamentals of Ecology* und revolutionierte damit das Ziel und den Einfluss ökologischer Forschungen.

Die »neue Ökologie«

In der ganzheitlichen oder holistischen Sicht wird ein System von Organismen als Ganzes studiert. Ein Organismus (oder eine Gruppe von Organismen), so Odum, kann nicht ohne das Studium des Ökosystems verstanden werden, in dem er lebt. Dieser Ansatz untersucht die Rollen, die jedes Mitglied des Ökosystems spielt, und wie jedes System mit anderen interagiert. Klima, Geologie, Wasser, Mineralstoffe und menschliche Aktivitäten beeinflussen die Lebensgemeinschaften – und sie werden von diesen beeinflusst.

Odum schrieb in den 1950ern und 1960ern, als sich das Bewusstsein über die zunehmende Umweltzerstörung verstärkte. Die Rolle des Menschen war ein wesentlicher Teil der »Systemökologie«, wie Odum dieses Konzept nannte. Er wollte, dass Menschen wohlwollende Alliierte der Natur – Kollegen statt Manipulatoren – sind. Diese allumfassende Vorstellung von Ökologie trug viel dazu bei, dass 1970 der erste Tag der Erde stattfand.

Die holistische »neue Ökologie« von Odum betrachtet die Erde als Ganzes und vereint Physik, Chemie, Botanik, Zoologie, Geologie und Meteorologie. Zu den Grundannahmen der Ökologie gehören diese drei: Ökosysteme sind die elementare Einheit der Natur, Biodiversität erhöht die Überlebensfähigkeit von Ökosystemen und das Ganze ist größer als die Summe seiner Teile. Systeme in der Natur – ob Zellgruppen in einem Tierkörper, das ganze Tier oder das Ökosystem, in dem es lebt – können sich selbst regulieren, um stabil zu bleiben.

> » … Ökologie wurde schlecht präsentiert und in zu viele feindliche Teilbereiche gespalten. «
>
> **Eugene Odum**
> zitiert in: Frank Benjamin Golley: *A History of the Ecosystem Concept*, in: *Ecology*, 1993

Integrierte Forschung

Eine holistische Studie eines Seeökosystems würde alles betrachten, was in den See und seine Ufer eingeht und was herauskommt, etwa Energie, Wasser, Mineralien und Nährstoffe, aber auch menschliche Einflüsse. Die Studie müsste die Rolle aller Produzenten (Pflanzen und Plankton) und Konsumenten (Pflanzen- und Fleischfresser) untersuchen. Zudem erforscht der holistische Ansatz Veränderungen im Lauf der Zeit: Entwicklungen, die einigen Organismen kurzfristig nützen, können langfristig dazu führen, dass die Diversität abnimmt. So gedeihen Forellen in warmem, basischem Wasser, doch wenn es durch ökologische Veränderungen zu warm oder sauer wird, vermehren sich die Fische nicht mehr.

Odums ganzheitlicher Ansatz führte zu einem wesentlich detaillierteren Verständnis der Vorgänge in Ökosystemen, als Studien an einzelnen Arten bringen könnten. ■

Tag der Erde

Nach einer Ölkatastrophe in Kalifornien beschloss US-Senator Gaylord Nelson 1969 bei einem »Teach-in« (beliebter Diskussionsevent), die wachsenden Umweltsorgen zu betonen. Er ahnte nicht, welche enorme Bewegung er anstoßen würde. Am 22. April 1970, dem ersten Tag der Erde, besuchten 20 Mio. US-Amerikaner Demonstrationen und Vorträge. Und noch im gleichen Jahr wurden Gesetze zum Schutz von Luft und Wasser und zum Artenschutz verabschiedet und die US-Umweltbehörde *Environmental Protection Agency* (EPA) gegründet. Der Tag der Erde wurde zum globalen Phänomen: 1990 nahmen 200 Mio. Menschen aus 141 Ländern teil, was dem UN-Erdgipfel in Rio de Janeiro 1992 viel Schwung gab. Er findet jedes Jahr am 22. April mit anderem Fokus statt: 2018 ging es um Plastikmüll, am 55. Jahrestag 2025 um das Thema »Unsere Kraft, unser Planet« und den raschen Ausbau erneuerbarer Energien.

Am ersten Tag der Erde am 22. April 1970 sammelten sich Menschenmengen wie hier in Philadelphia (Pennsylvania) überall in den USA und demonstrierten gegen die Umweltverschmutzung.

DIE GESUNDHEIT VON MENSCHEN, TIEREN UND ÖKOSYSTEMEN IST VERKNÜPFT

ONE HEALTH

IM KONTEXT

SCHLÜSSELFIGUR
Calvin Schwabe (1927–2006)

FRÜHER
1858 Der deutsche Arzt Rudolf Virchow meint, dass Tier- und Humanmedizin keine getrennten Disziplinen sein sollten.

1964 In *Veterinary Medicine and Human Health* plädiert Calvin Schwabe für bessere Zusammenarbeit zwischen Human- und Tiermedizin.

1984 Schwabe führt den Begriff »One Medicine« (»Eine Medizin«) ein, der das Bestreben vermitteln soll, Tier- und Humanmedizin zu vereinen.

SPÄTER
2008 In einem Artikel in *Nature* bringt die britische Ökologin Kate Jones hohe Bevölkerungsdichte mit Zoonosen in Verbindung.

2012 Der erste One-Health-Gipfel findet in Davos (Schweiz) statt.

Die verheerende Covid-19-Pandemie mit 609 Mio. Infektionen und 6,5 Mio. Todesopfern zwischen den Jahren 2019 und 2022 rückte zoonotische Krankheiten (Zoonosen) in den Blick: Sie entstehen durch bakterielle, virale oder parasitäre Erreger, die von Tieren auf Menschen übertragbar sind. SARS-CoV-2 (der Covid-19-Erreger), ein Typ des Coronavirus, zählt zu den Zoonosen. Laut der Weltgesundheitsorganisation (WHO) stammen etwa 60 % der neu auftretenden Infektionskrankheiten von domestizierten oder wild lebenden Tieren. Der Mensch dringt immer weiter in die Lebensräume wilder Tiere vor und die Pandemie zeigte, welches Risiko damit einhergehen kann.

Gemeinsamer Ansatz

Zoonosen gibt es schon seit Jahrtausenden. So löste die Tollwut, die von Hunden auf Menschen übertragen wird, bereits zu Beginn des 2. Jahrtausends v. Chr. in Babylon Todesfälle aus und stellt auch heute noch eine Gefahr dar. Forschende entdecken regelmäßig neue zoonotische Krankheiten: seit 1990 über 30 neue Krankheitserreger in Menschen, von denen drei Viertel von Tieren stammen. In den ersten Jahren des 21. Jahrhunderts beschäftigen sich Epidemiologen nach Ausbrüchen lebensbedrohlicher Krankheiten, darunter Ebola, West-Nil-Virus, Vogelgrippe und Affenpocken, wieder mehr mit Zoonosen.

Seit den 1960er-Jahren wollte der US-amerikanische Veterinärepidemiologe Calvin Schwabe die beiden Disziplinen Veterinär- und Humanmedizin zusammenführen. 2003 ging er noch einen Schritt weiter und forderte einen integrierten Ansatz zur Optimierung der Gesundheit von Menschen, Tieren, Pflanzen und ihrer gemeinsamen Umwelt: den One-Health-Ansatz. Es war klar geworden, dass einige

» Es gibt kein gesundes Leben auf einem kranken Planeten. «

Doreen Robinson
How embracing the One Health approach can create a more sustainable planet
Website des UNEP, 2023

Siehe auch: Gefährdete Lebensräume 238–241 ▪ Überbevölkerung 252–253 ▪ Entwaldung 256–261 ▪ Amphibienkrankheiten 282 ▪ Beiträge der Natur für die Menschen 336–337

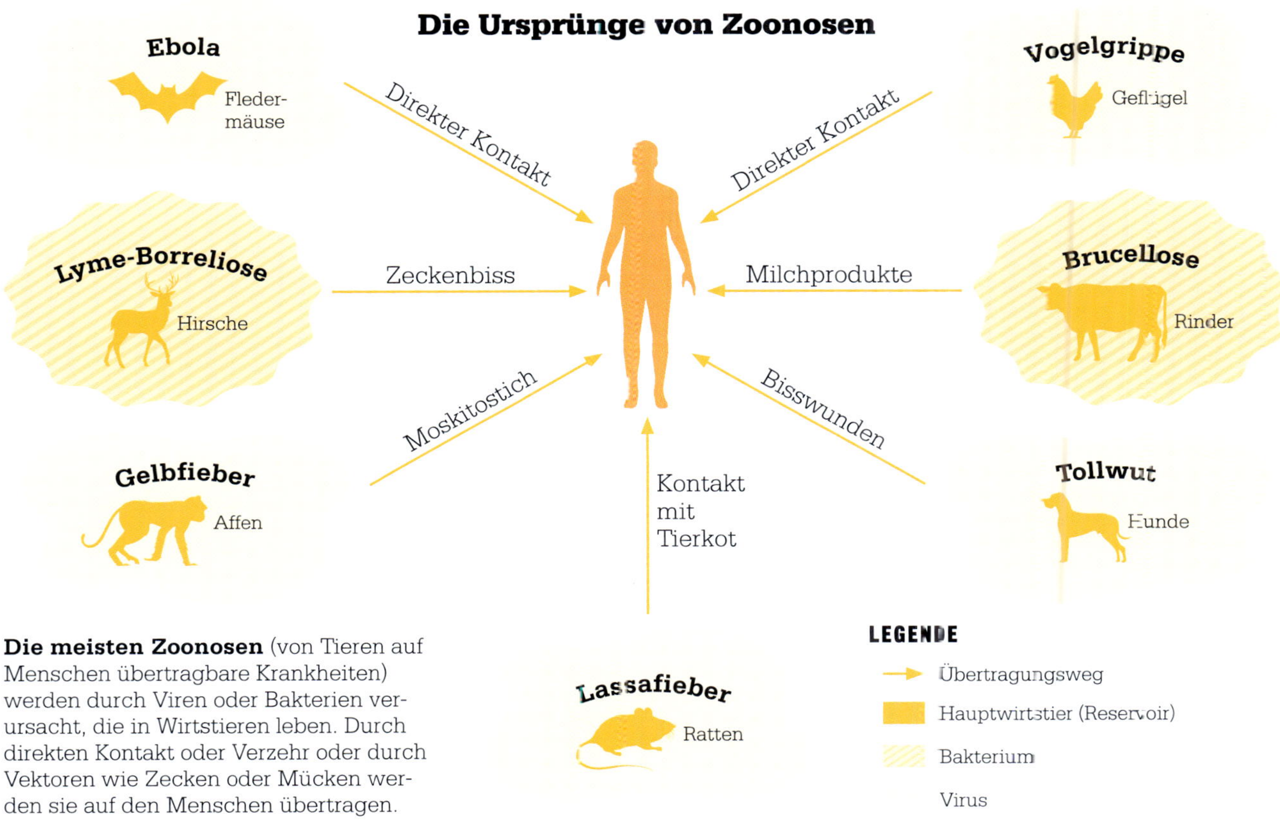

Die meisten Zoonosen (von Tieren auf Menschen übertragbare Krankheiten) werden durch Viren oder Bakterien verursacht, die in Wirtstieren leben. Durch direkten Kontakt oder Verzehr oder durch Vektoren wie Zecken oder Mücken werden sie auf den Menschen übertragen.

Tiere wie Nagetiere, Haustiere und Fledermäuse bevorzugt als Wirte für zoonotische Krankheitserreger infrage kommen. Da sie oft in Siedlungen zu finden sind, geschieht die Übertragung von Erregern auf den Menschen eher. Die rasante Verstädterung, die intensive Tierhaltung, das Vordringen in Ökosysteme und die Anpassung von Tieren an das Leben in Städten – alles Folgen des raschen Bevölkerungswachstums – gelten als wichtige Faktoren für die Zunahme von Zoonosen. Auch die Ausweitung des globalen Handels mit Tieren und Tierprodukten sowie der Klimawandel trugen dazu bei. Es war Zeit für ein neues Denken.

One Health bezieht sich nicht nur Zoonosen. Störungen der Ökosysteme führen zu weiteren Krankheiten, vernichten Lebensgrundlagen, lösen Ernährungsunsicherheit, Umweltschäden und erzwungener Migration aus. Große Teile der Weltbevölkerung leben mit einer Luftqualität unter WHO-Standards.

Gesundheit und Umwelt

Nach den Ideen von Schwabe und anderen hat das UN-Umweltprogramm den One-Health-Ansatz eingeführt, um Agrar- und Bodenforschung, Umweltschutz, Medizin und Regierungen enger zu verknüpfen. Laut UN gehen 53 % der Todesfälle durch COPD, 40 % der durch Lungenkrebs und 22 % der durch Herz-Kreislauf-Erkrankungen auf die Verschmutzung von Luft, Wasser und Boden zurück.

Die WHO, die UN-Ernährungs- und Landwirtschaftsorganisation sowie die Weltorganisation für Tiergesundheit fördern diesen Ansatz. Mit passenden Maßnahmen sollen Ökosysteme wiederhergestellt, die Biodiversität gefördert und die Ausbreitung von Krankheiten eingedämmt werden. Nachhaltige Landwirtschaft, Wiederaufforstung bzw. Renaturierung, die Verminderung von Luft- und Wasserverschmutzung sowie der verantwortungsvolle Umgang mit Antibiotika sind wichtige Elemente. ■

PLATTENTEKTONIK IST NICHT NUR CHAOS UND ZERSTÖRUNG

KONTINENTALDRIFT UND EVOLUTION

IM KONTEXT

SCHLÜSSELFIGUR
Alfred Wegener (1880–1930)

FRÜHER
1596 Der Flame Abraham Ortelius ist einer von mehreren Geografen, der bemerkt, dass die beiden Seiten des Atlantiks »zusammenpassen«.

SPÄTER
1929 Der britische Geologe Arthur Holmes überlegt, dass Konvektion im Erdmantel die Kontinentaldrift antreibt.

1943 George Gaylord Simpson zweifelt Fossilien als Beleg für die Kontinentaldrift an und plädiert für stabile Kontinente.

1962 Der US-amerikanische Geologe Harry Hess erklärt die Meeresbodenspreizung durch das Aufsteigen von Magma.

2015 Eine Gruppe australischer Forscher meint, dass Kollisionen tektonischer Platten im Meer Phasen schneller Evolution auslösen können.

Die Erdoberfläche bewegt sich ständig – aber sehr langsam – schon seit über 3 Mrd. Jahren. Die Lithosphäre (Erdkruste und oberer Mantel) ist in sieben große Bereiche und viele kleine zerbrochen, die tektonischen Platten. Treffen Platten aufeinander, bestimmt ihre Bewegung die Art der Grenze. Wo Platten gegeneinanderdrücken, werden Gebirge aufgefaltet, wo sie sich trennen, bildet sich neue ozeanische Kruste.

Die ersten Hinweise, dass die Kontinente nicht immer an ihrer heutigen Position lagen, ergaben sich im späten 16. Jahrhundert. Als europäische Entdecker und Kolonisatoren die Küste Amerikas kartierten, bemerkten sie, dass die Küstenlinien beiderseits des Atlantiks genau zueinanderpassen. Später fanden Geologen strukturelle und geologische Ähnlichkeiten zwischen den Gebirgen der kaledonischen Gebirgsbildungsphase und den Appalachen Nordamerikas.

Ähnliche Fossilien

Viele Arten von Fossilien wurden auf mehreren Kontinenten gefunden, was nur durch Kontinentalbewegungen erklärt werden kann – denn die Tiere oder Pflanzen hätten Ozeane nicht überqueren können. Ein Beispiel ist *Cynognathus crateronotus,* ein säugetierähnliches Reptil, das vor über 200 Mio. Jahren im südlichen Afrika und östlichen Südamerika lebte. *Glossopteris,* eine Gattung baumförmiger Samenfarne, wuchs vor etwa 300 Mio. Jahren in Südamerika, Südafrika, Australien, Indien und Antarktika, aber nirgendwo sonst.

Für den deutschen Geophysiker Alfred Wegener belegten solche Funde, dass die Kontinente einst verbunden waren. 1915 veröffentlichte er die Theorie, dass alle Kontinente vormals eine einzige Landmasse »Pangäa« formten, die zerbrach und auseinanderdriftete.

Dieser fossile Kopf des ausgestorbenen Reptils *Cynognathus crateronotus* wurde im südlichen Afrika gefunden. Es kam auch in Südamerika vor; die Kontinente waren also einst verbunden.

Siehe auch: Inselbiogeografie 144–149 ▪ Die Verteilung von Arten in Raum und Zeit 162–163 ▪ Makroökologie 185 ▪ Metapopulationen 186–187 ▪ Biogeografie 200–201

Drei Typen von Plattengrenzen

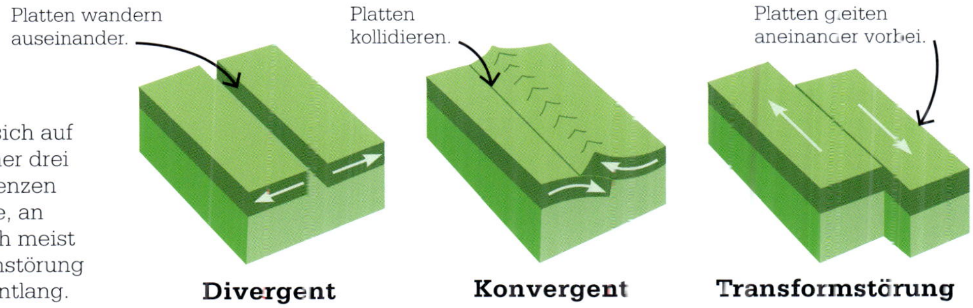

Tektonische Platten können sich auf drei Arten bewegen, es gibt daher drei Grenztypen. An divergenten Grenzen entsteht neue ozeanische Kruste, an konvergenten Grenzen faltet sich meist Gebirge auf. Bei einer Transformstörung gleiten die Platten aneinander entlang.

Die Theorie stieß zunächst auf Widerstand. 1943 meinte George Gaylord Simpson, einer der einflussreichsten Paläontologen der USA, die Fossilüberlieferung sei auch so erklärbar, dass zwischen festen Kontinenten das Meer periodisch zurückweicht und Landbrücken entstehen.

Evolutionäre Beweise

Trotz der anfänglichen Zweifel kamen immer mehr Beweise für die Plattentektonik auf. Messungen zeigten, dass sich der Meeresboden spreizt und ständig neue ozeanische Kruste entsteht. Wir wissen heute, dass die Drift der tektonischen Platten von Konvektionsströmungen im Erdmantel angetrieben wird, die Wärme aus dem Erdinneren an die Oberfläche transportieren.

Mit Wegeners Theorie ergab die Fossilüberlieferung mehr Sinn. Die Kontinentaldrift hatte weitreichende Folgen für die Evolution. Zerbricht ein Kontinent, beginnen die getrennten Populationen einer Art, sich in verschiedene Richtungen zu entwickeln. Wenn aber zwei Kontinente kollidieren oder eine Landbrücke entsteht, mischen sich verschiedene Arten und es entsteht Konkurrenz; einige Arten können dann aussterben. ▪

» Die Kräfte, welche die Gebirge falten, müssen jetzt dieselben sein, welche auch die Horizontalverschiebungen der Kontinente bewirken. «

Alfred Wegener
Die Entstehung der Kontinente und Ozeane, 1915

Beuteltiere gelten heute als typisch australisch, doch sie kamen einst aus Amerika und leben immer noch dort.

Beuteltiere in Amerika und Australien

Beuteltiere sind Säugetiere ohne Plazenta; die Jungen ernähren sich über die Zitzen der Mutter und bleiben typischerweise in einem Hautbeutel an deren Bauch, bis sie ausreichend entwickelt sind. Heute kommen sie nur in Amerika (vor allem Süd- und Mittelamerika) und Australien vor, aber sie entstanden wohl vor 100 Mio. Jahren in Nordamerika. Von dort breiteten sie sich nach Südamerika aus und es entstanden unterschiedliche Arten.

Mehrere Gruppen wanderten in das heutige Antarktika und Südaustralien ein, wohl durch einen Vegetationsgürtel, der die drei Gebiete verband, die damals alle Teile einer südlichen Landmasse namens Gondwana waren.

Vor 55 Mio. Jahren hatten sich die Kontinente getrennt und die Beuteltierarten entwickelten sich individuell weiter. Das einzige bekannte Beuteltierfossil aus Antarktika – aus 40 Mio. Jahre altem Gestein der Seymour-Insel – ähnelt südamerikanischen Beuteltieren der gleichen Zeit, aber nicht den australischen.

DAS LEBEN VERÄNDERT DIE ERDE FÜR SEINE EIGENEN ZWECKE

DIE GAIA-HYPOTHESE

IM KONTEXT

SCHLÜSSELFIGUR
James Lovelock (1919–2022)

FRÜHER
1935 Der Brite Arthur Tansley beschreibt mit »Ökosystem« eine wechselwirkende Gemeinschaft lebender und unbelebter Komponenten.

1953 In *Fundamentals of Ecology* stellt der US-Amerikaner Eugene Odum die Erde als Sammlung verknüpfter Systeme dar.

SPÄTER
1985 Die erste Konferenz über die Gaia-Hypothese wird in den USA abgehalten. Ihr Titel fragt: »Ist die Erde ein lebender Organismus?«

2004 James Lovelock erklärt, dass er Kernkraft den erneuerbaren Energien vorzieht.

Im Jahr 1979 präsentierte der britische Chemiker James Lovelock in *Gaia: A New Look at Life on Earth* (dt.: *Unsere Erde wird überleben,* 1982) seine Gaia-Hypothese einem größeren Publikum. Darin behauptete er, die Erde sei ein einziges, selbstregulierendes System, in dem lebende und unbelebte Komponenten interagieren, um das Leben zu fördern. Das Buch wurde schnell zum Bestseller und gab der wachsenden Umweltbewegung durch seinen neuartigen Ansatz frische Impulse.

Lovelocks Idee hatte Vorläufer. In den 1920ern hatte Wladimir Wernadski das Konzept der Biosphäre, der belebten Zone der Erde, entwickelt und wollte diese als einzelnen Organismus betrachtet wissen, in

Siehe auch: Das Ökosystem 134–137 ▪ Evolutionär stabiler Zustand 154–155 ▪ Die Biosphäre 204–205 ▪ Eine ganzheitliche Sicht der Erde 210–211

» Die Evolution ist ein eng umschlungener Tanz mit dem Leben und der materiellen Umwelt als Partner. Aus dem Tanz entsteht die Einheit Gaia. «

James Lovelock
Salon, 17.8.2000

dem organische und anorganische Elemente wechselwirken. Der britische Botaniker Arthur Tansley entwickelte die Idee in den 1930ern zum Konzept des Ökosystems weiter, das sich selbst reguliert und ein Gleichgewicht anstrebt.

Tansleys Theorie war das Herz von Lovelocks Idee: Organismen und ihre Umwelt bilden ein komplexes Superökosystem, das die Verhältnisse so reguliert, dass Leben möglich ist. Die Idee kam Lovelock in den späten 1960ern, aber sie nahm erst in Gesprächen mit der US-Mikrobiologin Lynn Margulis Form an. Zusammen stellten sie die Hypothese 1974 in einem Artikel vor und gaben ihr einen Namen, den der Autor William Golding vorgeschlagen hatte: Gaia, nach der antiken griechischen Erdgöttin. Lovelock und Margulis stellten die Erde als lebendes Wesen dar, das aus Biosphäre (den Lebewesen), Pedosphäre (der Oberflächenschicht der Erde), Hydrosphäre (der Gewässer an der Erdoberfläche) und Atmosphäre (der Gasschicht um die Erde) besteht. Die komplexen Wechselwirkungen der Sphären halten die Erde in »Homöostase«. Das ist ein Konzept aus der Physiologie zur Beschreibung des stabilen Zustands, etwa was Temperatur oder chemische Zusammensetzung angeht, bei der ein Lebewesen optimal arbeitet. Ihn steuern selbstregulierende Mechanismen, die auf Änderungen der Faktoren reagieren. Lovelocks Wahl des Wortes Homöostase betonte die Sicht der Erde – Gaia – als lebendes Wesen.

Im Gleichgewicht

Der Anflug von Mystizismus im Gaia-Prinzip passte gut zum New-Age-Denken der Zeit. Das machte die Idee populär, führte aber auch zu negativen Reaktionen in der Wissenschaftlergemeinde. Doch hinter der Metapher der »Erdgöttin« liegt die ernsthafte, wissenschaftlich basierte Hypothese, dass die Wechselbeziehungen zwischen »

Ein Steinrelief zeigt Gaia, die griechische Erdgöttin. Da Lovelock einen nicht wissenschaftlichen Namen wählte, wurde die Hypothese anfangs von vielen Wissenschaftlern nicht anerkannt.

James Lovelock

Den 1919 geborenen James Lovelock faszinierte die Wissenschaft schon, als er noch ein Kind war, inspiriert von Autoren wie Jules Verne und H. G. Wells. Er graduierte 1941 in Chemie an der Universität von Manchester. Im Zweiten Weltkrieg verweigerte er den Kriegsdienst und arbeitete für das *National Institute for Medical Research* in London. 1948 erhielt er den Doktortitel in Medizin und ging dann mit einem Rockefeller-Stipendium in die USA. Nach der Rückkehr nach Großbritannien machte Lovelock einige Erfindungen, darunter der Elektroneneinfangdetektor, der Spurenatome in Gasproben nachweist. In den 1960ern und 1970ern hatte er Gastprofessuren in Houston (Texas, USA) und Reading (England); in dieser Zeit entwickelte er die Gaia-Hypothese. 2003 erhielt er den Orden der *Companions of Honour* von Königin Elizabeth II.

Hauptwerke

1988 *Das Gaia-Prinzip*
1991 *Gaia: Die Erde ist ein Lebewesen*
2009 *The Vanishing Face of Gaia: A Final Warning*

Daisyworld

Zunächst kritisierten Wissenschaftler die Gaia-Hypothese, weil sie impliziert, dass die Biosphäre insgesamt die Lebensbedingungen beeinflusst. Um sie plausibler zu machen, entwickelten James Lovelock und sein britischer Kollege Andrew Watson ein einfaches Erklärungsmodell.

»Daisyworld« ist das Computermodell eines kargen Planeten, der um eine Sonne kreist, deren Strahlung langsam zunimmt. Als Erstes wachsen auf dem Planeten schwarze Gänseblümchen (engl.: *daisy*). Sie absorbieren die Sonnenstrahlung und erwärmen die Oberfläche, sodass weiße Blümchen gedeihen. Diese wiederum reflektieren das Licht und kühlen den Planeten wieder ab. Die beiden Blumenarten erreichen ein Gleichgewicht. Wenn die Strahlung der Sonne zunimmt, wachsen mehr weiße Blumen, was den Planeten kühlt, also die Temperatur reguliert. Doch irgendwann ist die Sonne so heiß, dass auch die weißen Blumen nicht mehr überleben.

Laut Gaia-Hypothese ist die Erde, der einzige bekannte Planet mit Leben, ein »Superorganismus«, in dem Meer, Land und Luft zusammenwirken, um die richtigen Verhältnisse zu erhalten.

Lebewesen und ihrer physischen Umwelt, etwa der Sauerstoff-, Kohlenstoff-, Stickstoff- und Schwefelkreisläufe, ein dynamisches System bilden, das die Umwelt stabilisiert.

Laut Lovelock wird Gaia durch die Wirkung von »Rückkopplungen« reguliert: Steuermechanismen, die auf Störungen reagieren und das System wieder ins Gleichgewicht bringen. Das Leben hängt vom Gleichgewicht verschiedener Variablen wie Wasser, Temperatur, Sauerstoff, Säure- und Salzgehalt in der Umwelt ab. Sind diese konstant, ist die Erde im stabilen Zustand der Homöostase. Wird die Balance gestört, dann, so Lovelock, fördert der Planet diejenigen Organismen, die das Gleichgewicht wiederherstellen, und hält die zurück, die die Störung verstärken. Die organischen Komponenten des Erdsystems reagieren also nicht nur auf Umweltveränderungen, sondern kontrollieren und steuern sie.

Diese Rückkopplungsmechanismen wirken in einem komplexen globalen Netz verknüpfter natürlicher Kreisläufe und erhalten die optimalen Lebensbedingungen für Organismen. Sie können Änderungen widerstehen, aber nur bis zu einem gewissem Maß. Ist die Störung zu groß, kann das System einen »Umkipppunkt« erreichen, von dem aus es sich zu einem ganz anderen Gleichgewichtszustand entwickelt, der anders aufgebaut ist als der alte. Solch ein Umkipppunkt, so Lovelock, war das Ende des Archaikums vor 2,5 Mrd. Jahren, als sich elementarer Sauerstoff in der Atmosphäre ansammelte. Damals war die Erde ein heißer, säurereicher Ort, an dem nur methanbildende Bakterien gediehen. Dann entstanden Mikroben, die Fotosynthese betrieben. Sie gaben Sauerstoff ab und schufen

»Gäbe es einen Atomkrieg, der die Menschheit ausrottet, dann würde die Erde erleichtert aufatmen.«

James Lovelock
The Guardian, 31. Dezember 2005

so eine Atmosphäre, die für komplexe Lebensformen geeignet war. Schließlich entstand das Gleichgewicht der heutigen Erde.

Den Planeten retten

Lovelock arbeitete diese Ideen weiter aus und nach und nach wurde die Gaia-Hypothese akzeptiert. In den 1980ern brachten eine Reihe von »Gaia-Konferenzen« Forscher aus vielen verschiedenen Disziplinen zusammen, die erkunden wollten, welche Mechanismen die Umwelt regulieren und wie Homöostase entsteht. Später richtete sich die Aufmerksamkeit stärker darauf, was die Hypothese für den Klimawandel bedeutete. Es war klar, dass der Mensch die Gaia-Systeme stört, aber es stellte sich die Frage, ob ihre Steuermechanismen weiteren Belastungen standhalten können – oder ob die Erde vor einem neuen unumkehrbaren Umkipppunkt steht.

Umweltschützer, die die Gaia-Hypothese schon früh übernommen hatten, zeigten sich bestürzt darüber, dass die Menschheit einen katastrophalen Wandel im Gleichgewicht der Erde auslösen könnte. »Rettet den Planeten!« hieß der Slogan, aber das widersprach dem Gaia-Konzept fundamental. Zwar haben die Habitatzerstörung, die Verbrennung fossiler Brennstoffe, der Biodiversitätsverlust und andere menschengemachte Bedrohungen drastische Folgen für viele Arten – auch für den Menschen –, der Planet selbst wird jedoch nach der Gaia-Hypothese überleben und ein neues Gleichgewicht finden. Diese Hypothese wird heute immer noch kritisiert und debattiert. ■

Rückkopplung durch Algen

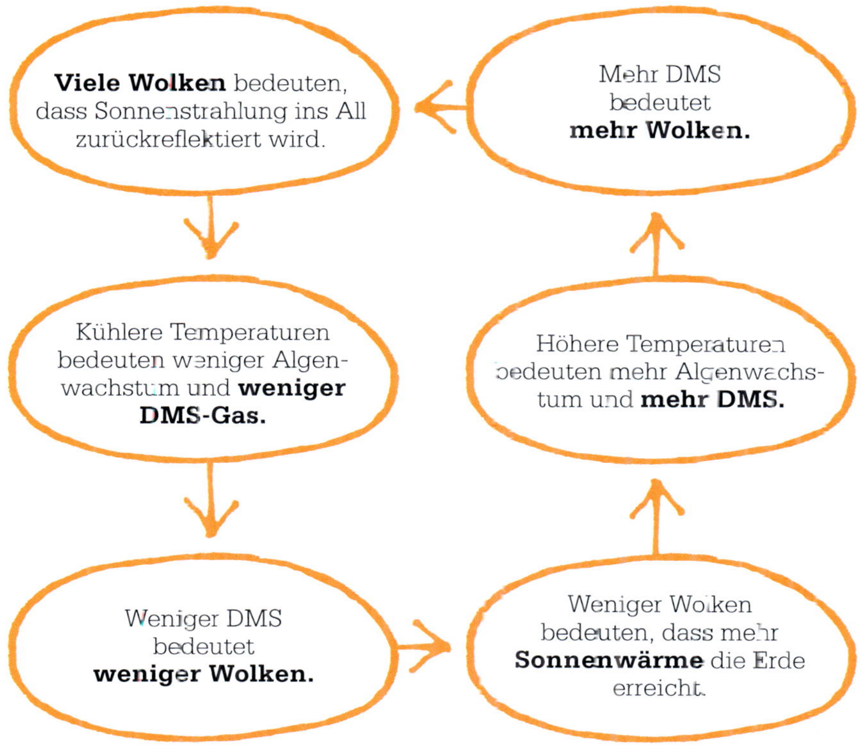

Gemäß der Gaia-Theorie halten Rückkopplungen die Erde im Gleichgewicht. Ein Beispiel ist die Rolle einzelliger Algen, der Coccolithophoriden, bei der Regulierung des Erdklimas. Wenn die Algen sterben, geben sie ein Gas ab, Dimethylsulfid (DMS), das die Wolkenbildung fördert.

Kernkraftwerke produzieren reichlich Energie ohne Emissionen, aber auch radioaktiven Müll. James Lovelock glaubte, dass die Erde mit den Auswirkungen umgehen kann.

VOR 65 MIO. JAHREN TÖTETE ETWAS DIE HÄLFTE DES LEBENS AUF DER ERDE

MASSENAUSSTERBEN

IM KONTEXT

SCHLÜSSELFIGUR
Luis W. Alvarez (1911–1988)

FRÜHER
1953 Die US-amerikanischen Geologen Allan O. Kelly und Frank Dachille legen in ihrem Buch *Target: Earth* dar, dass ein Meteoriteneinschlag für das Aussterben der Dinosaurier verantwortlich sein könnte.

SPÄTER
1991 Der Chicxulub-Krater nördlich der Halbinsel Yucatán im Südosten Mexikos wird als ein möglicher Ort für einen enormen Kometen- oder Meteoriteneinschlag am Ende der Kreidezeit benannt.

2010 Ein internationales Wissenschaftlergremium ist sich einig darüber, dass der Einschlag am Chicxulub zum Massenaussterben an der Kreide-Paläogen-Grenze vor etwa 65 Mio. Jahren führte.

Der Meteor, der am Ende der Kreidezeit die Erde traf, war 60 000 km/h schnell. Der Einschlag setzte eine Energiemenge frei, die 1 Mrd. Atombomben wie die von Hiroshima entspricht.

Es gab fünf Perioden in der Erdgeschichte, in denen eine ungewöhnlich große Zahl vielzelliger Organismen in relativ kurzer Zeit ausgestorben sind. Diese Massenaussterbeereignisse werden durch den Verlust vielzelliger Tiere und Pflanzen definiert, weil diese fossil einfacher nachzuweisen sind als Einzeller.

Die allgemeine »Hintergrundrate« des Aussterbens liegt bei etwa 10 % der Arten pro Jahrmillion. Bei Massenaussterbeereignissen, die stets eine Grenze zwischen geologischen Perioden definieren, ist die Rate erheblich höher. Bei einem Massenaussterben verschwinden über 75 % der Arten, meist in weniger als 2 Mio. Jahren. Wir kennen noch nicht für jedes Ereignis alle auslösenden

Massenaussterbeereignisse in den letzten 485 Mio. Jahren

Oberdevon
Ein rapides Absinken des Meeresspiegels gilt als einer der möglichen Gründe für den Verlust von 70 bis 80 % aller Tierarten.

Trias-Jura
Klimaveränderungen wohl infolge von Vulkanismus oder eines Meteoriteneinschlags lassen etwa 75 % der Arten aussterben.

HOLOZÄN (ODER ANTHROPOZÄN) vor 100 000 Jahren bis heute

Oberes Ordovizium
Eine Abkühlung und Vergletscherungen weltweit führen zum Aussterben von 85 % des Lebens im Meer.

Perm-Trias
Enormer Vulkanismus führt zum Klimawandel, der 96 % aller marinen Arten auslöscht.

Kreide-Paläogen
Ein Meteoriteneinschlag und Vulkanismus führen zum Aussterben von bis zu 80 % der Arten, darunter die Dinosaurier.

Siehe auch: Eiszeiten 198–199 ▪ Die Gaia-Hypothese 216–219 ▪ Versauerung der Meere 283 ▪ Den Verlust von Artenvielfalt aufhalten 326–327

» Die ganze geologische Geschichte ist voll von Anfängen und Enden von Arten – von ihren ersten und letzten Tagen. «

Hugh Miller
Schottischer Geologe
The Testimony of the Rocks, 1857

Faktoren, aber starker Vulkanismus, chemische Veränderungen der Atmosphäre und der Ozeane, Klimaveränderungen, Meeresspiegelschwankungen, tektonische Plattenbewegungen und Meteoriteneinschläge kommen infrage. Einige Forscher meinen, dass wir heute ein sechstes Massenaussterben erleben, dieses Mal infolge menschlicher Aktivitäten.

Das Ende der Dinosaurier

Das Aussterbeereignis, das bisher am besten verstanden wird, ist das jüngste: vor etwa 66 Mio. Jahren. Man nennt es K-Pg- oder K-P-Ereignis (früher: K-T-Ereignis), da es an der Grenze zwischen Kreidezeit und Paläogen (früher Tertiär genannt) stattfand. Zwar wurde schon in den 1950ern ein Meteorit als Auslöser diskutiert, doch einig war man sich darüber erst nach zwei Entdeckungen in Europa und Nordamerika.

1980 fand ein Team aus Forschern, darunter der Physiker Luis Alvarez und sein Sohn, der Geologe Walter Alvarez, in Italien eine Tonschicht zwischen den Schichten der Kreide und des Paläogens. Analysen zeigten, dass der Ton reich an dem Element Iridium ist, das auf der Erde nur selten vorkommt, in Asteroiden aber häufig. Dies führte zur Alvarez-Hypothese, nach der das K-Pg-Aussterbeereignis auf einen katastrophalen Meteoriteneinschlag zurückgeht. Der Ort des Geschehens blieb lange ein Rätsel, bis elf Jahre später ein enormer, 170 km großer Krater auf der Halbinsel Yucatán (Mexiko) auf diese Zeit datiert wurde.

Nach heutigem Konsens traf ein enormer Komet oder Asteroid die Erde, was eine Strahlungs- und Druckwelle sowie einen über 100 m hohen Megatsunami erzeugte. Die Strahlung tötete wohl alle Tiere in der Umgebung, der Megatsunami verwüstete die Küsten um den Golf von Mexiko. Doch die schlimmsten Folgen kamen langsamer. Eine enorme Ruß- und Staubschicht breitete sich in der Atmosphäre aus und blockierte für mehrere Jahre die Sonneneinstrahlung, die die Oberfläche erreichte. Pflanzen starben, da sie keine Fotosynthese »

» Wir haben sehr starke physikalische und chemische Beweise für einen großen Einschlag – das Aussterben stimmt mit dem Einschlag mit einer Präzision von einem Zentimeter oder weniger überein. «

Walter Alvarez
Toward a Theory of Impact Crises, in: *Eos* 67(35), 1986

Luis W. Alvarez

Luis Walter Alvarez wurde 1911 in San Francisco geboren, er gilt als einer der größten Physiker des 20. Jahrhunderts. 1936 graduierte er an der *University of Chicago* und arbeitete dann an der *University of California* in Berkeley. Er war an der Entwicklung von Kernreaktoren und im Zweiten Weltkrieg an der von Atomwaffen beteiligt. Beim Abwurf der Atombombe auf Hiroshima war er als Beobachter dabei und er half beim Bau der Plutoniumbombe.

Nach dem Krieg entwickelte Alvarez die Wasserstoff-Blasenkammer zum Nachweis subatomarer Teilchen. Dafür erhielt er 1968 den Nobelpreis für Physik. Später gelang ihm die Berechnung, die die Alvarez-Hypothese des Meteoriteneinschlags als Auslöser des Massensterbens bestätigte. Er starb 1988.

Hauptwerke

1980 *Extraterrestrial Cause for the Cretaceous-Tertiary Extinction,* in: *Science* 208
1985 *The Hydrogen Bubble Chamber and the Strange Resonances*
1987 *Alvarez: Adventures of a Physicist*

Zwar überlebten viele fliegende Dinosaurier das K-Pg-Aussterben am Ende der Kreide, aber alle Pterosaurier (Flugsaurier) verschwanden; sie hatten 162 Mio. Jahre lang die Erde bewohnt.

mehr betreiben konnten, ebenso das Phytoplankton im Meer und Algen in Korallenriffen, was weltweit die Nahrungsketten unterbrach.

Der Einschlag dürfte auch Schwefelsäure in die Atmosphäre eingebracht haben, was sauren Regen verursachte: Die Ozeane versauerten und das Leben in den Meeren starb. Etwa zur gleichen Zeit flutete starker Vulkanismus eine Fläche von 500 000 km² in Südindien mit Lava, was die Flutbasalte des Dekkan-Trapp schuf und das Klima weiter veränderte.

Das K-Pg-Ereignis ist bekannt, da mit ihm alle nicht fliegenden Dinosaurier ausstarben; zudem fast alle Landwirbeltiere mit über 25 kg Gewicht. Eine Ausnahme bilden Krokodile, vielleicht weil sie ektotherm (wechselwarm) sind und daher lange ohne Nahrung auskommen. Dinosaurier waren endotherm (gleichwarm) mit schnellem Stoffwechsel und brauchten regelmäßige Mahlzeiten.

Viele Pflanzen starben, weil keine Fotosynthese möglich war, in der Folge verschwanden auch pflanzenfressende Dinosaurier. Fleischfressende Dinosaurier verhungerten ohne Beute. Pilze gediehen, da sie nicht auf Fotosynthese angewiesen sind.

In den Meeren starb das Phytoplankton, die Basis aller Nahrungsketten, das Fotosynthese benötigt, ebenso das von ihm abhängige Zooplankton. Planktonfressende Tiere starben aus, darunter Kopffüßer wie Belemniten und Ammoniten, ebenso Tiere, die höher in der Nahrungskette standen, z. B. Mosasaurier und Sauropterygier.

Vernichtung der Meere

Das früheste Massenaussterben – und das zweitkatastrophalste – fand am Ende der Periode des Ordoviziums vor 444 Mio. Jahren statt, als die Erde dramatisch abkühlte. Damals lebten fast alle Organismen in den Meeren. Als der damalige Superkontinent über den Südpol driftete, bildete sich eine enorme Eiskappe, wodurch sich global die Temperaturen verringerten. Ein Großteil des Wassers wurde als Eis gebunden, sodass der Meeresspiegel sank und die Ozeanfläche stark abnahm.

Vor allem bei Meeresorganismen in den flachen Kontinentalschelfgebieten war die Aussterberate hoch. Bei mindestens zwei Aussterbespitzen, die durch Hunderttausende von Jahren getrennt waren, starben fast 85 % aller Meeresarten aus, darunter viele Brachiopoden (Armfüßer), Bryozoen (Moostierchen), Trilobiten, Graptolithen und Stachelhäuter.

Wir erleben heute womöglich ein sechstes Massenaussterben, das vom Menschen verursacht wurde.

Langsames Aussterben

Im Oberdevon vor etwa 359 Mio. Jahren hatten Pflanzen und Insekten die Kontinente besiedelt und in den Ozeanen gediehen enorme Riffe. Die Kontinente Euramerika und Gondwana drifteten aufeinander zu, um sich später zu Pangäa zu vereinigen – dem letzten Superkontinent. In dieser Zeit fanden zwei große Aussterbeereignisse statt: vor 374 und vor 359 Mio. Jahren. Das erste, an der Frasne-Famenne-Grenze, war das größere Massenaussterben.

Diese Aussterbeereignisse hatten viele Gründe, etwa Sauerstoffarmut in den Meeren, Absinken des Meeresspiegels, Veränderungen der Atmosphäre, Nährstoffeintrag durch die Ausbreitung von Pflanzen oder weiträumiger Vulkanismus. Die meisten Organismen lebten noch in den Ozeanen, und Flachmeere waren am stärksten betroffen, sodass viele riffbildende Organismen, Brachiopoden, Panzerfische (Placodermen) und die letzten Graptolithen ausstarben. Etwa 75 % der Meeresarten starben aus und es dauerte Jahrmillionen, bis sich Korallen wieder großräumig etabliert hatten.

» Die vorhergesagten zukünftigen Aussterberaten sind 10 000-mal höher als die historische Hintergrundrate der Erde. «

Ron Wagler
US-amerikanischer Forscher
Incorporating the Current Sixth Great Mass Extinction Theme into Education, in: *Evolution: Education and Outreach* 6(1), 2013

Das »Große Sterben«

Das dramatischste Massenaussterben fand am Ende des Perms vor 252 Mio. Jahren statt. Im Zuge des auch als »Großes Sterben« bekannten Perm-Trias-Ereignisses verschwanden bis zu 94 % der Meeresarten und 70 % der Landwirbeltierfamilien. So führte es zum Aussterben der letzten Trilobiten.

Zu den möglichen Gründen gehören intensiver Vulkanismus, der damals zur globalen Erwärmung, zur Versauerung der Ozeane und zu saurem Regen geführt hätte. Das Aussterbeereignis fiel mit einer der vulkanisch aktivsten Phasen der gesamten Erdgeschichte zusammen. Ausbrüche im Lauf von fast 1 Mio. Jahren fluteten über 2 Mio. km² Sibiriens mit Flutbasalten.

Aussterben in Phasen

Alles heutige Leben stammt von der kleinen Minderheit der Arten ab, die am Anfang der Periode der Trias überlebt haben. Ein weiteres Massenaussterben ereignete sich in zwei separaten Phasen am Ende der Trias (vor 200 Mio. Jahren) und vernichtete etwa 80 % aller Arten. Eine mögliche Ursache könnte die umfangreiche vulkanische Aktivität in der Zentralatlantischen Magmatischen Provinz (die zur Öffnung des Atlantiks führte) gewesen sein, die klimatische Veränderungen mit sich brachte. In den Meeren starben viele Reptilien, Kopffüßer, Mollusken und riffbildende Organismen aus. An Land verschwanden die meisten reptilähnlichen Archosaurier und viele große Amphibien. Vor allem der Verlust der Archosaurier öffnete viele ökologische Nischen, die dann die Dinosaurier besetzen konnten. ■

Das sechste Aussterben

Nach einigen Schätzungen ist die derzeitige Aussterberate von Tieren und Pflanzen 1000- bis 10 000-mal so hoch wie die natürliche Hintergrundrate, zum Großteil direkt oder indirekt als Folge menschlicher Aktivität. Demnach befände sich die Welt bereits mitten im Massenaussterben des Holozäns (der gegenwärtigen geologischen Epoche). Viele Tier- und Pflanzenarten sind seit Beginn der industriellen Revolution im 18. Jahrhundert verschwunden. Gründe sind Habitatveränderungen, Klimaveränderungen, Überfischung, Überjagung, Versauerung der Meere, Luftverschmutzung und die Einfuhr fremder Tiere, die Nahrungsketten stören. Bleibt es bei der gegenwärtigen Aussterberate, glaubt der US-amerikanische Ökologe E. O. Wilson, der »Vater der Biodiversität«, dann sterben die Hälfte aller höheren Lebewesen bis 2100 aus. Stuart Pimm, ein britisch-amerikanischer Evolutionsbiologe und Ökologe, ist vorsichtiger und meint, wir stehen am Anfang eines Massenaussterbens und können es noch verhindern.

Sudan, das letzte männliche Nördliche Breitmaulnashorn, starb 2018 (zwei Weibchen leben noch). Die Wilderei hat die Art ausgerottet.

DAS VERBRENNEN ALLER BRENNSTOFFRESSOURCEN WIRD EINEN GALOPPIEREN-DEN TREIBHAUSEFFEKT AUSLÖSEN

RÜCKKOPPLUNGEN IN DER UMWELT

IM KONTEXT

SCHLÜSSELFIGUR
James Hansen (*1941)

FRÜHER
1875 In dem Buch *Climate and Change* beschrieb der schottische Autodidakt James Croll die Rückkopplungen zwischen abschmelzendem Eis und Erwärmung.

1965 Der kanadische Biologe Charles Krebs entdeckt den »Zauneffekt«: Die Population von Wühlmäusen, die durch einen Zaun vor Füchsen geschützt sind, wächst erst stark an und bricht dann ein.

1969 Der US-amerikanische Planetenforscher Andrew Ingersoll weist auf den »galoppierenden Treibhauseffekt« hin, der den Planeten Venus aufheizte.

SPÄTER
2018 Ökologen in Alaska sagen voraus, dass die sich verschnellernde Abgabe von Methan aus gefrorenen Seen die Erwärmung verstärkt.

Alle Teile eines Ökosystems hängen voneinander ab. Jede Veränderung von Arten oder Habitaten wirkt auf das ganze System und letztlich auch auf den Auslöser selbst: Es kommt zu Rückkopplungen.

In einigen Systemen wirkt eine Rückkopplung der Veränderung entgegen. Wenn sich etwa Blattläuse vermehren, liefern sie mehr Nahrung für Marienkäfer, die dann auch zunehmen. Doch da mehr Marienkäfer mehr Blattläuse fressen, sinkt deren Zahl wieder. Dies ist eine »negative« Rückkopplung, die dämpfend wirkt und das Gleichgewicht stabilisiert.

In anderen Situationen verstärkt eine Rückkopplung den Wandel, etwa wenn Büsche auf einer freien Fläche über das Gras hinauswachsen. Dabei beschatten sie es, sodass es langsamer wächst. Die Büsche bekommen dann mehr Wasser und Nährstoffe ab und gedeihen auf Kosten des Grases. Dies ist eine »positive« Rückkopplung, die grundsätzlich eher destabilisierend wirkt.

Rückkopplungen wurden erstmals im frühen 20. Jahrhundert betrachtet. Die Mathematiker Alfred Lotka (1880–1949) in den USA und Vito Volterra (1860–1940) in

Siehe auch: Räuber-Beute-Gleichungen 44–49 ▪ Das Konkurrenzausschlussprinzip 52–53 ▪ Globale Erderwärmung 202–203 ▪ Den Klimawandel aufhalten 320–325

In gesunden Ökosystemen sind wiederholte Fluktuationen von Beutearten wie Kaninchen und Räuberarten wie Füchsen ein Beispiel für eine negative (stabilisierende) Rückkopplung.

Italien entwickelten unabhängig voneinander Gleichungen, um die Wechselbeziehung von Räubern und Beute zu erfassen. Nach ihrem Modell steigt die Population der Beuteart steil an, wenn die Zahl der Räuber abnimmt; die Zahl der Räuber nimmt ab, wenn es weniger Beute gibt, da sie dann hungern müssen. Zusammen führt dies zu einem kontinuierlichen Kreislauf von fallenden und steigenden Räuber- und Beutepopulationen.

System im Gleichgewicht

Die Räuber-Beute-Zyklen von Lotka und Volterra beruhen auf der Wechselwirkung zwischen je einer Räuber- und einer Beuteart. Damit wurden Rückkopplungen in ganzen Ökosystemen erforscht. Ökologen halten heute negative (dämpfende) Rückkopplungen für zentral hinsichtlich der Funktion aller Ökosysteme, da sie alle Komponenten in nachhaltigen Grenzen halten. Populationen können niemals lange über die Tragfähigkeit des übrigen Ökosystems hinaus anwachsen. Negative Rückkopplungen stabilisieren und regulieren ein Ökosystem.

Positive (verstärkende) Rückkopplungen stören das Gleichgewicht von Ökosystemen. So kann etwa bei einem Überschuss an Ressourcen oder Mangel an Räubern die Population frei wachsen. Eine große Population bringt mehr Geburten, sodass sie weiter größer wird.

Umgekehrt kann wegen einer positiven Rückkopplung eine Population schnell kollabieren. Wenn in einer Lagune die Fische weniger werden, könnten die Bewohner z. B. mehr Dosenfisch importieren. Doch dann könnte die Lagune durch den Abfall verschmutzt werden, sodass noch mehr Fische sterben. Dies würde wiederum zu mehr Dosenimporten führen. Doch positive Rückkopplungen sind als Aufwärtsspirale manchmal auch nützlich. Pflanzt man etwa Büsche in lockerem Boden, stabilisieren ihn die Wurzeln, sodass die Büsche und der Boden profitieren. ▪

Rückkopplungen und der Klimawandel

In letzter Zeit haben Veränderungen beim Erwärmungstrend dazu geführt, dass Rückkopplungen des Klimas wieder ins Blickfeld rückten. 1988 sprach der Klimaforscher James Hansen vor dem US-Kongress über den globalen Temperaturanstieg durch menschliche Aktivitäten. Immer wieder äußert er die Sorge, dass die weitere Verbrennung fossiler Brennstoffe gefährliche positive (verstärkende) Rückkopplungen in Gang setzen könnte; er beschreibt diesen »galoppierenden Treibhauseffekt« in dem Buch *Storms of My Grandchildren* (2009).

Eine diese Rückkopplungen ist das Abschmelzen der polaren Eiskappen, denn das offene Land bzw. Meer absorbiert Sonnenwärme, die das weiße Eis ins All reflektiert hätte. Eine andere Rückkopplung ist, dass der Permafrost (der ständig gefrorene Boden) in Sibirien auftaut. Dabei werden enorme Mengen von eingefrorenem Methangas frei, das dann als Treibhausgas die Erwärmung verstärkt.

In arktischen Gebieten wie Grönland hat das Sommereis seit 1980 um 72 % abgenommen. Die Erwärmung der Atmosphäre und der steigende Meeresspiegel sind Teile einer positiven Rückkopplung.

DER FAK
MENSCH

TOR

1858
Während der industriellen Revolution löst Londons **»Großer Gestank«** Maßnahmen zum Schutz des Wassers aus.

1859
Kaninchen werden in Australien ausgesetzt; ihre **Population explodiert,** was zu Umweltchaos führt.

1872
Der **erste Nationalpark** der Welt wird in den USA in **Yellowstone** zum Schutz der Natur eingerichtet.

1955
Der Begriff **»urban sprawl«** (Zersiedelung) wird erstmals verwendet: in der *Times* (Großbritannien).

1958
Charles Keeling beginnt, den Anstieg des **Kohlendioxidgehalts** der Atmosphäre kontinuierlich zu messen.

1962
Rachel Carsons Buch *Der stumme Frühling* beschreibt die schädlichen Umweltfolgen von **Pestiziden.**

1979
Die **Ein-Kind-Politik** wird in China eingeführt, um das schnelle Bevölkerungswachstum zu kontrollieren.

1987
Chico Mendes will den US-Kongress überzeugen, **Projekte zu stoppen,** die den **Amazonas** schädigen.

1988
Die **International Dark-Sky Association** (IDA) wird gegründet, um die **Lichtverschmutzung** zu bekämpfen.

Ungeklärte Abwässer von Millionen Londonern flossen einst in die Themse, bis 1858 der Gestank so übel wurde, dass man handelte. Als ein neues System von Kanälen, Pumpstationen und Klärwerken das Abwassersystem der Großstadt revolutionierte, sank die Anzahl der Todesfälle durch Cholera und andere Bakterieninfektionen dramatisch und der Fluss wurde viel sauberer.

Der Mensch hat die Umwelt immer beeinflusst, aber die Folgen haben sich seit Mitte des 18. Jahrhunderts enorm verstärkt, als die industrielle Revolution in Großbritannien begann und sich in Europa, Nordamerika und dann weltweit ausbreitete. Die negativen Folgen lassen sich grob in Umweltverschmutzung sowie Ressourcen- und Habitatzerstörung unterteilen. Der schottisch-amerikanische Umweltschützer John Muir betrachtete als einer der Ersten die Schädigung von Habitaten als Problem und 1890 erreichte er, dass das Yosemite-Tal (Kalifornien) geschützt wurde. Doch obwohl man immer mehr Schutzgebiete schafft und nun fordert, 30 % der Land- und Meeresfläche zu schützen, haben sich die Folgen menschlicher Aktivitäten im 20. Jahrhundert verstärkt.

Bäume und Klimawandel

Wälder waren immer besonders gefährdet, vor allem wegen der doppelten Belastung durch die Entnahme von Brenn- und Bauholz und die Rodung für die Landwirtschaft und Siedlungen. Geschätzte 140 000 km² tropischer Regenwald, der die größte Biodiversität aller Biome hat, werden jedes Jahr abgeholzt. Forscher werden niemals erfahren, wie viele Arten aussterben, bevor sie »entdeckt« werden.

Die Entwaldung trägt auch zum Klimawandel bei. Bei der Fotosynthese absorbieren Bäume Kohlendioxid (CO_2) und geben Sauerstoff ab. Wenn Wälder verschwinden, bleibt mehr CO_2 in der Atmosphäre, was den Treibhauseffekt und die Erderwärmung verstärkt.

Kohlendioxid und andere Treibhausgase gehen von Fahrzeugen, Heizungen und Industrieanlagen aus, die fossile Brennstoffe verbrennen. Die Messungen des atmosphärischen CO_2 seit 1958 durch den US-amerikanischen Chemiker Charles Keeling zeigen, dass die Emissionen immer mehr zunehmen. Nur eine kleine Minderheit an Wissenschaftlern bezweifelt noch, dass dies zum Klimawandel und zur

1992
Kanada **stoppt** die **Kabeljaufischerei,** da die Bestände einbrechen.

1997
Charles Moore findet eine Menge schwimmender Abfälle: den **»Großen Pazifischen Müllteppich«.**

1999
Die **hohe Sterblichkeit** bei **Fröschen** wird auf einen Virus zurückgeführt, verstärkt durch den Amphibienhandel.

2003
Der **Säuregehalt der Ozeane** ist seit der Industrialisierung stark gestiegen, wie Studien zeigen.

2003
Camille Parmesan und Gary Yohe zeigen, dass der **Frühlingsanfang** sich durch die Erwärmung **verschiebt.**

2008
Maude Barlow erhält Kanadas **höchsten Umweltpreis** für ihre Kampagne für weltweiten Zugang zu **sauberem Wasser.**

2014
Naomi Klein macht **große Konzerne** für den **Abbau von Ressourcen** und die Klimakrise verantwortlich.

2023
Der **Hochsee-Vertrag** (Biodiversität außerhalb nationaler Hoheitsgewässer) ermöglicht eine gemeinsame Verwaltung von 95 % der Ozeane.

Erwärmung führt. Die Folgen, etwa dass Bäume früher im Jahr austreiben und Blumen früher blühen, nutzen einigen Organismen, für andere sind sie aber katastrophal.

Gifte in der Umwelt

Der Einsatz von Pestiziden wie DDT zum Schutz von Ernten führte zu einer Umweltkatastrophe: Sie töteten nützliche Wirbellose ebenso wie schädliche, lösten bei Menschen Krebs aus und machten Raubvögel unfruchtbar. Rachel Carsons Buch *Silent Spring* (1962; dt.: *Der stumme Frühling,* 1963) zeigte viele dieser Probleme auf, sodass der Pestizideinsatz kritisch hinterfragt wurde. Die Arbeit vieler anderer Ökologen hat zu gesetzlichen Regeln geführt, um die Umweltfolgen zu begrenzen.

Als Gene Likens und sein Team erforschten, warum ehemals fischreiche Gewässer verödet waren, fanden sie als Grund den sauren Regen, verursacht durch die industrielle Emission von Schwefeldioxid und Stickoxiden. Daraufhin wurden Luftreinhaltegesetze in Europa und den USA erlassen. Zudem zeigten die US-Chemiker Frank Rowland und Mario Molina, dass Fluorchlorkohlenwasserstoffe (FCKW) die Ozonschicht abbauen. Daher wurden sie 1989 weltweit verboten.

Die Lichtverschmutzung, die Meeresschildkröten am Strand, Fledermäuse und Zugvögel beeinträchtigt, ist schwerer zu kontrollieren. Die *International Dark-Sky Association* ist ein Vorkämpfer für umweltfreundliche Beleuchtung.

Abnehmende Ressourcen

Garrett Hardin, ein US-amerikanischer Ökologe, warnte 1968 vor der Gefahr der Überbevölkerung, als die Weltbevölkerung 3,6 Mrd. betrug, 2012 war sie auf 8 Mrd. gewachsen. Auch wenn die Wachstumsrate heute geringer ist, verringert der steigende Verbrauch die natürlichen Ressourcen wie Wälder, fossile Brennstoffe, Mineralien und sogar Fisch. Der Kollaps der einst reichen Kabeljaufischerei vor Kanada 1992 zeigte, wie empfindlich die Nahrungsketten auf Überfischung reagieren. Die kanadische Regierung führte ein 32-jähriges Fischereiverbot auf der Neufundlandbank ein.

Sauberes Trinkwasser ist die wohl wichtigste Basis der Gesellschaft, doch etwa 2 Mrd. Menschen haben keinen Zugang. Die tödliche Kombination von Klimawandel und Bevölkerungswachstum in manchen Regionen birgt das Risiko, dass diese Zahl weiter steigt. ■

DIE UMWELT-VERSCHMUTZUNG IST EINE UNHEILBARE KRANKHEIT

UMWELTVERSCHMUTZUNG

IM KONTEXT

SCHLÜSSELFIGUR
Emma Johnston (*1973)

FRÜHER
1272 König Edward I. verbietet in London das Verbrennen von Steinkohle wegen des Rauchs.

19. Jh. Der Rauch, der mit der Industrialisierung Großbritanniens einhergeht, schädigt die Gesundheit der Menschen.

SPÄTER
1956 Der *Clean Air Act* in Großbritannien beendet den dicken Smog in den Städten.

1972 Der *Clean Water Act* wird in den USA voll ratifiziert.

1984 Giftgas aus der Fabrik von Union Carbide in Bhopal (Indien) tötet Tausende und verletzt Hunderttausende.

2010 Beim Blowout der Bohrinsel Deepwater Horizon gelangen über 3,19 Mio. Barrel Öl (500 Mio. Liter) ins Meer und verschmutzen über 1600 km Küste am Golf von Mexiko.

Gesundheitliche Folgen der Umweltverschmutzung

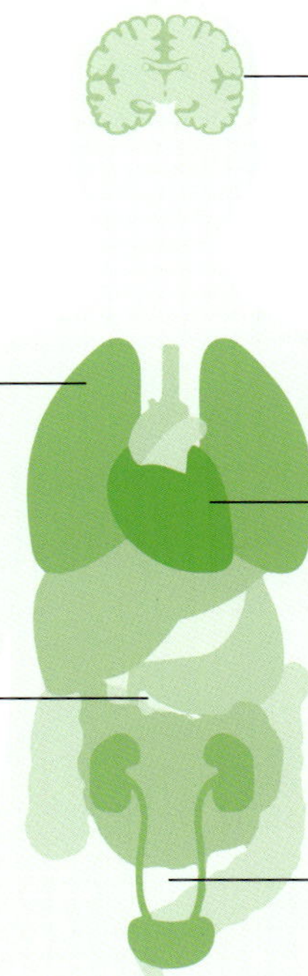

Luft- und Wasserverschmutzung verursachen den Tod von Millionen Menschen jedes Jahr. Die Grafik zeigt, wie sie auf den menschlichen Organismus wirken können.

Umweltverschmutzung hat viele Formen: von Luftschadstoffen bis hin zu Müll im Meer. Alle Stoffe und Energien, die die Qualität von Luft, Wasser oder Boden beeinträchtigen, gelten als Verschmutzung. Darunter fallen chemische oder biologische Schadstoffe (auch menschliche Fäkalien), Produkte (wie Plastikmüll), aber auch Lärm, Licht und Wärme. Die Auswirkungen können weit reichen und Tausende Kilometer von der Quelle entfernt spürbar werden. Schadstoffe wandern durch Nahrungsketten oder werden durch Luft und Wasser verbreitet. Plastikmüll kann sogar die Invasion nicht einheimischer Arten fördern, wie die australische Meeresbiologin Emma Johnston zeigte. Die Gesundheit ist direkt betroffen: Luft-, Wasser- und Bodenverschmutzung führten 2015 zu etwa 9 Mio. verfrühten Todesfällen – sie machten also ein Sechstel aus.

Schmutzige Geschichte

Die Umweltverschmutzung durch den Menschen hat eine lange Geschichte. Ruß an Höhlendecken zeigt, dass schon vor Jahrtausenden frühe Menschen die Luft durch Feuer verschmutzten. Analysen von 2500 Jahre alten Eisbohrkernen aus Grönland zeigen Spuren der Luftverschmutzung durch die Kupferverhüttung im Römischen Reich Tausende Kilometer weit weg. Insgesamt waren die Umweltfolgen menschlicher Aktivitäten eher gering.

Doch mit der industriellen Revolution in Europa wurde die Luft- und Wasserverschmutzung problematisch. Fabrikschornsteine entließen Rauchschwaden in die Luft und giftige Chemikalien gelangten in die Flüsse. Städte wuchsen rapide,

Siehe auch: Das Erbe der Pestizide 244–249 ▪ Saurer Regen 250–251 ▪ Lichtverschmutzung 254–255 ▪ Plastikmüll 286–287 ▪ Die Wasserkrise 288–293 ▪ Müllentsorgung 338–339

» Kontrollsysteme für die Luftverschmutzung hinken der wirtschaftlichen Entwicklung immer noch hinterher. «

Bob O'Keefe
The Guardian, 17.4.2018

hatten aber keine Abwassersysteme. Die Themse in London war sowohl Quelle für Trinkwasser als auch Abfluss für unbehandeltes Abwasser. Krankheiten breiteten sich aus, Fische verschwanden und der Gestank war oft unerträglich.

Von den 20 Städten mit der größten Luftverschmutzung liegen 14 in Indien. In Delhi entsprach die Luftqualität des dicken Smogs im November 2017 dem Konsum von 50 Zigaretten am Tag.

Andere Städte waren kaum besser: So wurden 1870 aus Berlin ähnliche Verhältnisse berichtet.

Die ersten beiden Städte in den USA, die Gesetze für eine bessere Luft verabschiedeten, waren 1881 Chicago und Cincinnati. Damals sickerte zudem der Mist von 3 Mio. Pferden in nordamerikanischen Städten ins Wasser und krankheitsübertragende Fliegen waren eine Plage. Als Pferdekutschen langsam von Autos verdrängt wurden, wurden die Abgase ein großes Problem. Der »Große Smog« in London 1952, der wegen der Farbe der Luft auch als »Erbsensuppe« beschrieben wurde, tötete über 4000 Menschen.

Luftverschmutzung

Luftschadstoffe, etwa Gase oder Aerosole (kleine Partikel oder Tröpfchen), können natürliche Quellen haben wie Vulkane, Wald- oder Steppenbrände, gehen aber überwiegend auf menschliche Aktivitäten zurück. Die Hauptquellen sind Emissionen aus der Verbrennung »

Der »Große Gestank«

Im frühen 19. Jahrhundert war die Themse in London der meistverschmutzte Fluss der Welt. Industrie- und Sanitärabwässer flossen aus Tausenden Kanälen ungeklärt hinein. Es gab viele Beschwerden, aber die Regierung handelte nicht. 1855 griff der Physiker Michael Faraday die Politiker scharf wegen der Untätigkeit an, aber das half nichts. Drei Jahre später, 1858, verstanden sie es, als ein besonders heißer Sommer zum *Great Stink*, dem »Großen Gestank«, führte. Das Parlament direkt an der Themse war stark betroffen und plötzlich wurden Gesetze in nur 18 Tagen verabschiedet.

Der Bauingenieur Joseph Bazalgette wurde beauftragt, ein neues Abwassersystem zu entwerfen. Grundlage waren sechs Abwasserleitungen mit 160 km Länge, die zu neuen Kläranlagen führten. Der Großteil Londons wurde innerhalb eines Jahrzehnts angeschlossen. Das Abwassersystem ist meistenteils heute, 150 Jahre später, immer noch in Betrieb.

Dieser Cartoon aus dem Magazin *Punch* im Juli 1858 trug den Titel »Der stille Wegelagerer«. Man führte die Cholera auf schlechte Gerüche des Flusses zurück.

» Die Umweltverschmutzung ist eines der größten Probleme, vor dem wir weltweit stehen, mit schrecklichen zukünftigen Kosten für die Gesellschaft. «

Maria Neira
Weltgesundheitsorganisation (WHO)
The Observer, 16.1.2016

fossiler Brennstoffe in Kraftwerken, Fabriken und Motorfahrzeugen, der Verbrennung von Holz und Dung zum Heizen und Kochen sowie Methan aus der Viehzucht, von Müllhalden und gedüngten Feldern. Sie schädigen die Gesundheit, aber auch Nutzpflanzen; einige führen zu saurem Regen, der Wald- und Fischsterben auslöst.

Die Weltgesundheitsorganisation (WHO) schätzt, dass neun von zehn Menschen weltweit verschmutzte Luft atmen, sodass Allergien und andere Krankheiten weitverbreitet sind. Einige Aerosole blockieren je nach Zusammensetzung und Farbe der Partikel die Menge der Sonnenenergie, die den Erdboden erreicht, was kühlend wirkt. Daher können Maßnahmen zur Reduzierung der Luftverschmutzung die globale Erderwärmung verstärken.

Flüsse, Seen und Ozeane

Oberflächenwasser, Grundwasser und Meere werden durch Chemikalien aus der Industrie oder den Eintrag auf landwirtschaftliche Flächen, durch Müll wie Plastik sowie menschliche Fäkalien verschmutzt.

Einige Gewässer sind so verschmutzt, dass sie leblos sind, kein sauberes Wasser und Nahrung liefern, was das Risiko für Krankheiten wie Polio (Kinderlähmung), Cholera, Durchfallerkrankungen und Typhus erhöht. Die WHO schätzt, dass 2 Mrd. Menschen weltweit Wasser trinken, das mit menschlichen Fäkalien kontaminiert ist, was zu 500 000 Todesfällen jährlich führt.

Schadstoffe in den Ozeanen

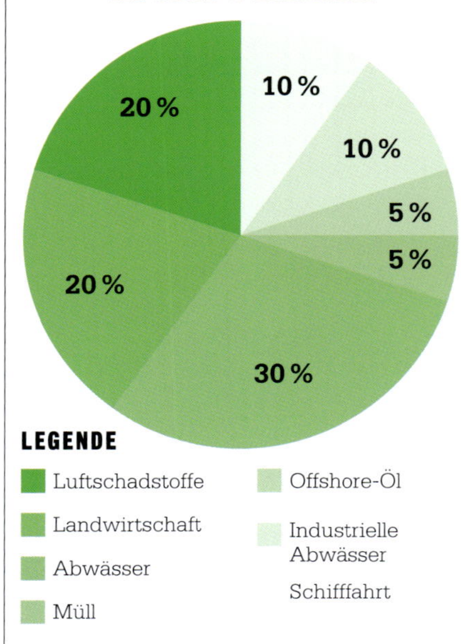

Auf den Meeren kommt es zu akuten, zerstörerischen Verschmutzungen durch Unfälle auf Öltankern oder Förderplattformen. Als der Supertanker *Exxon Valdez* 1989 auf den Felsen vor der Küste Alaskas zerbrach, flossen 50 Mio. Liter Rohöl in den Nordpazifik. Das Öl erstickte oder vergiftete schätzungsweise

Schwertwale könnten durch die Aufnahme von PCB (polychlorierten Biphenylen) aussterben. Es reichert sich in der Nahrungskette an und Schwertwale sind Spitzenprädatoren.

Emma Johnston

Die 1973 geborene australische Meeresbiologin Emma Johnston machte 2002 den Doktor in Meeresbiologie und wurde 2017 Dekanin für Wissenschaften an der *University of South Wales* (UNSW) sowie Leiterin des *Applied Marine and Estuarine Ecology Lab* an der UNSW, das die Folgen menschlicher Aktivität auf marine Ökosysteme erforscht. 2025 wurde sie Vizekanzlerin der Universität Melbourne. Sie entdeckte, wie nicht einheimische Arten Küstengewässer besiedeln können, weil sie an treibendem Plastikmüll haften. Außerdem hat sie marine Gemeinschaften in der Antarktis studiert, neue Techniken zur biologischen Beobachtung entwickelt und Behörden beim Management der Biodiversität von Ästuaren beraten.

Hauptwerke

2009 *Contaminants reduce the Richness and Evenness of Marine Communities*, in: *Environmental Pollution* 157(6)
2017 *Building »blue«: an Eco-engineering Framework for Foreshore Developments*, in: *J. of Environ. Management* 189

250 000 Seevögel, 2800 Seeotter, 300 Seehunde, 250 Seeadler und 22 Schwertwale. Milliarden Lachs- und Heringseier starben ab. Eine andere Katastrophe fand 1991 während des Irakkriegs statt, als die irakische Armee die Ventile eines Offshore-Ölterminals öffnete und mindestens 1,7 Mrd. Liter Öl in den Persischen Golf strömen ließ. Die langfristigen Folgen solcher Ereignisse halten noch an und sind noch nicht vollständig überschaubar.

Auch landen viele nicht abbaubare Produkte in den Meeren. Seit den 1950ern wurden etwa 8,3 Mrd. Tonnen Plastik produziert; nur ein Fünftel wurde recycelt oder verbrannt. Jedes Jahr gelangen 1,5 Mio. Tonnen Plastik in die Ozeane und verursachen den Tod einer riesigen Zahl von Meerestieren.

Nicht greifbare Formen

Verschmutzung in Form von Energie, ob Licht, Lärm oder Wärme, kann ebenso schädlich sein wie materielle Abfälle oder Schadstoffe. Lichtverschmutzung durch Gebäude, Straßenlaternen, Fahrzeuge und Lichtwerbung wurde erstmals in den 1920ern in New York beschrieben. Sie verursachte Probleme für nachtaktive Tiere, etwa weil sie Räuber-Beute-Beziehungen stört. Lärm kann besonders in Städten und nahe von Einflugschneisen, Fabriken und Straßen stark belasten. Und er beeinflusst die Natur auf subtilere Weise. So gibt es Hinweise, dass einige Vögel jetzt nachts singen, weil dann ihr Gesang besser zu hören ist.

Abwärme kann ebenfalls problematisch sein. Wasser aus Flüssen oder Seen dient in der Industrie oder in Kraftwerken als Kühlwasser. Wenn das warme Wasser wieder in Gewässer eingeleitet wird, kann sich die Wärmebelastung auf die in den Ökosystemen vorkommenden Tier- und Pflanzenarten auswirken.

Kernenergie gilt im Vergleich mit fossilen Energien als »sauberer«, weil keine Treibhausgase entstehen, doch sie produziert Abfälle, die Tausende oder Millionen von Jahren radioaktiv sind. Zudem besteht ein hohes Unfallrisiko. Die Explosion im Kernkraftwerk von Tschernobyl (Ukraine) 1986 tötete Dutzende Menschen und verbreitete Radioaktivität über ganz Europa. Die jetzt langsam nachlassenden Folgen der Kontamination für Ökosysteme und die menschliche Gesundheit könnten noch ein Jahrhundert anhalten.

> »2015 führte die Umweltverschmutzung zu dreimal so vielen Todesfällen wie Aids, Tuberkulose und Malaria zusammen.«
>
> **Philip Landrigan**
> *The Lancet Commission on Pollution and Health*, in: *The Lancet* 391, 2018

Schadensminderung

Umweltverschmutzung ist eine riesige Herausforderung: Wir müssen sowohl die bestehende Verschmutzung beseitigen als auch neue Verschmutzungen radikal herunterfahren. Wichtig sind der Ersatz fossiler Brennstoffe durch erneuerbare Energien, der Einsatz abbaubarer Materialien sowie mehr Recycling und Wiederverwertung. Das wird Zeit brauchen und erfordert letztlich ein fundamentales Umdenken, was unseren Konsum angeht. ■

GOTT KANN DIESE BÄUME NICHT VOR DUMMKÖPFEN SCHÜTZEN

GEFÄHRDETE LEBENSRÄUME

IM KONTEXT

SCHLÜSSELFIGUR
John Muir (1838–1914)

FRÜHER
1872 Yellowstone in Wyoming, Montana und Idaho (USA) wird zum Nationalpark erklärt – der erste der Welt.

SPÄTER
1948 Die *International Union for Conservation of Nature* (IUCN) wird gemeinsam von Staaten, Regierungs- und Nichtregierungsorganisationen gegründet.

1961 Der *World Wide Fund for Nature* (WWF), ursprünglich *World Wildlife Fund,* wird gebildet, um gefährdete Arten und Habitate zu schützen.

1971 Die UN gründet das MAB-Programm *(Man in the Biosphere)* für nachhaltige Entwicklung. Es betreibt weltweit Biosphärenreservate.

Der Beginn der Bewegung zum Schutz natürlicher Lebensräume wird meist dem schottisch-US-amerikanischen Naturphilosophen John Muir zugeschrieben, er gilt als »Vater der Nationalparks«. Muir erkannte als einer der Ersten, dass wilde Orte Schutz brauchen. Unter den vielen verschiedenen Habitaten der Erde sind einige empfindlicher als andere, aber jedes ist auf seine Weise teils erheblich bedroht, ob anthropogen (von Menschen verursacht), durch natürliche Ursachen oder durch beides.

Natürlich sind Lebensräume immer wieder von zerstörerischen Naturereignissen betroffen. Ständig lösen Blitzeinschläge Wald- oder

Siehe auch: Menschliche Aktivität und Biodiversität 92–95 ▪ Biodiversitäts-Hotspots 96–97 ▪ Biome 206–209 ▪ Entwaldung 256–261 ▪ Umweltethik 310–311

Der Yosemite-Nationalpark wurde 1890 dank der Bemühungen von John Muir eingerichtet. Der Park ist für Gletscher, Wasserfälle und Granitfelsen wie den Monolithen El Capitan bekannt.

Steppenbrände aus. Wirbelstürme und Überschwemmungen führen zu Chaos. Sturmfluten können Meerwasser ins Land treiben, sodass Süßwasserfeuchtgebiete versalzen. Vor etwa 66 Mio. Jahren erzeugte der Meteorit von Chicxulub (Mexiko) Staubwolken, die lange Zeit die Sonnenstrahlung am Boden reduzierten. Die Fotosynthese der Pflanzen kam zum Erliegen und viele Tiere, darunter die Dinosaurier, starben aus.

Auch menschliche Einflüsse sind nichts Neues, schon immer haben Menschen ihre Umwelt verändert. So ist Entwaldung kein modernes Problem. In Europa begann die Rodung von Wäldern für Anbauflächen oder Bauholz vor Tausenden von Jahren, später geschah Ähnliches in Nordamerika. Der heutige Eingriff des Menschen in die Umwelt ist historisch allerdings beispiellos. In den letzten 200 Jahren explodierte die Bevölkerung. Dies führte zu einem schnellen Städtewachstum, die Industrie entwickelte sich rasant und verbraucht massenhaft fossile Brennstoffe und Bodenschätze, hinzu kommen die Ausweitung der Landwirtschaft sowie Konflikte und Kriege. All dies belastet die Natur.

Empfindliche Ökoregionen

Ein heute oft genutztes Konzept zur Bestimmung größerer Habitattypen ist die Ökoregion: kleiner als ein Biom mit detaillierteren Einschätzungen zur Biodiversität. Ökoregionen sind als große Land- bzw. Wassereinheiten mit geografisch abgegrenztem typischem Gemisch von Arten, Lebensgemeinschaften und Umweltbedingungen definiert. Beispiele sind Wüsten, tropische ››

John Muir

Der 1838 in Schottland geborene John Muir begeisterte sich schon als Kind für die Natur. Seine Familie zog nach Wisconsin (USA), als er elf war. 1867 hatte er einen Unfall, durch den er zeitweilig erblindete; danach »sah [er] die Welt in einem anderen Licht«. Der Botaniker, Geologe und Glaziologe Muir besuchte im Jahr 1868 das Yosemite-Tal in Kalifornien und beschloss später, es vor der Plage der Hausschafe (die er »Heuschrecken mit Hufen« nannte) zu schützen. 1903 führte Muir Präsident Theodore Roosevelt durch das Yosemite-Tal. Der gemeinsame dreitägige Ausflug überzeugte Roosevelt, den *US Forestry Service* und später (1916) die *National Conservation Commission* zu gründen. Muir widmete sich weiterhin dem Kampf um den Schutz von Land wie dem Mount Rainier, der 1899 zum Nationalpark erklärt wurde.

Hauptwerke

1874 *Studies in the Sierra*
1901 *Our National Parks*
1911 *Mein erster Sommer in der Sierra*

Natürliche Faktoren können ein **Habitat belasten.**

↓

Belastungen sind **Stürme, Überschwemmungen, Brände, Vulkane** und **Meteoriteneinschläge.**

↓

Menschliche Aktivitäten können ein **Habitat belasten.**

↓

Belastungen sind **Entwaldung, Zersiedelung, Bergbau, Industrie, Umweltverschmutzung** und **Krieg.**

↓

Das Habitat ist gefährdet.

Regenwälder, gemäßigte Nadelwälder, Seen, Mangroven und Korallenriffe. Besonders sind Korallenriffe und tropische Regenwälder durch den Menschen bedroht.

Regenwaldvernichtung

Auch wenn sie nur 6 % der Landfläche stellen, machen tropische Regenwälder die größte Biomasse aller terrestrischen Ökoregionen aus und beherbergen etwa 80 % aller Landarten. Jedes Jahr werden etwa 140 000 km² tropischer Regenwald gerodet – das entspricht einem Fußballplatz pro Sekunde. Der Wald wird gerodet, um Feuer- und Bauholz zu gewinnen, aber auch um Platz für Straßen, Siedlungen und Landwirtschaft zu schaffen.

Die global am stärksten bedrohten Regenwälder liegen in Westafrika, Mittelamerika und Südostasien. So sind auf Borneo nur noch etwa 30 % des Tieflandregenwalds erhalten. Im Amazonasbecken, wo ein Drittel der weltweiten Regenwaldfläche zu finden ist, passiert der Großteil der Rodungen für die Landwirtschaft, vor allem für die Viehzucht. Doch mit der Rodung beginnen die Probleme erst. Regen wird überwiegend von der Vegetation aufgefangen. Fällt er auf einen gerodeten Hang, trägt er den Boden ab; so wird die Fläche für die Landwirtschaft nutzlos und lässt sich oft nicht mehr aufforsten. Sedimente werden in Flüsse und Seen geschwemmt, wo sie Fische töten und das Überschwemmungsrisiko erhöhen. Die Schädigung jedes Waldes senkt seine Fähigkeit, das Treibhausgas Kohlendioxid (CO_2) aufzunehmen, und trägt damit zum Klimawandel bei.

Verlust von Korallenriffen

Korallenriffe sind wichtige Ökoregionen, aber besonders stark gefährdet. Sie ernähren etwa 25 % aller Meeresarten und dienen zudem als Kinderstube für Milliarden Fische. Drei Viertel der Riffe sind weltweit bedroht und ein Viertel wohl irreparabel geschädigt. Eine der größten Bedrohungen ist der Klimawandel. Wird das Wasser zu warm, stoßen Korallen die in ihrem Gewebe symbiotisch lebenden Zooxanthellen (Algen) aus, die ihnen Nährstoffe, aber auch die bunte Färbung geben. Diese sogenannte »Korallenbleiche« tötet die Korallen zwar nicht, schwächt sie aber, was langfristig zu ihrem Tod führen kann.

Zudem werden Riffe durch Überfischung zerstört, etwa durch gefährliche Cyanid- oder Dynamitfischerei sowie Schleppnetze. Bautätigkeit an Land schwemmt Schlamm ein, der das für Korallen wichtige Sonnenlicht blockiert. Chemische Schadstoffe, das Ausbaggern und rücksichtsloser Tourismus bedrohen dieses hochempfindliche Habitat ebenfalls.

Weitreichende Folgen

Weltweit sind vielfältige natürliche Habitate durch den Menschen stark gefährdet. Tropischer Laubtrockenwald ist leichter zu roden als Regenwald; auf Madagaskar, wo Trockenwald einst weitverbreitet war, nimmt die Population von 90 % der Trockenwaldarten ab.

Ölpalmen werden in Indonesien und Malaysia auf großen Flächen gepflanzt; die Plantagen sind ein Hauptfaktor bei der Entwaldung. Eine der dadurch bedrohten Arten sind die Orang-Utans.

Feuchtgebiete und Gezeitenzonen sind für marine Wirbellose und Zugvögel wichtig, aber in vielen Gebieten wurden sie zerstört, weil Industrie- oder Hafenanlagen entstanden.

Einst erstreckte sich die Hochgrasprärie durch den Mittleren Westen der USA, heute sind weniger als 4 % übrig; der Rest ist Farmland. Viele Feuchtgebiete wurden für die Landwirtschaft oder für Siedlungen entwässert, andere sind unwiderruflich durch Verschmutzung geschädigt. Nährstoffe von gedüngten Äckern belastet viele Seen und Flüsse. In vielen Ländern wurden Gezeitenzonen durch den Bau von Häfen zerstört. Durch Abholzung, Küstenbebauung, Umweltverschmutzung und Klimawandel sind 50 % der Mangrovenökosysteme vom Kollaps bedroht.

Die Vernichtung stoppen

Die Zerstörung von Habitaten bedeutet nicht nur den Verlust von Naturschönheit und Biodiversität, sondern bringt auch ernsthafte Probleme für Menschen mit sich, etwa schlechtere Wasserqualität, abnehmende Fischbestände, weniger Bestäuber (Insekten wie Bienen), Überschwemmungen und einen Anstieg der Treibhausgase. Naturschutz ist heute essenziell und Ökologen arbeiten hart daran, sinnvolle Maßnahmen zu erarbeiten.

Die Handlungsmöglichkeiten reichen je nach Situation von der Einrichtung von Schutzgebieten und Biotopkorridoren, die fragmentierte Habitate verbinden, bis zur Wiederherstellung zerstörter Habitate. Eine nachhaltige Versorgung mit Brennstoff und Bauholz für Menschen, die vom Wald abhängen, ist ebenfalls wichtig. Da sich die Habitatvernichtung global auswirkt, sind internationale Kooperationen unumgänglich. ■

» Bei jeder Wanderung durch die Natur bekommt man viel mehr, als man braucht. «

John Muir
The American Forests, in: *The Atlantic*, 1.8.1897

Schutzgebiete

Zu den Schutzgebieten zählen Nationalparks, Natur- und Landschaftsschutzgebiete, Wildnisgebiete sowie Gebiete von besonderem wissenschaftlichem Interesse (SSSIs). In diesen Gebieten ist der Umgang mit der Natur durch besondere Gesetze geregelt. Die Flächen müssen meist eine Mindestgröße haben, ihre Maße und die Art des Schutzes variieren sehr. Etwas mehr als 15 % der gesamten Land- und Süßwasserfläche der Erde sind geschützt, aber nur 8,4 % der Hochsee- und Küstengebiete. Für das Ziel, 30 % der Erde bis 2030 zu schützen, sind deutlich schnellere Fortschritte nötig.

Marae Moana, eines der größten Schutzgebiete der Welt, umfasst 2 Mio. km² um die Cook-Inseln im Pazifik. Dort leben Meeresschildkröten, mindestens 136 Korallenarten sowie 21 Wal- und Delfinarten. Eines der größten Schutzgebiete an Land ist der Nordostgrönland-Nationalpark, der fast 1 Mio km² Eisdecke und Tundra umfasst.

Moschusochsen sind Herdentiere, die im 19. Jahrhundert durch die Jagd stark dezimiert wurden. Heute leben sie in Schutzgebieten in Alaska, Norwegen und Sibirien.

WIR SEHEN DEN BEGINN EINES SICH SCHNELL WANDELNDEN PLANETEN

DIE KEELING-KURVE

IM KONTEXT

SCHLÜSSELFIGUR
Charles Keeling (1928–2005)

FRÜHER
1896 Der schwedische Chemiker Svante Arrhenius schätzt als Erster, wie stark atmosphärisches CO_2 die Temperatur der Erde erhöhen könnte.

1938 Der britische Ingenieur Guy Stewart Callendar befasst sich mit historischen Temperatur- und CO_2-Messungen und folgert, dass der Anstieg des CO_2 für die Erwärmung der Atmosphäre verantwortlich ist.

SPÄTER
2002 Der Umweltsatellit Envisat der ESA beginnt, mit bis zu 5000 Messpunkten täglich die Treibhausgase zu messen.

2020er Nach Daten des *Orbiting Carbon Observatory 3* (OCO-3) der NASA auf der Raumstation ISS sinkt der CO_2-Gehalt über Los Angeles in den Covid-Jahren 2019 bis 2021, als kaum Autos fahren.

Die Keeling-Kurve, benannt nach dem US-amerikanischen Chemiker Charles Keeling, zeigt die seit 1958 laufenden Messungen des täglichen Gehalts der Atmosphäre an Kohlendioxid (CO_2), gemessen in ppmv (*parts per million by volume,* also millionstel Volumenanteile). Sie weist zwei Merkmale auf: ein Auf und Ab durch die jahreszeitliche Fotosynthese der Vegetation und einen stetigen langfristigen Anstieg. CO_2 ist das wichtigste Treibhausgas, das die von der Erde ausgehende Wärme zurückhält. Wenn der atmosphärische CO_2-Gehalt zunimmt, führt dies zur globalen Erwärmung und Veränderung des Klimas.

> »Wir erlebten zum ersten Mal, wie die Natur für das Pflanzenwachstum im Sommer CO_2 aus der Luft zieht und es im folgenden Winter wieder zurückgibt.«
>
> **Charles Keeling**
> *The (Ralph) Keeling Curve*
> Website der *Scripps Institution of Oceanography*

Messung des CO_2-Gehalts

Seit Beginn der industriellen Revolution im späten 18. Jahrhundert nahmen die Emissionen von CO_2 erheblich zu, vor allem durch die Verbrennung fossiler Brennstoffe, während die Rodung von Wäldern für Landwirtschaft und Siedlungen die Aufnahme von CO_2 durch die Vegetation für die Fotosynthese verringerte. Zunächst waren sich Forscher uneinig, ob das zusätzliche CO_2 von den Ozeanen aufgenommen wird, aber es gab keine harten Daten, um dies zu klären. Charles Keeling war nicht der Erste, der den Anstieg des CO_2-Gehalts feststellte. Andere hatten Messungen durchgeführt, aber immer nur als einzelne »Schnappschüsse«. Keeling wusste, dass erst eine Langzeitstudie den menschlichen Einfluss nachweisen konnte. 1956 nahm er eine Stelle an der *Scripps Institution of Oceanography* in San Diego (Kalifornien) an und erhielt Geld zum Aufbau von CO_2-Messstationen an isolierten Orten: in 3000 m Höhe auf dem Mauna Loa (Hawaii) und am Südpol. 1960 war

Siehe auch: Globale Erderwärmung 202–203 ▪ Die Biosphäre 204–205 ▪ Rückkopplungen in der Umwelt 226–227 ▪ Den Klimawandel aufhalten 320–325

Mauna Loa auf Hawaii ist der ideale Ort für eine atmosphärische Messstation. Die Höhe und die isolierte Lage des Vulkans mitten im Pazifik verringern lokale Einflüsse durch Menschen oder Vegetation.

Keeling sicher, dass die Zeitreihen lang genug waren, um einen mehrjährigen Anstieg nachzuweisen.

Jahreszeitliche Änderungen

Zwar endete die Finanzierung der Südpolstation 1964, doch Mauna Loa misst von 1958 an bis heute. Die grafisch dargestellten Daten sind als »Keeling-Kurve« bekannt.

CO_2-Messungen am Mauna Loa (1958–2025)

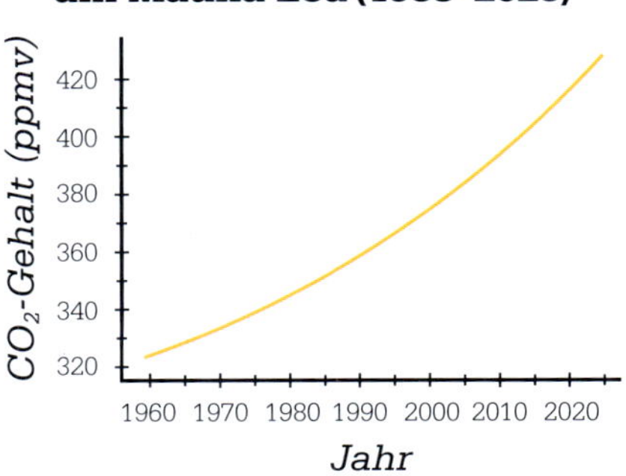

Die Keeling-Kurve ist die grafische Darstellung, die klar den kontinuierlich steigenden CO_2-Gehalt der Atmosphäre im Lauf der Zeit zeigt, gemessen an der Messstation am Mauna Loa auf Hawaii.

Sie zeigt den langfristigen Anstieg des CO_2-Gehalts, aber auch einen Jahreszeitenzyklus. Im Frühling und Sommer der Nordhalbkugel nehmen neue Blätter mehr CO_2 aus der Luft auf, sodass die globale Konzentration um etwa 5 ppmv auf ein Minimum im September sinkt. Sie steigt im Herbst wieder an, wenn die Fotosynthese nachlässt. Die Pflanzen der Südhalbkugel, die später im Jahr aktiv werden, gleichen das nicht aus, die Nordhalbkugel hat viel mehr Vegetation. Uralte Luftblasen in Gletschern zeigen einen mittleren CO_2-Gehalt in den letzten 11 000 Jahren von 275 bis 285 ppmv, ab Mitte des 19. Jahrhunderts stieg er steil an. 1958 lag er bei 316 ppmv. Er stieg pro Jahr stetig um 1,3 bis 1,4 ppmv bis Mitte der 1970er, dann immer schneller, heute um über 2 ppmv. Im Mai 2025 waren es 430 ppmv, über 1,5-mal so viel wie in vorindustrieller Zeit. ▪

CO_2-Analysen im Eis

Forscher können CO_2-Konzentrationen der Vergangenheit messen, indem sie Luftblasen analysieren, die in der Eisdecke der Antarktika oder von Grönland eingeschlossen sind. Demnach gab es in den letzten 400 000 Jahren mehrere Zyklen mit niedrigen Werten zu Zeiten starker Vereisung, als sich neue Gletscher formten, zu höheren Werten in den wärmeren interglazialen Zeiten. Die Zunahme des CO_2 seit Beginn der industriellen Revolution passt zur Temperatur. Die globale Mitteltemperatur ist seit 1880 um 0,07 °C und seit 1970 um 0,17 °C pro Jahrzehnt gestiegen.

Der Zwischenstaatliche Ausschuss für Klimaänderungen (IPCC, *Intergovernmental Panel on Climate Change*) warnt: Wenn wir die Treibhausgasemissionen nicht drastisch reduzieren, steigen die Mitteltemperaturen bis zum Jahr 2100 auf Werte um 4,3 °C über der vorindustriellen Zeit. Diese Erwärmung führt zum deutlichen Anstieg des Meeresspiegels und zu mehr Extremwetterereignissen, sodass die Menschen wohl bestimmte Regionen der Welt ganz aufgeben werden müssen.

Die Blasen in Eisbohrkernen enthalten Proben jahrhundertealter Luft. An ihnen lässt sich der damalige CO_2-Gehalt messen.

MAN HAT EINE GEMEINSCHAFT VON LEBEWESEN MIT EINEM HAGEL VON CHEMIKALIEN ÜBERSCHÜTTET

DAS ERBE DER PESTIZIDE

IM KONTEXT

SCHLÜSSELFIGUR
Rachel Carson (1907–1964)

FRÜHER
1854 Henry David Thoreaus Buch *Walden* beschreibt ein Sozialexperiment: ein einfaches Leben im Einklang mit der Natur. Es gilt als Inspiration der Umweltbewegung.

1949 *A Sand County Almanac* von Aldo Leopold schlägt vor, dass Menschen und Natur in Harmonie miteinander leben.

SPÄTER
1970 Die US-Umweltbehörde *Environmental Protection Agency* (EPA) wird gegründet.

1989 Bill McKibbens Buch *Das Ende der Natur* betont die Gefahren der Erderwärmung.

2006 Der Dokumentarfilm *Eine unbequeme Wahrheit* dokumentiert die Aufklärungsarbeit über den Klimawandel des Ex-Vizepräsidenten Al Gore.

Eines der einflussreichsten und meistverehrten Bücher über Umweltschutz ist wohl *Silent Spring* (1962; dt.: *Der stumme Frühling,* 1963), das schnell großes Aufsehen erregte. Es regte die gerade beginnende Umweltbewegung an, erzwang Gesetzesänderungen und – vielleicht seine wichtigste Wirkung – vertrat das Recht der Öffentlichkeit, das Handeln der Mächtigen zu hinterfragen und sie zur Verantwortung zu ziehen.

Die Autorin dieses bahnbrechenden Werks kann nicht als typische Umweltaktivistin gelten – ein Konzept, das damals noch unbekannt war. Vielmehr war Rachel Carson eine ruhige, gebildete Frau mit einem Magister in Zoologie und 20 Jahren Arbeitserfahrung als Gewässerbiologin in den USA. Vor allem konnte sie ausgezeichnet schreiben und wissenschaftliche Fakten überzeugend erzählen.

Das Versprühen von Insektiziden wie DDT, sowohl im Freien als auch in Häusern, war – und ist mancherorts immer noch – üblich, um Moskitos zu töten, die Malaria übertragen.

Sterbende Tiere

Wie viele große, einflussreiche Werke begann *Der stumme Frühling* sehr persönlich. Im Januar 1958 schickte ihre Freundin Olga Huckins Carson einen Brief, den sie eigentlich im *Boston Herald* veröffentlicht haben wollte. Darin schrieb sie über Agrarflugzeuge, die nahe ihres kleinen Vogelreservats in Michigan eine Mischung aus Öl und einer Substanz namens DDT (Dichlordiphenyltrichlorethan) versprühten. Am Morgen nach der Besprühung fand Huckins mehrere tote Vögel und sie hoffe, Carson würde jemanden in Washington kennen, der die Besprühung stoppen konnte. Carson war entsetzt und beschloss zu helfen. Seit über einem Jahrzehnt hatte sie beun-

Rachel Carson

Die 1907 geborene Rachel Carson wuchs auf einer Farm in Pennsylvania auf, wo sie die Liebe zur Natur entwickelte. Sie erhielt ein Stipendium für das *Pennsylvania College for Women* und machte dann ein Magisterstudium in Zoologie. Die in einem Binnenstaat aufgewachsene Carson hatte stets vom Meer geträumt und so wurde sie Gewässerbiologin beim *US Fish and Wildlife Service* (FWS).

Carson schrieb und veröffentlichte viele Informationsbroschüren und wurde schließlich die Chefredakteurin des FWS. Ab 1941 schrieb sie Bücher über Meeresbiologie, vor allem den Bestseller *The Sea Around Us* (1950; dt.: *Geheimnisse des Meeres,* 1952), für das sie den Nationalen Buchpreis erhielt. Dank dieses Erfolgs konnte sie nun in Vollzeit schreiben und begann 1958 mit der Arbeit an *Der Stumme Frühling.* 1960 wurde Brustkrebs bei ihr diagnostiziert, sie starb 1964.

Hauptwerke

1941 *Unter dem Meerwind*
1951 *Geheimnisse des Meeres*
1955 *Am Saum der Gezeiten*
1962 *Der stumme Frühling*

Siehe auch: Menschliche Aktivität und Biodiversität 92–95 ▪ Tierökologie 106–113 ▪ Das Ökosystem 134–137 ▪ Eine ganzheitliche Sicht der Erde 210–211 ▪ Zerstörung der Erde durch den Menschen 303 ▪ Den Verlust von Artenvielfalt aufhalten 326–327

ruhigende Berichte gehört, dass das unkontrollierte Besprühen Tiere tötete. Sie kontaktierte sofort den Redakteur des Magazins *New Yorker,* E.B. While, und schlug vor, einen Artikel über die zunehmende Besorgnis wegen synthetischer Pestizide und ihrer Folgen für andere Organismen als die Zielarten zu verfassen. Der Redakteur bat sie daraufhin, diesen Artikel selbst zu schreiben. Widerwillig begann Carson die Recherchen für das, was sie zunächst das »Giftbuch« nannte. Es sollte die Welt verändern.

Die chemische Zukunft

Der Einfluss von *Der stumme Frühling* ist vor dem Hintergrund der damaligen Zeit zu sehen. Zwar hatten Akademiker bereits Bedenken wegen der synthetischen Pestizide geäußert, doch der Öffentlichkeit war das Thema gar nicht bewusst.

Synthetische Pestizide waren seit den 1920ern in Gebrauch, aber im Zweiten Weltkrieg im Zuge der Kriegsforschung erheblich weiterentwickelt worden. In den 1950ern hielt man sie allgemein für die Lösung globaler Probleme wie Hunger und Krankheiten, weil sie Schädlinge vernichteten, die die Ernten zerstörten und Krankheiten übertrugen. Werbekampagnen von Chemieriesen wie Union Carbide, DuPont, Mobil und Shell verbreiteten diese Botschaft in der Öffentlichkeit. *Der stumme Frühling* stellte diesen Glauben infrage: Für den sogenannten wissenschaftlichen Fortschritt müsse die Umwelt einen enormen Preis zahlen.

Das berüchtigtste Pestizid und das, von dem *Der stumme Frühling* vor allem handelt, war DDT. Es wurde erstmals im späten 19. Jahrhundert hergestellt, doch 1939 erkannte der Schweizer Chemiker Paul Hermann Müller, dass es als Nervengift viele Insektenarten abtöten konnte. Im Zweiten Weltkrieg wurden mit DDT Insekten vernichtet, die Lebensmittel zerstörten und Malaria, Typhus und Denguefieber auf die Soldaten übertrugen.

DDT war billig zu produzieren und sehr effektiv, zunächst schien es für Menschen ungefährlich zu sein. Nach dem Krieg war es reichlich verfügbar, so war die Anwendung in der Landwirtschaft der logische nächste Schritt. Den Landwirten muss es wie ein Allheilmittel vorgekommen sein und sie versprühten es großzügig auf ihren Feldern. Oft trugen sie dabei nicht einmal Masken und Schutzkleidung, da sie die hohe Giftigkeit dieser gefährlichen Substanz nicht kannten.

Bald folgte ein breites Sortiment von synthetischen Agrochemikalien wie Aldrin, Dieldrin, Endrin, Parathion (E6C5), Malathion, Captan und 2,4-D (2,4-Dichlorphenoxyessigsäure). Zusammen mit Düngern, die aus Stickstoffverbindungen hergestellt wurden, die nicht mehr für Sprengstoffe gebraucht wurden, »

» Man sollte die Stoffe nicht Insektizide, Insektenvertilgungsmittel, sondern ›Biozide‹, Töter allen Lebens, nennen. «

Rachel Carson
Der stumme Frühling, 1962

DDT wird **nicht** leicht wieder **abgebaut.**

↓

DDT ist **fettlöslich** und **reichert sich** im Körperfett von Tieren **an.**

↓

DDT ist ein **Breitspektrumgift,** das nicht nur die Zielschädlinge trifft, sondern auch andere Insekten, Fische, Säugetiere und Vögel.

↓

DDT kann in der oberen Atmosphäre über **weite Strecken transportiert** werden.

↓

DDT führt zu langfristigen Schäden in der ganzen Nahrungskette.

Dauerhaft vergiftet

DDT (Dichlordiphenyltrichlorethan) ist ein Pestizid aus der Gruppe der chlororganischen Verbindungen. Als Kontaktgift tötet es Insekten, indem es die Nervenimpulse stört. DDT ist fettlöslich und lagert sich im Gewebe von Tieren ab, die direkt mit ihm in Kontakt kommen oder kontaminierte Nahrung fressen. Durch wiederholten Kontakt reichert es sich im Körper an, bis giftige Konzentrationen erreicht sind.

DDT reichert sich auch in der Nahrungskette an (»Biomagnifikation«). Menschen sind durch regelmäßigen Kontakt mit DDT gefährdet. Zwar sind die Folgen kleiner Mengen unbekannt, aber DDT steht im Verdacht, Krebs, Unfruchtbarkeit, Fehlgeburten und Diabetes auszulösen. In westlichen Ländern ist es heute verboten, aber das *US Center for Disease Control* (CDC) fand 2003/2004 DDT oder sein Abbauprodukt DDE im Blut von 99 % der getesteten Menschen.

» Ein Sprühmittel, das so unterschiedslos wie DDT wirkt, kann die Ökonomie der Natur durcheinanderbringen … 90 % aller Insekten sind gut, und wenn sie getötet werden, läuft alles sofort aus dem Ruder. «

Edwin Way Teale
DDT: The Insect-Killer that can be either Boon or Menace, in: *Nature Magazine,* 1945

Biomagnifikation von DDT in der Nahrungskette

Organismen, die höher in der Nahrungskette stehen, leiden am meisten unter DDT. In Produzenten macht das Gift nur 0,04 ppm (Teile pro 1 Mio. Teile im Körpergewebe) aus, aber die Konzentration nimmt durch Anreicherung auf jeder Stufe der Nahrungskette zu. Bei Tertiärkonsumenten kann sie toxisch sein.

ermöglichten sie die Intensivierung der Landwirtschaft. Das chemische Zeitalter hatte endgültig begonnen und 1952 waren fast 10 000 Pestizidprodukte beim *US Department of Agriculture* (USDA) registriert.

Wachsendes Bewusstsein

Carson war nicht die Erste, die auf Schäden durch DDT aufmerksam wurde. Es gab andere frühe Kritiker, etwa den Naturautor Edwin Way Teale, der davor warnte, dass die unbedachte Besprühung mit DDT das Gleichgewicht der Natur stören könnte. 1945 riet Clarence Cottam, der Direktor des *US Fish and Wildlife Service* (FWS), zur Vorsicht im Umgang mit DDT, da die wahren Folgen noch nicht völlig verstanden seien. Im folgenden Jahr betonte Fred Bishop in einem Artikel im *American Journal of Public Health,* dass DDT nicht in Lebensmittel gelangen oder versehentlich gegessen werden dürfe.

Verschiedene wissenschaftliche Studien erbrachten ebenfalls besorgniserregende Ergebnisse. So veröffentlichte die US-Regierung 1945 eine Studie, die Spuren von DDT in der Milch von Kühen fand, die damit besprüht worden waren. Sie empfahl, dass Bauern »sichere alternative Ersatzinsektizide« einsetzen sollten, um Läuse und Fliegen auf

» Der Mensch ist Teil der Natur und sein Krieg gegen die Natur ist unausweichlich ein Krieg gegen sich selbst. «

Rachel Carson
The Silent Spring of Rachel Carson
Fernsehsendung, CBS, 3.4.1963

dem Vieh unter Kontrolle zu halten. Durch ihre Stelle als Chefredakteurin des FWS bis 1952 hatte Carson direkten Zugang zu solchen Berichten, die sie sehr beunruhigten.

Da diese Studien über viele Einrichtungen verteilt und der Öffentlichkeit kaum zugänglich waren, beschloss Carson, alles Material zu sammeln und es in einer Form zu präsentieren, die Nichtwissenschaftler verstehen konnten. Bei der Arbeit an *Der stumme Frühling* wurde ihr die moralische Verpflichtung zur Veröffentlichung immer stärker bewusst. Sie dokumentierte nicht nur die Risiken des unbedachten Pestizideinsatzes, sondern wagte auch darauf hinzuweisen, dass die Chemieunternehmen ihre Profite über das Wohl der Menschen stellten und dass vielleicht sogar die Regierung mit ihnen zusammenspielte, weil sie die Industrie nicht effektiv regulierte.

Die Reaktion der chemischen Industrie in den USA war absehbar. Zunächst wurde versucht, Carson, ihre Verleger und das Magazin *The New Yorker* (das das Buch als Serie abgedruckt hatte) zu verklagen. Doch darauf war Carson vorbereitet. Sie hatte gewusst, dass das Buch kontrovers sein und die Chemieindustrie es als Bedrohung ansehen würde. Deshalb hatte sie ihre Recherchen – die auf Regierungsagenturen, ihren Kontakten zu Forschungseinrichtungen und anderen seriösen Quellen beruhten – nicht nur mit höchster Sorgfalt dokumentiert, sondern das Manuskript auch von Wissenschaftlern beurteilen lassen.

Als die Klagen keinen Erfolg hatten, versuchten die Chemieunternehmen, Carsons Ruf zu zerstören. In persönlichen Attacken stellten sie Carson z. B. als »hysterische« Katzenliebhaberin dar, die für solch ein Buch gar nicht kompetent sei. Die Schmutzkampagne ging aber nach hinten los und erhöhte noch die Verkaufszahlen des Buchs.

Neue Politik

Bedeutende Wissenschaftler unterstützten Carsons Befunde und 1963 lud US-Präsident John F. Kennedy sie zu einer Aussage vor einem Komitee des Kongresses ein. Dort forderte sie neue Strategien für den Umweltschutz. Der Bericht des Komitees mit dem Titel *The Uses of Pesticides* bestätigte im Wesentlichen Carsons Thesen. Inspiriert von ihr führten Aktivisten die Lobbyarbeit weiter, bis 1972, ein Jahrzehnt nach *Der stumme Frühling*, DDT in den USA verboten wurde. Andere Länder folgten, doch einige setzen das Pestizid immer noch ein.

Das Erbe von *Der stumme Frühling* geht über das DDT-Verbot hinaus. Es zeigte den Industriellen und der Regierung die Macht einer aufgeklärten Öffentlichkeit auf. ■

» Als [Der stumme Frühling] erschien, hatten amerikanische Farmer 37 verschiedene Pestizide zur Verfügung. Heute gibt es über tausend. «

Dave Goulson
Biologieprofessor und Autor
The decline of insects threatens our existence; Interview in: *Investigate Europe*, 24.6.2022

Nach dem Verbot von DDT in vielen Ländern erholte sich die Fischadlerpopulation, die seit den 1940ern stark abgenommen hatte. Die Vögel hatten Kleintiere gejagt, die DDT enthielten.

EIN LANGER WEG VON DER ENTDECKUNG ZUM POLITISCHEN HANDELN

SAURER REGEN

IM KONTEXT

SCHLÜSSELFIGUR
Gene Likens (*1935)

FRÜHER
1667 Der englische Architekt John Evelyn erkennt die korrosive Wirkung verschmutzter Stadtluft auf Kalk und Marmor.

1852 Robert Angus Smith vermutet, dass industrieller Schmutz den Regen versauert, der Gebäude beschädigt. Er benutzt als Erster den Begriff »saurer Regen«.

SPÄTER
1980 Der US-Kongress initiiert mit dem *Acid Deposition Act* eine umfangreiche 18-jährige Studie über sauren Regen.

1990 Eine Ergänzung zum *Clean Air Act* von 1963 in den USA führt ein System zur Kontrolle der Schwefeldioxid- und Stickoxidemissionen ein.

2020 In ganz Europa ist die Schwefeldioxidkonzentration im Vergleich zu den 1980er-Jahren um 80 % gesunken.

Schon im 17. Jahrhundert wurde in England – und im 19. Jahrhundert in Norwegen – die Wirkung von saurem Regen auf Stein erkannt. Doch erst als der US-amerikanische Ökologe Gene Likens eine detaillierte Studie in einem ländlichen Gebiet in New Hampshire durchführte, konnte man das Phänomen richtig verstehen. Ab 1963 studierten der Limnologe Likens und sein Team die Beziehungen zwischen Wasserqualität und Organismen im Einzugsbereich des Hubbard Brook. Sie fanden heraus, dass der Regen hier ungewöhnlich sauer war. Der entsprechende Wert wird als »pH-Wert« von 0 (sehr sauer) über 7 (neutral) bis 14 (sehr basisch) gemessen. Die meisten Fische und Wassertiere gedeihen am besten bei einem pH-Wert von 6 bis 8, aber Likens fand Werte von 4. Das war viel zu sauer für Fische, Frösche und die Insekten, die ihnen als Nahrung dienten. Er installierte Messstationen in Neuengland und stellte fest, dass saurer Regen und Schnee in dicht besiedelten und stark industrialisierten Gegenden häufig vorkam. Likens' systematische Forschung überzeugte die US-Regierung, Gesetze zur Verringerung der Emissionen relevanter Stoffe zu verabschieden.

Folgen des sauren Regens

Bei der Verbrennung fossiler Brennstoffe in Kraftwerken oder Fabriken entstehen Schwefeldioxid (SO_2) und

Saurer Regen hat Stein- und Mauerwerk – wie diese Statue im Hof der St.-Peter-und-Paul-Jesuitenkirche in Krakau – seit Jahrhunderten erodiert, bevor man das Phänomen verstand.

Siehe auch: Gefährdete Lebensräume 238–241 ▪ Das Erbe der Pestizide 244–249 ▪ Entwaldung 256–261 ▪ Ressourcenverknappung 264–267 ▪ Versauerung der Meere 283

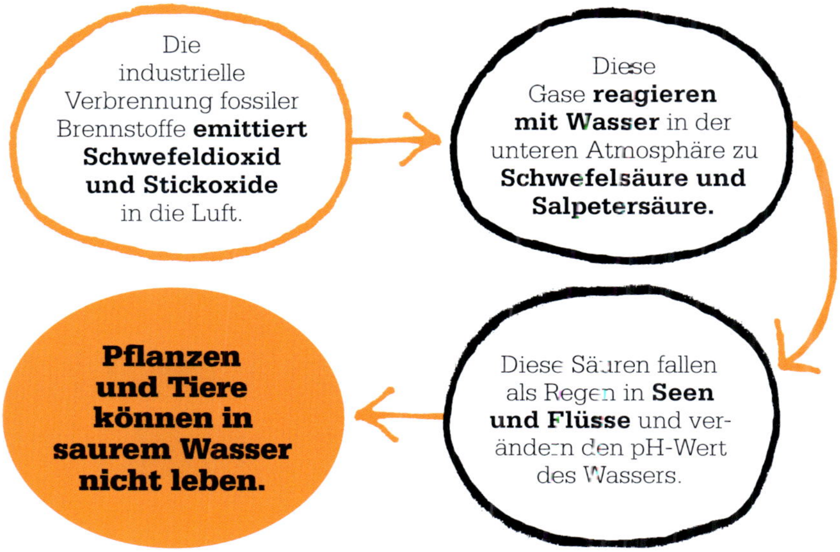

Stickoxide (NO_x). Sie breiten sich in der unteren Atmosphäre aus und reagieren mit Wasser zu verdünnter Schwefelsäure (H_2SO_4) und Salpetersäure (HNO_3). Die schwachen Säuren fallen als Regen, sodass Gewässer versauern. Das belastet Tiere und Pflanzen: Wasserschnecken verschwinden, Fischlaich schlüpft nicht, Insekten und Frösche sterben. Am Ende beherbergt der See gar kein höheres Leben mehr.

» Wir erlebten acht Jahre des Leugnens, aber das ist bei Umweltthemen nicht ungewöhnlich. «

Gene Likens
Rede bei der Annahme des *Australia Prize,* 1994

In den frühen 1970ern hatten Tausende von Seen in Skandinavien ihre Fische verloren und waren praktisch tot. 1984 waren der intensiv erforschte Brooktrout Lake und andere Seen in den Adirondack Montains (New York) fischfrei.

Saurer Regen löst auch schädliches Aluminium aus dem Boden und saurer Nebel schädigt die Blätter von Pflanzen direkt.

Rauchgasreinigung

In den 1970ern und 1980ern war auch das »Schwarze Dreieck« zwischen Deutschland, Polen und der Tschechoslowakei stark betroffen. Dort starb der Wald großflächig. Dank Likens' Arbeit galten ab 1990 schärfere Gesetze. Kohlekraftwerke erhielten Rauchgasreinigungsanlagen, die SO_2 aus Abgasen entfernen. Die SO_2-Emissionen sanken um fast die Hälfte in den USA und um zwei Drittel in Europa. Fische kehrten in Seen und Flüsse zurück, doch saurer Regen ist immer noch ein Problem in Russland, China und Indien. ▪

Gene Likens

Likens wurde 1935 in Indiana (USA) geboren. Nach dem Zoologiestudium wurde er Assistenzprofessor am *Dartmouth College* in New Hampshire. 1963 begann er mit F. Herbert Bormann, Noye Johnson und Robert Pierce, Wasser, Minerale und Organismen am Hubbard Brook systematisch zu erforschen. 1968 wiesen Studien auf häufigen sauren Regen durch Industrieemissionen im Mittleren Westen hin. Die langjährige Arbeit gilt als eine der gründlichsten Untersuchungen, wie Luftverschmutzung und Landnutzungsänderungen das Einzugsgebiet eines Flusses formen. Likens' Arbeiten zu Entwaldung, Landnutzung und Nachhaltigkeit begründeten ein Umdenken beim *US Forestry Service* und gingen in die Revision des *Clean Air Act* 1990 ein. Zu seinen Ehrungen zählen die *National Medal of Science* (2001) und die *Benjamin Franklin Medal* (2019).

Hauptwerke

1985 *An Ecosystem Approach to Aquatic Ecology: Mirror Lake and its Environment*
1991 *Limnological Analyses*

EINE ENDLICHE WELT KANN NUR EINE ENDLICHE BEVÖLKERUNG ERNÄHREN

ÜBERBEVÖLKERUNG

IM KONTEXT

SCHLÜSSELFIGUR
Garrett Hardin (1915–2003)

FRÜHER
1798 Thomas Malthus sagt voraus, dass das schnelle Bevölkerungswachstum die globale Lebensmittelproduktion Mitte des 19. Jh. überschreitet.

1833 In *Two Lectures on the Checks to Population* diskutiert der britische Ökonom William Forster Lloyd die Überbevölkerung am Beispiel der Allmende (Gemeindegut), die weniger produktiv ist, wenn zu viel Vieh darauf grast.

SPÄTER
1974 Eine UN-Weltbevölkerungskonferenz in Bukarest stellt den ersten Weltbevölkerungs-Aktionsplan auf.

2013 Der britische Sozialgeograf Danny Dorling hält es in *Population 10 Mrd.* für unwahrscheinlich, dass die Bevölkerung 10 Mrd. erreicht – anders als UN-Schätzungen.

Im Jahr 1968 warnten zwei US-Forscher vor einer Überbevölkerung. Bald, so der Ökologe Garrett Hardin, seien die Ressourcen der Erde aufgebraucht und die Umweltschäden nähmen zu. In *Tragedy of the Commons* in der Zeitschrift *Science* beschrieb er Beispiele globaler Krisen durch die Überbevölkerung: den Kollaps von Fischbeständen durch Überfischung, das Austrocknen von Seen durch Abpumpen von Grundwasser zur Bewässerung, die Entwaldung, die Luft-, Wasser- und Bodenverschmutzung sowie das Artensterben. Hardin schlug für diese Probleme eine kontroverse Lösung vor: Die Regierung solle Menschen Sozialleistungen verwehren, die sich »übermäßig« vermehren. Der Biologe Paul Ehrlich argumentierte in *The Population Bomb* (1968; dt.: *Die Bevölkerungsbombe,* 1973) ebenfalls für Geburtenkontrolle und warnte, die Zahl der Menschen würde bald zu Hungersnöten führen.

Wachstum und Abnahme

Die meiste Zeit in ihrer Geschichte wuchs die menschliche Bevölkerung langsam. Sie wuchs in Westeuropa und den USA im Zuge der industriellen Revolution schneller und der britische Ökonom Thomas Malthus warnte vor Hungersnöten. Seine Befürchtungen erwiesen sich als verfrüht, da die Lebensmittelproduktion schneller zunahm als erwartet. Zudem fiel in den neuen Industriestädten die Lebenserwartung durch Infektionskrankheiten. Sie stieg erst mit besserer Gesund-

Ragpickers Court (1879) von William Allen Rogers zeigt ein armes italienisches Viertel in New York. Unter den beengten Bedingungen breiteten sich Krankheiten leicht aus.

Siehe auch: Menschliche Aktivität und Biodiversität 92–95 ▪ Die logistische Gleichung 164–165 ▪ Ressourcenverknappung 264–267 ▪ Zersiedelung 284–285

Wachstum der Weltbevölkerung 1750–2100

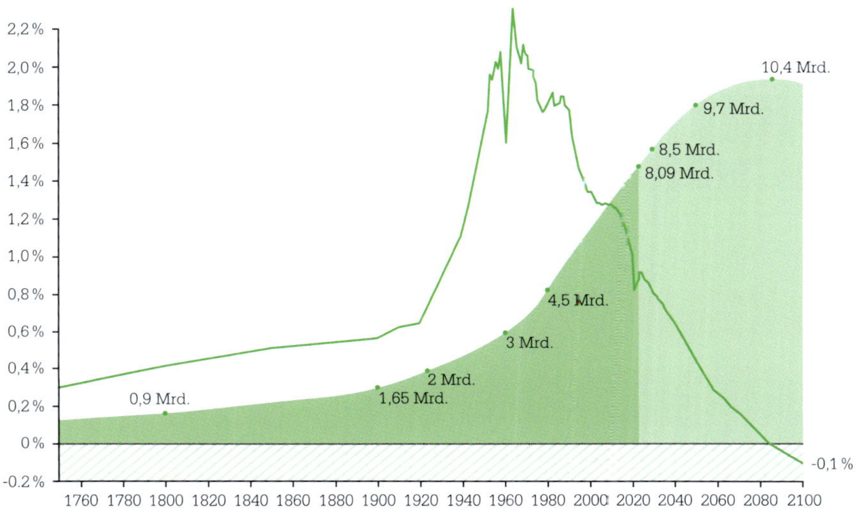

Diese Grafik zeigt die jährliche Wachstumsrate der Weltbevölkerung und die Weltbevölkerung in absoluten Zahlen. Die Daten nach 2023 sind eine Projektion.

LEGENDE

Jährliche Wachstumsrate in Prozent der Weltbevölkerung

Weltbevölkerung in absoluten Zahlen

heitsversorgung und Ernährung, sauberem Wasser und besseren Arbeitsbedingungen an. 1924 lebten 2 Mrd. Menschen auf der Welt, 1960 3 Mrd. und 2022 waren es 8 Mrd. Menschen.

Sinkende Geburtenrate

In Europa und Nordamerika führten im 20. Jahrhundert die leichter verfügbare Geburtenkontrolle, bessere Bildung und mehr Berufstätigkeit bei Frauen zu niedrigeren Geburtenraten. Dieses Phänomen zeigt sich nun bei Frauen weltweit. Zwar machte die Weltbevölkerung 4 Mrd. im Jahr 1974 aus, 6 Mrd. 2000 und 8 Mrd. 2022, aber die Wachstumsrate erreichte mit 2,5 % pro Jahr Ende der 1960er ein Maximum. In Afrika wächst die Bevölkerung immer noch schnell. Dieser Kontinent ist der mit dem schnellsten Wachstum, aber der globale Trend verläuft nicht mehr so steil wie früher. Es dauerte nur elf Jahre, bis die Bevölkerung von 7 Mrd. auf 8 Mrd. stieg, aber der Anstieg auf 9 Mrd. dürfte 15 Jahre dauern, und weitere 24 Jahre später werden 10 Mrd. erreicht. Die UNO sagt eine Bevölkerung von 10,2 Mrd. für das Jahr 2100 voraus

Trotz des langsameren Wachstums stehen große Herausforderungen im Raum. 2009 warnte ein UN-Bericht, dass die Welt bis 2050 um 70 % mehr Lebensmittel erzeugen muss, sodass sich der Bedarf an Land, Wasser und Energie entsprechend erhöhen wird. Das zukünftige Bevölkerungswachstum dürfte viele Umweltprobleme verschärfen, etwa Umweltschadstoffe oder Treibhausgase, die die globale Erwärmung beschleunigen. ▪

Die chinesische Ein-Kind-Politik

Bis in die 1960er ermutigte man Familien in China, möglichst viele Kinder zu haben und die Bevölkerung wuchs von 540 Mio. im Jahr 1949 auf 940 Mio. 1976. Doch die Regierung war zunehmend wegen des Ressourcenverbrauchs besorgt. 1978 berechnete der Wissenschaftler und Politiker Song Jian, dass 650–700 Mio. Menschen die ideale Bevölkerung Chinas wären. Nach seinen Projektionen beschränkte die Regierung den Familiennachwuchs auf ein Kind.

Die Ein-Kind-Politik wurde in Städten strikter durchgesetzt als auf dem Land; in manchen Regionen war ein zweites Kind erlaubt, wenn das erste ein Mädchen war. In den Städten mussten Frauen das zweite Kind abtreiben, und alleine 1983 wurden 21 Mio. Frauen zwangssterilisiert. Die Politik wurde erst 2015 und noch einmal 2021 gelockert, aber weiterhin sind maximal drei Kinder erlaubt.

Ein Poster von 1994 einer Mutter mit Kind wirbt für die Ein-Kind-Politik. Viele weibliche Babys wurden ausgesetzt oder getötet, weil Eltern auf einen Sohn hofften.

DEN DUNKLEN HIMMEL GIBT ES NICHT MEHR

LICHTVERSCHMUTZUNG

IM KONTEXT

SCHLÜSSELFIGUR
Franz Hölker

FRÜHER
1000 n. Chr. Die erste systematische Straßenbeleuchtung (mit Öllampen) wird im muslimischen Spanien eingeführt.

1792 Der in Schottland geborene Ingenieur William Murdock erfindet das Gaslicht. Bis Mitte des 19. Jh. führen viele Städte Gaslaternen ein.

1879 Der US-Amerikaner Thomas Edison konstruiert die erste kommerziell nutzbare elektrische Glühbirne.

1976 Leuchtdioden (LEDs) mit hoher Helligkeit und Effizienz werden entwickelt.

SPÄTER
2050 Das Jahr, in dem sich, bei einer Weltbevölkerung über 9 Mrd. nach den Vorhersagen von Hölker und anderen die beleuchtete Fläche auf der Erde im Vergleich zu 2016 verdoppelt.

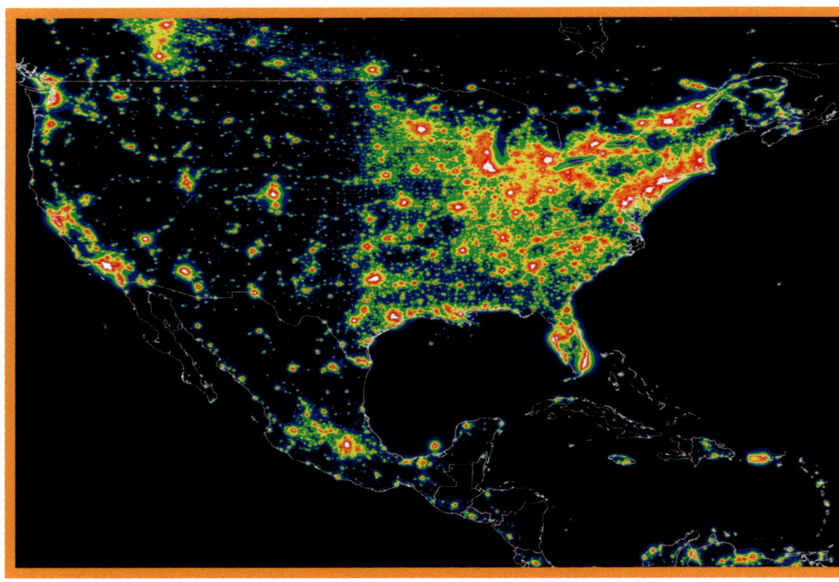

Eine Karte der Lichtverschmutzung (weiß und rot bedeuten hohe Lichtverschmutzung, schwarz geringe) erklärt, warum 99 % der Amerikaner die Milchstraße nicht sehen können.

Einige Ökologen meinen, dass Lichtverschmutzung – die Störungen der Natur durch Kunstlicht – die schädlichste Form der Umweltverschmutzung ist. Etwa 80 % der Menschheit lebt unter einem Himmel, der mit Licht gesättigt ist. 2017 zeigte eine große deutsche Studie, die der Ökologe Franz Hölker und andere auf der Basis von Satellitendaten durchführten, dass die künstlich beleuchtete Fläche der Erde zwischen 2012 und 2016 um 9 % angewachsen ist.

Die Aufhellung ist in den Schwellenländern in Südamerika, Afrika und Asien am stärksten, doch sie schreitet auch in den bereits hell erleuchteten Ländern Europas und Nordamerikas voran.

Astronomen bemerkten die Lichtverschmutzung wohl zuerst,

Siehe auch: Rückkopplungen in der Umwelt 226–227 ▪ Frühlingsverschiebung 276–281 ▪ Programm »Der Mensch und die Biosphäre« 314–315

» Die Dunkelheit geht an Orten verloren, an denen sich nachtlebende Tiere, Insekten und Pflanzen über Jahrmilliarden an die Dunkelheit angepasst haben. «

Franz Hölker
Light Pollution is Set to Double Between Now and 2050,
in: *New Scientist,* 22. Nov. 2017

weil sie die Beobachtung von Himmelsobjekten stört. 1988 gründeten die US-Astronomen Tim Hunter und David Crawford die *International Dark-Sky Association* (IDA), um den Nachthimmel vor der Lichtverschmutzung zu schützen. Sie war die erste Organisation dieser Art.

Seither haben Studien die Folgen der Lichtverschmutzung auf Pflanzen und Tiere untersucht, bei denen der Hell-Dunkel-Zyklus lebenswichtiges Verhalten wie die Futtersuche, den Schlaf, den Schutz vor Fressfeinden und sogar die Fortpflanzung steuert. Es gibt eine Fülle verschiedenster Probleme. So knospen Bäume in Europa mehr als eine Woche früher als in den 1990ern; dies verändert ihre Vegetationsperiode, sodass sie eventuell ihre Blätter und Früchte nicht rechtzeitig abwerfen und den Stoffwechsel nicht umstellen, um Schäden im Winter zu vermeiden.

Teufelskreis

Auch Tiere leiden unter der Lichtverschmutzung. Lichter an Türmen ziehen Zugvögel an, sodass sie gegen Türme oder Strommasten fliegen. Kunstlicht kann auch das Immunsystem von Vögeln schädigen. Haussperlinge, die mit dem Westnilvirus infiziert waren, trugen den Virus doppelt so lange in sich, wenn sie im Dämmerlicht gehalten wurden statt bei Dunkelheit; damit verdoppelte sich auch die Zeit, in der die Moskitos stechen konnten, die den Virus übertragen.

Die Belastung von Tieren kann Nebenwirkungen für Pflanzen haben. Wenn Motten von Kunstlichtquellen angezogen werden, können sie an Erschöpfung sterben (weil das Licht nie ausgeht) oder an der Hitze. Sie sind zudem leichtere Beute für Räuber, die sie besser sehen können.

Gibt es weniger Motten, hat das Folgen für die Pflanzen, die sie bestäuben, sodass deren Samenertrag abnimmt. In einigen Gegenden ist der Samenertrag um bis zu 30 % gesunken. Forschungen an einer Schweizer Blumenwiese zeigten, dass sich nächtliche Besuche von Bestäubern unter Straßenlaternen um zwei Drittel verringerten. ■

» Die Lösung ist einfach – schalte unnötige Lichter ab, nutze nur die Lichtmenge, die du für die konkrete Aufgabe gerade brauchst, und richte alle Lichtquellen so aus, dass sie nach unten leuchten, wo das Licht gebraucht wird. «

Tim Hunter
The Challenge Is Daunting but the Solution Is within Our Reach,
auf der Website der
International Dark-Sky Association

Licht und Schildkröten

Die Lichtverschmutzung ist ein Problem für Meeresschildkröten, die ihre Eier an Land ablegen, da die Embryonen durch die Eierschale atmen. Sie brauchen dazu dunkle Sandstrände. Leuchten helle Lichter an Badeanlagen, Straßen oder Gebäuden, suchen sie sich andere Orte. Wenn ein ganzer Küstenabschnitt erhellt ist, legen sie die Eier an weniger geeigneten Stellen oder sogar im Wasser ab und die Nachkommen sterben.

Dies könnte ein Grund dafür sein, dass es immer weniger Meeresschildkröten gibt. Vermutlich laufen die gerade geschlüpften Reptilien auf die hellste Lichtquelle zu. In der Natur ist das der Mond, der über dem Meer steht. Wenn es aber an Land Lichter gibt, wandern die Schildkröten in die falsche Richtung und werden überfahren, von Räubern gefressen oder bleiben in Zäunen hängen. Küstenbewohner sind angehalten, nachts das Licht abzuschalten oder spezielle »Schildkrötenlampen« zu verwenden.

Neu geschlüpfte Oliv-Bastardschildkröten krabbeln im Schildkrötenschutzgebiet bei Boca del Cielo (Mexiko) zum Meer

ICH KÄMPFE FÜR DIE MENSCHHEIT

ENTWALDUNG

IM KONTEXT

SCHLÜSSELFIGUR
Chico Mendes (1944–1988)

FRÜHER
1100–1500 Gemäßigter Wald wird in großen Teilen West- und Mitteleuropas gerodet.

1600–1900 Wälder in Nordamerika werden gerodet, um landwirtschaftliche Flächen zu gewinnen.

Späte 1970er Die Rodung von Tropenwald wegen der Viehzucht nimmt drastisch zu.

SPÄTER
2008 Die UN beginnt das Anreizprogramm *Reducing Emissions from Deforestation and Degradation* (REDD).

2010 Die USA wandeln Schulden Brasiliens von 19 Mio. € in einen Fond zum Schutz von Küstenwäldern um.

2015 Das Pariser Abkommen der UN setzt Ziele für die Aufforstung von Wäldern.

Chico Mendes kämpfte für die **Rettung** des **tropischen Regenwalds** in Brasilien.

Seine **lokalen Handlungen** trugen zur Reduktion der **globalen CO_2**-Emissionen bei.

Mendes erkannte, dass er global wirkt: »Ich kämpfe für die Menschheit.«

Entwaldung ist die Umwandlung von Wald in andere Landnutzungsarten, etwa in landwirtschaftliche Flächen für den Ackerbau oder die Viehzucht oder in Flächen für Siedlungen, Industrie oder Verkehrsprojekte. Wälder werden auch degradiert (verschlechtert), wenn man wertvolle alte Bäume wie Teak selektiv fällt oder Schneisen für Straßen anlegt. Dies kann ausgesprochen negative Folgen für die Biodiversität haben, auch wenn die meisten Bäume stehen bleiben. Eine andere Form der Degradierung ist die Rodung von Primärwald und sein Ersatz durch Waldmonokulturen wie etwa Palmölplantagen, die in großem Ausmaß in Indonesien geschieht.

Von Entwaldung sind sämtliche Waldtypen betroffen, doch tropische Regenwälder – Laubwälder in regenreichen Gegenden um den Äquator zwischen den Wendekreisen – sind derzeit am stärksten gefährdet. Die Sorge um den Regen-

Schmutziger Rauch steigt auf, wo in Brasilien Regenwald für die Landwirtschaft niedergebrannt wird. Das Land rodet um 1,2 Mio. Hektar Wald pro Jahr, während die Entwaldungsrate sinkt.

»Fällt man die Bäume, … so schafft man kommenden Geschlechtern ein zweifaches Ungemach, Mangel an Brennholz und Wassermangel.«

Alexander von Humboldt
Deutscher Entdecker
Reise in die Aequinoctial-Gegenden des neuen Kontinents, Kap. 13, 1859

Siehe auch: Biodiversität und Ökosystemfunktion 156–157 ▪ Klima und Vegetation 168–169 ▪ Globale Erderwärmung 202–203 ▪ Entwicklung naturbasierter Lösungen 331

wald wurde in den 1970ern bekannt, als der Kautschukzapfer und Aktivist Chico Mendes – der später eine Landarbeitergewerkschaft gründete und die Arbeiterpartei Brasiliens mit aufbaute – die Regierung Brasiliens aufforderte, Waldreservate einzurichten, aus denen die örtliche Bevölkerung nachhaltig Naturprodukte wie Nüsse, Früchte und Fasern entnehmen kann. Mendes' Kampagne, die ihn letztlich das Leben kostete, betonte den ökologischen Schaden durch Rodungen.

Menschliche Bedürfnisse

Menschen haben seit der Frühzeit Bäume genutzt. Im Neolithikum, der Jungsteinzeit, wurden sie als Brennholz und für den Bau von Häusern und Zäunen abgeholzt. Etwa 5000 Jahre alte Steinbeile fürs Bäumefällen wurden oft gefunden, aus der gleichen Periode stammen auch Werkstätten in Europa und Nordamerika, die Beile herstellten. Im Mittelalter stieg die Bevölkerung in West- und Mitteleuropa zwischen 1100 und 1500 steil an und große Gebiete wurden entwaldet. Wälder wurden für die Landwirtschaft gerodet und das Holz wurde für Häuser, Schiffe und Alltagsgegenstände wie Geschirr und Werkzeuge verwendet.

Wälder wurden in Mitteleuropa und England auch abgeholzt, um Holzkohle zu produzieren, die ein wichtiger Brennstoff war (bis sie durch Steinkohle ersetzt wurde), weil sie bei höheren Temperaturen brennt als Holz. Als frühes Beispiel einer nachhaltigen Produktion in England wurden viele Wälder als Niederwald bewirtschaftet, deren Bäume teils zurückgeschnitten wurden und als kontinuierliche Quelle für Holzkohle nachwachsen konnten. Dennoch musste England im 17. Jahrhundert Holz für den Schiffsbau aus dem Baltikum und aus Neuengland (in den heutigen USA) einführen.

Der Verlust von Urwäldern stieg weltweit zwischen 1850 und 1920 an, wobei die meisten Rodungen in Nordamerika, dem Russischen Kaiserreich und Südasien stattfanden. Im 20. Jahrhundert konzentrierte sich die Rodung auf tropische Regenwälder; etwa die Hälfte von ihnen wurde seit 1947 zerstört, sodass ihr Anteil an der Landfläche von 14 auf 6 % sank.

Jedes Jahr werden um 10 Mio. Hektar Wald (etwa die Fläche Islands) abgeholzt. Bislang hat die Erde etwa ein Drittel ihrer Waldfläche verloren. Einige Regionen sind stärker betroffen: Derzeit finden 95 % der Abholzung in den Tropen statt. Seit der Ankunft der Europäer in Brasilien wurden über 80 % des brasilianischen Atlantischen Regenwalds zerstört. Allerdings verlangsamt sich die weltweite Abholzung.

Folgen für die Biodiversität

Neuen Schätzungen zufolge wird fast die Hälfte der Rodungen von Bedarfswirtschaften durchgeführt »

» Wir können angesichts eines so großen Unrechts nicht schweigen. «

Chico Mendes

Chico Mendes

Der 1944 bei Xapuri (Brasilien) geborene Mendes war Sohn eines der 50 000 Mitglieder der »Gummiarmee«, die im Zweiten Weltkrieg für die Alliierten Kautschuk zapften, er startete mit neun Jahren in diesem Beruf. Beeinflusst von der einflussreichen Befreiungstheologie, half er, eine Untergruppe der Arbeiterpartei zu gründen, und wurde Leiter der Gewerkschaft der Kautschukzapfer.

Während große Regenwaldflächen Brasiliens für die Viehzucht gerodet wurden, warb Mendes für den Kampf der Kautschukzapfer um den Wald. In Washington überzeugte er die Weltbank und den US-Kongress davon, Viehzuchtprojekte nicht mehr zu fördern. Stattdessen schlug er »Extraktivismusreservate« vor: geschützte öffentliche Wälder, die von lokalen Gemeinschaften bewirtschaftet werden mit dem Recht, die Produkte daraus nachhaltig zu ernten. Die Großgrundbesitzer sahen ihn als Bedrohung, und einer von ihnen, Darcy Alves de Silva, erschoss ihn 1988. Nach seinem Tod wurde das erste von vielen Extraktivismusreservaten von 1 Mio. Hektar um Xapuri eingerichtet.

und ein Drittel kommerziell. Der Rest der Entwaldung hängt mit Stadtentwicklung, dem Schlagen von Qualitätsholz, Bergbau sowie der Entnahme von Brennholz zusammen. Die Umwelt leidet in jedem Fall. Die Artenvielfalt ist besonders betroffen, da nur eine kleine Zahl von Säugetier-, Vogel- und Wirbellosenarten in Grasländern oder Palmölplantagen leben kann, noch weniger in Industrie- und Siedlungsgebieten. Auch Kriege schädigen Wälder; das schlimmste Beispiel ist wohl der Einsatz des Entlaubungsmittels *Agent Orange* im Vietnamkrieg.

Der Regenwald

Die Zerstörung des Regenwalds stellt eine erhebliche Bedrohung der globalen Biodiversität dar, denn schätzungsweise die Hälfte bis zwei Drittel aller Pflanzen- und Tierarten leben hier. Zwischen 1,5 und 1,8 Mio. Arten – vor allem Insekten, gefolgt von Pflanzen und anderen Wirbellosen – wurden in Regenwäldern bereits entdeckt, viele andere sind noch unbekannt. Auf Borneo (Indonesien) etwa dürften auf einer Fläche von nur 0,5 km² mehr Baumarten zu finden sein als in Europa und Nordamerika zusammen. Eine solche Biodiversität ist für Menschen essenziell – unter anderem, weil die meisten neuen Medikamente von Pflanzen abgeleitet sind und die Zerstörung der reichen Vorräte der Wälder auch mögliche Heilmittel vernichtet.

> »Ich wurde ein Ökologe, lange bevor ich das Wort hörte.«
>
> **Chico Mendes**

Regenwälder wirken wie alle anderen Bäume und Waldgebiete wie Schwämme für Regenwasser, denn die Wurzeln und der Waldboden nehmen Wasser auf und verringern, dass es abfließt. Auf gerodeten Flächen werden viele Nährstoffe aus dem Boden ausgewaschen. An Hängen wird der Boden weggeschwemmt, sodass dort Pflanzen nicht mehr wachsen können. Tiefe Erosionsrinnen können dabei auch an Bäumen entstehen, die nicht gefällt wurden. Nach schweren Niederschlägen kann es zu Hangrutschen kommen; Schlammlawinen kommen immer häufiger vor, sie zerstören alles, auch Siedlungen. So führte im Mai 2014 ein heftiger Regen auf der Karibikinsel Hispaniola zu Schlammlawinen und Sturzfluten, 2000 Menschen starben. Umgekehrt trocknet unbedeckter Boden in längeren Trockenperioden

Werden Bäume durch Siedlungen ersetzt, destabilisiert das den Boden. So werden Hangrutsche wie bei diesem katastrophalen Ereignis in Sierra Leone im Jahr 2017 wahrscheinlicher.

Entwaldung im brasilianischen Amazonas

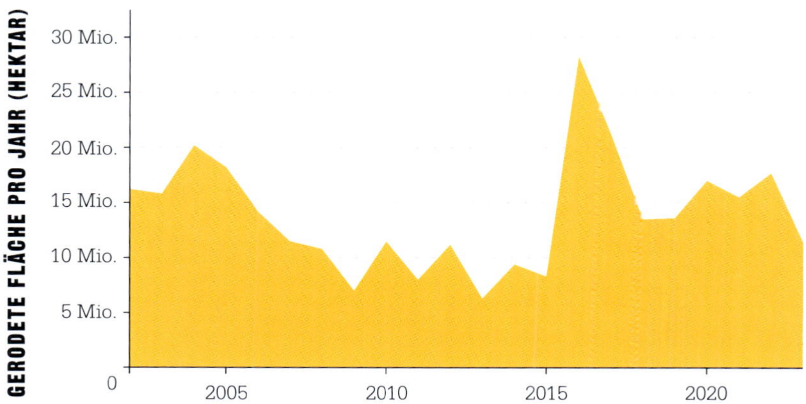

Die abnehmende Bewaldung im Amazonasbecken sorgt weltweit für Besorgnis. Zwar gibt es viele Gründe für die Entwaldung in Brasilien, doch die wichtigste Ursache ist die Ausweitung von Weideland für die Rindfleischproduktion.

schneller aus als baumbewachsene Flächen, sodass er leichter vom Wind erodiert wird.

Angeheizter Klimawandel

Das Verbrennen von Holz erzeugt Kohlendioxid (CO_2). Lebende Pflanzen aller Arten reduzieren den CO_2-Gehalt der Atmosphäre, da sie das Treibhausgas für die Fotosynthese aufnehmen. Damit wirken sie der Klimabedrohung durch menschliche Aktivitäten entgegen. Weltweit nehmen Wälder jedes Jahr 2,4 Mrd. Tonnen CO_2 auf. Klimatologen befürchten, dass der Verlust großer Tropenwaldflächen für das Klima verheerend sein könnte.

Wiederaufforstung der Erde

Derzeit sind etwa 31 % der bewohnbaren Landfläche der Erde mit Wäldern bedeckt, doch in einigen Regionen geht der Anteil rapide zurück. Es gibt aber auch Gebiete, etwa in Europa, in denen sich Wälder langsam wieder ausbreiten. Zu den Maßnahmen gegen die Entwaldung gehören Gelder, die für den Schutz der Wälder eingesetzt werden, und die Einrichtung von Extraktivismusreservaten, in denen die örtliche Bevölkerung Naturprodukte nachhaltig ernten kann.

Weltweit müssen alternative Brennstoffe gefunden und weniger flächenfordernde Formen der Landwirtschaft entwickelt werden. Einige Staaten haben mit Wiederbewaldungsprogrammen die Führung übernommen. So werden durch ein Projekt im Senegal, bei dem Menschen aus 500 Dörfern 150 Mio. Mangrovenbäume an der Küste pflanzten, die Mangrovenwälder wiederhergestellt und damit die Fischerei gefördert sowie Reisfelder vor Salzwasser geschützt. China hat seine Waldfläche von weniger als 13 % im Jahr 1978 auf rund 23 % im Jahr 2019 erhöht. Das Land strebt an, 70 Mrd. Bäume bis 2030 zu pflanzen und die Waldfläche bis 2050 auf 30 % zu erhöhen. ■

Wiederaufforstung im Amazonas (Brasilien)

Bis zu 20 % des Regenwalds im Amazonasbecken ist seit den 1970er-Jahren verschwunden. Auf dem UN-Klimagipfel in Paris 2015 verpflichtete sich Brasilien, bis 2030 12 Mio. Hektar wiederherzustellen. 2017 startete die Umweltorganisation *Conservation International* in Partnerschaft mit der brasilianischen Regierung das bisher größte Wiederaufforstungsprogramm der Region, bei dem im Bundesstaat Amazonas 73 Mio. Bäume gesät und gepflanzt werden sollen.

Lokale Gemeinschaften werden eingebunden, um den Wald nach einer Methode namens *muvuca* zu pflanzen, bei der Samen von über 200 einheimischen Arten auf jedem Quadratmeter verteilt werden. Dies ist arbeitssparender als traditionelle Pflanzungen und kann Land schnell mit bis zu 2500 Bäumen pro Hektar aufforsten. Daneben sollen Pflanzprogramme den Sekundärwald bereichern und einige Weideflächen wieder zu Wäldern machen.

Wangari Maathai, die erste Afrikanerin, die den Friedensnobelpreis (2004) erhielt, initiierte ein gemeinschaftliches Baumpflanzprogramm gegen die Bodenerosion und Desertifikation in Kenia.

DAS LOCH IN DER OZONSCHICHT IST WIE EIN HIMMELS-SCHREIBEN

OZONABBAU

IM KONTEXT

SCHLÜSSELFIGUR
Joseph Farman (1930–2013)

FRÜHER
1974 Die US-Amerikaner Frank »Sherry« Rowland und Mario Molina erkennen, dass Fluorchlorkohlenwasserstoffe (FCKW) die atmosphärische Ozonschicht zerstören.

1976 Die US-Wissenschaftsakademie erklärt, dass der Ozonabbau tatsächlich passiert.

SPÄTER
1987 Das Montrealer Protokoll, ein internationales Abkommen zum Ausstieg aus FCKW und ähnlichen Stoffen, wird beschlossen.

1989 Das weltweite Verbot der FCKW-Produktion des Montrealer Protokolls tritt in Kraft (ratifiziert von 197 Staaten).

2066 Die Ozonkonzentration über der Antarktis sollte sich vollständig erholt haben, wenn andere Faktoren nicht stören.

Im Jahr 1982 entdeckte ein Forscherteam des *British Antarctic Survey* (BAS), dass der Ozongehalt über Antarktika dramatisch gefallen war. Das farblose Gas Ozon (O_3) hat 20 bis 30 km über der Erdoberfläche, in der Stratosphäre, eine hohe Konzentration. Diese »Ozonschicht« absorbiert den Großteil der Ultraviolettstrahlung (UV) der Sonne. Ohne diesen Schutz würde mehr der schädlichen Strahlung die Oberfläche erreichen.

Seit Mitte der 1970er hat sich die Menge des Ozons in der Stratosphäre um 4 % verringert. Eine viel stärkere Abnahme beobachtet man über den Polen, vor allem im Frühling über Antarktika und Arktis. Dieser Effekt wurde »Ozonloch« genannt, obwohl Ozonverdünnung besser wäre, weil es sich nicht um ein Loch in einer festen Schicht handelt, sondern um eine Abnahme der Konzentration. Das Ozonloch erreichte im September 2000 mit 28,4 Mio. km² die größte Ausdehnung der Geschichte.

> »Joe Farman machte eine der wichtigsten geophysikalischen Entdeckungen des 20. Jahrhunderts.«
>
> **John Pyle und Neil Harris**
> Atmosphärenforscher, Universität Cambridge, Nachruf auf Joseph Farman, in: *Nature* 498, 2013

Entdeckung in Antarktika

Der britische Geophysiker Joe Farman gehörte zu der Gruppe, die das Phänomen 1982 entdeckte. BAS-Teams hatten seit 1957 an der Halley-Forschungsstation atmosphärische Daten gesammelt. Doch ihre Arbeit wurde nur unzureichend finanziell unterstützt, sie mussten veraltete Instrumente nutzen. So funktioniert ihr Dobson-Spektrophotometer zur Messung des Ozongehalts nur richtig, wenn es in eine Decke gewickelt wurde.

Als Farman die Abnahme des Ozongehalts registrierte, dachte er zunächst, die Instrumente hätten versagt. Er bestellte für das nächste Jahr ein neues – doch das maß eine noch größere Reduktion. Und im Jahr darauf war sie noch größer. Im Folgejahr machte das Team

Siehe auch: Globale Erderwärmung 202–203 ▪ Rückkopplungen in der Umwelt 226–227 ▪ Umweltverschmutzung 232–237 ▪ Die Keeling-Kurve 242–243 ▪ Umweltethik 310–311

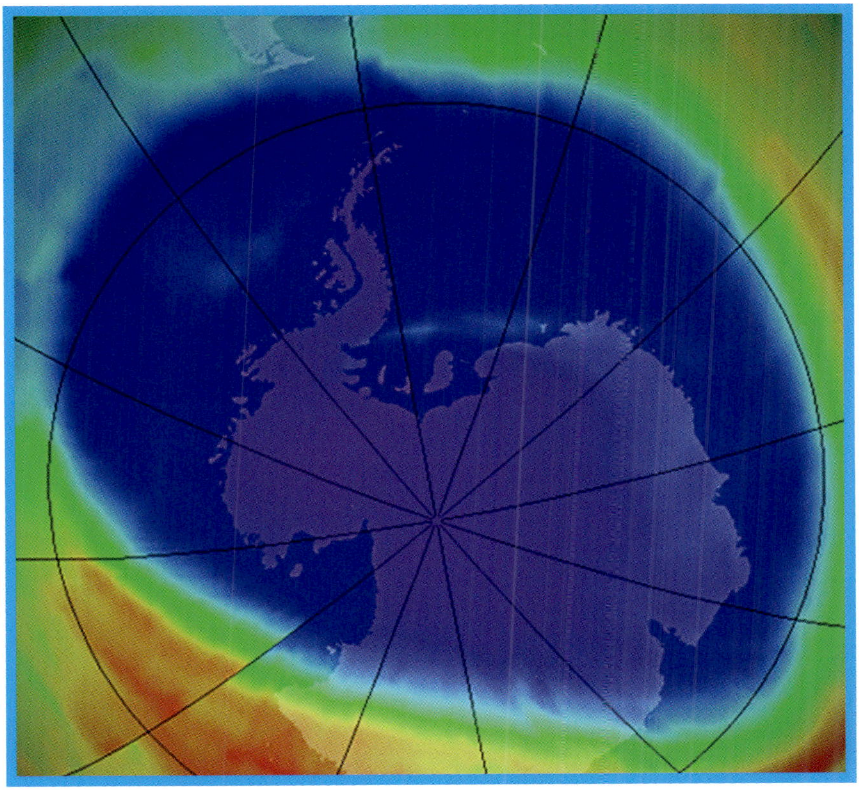

Ein NASA-Bild des »Ozonlochs« über der Antarktis im Jahr 2014; Bereiche mit der geringsten Ozonmenge sind blau. Die stratosphärische Ozonmenge hat sich seit etwa 2000 stabilisiert.

Messungen 1000 km von Halley entfernt – wieder waren die Werte sehr niedrig. Hadley entschloss sich zu einer Veröffentlichung: Der Artikel von ihm und seinen Kollegen Brian Gardiner und Jon Shanklin erschien 1985 in der Fachzeitschrift *Nature*.

Reaktion und Maßnahmen

Die Wissenschaft war alarmiert: Hautkrebs, Grauer Star und Sonnenbrände würden häufiger auftreten, wenn sich die UV-Strahlung verstärkte. Was sollte man tun? Ein Grund für den Ozonabbau hatten 1974 die US-Amerikaner Frank Rowland und Mario Molino identifiziert. Demnach reagieren Gase mit Chloratomen – etwa Fluorchlorkohlenwasserstoffe (FCKW), die in Spraydosen und Kühlschränken verwendet wurden – unter UV-Bestrahlung in der Stratosphäre und bauen Ozon ab. Einige Länder wie die USA verboten diese Stoffe, doch die meisten taten das nicht.

Als dann der Ozongehalt in den 1980ern weiter sank, wandelte sich die Meinung langsam. Schließlich wurde 1987 das Montrealer Protokoll beschlossen, das viele Stoffe weltweit verbietet. Die Ozonschicht zeigt nun Hinweise auf eine Erholung und man hofft, dass das stratosphärische Ozon um 2066 wieder die Werte vor 1980 erreicht. ■

FCKW

Fluorchlorkohlenwasserstoffe (FCKW) sind Verbindungen aus Fluor, Chlor, Kohlenstoff und Wasserstoff. Sie sind ungiftig, nicht flammbar und extrem stabil. Das macht sie technisch nützlich, aber auch zerstörerisch: Sie können über 100 Jahre bestehen, sodass sie bis in die Stratosphäre diffundieren. Dort werden sie durch intensive UV-Strahlung zerstört, wobei Chloratome frei werden, die als Katalysator Ozon zu Sauerstoff abbauen.

FCKW wurden erstmals 1928 als Kältemittel für Kühlschränke hergestellt und später für viele Aerosolprodukte etwa Insektensprays, Haarfestiger und Sprühfarben.

Ersatzstoffe sind H-FCKW (teilhalogenierte FCKW), die die Ozonschicht ebenfalls (wenn auch weniger) schädigen, und Fluorkohlenwasserstoffe (FKW). Die Produktion von H-FCKW ist seit 2020 in Industrieländern verboten, ab 2030 auch in Entwicklungsländern. FKW schaden zwar nicht der Ozonschicht, sind jedoch starke Treibhausgase. Daher wurde mit dem Ausstieg begonnen, die Emissionen sollen bis 2050 um 80 % sinken.

Aerosolprodukte wie Insektensprays waren seit den 1950ern weitverbreitet. Sie enthielten als Treibmittel FCKW, deren Wirkung erst in den 1970ern erkannt wurde.

KÖNNEN WIR OHNE WASSER LEBEN?

RESSOURCENVERKNAPPUNG

IM KONTEXT

SCHLÜSSELFIGUR
Naomi Klein (*1970)

FRÜHER
1972 Die UNO-Weltkonferenz über die menschliche Umwelt fordert einen internationalen Ansatz für den Umweltschutz.

1980 Die Weltnaturschutzstrategie wird in 35 Ländern veröffentlicht und führt das Konzept der Nachhaltigkeit ein.

1992 Auf dem UN-Erdgipfel in Rio de Janeiro erstellen die Mitgliedsstaaten die *Agenda 21,* die Pläne zum Ressourcenmanagement für das 21. Jh. skizziert.

SPÄTER
2015 Der UN-Weltgipfel für nachhaltige Entwicklung definiert 17 Ziele für nachhaltige Entwicklung und startet eine ambitionierte globale Agenda, angenommen von 193 Staaten.

In *This Changes Everything* (2014; dt.: *Die Entscheidung,* 2015) attackiert Naomi Klein die Art, wie Regierungen und Konzerne natürliche Rohstoffe ausnutzen. »Ethisches Öl«, so Klein, sei nicht nur ein Widerspruch in sich, sondern »ein Skandal«. Als Kanadierin kämpfte Klein gegen die Ausbeutung der Ölsande oder Teersande von Athabasca, die größte der drei Ölsandlagerstätten in Westkanada. Diese Lager liegen unter Tausenden Quadratkilometern Nadelwald. Die Gewinnung von Öl aus Teersanden im Tagebau ist besonders umweltschädlich. Enorme Waldgebiete werden gerodet und hochbelastete Abwasser

Siehe auch: Entwaldung 256–261 ▪ Überfischung 268–271 ▪ Die Wasserkrise 288–293 ▪ Herrschaft der Menschheit über die Natur 298 ▪ Zerstörung der Erde durch den Menschen 303

Die Extraktion von Rohöl aus Teersanden in Kanada ist berüchtigt für die erheblichen Umweltschäden. Sie ist für ein Zehntel der Treibhausgasemissionen Kanadas verantwortlich.

in riesigen Becken gesammelt; das kann in Flüsse und das Grundwasser versickern und Fische, Zugvögel sowie andere Tiere töten.

Global handeln

Ab den 1980ern sorgten Umweltschäden und Ressourcenverknappung zunehmend für Besorgnis. Die Vereinten Nationen (UN) gründeten die Weltkommission für Umwelt und Entwicklung, die 1987 den Bericht *Our Common Future* (dt.: *Unsere gemeinsame Zukunft,* 1987) veröffentlichte, nach der Vorsitzenden Gro Harlem Brundtland meist Brundtland-Bericht genannt. Die Autoren – Wissenschaftler, Landwirtschaftsexperten, Politiker, Technikexperten und Ökonomen – verdeutlichten, dass die Zukunft der Menschheit davon abhängt, Ökologie und Ökonomie ins Gleichgewicht zu bringen, und zwar auf eine Art, die nachhaltig und fair für alle ist. Zentrale Themen der Nachhaltigkeit sind fossile Brennstoffe, Entwaldung und Wassermanagement.

Fünf Jahre später, auf dem Erdgipfel von Rio de Janeiro 1992, unterzeichneten 172 Nationen Umweltresolutionen, darunter die *Agenda 21,* nach der Staaten beim Ressourcen- und Umweltschutz kooperieren sollten. Doch die Umsetzung erwies sich als schwierig, eine bessere internationale Zusammenarbeit wurde gefordert, um die Ziele auch zu erreichen.

Peak Oil: Das Ende des Öls

Fossile Brennstoffe gehören zu den ökonomisch wichtigsten Ressourcen. Wir sind immer mehr vom Öl abhängig geworden und verbrauchen es für einen Lebensstil, der letztlich nicht nachhaltig ist. Die Ölkrisen der 1970er zeigten, wie ››

Naomi Klein

Die 1970 in Montreal (Kanada) in eine politisch aktive Familie hineingeborene Naomi Klein sann schon früh darüber nach, wie die Welt tickt. Zuerst arbeitete sie für die Zeitung *The Globe and Mail* in Toronto. Ihr erstes Buch *No Logo* (dt.: *No Logo!*) war ein Bestseller. Ihr zweites, *The Shock Doctrine* (dt.: *Die Schock-Strategie*), attackierte den Neoliberalismus. Klein setzt sich dafür ein, dass die Interessen von Konzernen nicht über denen von Umwelt und Menschen stehen. Ihr Buch *This Changes Everything* (dt.: *Die Entscheidung*) wurde verfilmt. Eine ihrer Kampagnen richtet sich gegen die Pipeline *Keystone XL,* ein Symbol des Kampfs gegen fossile Brennstoffe und den Klimawandel. Im November 2016 erhielt sie den australischen Sydney-Friedenspreis.

Hauptwerke

2000 *No Logo!*
2007 *Die Schock-Strategie. Der Aufstieg des Katastrophen-Kapitalismus*
2014 *Die Entscheidung: Kapitalismus vs. Klima*
2023 *Doppelgänger: Eine Analyse unserer gestörten Gegenwart*

»… Die Erhaltung der natürlichen Ressourcen ist das fundamentale Problem. Wenn wir dieses Problem nicht lösen, wird es uns nichts nutzen, alle anderen zu lösen.«

Theodore Roosevelt
Rede auf der *Deep Waterway Convention*, Memphis, 1907

sehr die Industrienationen auf bezahlbares Öl angewiesen sind. Klar wurde auch, dass Öl eine begrenzte Ressource ist. Forscher hatten bereits ein Datum berechnet, an dem die maximale Ölfördermenge oder *Peak Oil* erreicht wird. Hinzu kommt, dass die verbleibenden Reserven schwerer wirtschaftlich zu heben sind. 1974 wurde *Peak Oil* für 1995 berechnet, allerdings unter dem Vorbehalt großer Unsicherheiten bei Variablen wie der Verbrauchsrate, neuen Fördertechniken und noch unentdeckten Vorkommen. Neue Berechnungen im frühen 21. Jahrhundert ergaben *Peak Oil* für 2030 oder später. 2011 sagte der US-Umweltaktivist Bill McKibben, dass das *Peak-Oil*-Datum irrelevant ist: Werden alle bekannten Ölreserven verbrannt, entsteht fünfmal so viel Kohlendioxid (CO_2), wie nötig ist, um den Planeten um 2 °C zu erwärmen – dies ist der 2009 benannte Richtwert, ab dem immer mehr gefährliche Folgen der Erwärmung zu erwarten sind und der daher nicht überschritten werden sollte.

Rettung der Bäume

Wälder sind ein wertvolles Naturgut, dass nicht verloren gehen darf. Die abnehmende Waldfläche ist eine erhebliche Gefahr für das Klima: Bäume sind »Kohlenstoffsenken«, d. h., sie nehmen CO_2 aus der Luft auf, das sie zum Wachsen brauchen. So verringern sie die Menge an Treibhausgasen in der Luft und damit die Erderwärmung. Bäume sind eine erneuerbare Ressource: Menschen, Unternehmen und Staaten pflanzen sie oft, um Emissionen aus fossilen Brennstoffen auszugleichen, aber nicht in ausreichender Menge. So trägt die Entwaldung direkt etwa 15 % zur globalen Treibhausgasemission bei.

Tropische Regenwälder, die etwa 50 % aller Arten der Welt enthalten, sind besonders bedroht: Bis zu 20 % des Amazonasregenwalds wurden allein in den letzten 50 Jahren zerstört. Der Brundtland-Bericht *Unsere gemeinsame Zukunft* beschrieb als ein Problem, dass Entwicklungsländer Geld bekommen, wenn sie Wälder für den Bergbau, den Holzverkauf oder die kommerzielle Landwirtschaft roden. In Indonesien etwa werden intensiv Wälder für Palmölplantagen gerodet. Hier wurde in den letzten 50 Jahren eine Fläche gefällt, niedergebrannt oder degradiert, die etwa doppelt so groß ist wie Deutschland. Die UN und andere Organisationen geben nun betroffenen Ländern technische und finanzielle Hilfe bei der nachhaltigeren Bewirtschaftung von Wäldern.

Bodendegradierung

Der Boden ist wohl die am stärksten unterschätzte Ressource der Welt. Dieses enorme Ökosystem aus Tieren, Mikroben, Wurzeln, Pil-

Rapa Nui (Osterinsel)

Vor einem Jahrtausend ließ sich eine Gruppe Polynesier auf einer abgelegenen Insel nieder, die sie Rapa Nui nannten (Europäer gaben ihr später den Namen Osterinsel). Sie errichteten riesige Steinmonumente *(moai)*, die sie mit Baumstämmen von den Steinbrüchen zu zeremoniellen Orten rollten.

Als die Europäer 1722 ankamen, fanden sie nur wenige Tausend Menschen vor, zu wenige, um so viele Moai errichtet zu haben. Man vermutete, dass dort früher etwa 15 000 Menschen lebten, das war auf einer so kleinen, abgelegenen Insel nicht nachhaltig. Nach einer gängigen Theorie soll die Misswirtschaft eines empfindlichen Ökosystems, vor allem die Abholzung der Wälder, und Kriege den Bevölkerungsrückgang begründen. Nach jüngsten archäologischen Befunden zu den Anbaumethoden hatte Rapa Nui eine stabile, florierende Bevölkerung von etwa 4000 Menschen. Hierzu wird weiter geforscht.

Die Bevölkerung kollabierte schließlich doch: als Sklavenhändlern kamen und Krankheiten wie Pocken mitbrachten. 1877 lebten nur noch 111 Einwohner dort.

Etwa 887 *moai* stehen an den Hängen von Rano Raraku, dem Vulkankrater von Rapa Nui, aus dem auch das Gestein für die Statuen stammt.

Dichte Wälder wie in diesem Gemälde des Italieners Paolo Uccello aus dem 15. Jh. verbreiten sich in Europa wieder; seit den 1990ern ist die Fläche um 17 Mio. Hektar gewachsen.

zen und Mineralen stellt eine komplexe und empfindliche Struktur dar, die nur langsam entsteht, aber leicht zerstört wird. Nach Schätzungen des WWF wurde die Hälfte des Oberbodens durch Wind und Regen in den letzten 150 Jahren erodiert. Er gelangt in Flüsse, sodass deren Sedimentfracht zunimmt. Boden geht durch Überweidung, die Entfernung von Knicks und Hecken und Agrochemikalien, die seine Struktur verändern, verloren. Helfen können Maßnahmen wie Brachezeiten, Hangterrassen, Dämme und Bepflanzungen. So werden in Amdanda in Nepal steilwandige Hänge mit Besengras bepflanzt. Es bindet den Boden und dient zudem als Futterpflanze und als Rohstoff für Besen, die die Dorfbewohner verkaufen.

Wasserbedarf

Auch sauberes Trinkwasser ist eine begrenzte Ressource. Wasser bedeckt etwa 75 % der Erdoberfläche, aber 97,5 % davon sind Salzwasser. Von den übrigen 2,5 % ist das meiste in Gletschern oder in Aquiferen im Untergrund gebunden. Nur 0,001 % allen Wassers in der Welt ist für die menschliche Nutzung leicht verfügbar. Trinkwasser ist außerdem ungleich verteilt und kommt in den heißen, trockenen Regionen seltener vor als in gemäßigten Klimazonen.

Bevölkerungsdruck und Wohlstand beeinflussen die Wasserversorgung ebenfalls. Laut der UN sollte jeder Zugang zu mindestens 50 Liter Frischwasser pro Tag haben, doch Menschen in Mosambik kommen mit nur zehn Litern aus, während der durchschnittliche US-Amerikaner 310 Liter verbraucht. Auf der ganzen Welt werden Wasserquellen von Großkonzernen aufgekauft. Wenn unser Wasserverbrauch bleibt, wie er ist, dürfte mit dem Bevölkerungswachstum um 2030 der globale Bedarf an sauberem Wasser das Angebot um 40 % übersteigen, warnen einige Wissenschaftler.

Pläne für die Zukunft

Neue Strategien sind nötig, um die Welt vor der Zerstörung durch den Menschen zu schützen. *Transition Engineering* ist ein neuer interdisziplinärer Ansatz, der Unternehmen, Organisationen und politischen Systemen helfen soll, innovative Wege zu finden, um Umweltfolgen zu reduzieren und die verbliebenen Ressourcen zu managen.

Fortschritte wurden auch dank Umweltaktivisten wie Naomi Klein gemacht. Mehrere asiatische und europäische Länder werden Autos mit Verbrennungsmotor bald auslaufen lassen. In anderen Bereichen gibt es aber sozioökonomische und politische Widerstände gegen Reformen. Schon der Brundtland-Bericht stellte fest: Um die Ziele und Erwartungen der Menschheit zu erreichen, ist die aktive Beteiligung aller nötig. ■

» Wir müssen es als eine Frage des Überlebens der Menschheit ansehen … es geht nicht nur um die Größe der Veränderungen, sondern auch ihre Geschwindigkeit. «

Benjamin Horton
Britischer Geograf
The Dire Warnings of the United Nations' Latest Climate-Change Report,
in: *The New Yorker,* 8.10.2018

FANGSCHIFFE ERBEUTEN ZU VIEL FISCH

ÜBERFISCHUNG

IM KONTEXT

SCHLÜSSELFIGUR
John Crosbie (1931–2020)

FRÜHER
1946 Zum Schutz der Wale wird nach Jahrhunderten der Jagd die Internationale Walfangkommission gegründet.

1972 Überfischung und ein starker El Niño lassen die Anchovis-Fischerei an der Küste Perus kollabieren.

SPÄTER
2000 Der *World Wild Fund for Nature* (WWF) erklärt den Kabeljau für gefährdet und startet eine Schutzkampagne.

2010 Das UN-Aichi-Biodiversitätsziel 11 fordert bis 2020 den Schutz eines Zehntels der Meeres- und Küstengebiete.

2023 Der Hochseevertrag wird unterzeichnet, der eine gemeinsame Verwaltung von 95 % der Ozeane ermöglicht.

Ein einzelner Rechtsakt veränderte 1992 die ökologische, sozioökonomische und kulturelle Struktur der Atlantischen Provinzen Kanadas. John Crosbie, Minister für Fischerei und Ozeane, erließ ein Moratorium, das den Fang von Atlantischem Kabeljau im Meer bis auf Weiteres völlig verbot. Dies war unbedingt notwendig, denn der Kabeljaubestand lag nur noch bei 1 % im Vergleich zu früher. Die Region war so überfischt worden, dass eine Erholung unmöglich war, sollte der Fischfang weitergehen. Crosbie nannte dies den härtesten Augenblick seiner politischen Karriere. Die Entscheidung machte Tausende Kanadier

Siehe auch: Umweltverschmutzung 232–237 ▪ Zerstörung der Erde durch den Menschen 303 ▪ Die »Sustainable Biosphere Initiative« 332–333 ▪ Den Verlust von Artenvielfalt aufhalten 326-327

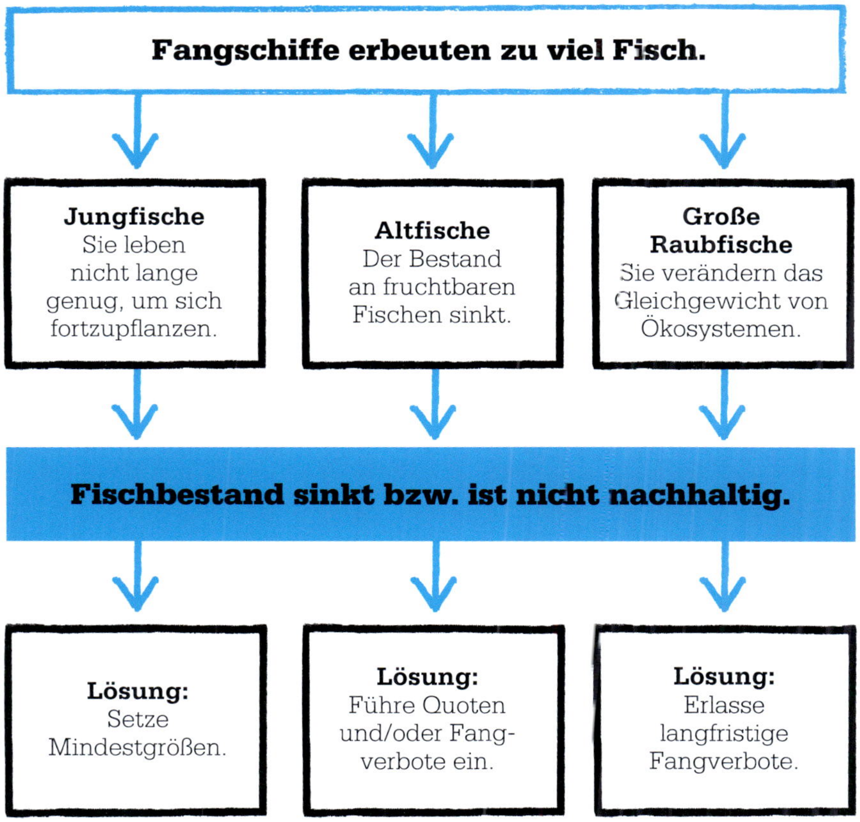

arbeitslos. 500 Jahre lang hatte der Kabeljaufang die Küstenbewohner ernährt, vor allem in Neufundland.

Das Moratorium von 1992 sollte ursprünglich zwei Jahre gelten, aber da sich die Bestände immer noch nicht erholt haben, endete es erst 2024. Von etwa 2005 bis 2015 nahm die nördliche Kabeljaupopulation an der Nordostküste Neufundlands um 30 % pro Jahr zu, die südliche langsamer. 2017 und 2018 brachen die Bestände stark ein, insgesamt waren sie noch immer zu niedrig für Fischfang in großem Ausmaß. Der Klimawandel verstärkt das Problem: Bei höheren Temperaturen leiden sowohl der Kabeljau als auch seine Nahrungsquellen. Die Fischer von Neufundland haben sich überwiegend dem Fang von Krabben und Hummern zugewandt, doch ein weiterer Schlag war, dass der Kabeljau, wo sich die Bestände erholten, nun Krabben fraß. Seitdem das Moratorium beendet ist, werden die Bestände genau beobachtet, um die Auswirkungen zu erfassen und zu verstehen.

Nachhaltiger Fischfang

Die Situation Neufundlands zeigt die Komplexität des Fischereimanagements. Eine wichtige Größe ist der maximale nachhaltige Ertrag (MSY, *Maximum Sustainable Yield*): die Menge an Fisch, die man fangen kann, ohne den Bestand zu ››

Meeresschutzgebiete

Als ein vielversprechendes Werkzeug des Fischereimanagements gelten Meeresschutzgebiete (MPAs, *Marine Protected Areas*), die Arten und Ökosysteme per Gesetz schützen. Sie umfassen etwa 8 % der Weltmeere. Vollständig geschützt, z. B. als »No-Take-Zonen«, sind aber nur 3 % der Meere. Hier sind Fischfang, Abbau von Bodenschätzen, Müllentsorgung, Bohrungen und Ausbaggern völlig verboten. Nach einer Metaanalyse wissenschaftlicher Studien ist die Artenvielfalt an Fischen in No-Take-Zonen im Mittel 670 % größer als in Gebieten ohne Schutz und 343 % größer als in teilweise geschützten MPAs. No-Take-Zonen erhalten Ökosysteme und stellen sie wieder her: Korallenriffe in Schutzgebieten um die Linien-Inseln im Pazifik erholten sich in einem Jahrzehnt von einem El Niño, Riffe in ungeschützten Bereichen dagegen nicht. Nach einigen Studien können gesetzliche Schutzzonen sogar helfen, die Fischbestände außerhalb ihrer Grenzen aufzufüllen

Großaugenmakrelen sind eine der vielen Arten im Fauna- und Floraschutzgebiet Malpelo, der größten Schutzzone im tropischen Ostpazifik, die für Haie berühmt ist.

Störung des Ökosystems

Fischfang in großem Ausmaß stört das Gleichgewicht von Ökosystemen im Meer auf viele Weisen: Rückgang der Zielarten, Störung von Nahrungsketten und Schäden in marinen Lebensräumen.

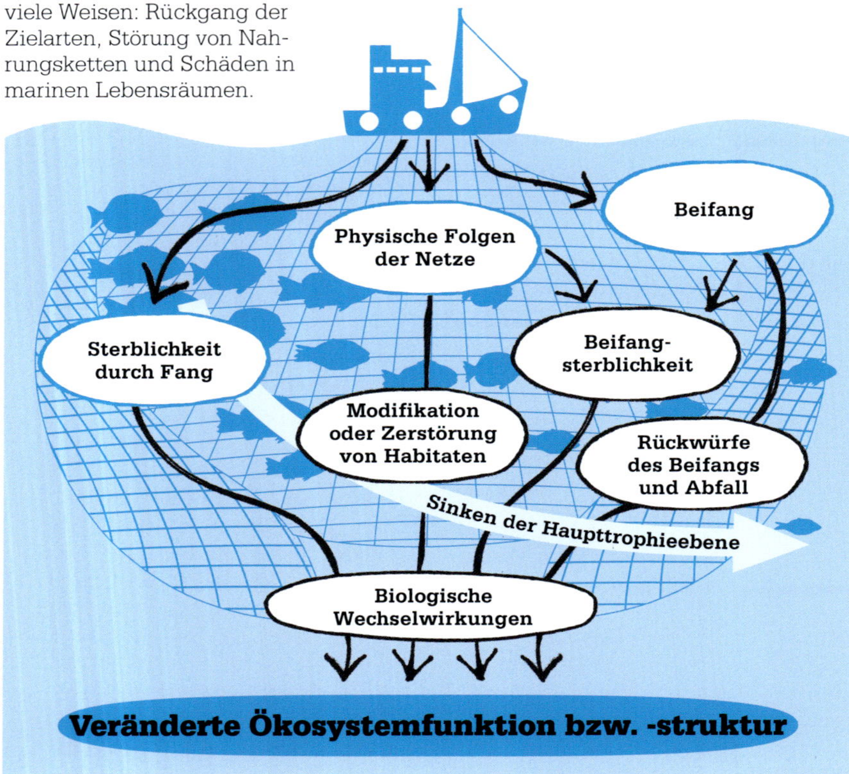

gefährden, weil ebenso viele Jungfische nachwachsen. Dies wird meist durch Fangquoten erreicht, die die Fangmenge pro Jahr begrenzen. Quoten können Erfolg haben: So waren 2015 in der EU 44 % der Bestände überfischt, der Rückgang machte 67 % gegenüber dem Jahr 2003 aus; in Amerika ging die Überfischung von 25 % (2000) auf 16 % (2015) zurück. Quoten können aber auch dazu führen, dass Fischer nur die größten (oft fruchtbareren) Fische anlanden und kleinere ins Wasser zurückwerfen, wo sie oft an Verletzungen sterben. Oft werden Quoten auch nicht wissenschaftlich nach dem maximalen nachhaltigen Ertrag gesetzt; kommerzielle Fangflotten haben großen politischen Einfluss und sind eher am Gewinn als an Nachhaltigkeit interessiert. Das Fischereimanagement gestaltet sich zudem wegen des freien Zugangs zum Meer, illegaler Fischerei und Schwierigkeiten bei der Überwachung kompliziert.

Eine weltweite Krise

Überfischung ist nun ein globales Problem, sodass mehr Tiere in Zuchtbetrieben produziert als gefangen werden. 2017 waren 34 % der Fischbestände überfischt (d. h., Fangmengen überstiegen die biologischen Grenzen) und 60 %wurden maximal befischt (maximaler nachhaltiger Ertrag). Ein nachhaltiges

> »Ich habe die Fische nicht aus dem verdammten Wasser genommen.«
>
> **John Crosbie**
> in einer hitzigen Debatte mit Neufundländern, Juli 1992

Management ist essenziell, damit die Fischerei in Zukunft Arbeitsplätze stellen und den Fischbedarf decken kann. Welche Managementstrategien sinnvoll sind, hängt von der Art des Problems ab. Werden z. B. Fische vor der Geschlechtsreife gefangen, wird es für die Population schwieriger, sich zukünftig maximal zu vermehren und den Bestand zu halten. Regeln für die Mindestmaschenöffnung der Netze können diese Art der Überfischung verhindern. Werden zu viele ausgewachsene Fische gefangen, bleiben eventuell zu wenige übrig, die den Bestand auffrischen können. Dann helfen Fangverbote und -quoten. Eine Ökosystem-Überfischung liegt vor, wenn das Fischereigebiet so ausgebeutet ist, dass sich das Ökosystem verändert und mit dem Fischbestand danach nicht mehr zurechtkommt. Dies geschieht meist dann, wenn große Raubfische überfischt werden, sodass sich die kleineren Fische vermehren. Genau dies passierte beim Kabeljau vor Kanada: Ohne genug Kabeljau stieg die Menge seiner Hauptnahrung – Krill, Krebse und Lodden (kleinere Fische) – stark an.

Das Problem der Überfischung wird durch den Klimawandel und die Umweltverschmutzung verstärkt, die auf marine Ökosysteme wirken. Das kann ernste Folgen haben. Mit höheren Wassertemperaturen wird das Meereis schmelzen, Strömungsmuster verändern sich. Dadurch werden Nährstoffe von der Oberfläche in die Tiefe gebracht, was die Fotosynthese des Phytoplanktons begrenzt, das die Basis der Nahrungsketten in marinen Ökosystemen ist. In drei Jahrhunderten – bis 2300 – könnten die Fischbestände allein durch den Klimawandel weltweit um 20 % weniger produktiv sein und um 50 bis 60 % im Nordatlantik und Westpazifik. Diese Prognosen, die 2018 Forscher an der *University of California, Irvine* aufgestellt haben, nehmen eine Erwärmung von 9,6 °C an, was nach Klimamodellen extrem, aber möglich ist.

Neue Lösungen

Der jährliche Verbrauch an Fischen und Meerestieren ist von 9,9 kg pro Kopf in den 1960ern auf über 20 kg im Jahr 2016 gestiegen. Der Bedarf dürfte 2030 etwa 236 Mio. Tonnen weltweit erreichen. Die Aquakultur, also die Aufzucht von Fisch in Farmen, deckt inzwischen einen Teil des Bedarfs und hat das Potenzial, den Druck auf wilde Fischbestände zu verringern. Doch die Aquakultur bringt ihre eigenen Probleme mit sich. Nährstoffe und andere Stoffe, die dem Wasser zugesetzt werden, können der Umwelt schaden. Die Ablagerung organischer Stoffe der vielen Fische kann die Sedimentchemie verändern, was das umgebende Wasser beeinflusst. Entkommene Fische können als invasive Arten das Ökosystem stören oder Krankheiten einführen.

Trotz Fischfarmen ist die Überfischung immer noch eine große Bedrohung für die marinen Ökosysteme der Welt und die wirtschaftliche Zukunft vieler Länder. Das kanadische Moratorium störte die Wirtschaft und Kultur Neufundlands und der Nachbarprovinzen erheblich. Um derartige Krisen zu verhindern, müssen nachhaltige Fischereipraktiken entwickelt werden, die die Gesundheit von Fischen und die Bestände schützen. ■

Eine Hochsee-Lachsfarm, die in China gebaut wurde, wird nach Norwegen gebracht. Der enorme Zylinder, der teilweise ins Wasser eingetaucht wird, soll 1,5 Mio. Lachse pro Jahr erzeugen.

Meeresverschmutzung

Zwei Haupttypen von Umweltverschmutzung schädigen marine Ökosysteme. Der Eintrag von Dünger vom Land bringt Stickstoff und Phosphor in Wasser, der zu Algenblüten (der massiven Vermehrung winziger schwebender Algen, des Phytoplanktons) führt. Wenn die Algen absterben und sich zersetzen, wird Sauerstoff verbraucht, wodurch lebensfeindliche »tote Zonen« im Wasser entstehen. Fische müssen solche Gebiete verlassen oder sterben; vor allem Jungfische, die nahe der Küste leben, bevor sie in die Hochsee wandern, sind gefährdet. 2017 war die jährliche tote Zone im Golf von Mexiko über 22 000 km² groß.

Auch die Verschmutzung durch Plastik ist eine Gefahr: Meerestiere fressen Stücke davon und verfangen sich in Netzen oder Müll. Laut Schätzungen gelangen jedes Jahr 1 bis 1,7 Mio. Tonnen in die Ozeane. An Land enden geschätzt 19 Mio. Tonnen Plastik in der Umwelt. Ein Teil wird von Flüssen ins Meer transportiert.

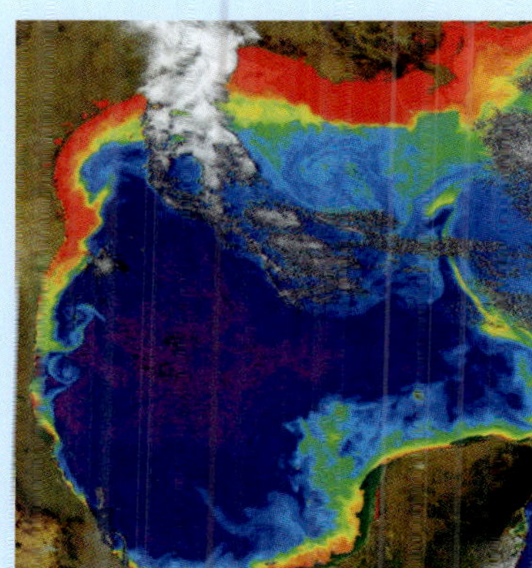

Dichte Phytoplanktonblüten erscheinen rot im Satellitenbild des Golfs von Mexiko. Bakterien zersetzen die Algen, geben CO_2 ab und brauchen den Sauerstoff auf.

DIE EINFÜHRUNG VON EIN PAAR KANINCHEN KANN DOCH WOHL NICHT SCHADEN

INVASIVE ARTEN

IM KONTEXT

SCHLÜSSELFIGUREN
Ryan M. Keane, Michael J. Crawley (*1949)

FRÜHER
1951 Die Internationale Pflanzenschutzkonvention wird verabschiedet, um die Einfuhr und Verbreitung von Schädlingen für Pflanzen und Pflanzenprodukte infolge des Welthandels zu verhindern.

1958 *The Ecology of Invasions by Plants and Animals* des britischen Ökologen Charles Elton ist das erste Buch über Invasionsbiologie.

SPÄTER
2014 Studien einiger der weltweit »schlimmsten« invasiven Arten durch Ökologen der *Queens University* in Belfast und der Universität Stellenbosch (Südafrika) zeigen, dass die ökologischen Auswirkungen ihres Verhaltens vorhersagbar sind.

Die größten Schäden an Ökosystemen entstehen durch den Einfluss invasiver Arten. Das sind Pflanzen, Tiere oder andere Organismen, die in dem Ökosystem nicht einheimisch sind, sondern vor allem durch den Menschen bewusst oder ohne Absicht eingeführt wurden. Sie können Konkurrenten, Prädatoren (Räuber) oder Parasiten heimischer Arten sein oder mit ihnen hybridisieren und so deren Überleben gefährden.

Der Aufstieg der Kaninchen

Eine der bekanntesten invasiven Arten ist das europäische Kaninchen in Australien. Seine

Siehe auch: Räuber-Beute-Gleichungen 44–49 ▪ Nicht konsumtive Effekte der Räuber auf ihre Beute 76–77 ▪ Menschliche Aktivität und Biodiversität 92–95 ▪ Die Nahrungskette 132–133 ▪ Das Ökosystem 134–137 ▪ Chaotische Populationsänderungen 184

Der Asiatische Marienkäfer ist der am stärksten invasive Marienkäfer der Welt. In Großbritannien tauchte er 2004 auf; er soll dort sieben einheimische Marienkäferarten verdrängt haben.

Geschichte begann 1788, als elf britische Schiffe in der Botany Bay landeten, um die erste australische Strafkolonie einzurichten. An Bord dieser »Ersten Flotte« waren nicht nur über 1000 Menschen, darunter Strafgefangene und Auswanderer, sondern auch sechs Kaninchen zur Zucht als Lebensmittel.

Bis 1840 hatten sich Kaninchen zum wichtigen Lebensmittel in Australien entwickelt; man hielt sie in Steingehegen. Das änderte sich 1859, als der Siedler Thomas Austin zwölf Kaninchenpaare aus Europa importierte und sie auf seinem Gut bei Geelong in Victoria aussetzte. 20 Jahre später hatten sie sich nach South Australia und Queensland ausgebreitet und in den folgenden zwei Jahrzehnten nach Western Australia. 1920 gab es schon etwa 10 Mrd. Kaninchen. Die Tiere wirken harmlos, doch sie haben die heimischen australischen Arten gestört, da sie um Ressourcen wie Gras, Kräuter, Wurzeln und Samen konkurrieren und das Land degradieren. Sie sind vor allem in Dürrezeiten problematisch, weil sie dann alles fressen, was sie finden können.

Ausbreitung von Kaninchen in Australien

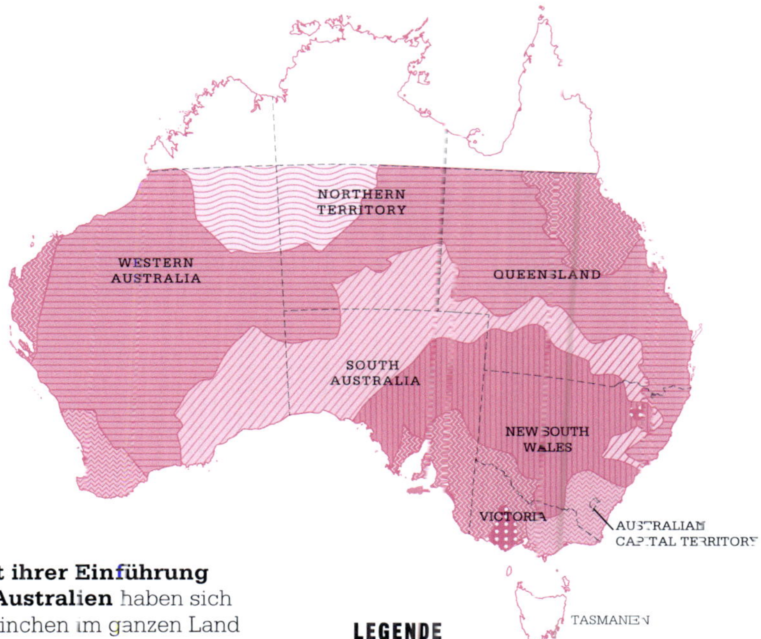

LEGENDE

- Vor 1870
- 1870–1880
- 1880–1890
- 1890–1900
- 1900–1910
- 1910–1920
- Nach 1920
- Nicht analysiert

Seit ihrer Einführung in Australien haben sich Kaninchen im ganzen Land ausgebreitet. Sie sind mitverantwortlich für den Rückgang heimischer Pflanzen und Tiere und haben wohl auch das Aussterben einiger kleiner Säugetiere ausgelöst.

Es gab mehrere Versuche, die wilde Population unter Kontrolle zu bringen: mit kaninchensicheren Zäunen über mehr als 3200 km und mit der erfolgreicheren Einführung des Myxomatosevirus und des Calicivirus in den Jahren 1950 bzw. 1959. Diese Krankheiten erwiesen sich als der effektivste Weg, die Zahl der Kaninchen zu verringern und die heimischen Arten zu schützen.

Das Geheimnis des Erfolgs

Da sich invasive Arten weltweit ausbreiten, wollen Wissenschaftler herausfinden, was sie so erfolgreich macht und wie man sie unter Kontrolle hält, ohne dabei unabsichtlich neue Probleme für das Ökosystem zu schaffen. Zwar wird die Forschung dadurch erschwert, dass es wenig Daten über die nicht erfolgreichen Arten gibt, aber Wissenschaftler haben eine Reihe von Hypothesen, darunter die der Ressourcenverfügbarkeit und die der Evolution erhöhter Konkurrenzfähigkeit sowie die *Enemy-Release*-Hypothese (etwa: Hypothese der Befreiung von Feinden).

Im Allgemeinen hängt der Erfolg von Arten mit einer Vielzahl genetischer, ökologischer und demografischer Faktoren zusammen. Die Theorie der Ressourcenverfügbarkeit, die erstmals 1985 von den »

Die Wandermuschel

Der Fall der Wandermuschel oder Zebramuschel zeigt die verschiedenen Wege und Schwierigkeiten auf, invasive Arten unter Kontrolle zu halten. Wandermuscheln sind klein – fingernagelgroß – und haben eine dunkel gestreifte Schale. Sie sind in Eurasien einheimisch, wurden aber 1988 in den Großen Seen Nordamerikas entdeckt; sie waren wohl im Ballastwasser von Schiffen aus Europa eingeschleppt worden. Seither hat sich die Wandermuschel über den ganzen Mittleren Westen der USA ausgebreitet, sogar bis nach Kalifornien.

Die Wandermuschel heftet sich an größere Muschelarten und filtert die Algen aus dem Wasser, die diese zur Ernährung brauchen. Sie verstopfen den Wassereinlass von Kraftwerken und Anlagen zur Trinkwasseraufbereitung. Man versucht, sie mit Chemikalien, heißem Wasser und Filtersystemen unter Kontrolle zu halten. Alle Methoden bringen gewisse Erfolge, doch keine konnte die Muschel sicher ausrotten. Daher breitet sie sich in den Gewässern der USA immer weiter aus.

» Wir sehen eine der großen historischen Umwälzungen der Fauna und Flora der Welt. «

Charles Elton
The Ecology of Invasions by Animals and Plants, 1958

Ökologen Phyllis Coley, John Bryant und F. Stuart Chapin aufgestellt wurde, beruht darauf, dass invasive Arten bereits gut an die neue Umwelt angepasst sind und überschüssige Ressourcen nutzen können. Nach der Hypothese der Evolution erhöhter Konkurrenzfähigkeit (EICA-Hypothese, *Evolution of Increased Competitive Ability*), die Bernd Blossey und Rolf Nötzold 1995 veröffentlichten, müssen sich invasive Pflanzen gegen weniger Pflanzenfresser schützen und können mehr Ressourcen für die Vermehrung aufwenden, sodass sie heimische Arten auskonkurrieren. Nach der *Enemy-Release*-Hypothese, die Ryan M. Keane und Michael J. Crawley 2002 in dem Artikel *Exotic Plant Invasions and the Enemy Release Hypothesis* beschrieben, haben invasive Arten weniger Feinde und breiten sich deshalb aus. In der Realität beruht der Erfolg invasiver Arten wohl auf mehreren Mechanismen, die zusammenwirken.

Invasive Pflanzen

Eine Pflanze, bei der wahrscheinlich mehrere Hypothesen zutreffen, ist die Knoblauchsrauke (*Alliaria petiolata*). Sie ist in Europa, West- und Zentralasien heimisch und wurde von frühen Siedlern als Medizin und Gewürz nach Nordamerika gebracht, wo sie sich schnell ausbreitete. Ihre Verbreitung hat die Wachstumsrate von Baumsprösslingen gesenkt und die einheimische Pflanzenvielfalt reduziert, sodass sich Waldökosysteme verändert haben.

In ihrer Heimat wird die Knoblauchsrauke von bis zu 69 Insektenarten gefressen, aber keine davon kommt in Nordamerika vor. Dieser Mangel an Fressfeinden und der invasive Erfolg bestätigt

Die Knoblauchsrauke ist hochinvasiv und verdrängt in Amerika andere Arten. In Europa gilt sie als hübsche, stark riechende Blume.

Seit ihrer Einführung nach Australien 1935 hat die Agakröte einheimische Frösche auskonkurriert, da sie sich viel schneller vermehrt.

die *Enemy-Release*-Hypothese. Die Knoblauchsrauke konkurriert auch erfolgreich mit heimischen Pflanzen um Ressourcen, was der Hypothese der Ressourcenverfügbarkeit entspricht. Die Pflanze setzt sogar chemische Stoffe frei, die heimische Pflanzen »angreifen«, indem sie deren Reifung und Wachstum hemmen. Dies unterstützt die »Neue-Waffen-Hypothese«, die 2004 von den Ökologen Wendy M. Ridenour und Ragan M. Callaway vorgestellt wurde. Nach ihr haben die invasiven Arten biochemische Waffen, die ihnen Vorteile gegenüber heimischen Arten verschaffen.

Eindämmung

Erfolgreiche invasive Arten sind nur sehr schwer unter Kontrolle zu bringen und fast unmöglich auszurotten. Bei Pflanzen ist die offensichtliche Methode, sie auszureißen oder abzuschneiden; doch das ist sehr arbeitsintensiv, vor allem wenn große Flächen betroffen sind. Der Einsatz chemischer Pflanzenvernichtungsmittel ist oft erfolgreich, kann aber auch heimische Arten töten, die Bodenqualität schädigen und die Gesundheit gefährden.

Eine häufig genutzte Methode, die biologische Kontrolle oder »Biokontrolle«, setzt natürliche Feinde der invasiven Art gegen sie ein. Ein früher Erfolg war etwa 1926 die Einführung der Kaktusmotte von Südamerika nach Australien, die sich von Opuntien ernährt. Diese Kakteen waren 1770 selbst eingeführt worden, überwucherten nun aber Felder in New South Wales und Queensland. In den frühen 1930ern waren die meisten Opuntien dank der Motte wieder verschwunden.

Nicht jede biologische Kontrolle ist effektiv, und manche Maßnahmen haben katastrophale Folgen. So wurden 1935 Agakröten (auch Riesenkröten genannt) nach Australien eingeführt, um den invasiven Zuckerrohrkäfer *Dermolepida albohirtum* in Schach zu halten, der die Zuckerrohrplantagen schädigt. Die Agakröte hatte auf Hawaii bereits effektiv Zuckerrohr vor Käfern geschützt, sodass man auf ähnliche Erfolge in Australien hoffte. *D. albohirtum* frisst aber vor allem an der Spitze des Zuckerrohrs, das ist zu weit oben für die Agakröte. Das fehlende Verständnis der jeweiligen Lebensräume dieser Arten war der Grund für die falsche Wahl bei der Biokontrolle. Als man den Fehler erkannte, hatte sich die Agakröte schon über ganz Australien ausgebreitet und vergiftet jetzt alle Prädatoren, die versuchen, die giftigen Amphibien zu fressen.

Selbst wenn eine Maßnahme zur Biokontrolle eine invasive Art zurückdrängt, kann sie Ökosysteme oder die Wirtschaft lokaler Gemeinschaften aus dem Gleichgewicht bringen. Behörden genehmigen daher meist ungern Biokontrollen ohne umfangreiche Studien. Es gibt kein Patentrezept, wie sich invasive Arten kontrollieren lassen. Der Erfolg hängt von komplexen Wechselbeziehungen im Ökosystem ab. Forscher führen weiter Freilandexperimente durch, um die Hypothesen über invasive Arten zu testen. ■

» Jetzt ist die Zeit zum Handeln. Die Kosten für Habitate und die Wirtschaft sind … außer Kontrolle. «

Bruce Babbitt
US-Innenminister
Pressekonferenz über Maßnahmen gegen invasive Arten, 3.2.1999

WENN DIE TEMPERATUREN STEIGEN, GERÄT DAS FEIN AUSBALANCIERTE SYSTEM DURCHEINANDER

FRÜHLINGSVERSCHIEBUNG

IM KONTEXT

SCHLÜSSELFIGUR
Camille Parmesan (*1961)

FRÜHER
1997 Eine US-amerikanische Forschergruppe veröffentlicht Hinweise auf eine längere Vegetationsperiode in hohen nördlichen Breiten 1981 bis 1991.

2002 Der Autor und Naturforscher Richard Fitter zeigt, dass der Blühtermin von 385 Arten in Großbritannien im letzten Jahrzehnt um 4,5 Tage vorgerückt ist.

SPÄTER
2006 Jonathan Banks von der Organisation *Clean Air Task Force* (CATF) benutzt als Erster den Begriff *season creep* für die Verschiebung des Beginns der Jahreszeiten infolge des Klimawandels.

2014 In den USA bestätigt das *National Climate Assessment* den langfristigen Trend zu kürzeren, milderen Wintern und früherer Frühlingsschmelze.

Die Treibhausgase in der Atmosphäre werden mehr, was zu einem Klimawandel führt, der sich unter anderem als globale Erwärmung zeigt. Der *Zwischenstaatliche Ausschuss für Klimaänderungen* (IPCC, *Intergovernmental Panel on Climate Change*) dokumentiert den Anstieg der globalen Mitteltemperatur um 1,1 °C seit 1880, wobei sich einige Regionen viel stärker erwärmen. Die Erwärmung beeinflusst Tiere und Pflanzen und für das nächste Jahrhundert wird ein weiterer Anstieg von 1,4 bis 5,5 °C vorhergesagt.

Der Lebenszyklus von Pflanzen und Tieren ist auf die Jahreszeiten abgestimmt, Phänologie ist die Erforschung dieser jahreszeitlichen Veränderungen. Sie können mit der Temperatur, den Niederschlägen oder der Tageslänge zusammenhängen. Die Temperatur ist aber wohl der wichtigste Faktor in den gemäßigten und polaren Klimazonen, während in den Tropen der Regen den Ausschlag gibt. 2003 bemerkten Camille Parmesan und Gary Yohe, dass der Frühling in der Natur immer früher eintritt.

Frühlingsverschiebung

Seit einigen Jahrzehnten lässt sich beobachten, dass Blätter und Blüten immer früher im Jahr erscheinen. In der Vergangenheit wurden diese Berichte oft als »unwissen-

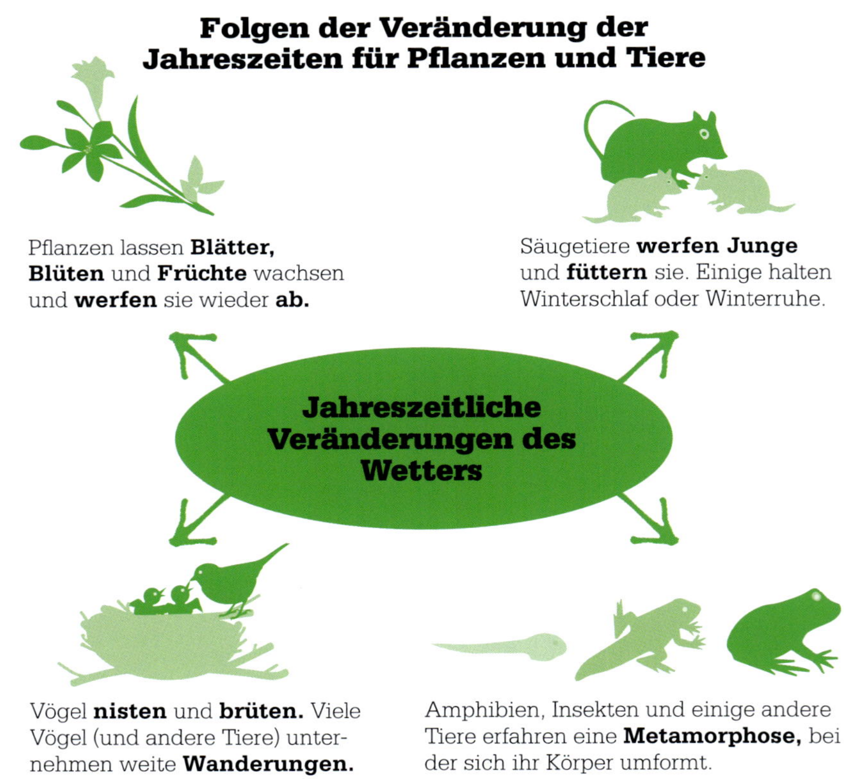

Alle Lebewesen reagieren auf Veränderungen der Witterung im jahreszeitlichen Zyklus. Wanderungen, Fortpflanzung, Blüte, Winterschlaf und Metamorphose sind nur einige der Ereignisse, die dies betrifft.

» Wir sehen Veränderungen viel schneller ablaufen, als ich vor zehn Jahren gedacht hätte. «

Camille Parmesan
Trump's Extremism on Climate Change Has Brought People Together,
in: *The Observer,* 31.12.2017

Siehe auch: Tierökologie 106–113 ▪ Tierverhalten 116–117 ▪ Die Fundamente der Pflanzenökologie 167 ▪ Globale Erderwärmung 202–203 ▪ Gefährdete Lebensräume 238–241 ▪ Den Klimawandel aufhalten 320–325 ▪ Den Verlust von Artenvielfalt aufhalten 326–327

schaftlich« abgetan, weil harte Fakten und Daten fehlten. Als Camille Parmesan und Gary Yohe 2003 eine Metaanalyse veröffentlichten, die auf 1700 Arten beruht, war das der Beweis, dass der Wandel sehr real ist. Der biologische Frühling beginnt tatsächlich immer früher, im Mittel 2,3 Tage pro Jahrzehnt. Studien anderer Forscher haben dies in den letzten Jahren bestätigt.

Viele jahreszeitliche Veränderungen der Pflanzen steuert die Temperatur, etwa Wachstumsschübe, das Erscheinen der Blätter, Blüten und Früchte und das Abwerfen des Laubs im Herbst. Die meisten Nahrungsketten beginnen mit Pflanzen, sodass auch Pflanzenfresser wie Kaninchen und Rehe sowie Bestäuber wie Bienen oder Schmetterlinge davon betroffen sind. Wenn die Primärkonsumenten hungern, dann leiden auch ihre Fressfeinde, die Sekundärkonsumenten.

Folgen des Klimawandels

Der Klimawandel hat viele Folgen. In den meisten kühleren Gegenden wird die frostfreie Zeit länger und damit verlängert sich auch die Wachstumszeit der Pflanzen. Da einige Regionen trockener und andere feuchter werden, treten Phasen mit heftigen Niederschlägen und Überschwemmungen häufiger auf, ebenso giftige Algenblüten in Seen. Die Eisbedeckung in Polarregionen schmilzt ab. All diese Veränderungen beeinflussen das Verhalten von Tieren und Pflanzen.

Seit 1993 hat die Europäische Umweltagentur (EEA) Daten aus Tausenden von Studien, die teils bis 1943 oder weiter zurückreichen, ausgewertet, um sich ein Bild der Frühlingsverschiebung in Europa zu machen. Pflanzenpollen fliegen, Frösche laichen und Vögel nisten demnach zu früheren Zeitpunkten. Viele Insekten, deren Lebenszyklus von der Lufttemperatur gesteuert wird (»thermophile« Insekten wie Schmetterlinge oder Borkenkäfer), haben, so die EEA-Daten, inzwischen eine längere Fortpflanzungsperiode, sodass zusätzliche Generationen im Jahr entstehen: bei einigen Schmetterlingen z. B. drei statt zwei pro Jahr.

Die Blätter einiger Eichenarten werden rot, kurz bevor sie im Herbst fallen. Aufzeichnungen über den Tag, an dem dies geschieht, geben Hinweise auf Klimaveränderungen.

In Spanien haben Botaniker Daten über 29 Pflanzenarten ausgewertet. Demnach erschienen 2003 die Blätter im Mittel 4,8 Tage früher als 1943, Blüten erblühten 5,9 Tage früher. Bäume trugen Früchte 3,2 Tage früher und Blätter starben 1,2 Tage später ab. In Großbritannien »

Camille Parmesan

Professor Camille Parmesan, geboren 1961, ist US-Amerikanerin, die sich den Ruf einer Expertin für die Folgen des Klimawandels erarbeitet hat. Sie erhielt 1995 den Doktortitel in Biologischen Wissenschaften von der *University of Texas* in Austin und erforschte zunächst die Evolution von Insekten-Pflanzen-Beziehungen. Über 20 Jahre hinweg dokumentierte sie die Veränderungen der Verbreitungsgebiete von Schmetterlingen in Nordamerika und Europa und korrelierte sie mit Klimaveränderungen. Parmesan übernahm eine führende Rolle im internationalen Klimarat IPCC und ihre Arbeiten wurden in Hunderten Fachveröffentlichungen zitiert. Sie wurde 2018 zum Mitglied der Europäischen Akademie der Wissenschaften gewählt. Sie publiziert und berät weiterhin internationale Naturschutzorganisationen.

Hauptwerke

2003 *A Globally Coherent Fingerprint of Climate Change Impacts*, in: *Nature* 421
2015 *Plants and Climate Change: Complexities and Surprises*, in *Annals of Botany* 116(6)

waren die Veränderungen noch dramatischer: Bei 53 Pflanzenarten erschienen Blätter, Blüten und Früchte 2005 fast sechs Tage früher als 1976. Entsprechend verlängerte sich bei 315 verschiedenen Pilzarten die Zeit der Fruchtkörper in der zweiten Hälfte des 20. Jahrhunderts von 33 auf 75 Tage.

Eine längere Vegetationsperiode, das klingt zunächst gut, aber höhere Temperaturen bringen auch Probleme. Nicht alle Insekten sind willkommen und kürzere, mildere Winter töten weniger Insekten während ihrer Kältestarre ab. So können sich manche explosiv vermehren und zu einer schädlichen Plage werden. In einem warmen Frühling kann sich die Gemeine Kiefernbuschhornblattwespe, deren Larven Kiefernnadeln fressen, zu früh für die Vögel und Parasiten entwickeln, die deren Zahl sonst reguliert. Dann fressen sie die Bäume kahl und hemmen deren Wachstum.

Einige Bienenarten erscheinen im Frühling früher, da die Pflanzen, die sie bestäuben, früher blühen. Andere Bienen haben es nicht geschafft, ihr Schwärmdatum zu synchronisieren.

Zugvögel und Winterschlaf

Zugvögel, die im Frühjahr zu reicheren Nahrungsgründen fliegen, haben ebenfalls Probleme. Einige passen ihren Flugplan an, um vom früher eintretenden Insektenreichtum zu profitieren. Nach ihrer langen Reise aus Subsahara-Afrika erreichen die ersten Schwalben Großbritannien nun etwa 20 Tage früher als in den 1970ern, bei den Uferschwalben sind es 25 Tage. Doch es gibt Hinweise, dass sich die Zahl der Zugvögel, die von Mittelamerika nach Neuengland (USA) ziehen, stärker verringert hat als die der Standvögel, die in Neuengland überwintern. Vermutlich haben es die Zugvögel nicht geschafft, ihre Abflugzeit zu verändern, sodass sie anders als die Standvögel keine Vorteile durch die früher auftretenden Insekten haben.

Der Klimawandel hat offenbar auch das Winterschlafverhalten von Tieren verändert. Zoologen am *Rocky Mountains Biological Laboratory* stellten fest, dass Gelbbauchmurmeltiere in Colorado 1999 etwa 38 Tage früher aufwachten als 1975. 2012 fanden Wissenschaftler der *University of Alberta* (Kanada) heraus, dass späte Schneefälle das Aufwachen des Wyoming-Ziesels aus dem Winterschlaf um zehn Tage verzögern. Dies verkürzt die ohnehin kurze Aktivitätsperiode, in der sich diese Hörnchenart paart, Junge gebärt und frisst, um für den nächsten Winterschlaf bereit zu sein.

Entkopplung

Das Überleben einiger Organismen ist auch durch die »Entkopplung« der Wechselbeziehungen zwischen Arten bedroht, was das Gleichge-

» Wir sind heute sicher über das, was wir vor einigen Jahren nur vermuteten. Die Politik muss die Wissenschaft einholen. «

Camille Parmesan
Trump's Extremism on Climate Change Has Brought People Together,
in: *The Observer,* 31.12.2017

Eine Kohlmeise füttert ihre Jungen. Wenn die Brut später als die Spitzenperiode der Raupen im Frühjahr ansteht, hat der hungrige Nachwuchs weniger Nahrung, weniger Küken überleben.

wicht in Ökosystemen empfindlich stören kann. Blühen z. B. bestimmte Blüten früher, können die Bienen, die sie bestäuben, auf zwei Weisen reagieren: Sie können früher ausschwärmen oder in höhere Breiten wandern, wo der Frühling später kommt. Studien an zehn wilden Bienenarten im nordöstlichen Nordamerika haben gezeigt, dass sie tatsächlich ihr Verhalten ändern. Hummeln in Colorado haben sich hingegen nicht angepasst und ihre Zahl ist gesunken. Wenn die Zahl der Bestäuber abnimmt, leiden darunter auch die Pflanzen, die sie bestäuben.

Es gibt Hinweise, dass sich viele Primärkonsumenten an die Verschiebungen angepasst haben, doch für Arten, die höher in der Nahrungskette stehen, scheint dies schwieriger zu sein. So nisten Vögel zwar jetzt früher, aber der Zeitpunkt, wann die Insekten auftauchen, ist schneller vorgerückt. Für Vögel, die vom Maximum der Insektenzahl abhängen, ist das ein Problem. So füttern Trauerschnäpper und Kohlmeisen ihre Jungen mit Raupen, die nur eine kurze Zeit im Frühling häufig vorkommen. Durch den Klimawandel erfolgt dieses Maximum nun früher im Jahr, doch die Vögel haben es bisher nicht geschafft, entsprechend früher Eier zu legen, um den Futterreichtum auszunutzen. Studien zeigen, dass weniger Trauerschnäpper- und Kohlmeisenjunge überleben. In niederländischen Wäldern hat sich die Zahl der Trauerschnäpper stark verringert, wohl infolge des Klimawandels.

Aufruf zum Handeln

All diese beunruhigenden Daten haben Forscher veranlasst, die Politik zum Handeln aufzufordern. Die Frühlingsverschiebung ist ein absoluter Beweis, dass der Klimawandel passiert. Wissenschaftler rufen Entscheidungsträger auf, die Erwärmung zu bekämpfen, um die uns vertrauten Arten zu retten. Deren Existenz ist durch phänologische Veränderungen bedroht. ■

Der Mauerfuchs und der Klimawandel

Der Klimawandel hat manchmal unerwartete Folgen. So wurde in Großbritannien der Lebenszyklus einer Schmetterlingsart, des Mauerfuchses, gestört. Früher gab es bei diesen Insekten zweimal pro Jahr Nachwuchs. Die erwachsenen Mauerfüchse des Spätsommers paarten sich und die Weibchen legten Eier. Die geschlüpften Raupen fanden im September noch genug Futter, um zu wachsen und in Kältestarre den Winter zu überstehen. Im Frühjahr fand dann die Metamorphose zu Schmetterlingen statt. Durch die wärmere Witterung entwickelt sich nun eine dritte Generation im Herbst, und erwachsene Schmetterlinge fliegen bis Mitte Oktober. Doch wenn deren Larven schlüpfen ist nur noch wenig Nahrung vorhanden – die meisten verhungern. Diese sogenannte Entwicklungsfalle ist vermutlich der Grund für den Rückgang des Mauerfuchses.

» Dieser Schmetterling, den ich studierte, verschob sein ganzes Verbreitungsgebiet um einen halben Kontinent – das ist eine große Sache, sagte ich. … Seither hat alles das nur noch bestätigt. «

Camille Parmesan

What It's like When Your Job Is to Predict the End of Humanity?, in: *Washington Post*, 14.7.2015

EINE DER GRÖSSTEN BEDROHUNGEN DER BIODIVERSITÄT SIND INFEKTIONEN

AMPHIBIENKRANKHEITEN

IM KONTEXT

SCHLÜSSELFIGUR
Malcolm McCallum (*1968)

FRÜHER
1989 Die einst häufige Goldkröte in Costa Rica wird für ausgestorben erklärt. Unterschiedliche Erklärungen dafür werden vorgebracht.

1998 Mehrere Pfeilgiftfrösche sterben im Nationalzoo von Washington, D.C. (USA). Es gibt Hinweise auf Chytridpilze.

SPÄTER
2009 Die Kihansi-Gischtkröte in Tansania wird in freier Natur für ausgestorben erklärt; Grund sind Chytridpilzinfektionen.

2013 Eine zweite Art von Chytridpilzen führt fast zum Aussterben von Feuersalamandern in den Niederlanden.

2015 Der Chytridpilz wird in 1375 Amphibienarten gefunden, er hat zum Aussterben von 90 Arten geführt.

Seit den 1980ern ist die Population von Hunderten Amphibienarten kollabiert, einige sind lokal ausgestorben – dies entspricht wohl mehr als der 200-fachen natürlichen Hintergrundaussterberate. Das alarmierende Phänomen erregte erstmals 1999 Aufsehen, als der US-Amerikaner Malcolm McCallum Forschungsergebnisse über die dramatische Zunahme von Deformitäten bei Fröschen veröffentlichte. Später führte er bahnbrechende Studien über den Rückgang und das Aussterben von Amphibien durch.

Es gibt viele Ursachen dafür, Habitatzerstörung und Umweltverschmutzung z. B., aber auch Konkurrenz durch nicht einheimische invasive Arten. Der zweifellos wichtigste Grund sind aber Krankheiten, vor allem zwei besonders tödliche.

Chytridpilze und Ranaviren

Chytridmykose ist die Infektion mit einem Töpfchenpilz, dem Chytridpilz, die Populationen insbesondere von Fröschen und Kröten dezimiert. Der Pilz infiziert die Haut, was die Hautatmung und den Wasser- bzw. Wärmehaushalt stört. Die Herkunft des Pilzes ist unklar, doch der globale Lebendhandel mit Amphibien als Haustiere, Lebensmittel, Fischköder oder für die Forschung trug wesentlich zur Ausbreitung bei.

Der Nordamerikanische Ochsenfrosch ist gegen Töpfchenpilze resistent, überträgt die tödliche Infektion aber auf andere Amphibienarten.

Die Ranaviren entstanden aus Fischviren. Sie infizieren Amphibien und Reptilien und führten seit den 1980ern zum Massensterben. Der Ranavirus der Geburtshelferkröte löst Blutungen, Hautläsionen, Lethargie und Auszehrung aus. Er ist höchst virulent und kann von einer Art zur anderen »springen«. ■

Siehe auch: Biome 206–209 ▪ One Health 212–213 ▪ Umweltverschmutzung 232–237 ▪ Gefährdete Lebensräume 238–241 ▪ Entwaldung 256–261 ▪ Überfischung 268–271

ZUNEHMENDES CO_2 VERÄNDERT DIE GRUNDBAUSTEINE DES MEERWASSERS UND NIMMT VIELEN ORGANISMEN DIE LEBENSGRUNDLAGE

VERSAUERUNG DER MEERE

IM KONTEXT

SCHLÜSSELFIGUREN
Kenneth Caldeira (*1960), **Michael E. Wickett** (*1971)

FRÜHER
1909 Der dänische Chemiker Søren Sørensen entwickelt die pH-Skala als Maß für den sauren Charakter einer Lösung.

1929 Die US-Amerikaner Alfred Redfield und Robert Goodkind entdecken, dass zu viel Kohlendioxid im Wasser Tintenfische erstickt.

1933 Der deutsche Chemiker Hermann Wattenberg erstellt die erste Kartierung des Säurewerts der Meere mit Daten einer Atlantikexpedition des Forschungsschiffs *Meteor*.

SPÄTER
2012 In den USA zeigt ein Ozeanografenteam um James C. Zachos mithilfe fossiler Algen und Riffbildner aus dem Meeressediment, dass Versauerungsphasen der Vergangenheit zum Aussterben führten.

Immer mehr Kohlendioxid (CO_2) in der Luft trägt nicht nur zum Klimawandel bei, sondern macht auch das Meerwasser saurer. Bisher haben die Meere einen großen Teil der Erderwärmung abgepuffert und etwa die Hälfte des von Menschen erzeugten CO_2 aufgenommen. Doch das Gas verändert die Chemie der Meere.

Im Jahr 2003 untersuchten die US-amerikanischen Klimaforscher Kenneth Caldeira und Michael Wickett die Folgen der CO_2-Zunahme für die Ozeane. Proben aus der ganzen Welt ergaben, dass diese in den letzten 200 Jahren messbar saurer geworden sind. Die Forscher nannten dies *Ocean Acidification* (Versauerung der Meere). In den nächsten 50 Jahren, so die Vorhersagen, dürfte die Versauerung noch schneller voranschreiten und große Schäden verursachen.

Viele Meeresorganismen brauchen leicht alkalisches Wasser. Denn dann sind die Karbonate, aus denen Schalen, Gehäuse oder Skelette bestehen, stabil. Schon etwas weniger Alkalinität stört das Wachstum, vor allem bei Korallen und Plankton. Die Versauerung könnte Korallen in Jahrzehnten ausrotten, damit auch die Riffökosysteme. Phytoplankton ist die Basis der marinen Nahrungsketten und erzeugt einen Großteil des Sauerstoffs der Luft.

Die Versauerung ist viel schwerer umzukehren als atmosphärische Effekte von CO_2. Die katastrophalen Folgen für die Biodiversität, Fischbestände und Lebensmittelversorgung geben Anlass zur Sorge. ■

» Das meiste Kohlendioxid, das durch die Verbrennung fossiler Brennstoffe in die Atmosphäre gelangt, wird letztlich von den Ozeanen aufgenommen. «

Kenneth Caldeira und Michael Wickett
Anthropogenic Carbon and Ocean pH, in: *Nature* 425, 2003

Siehe auch: Globale Erderwärmung 202–203 ▪ Umweltverschmutzung 232–237 ▪ Gefährdete Lebensräume 238–241 ▪ Saurer Regen 250–251 ▪ Den Klimawandel aufhalten 320–325

DIE UMWELTSCHÄDEN DURCH FLÄCHENVERBRAUCH LASSEN SICH NICHT IGNORIEREN

ZERSIEDELUNG

IM KONTEXT

SCHLÜSSELFIGUR
Robert Bruegmann (*1948)

FRÜHER
1928 Der britische Architekt Clough Williams-Ellis vergleicht das Wachstum von London mit einer Krake, die das Land auffrisst.

1950er In der Nachkriegszeit verlässt dank Wohlstand und häufigerem Autobesitz die Mittelklasse in den USA die engen Stadtzentren und zieht in die Vorstädte.

SPÄTER
2017 Die Wohnungskrise in Großbritannien führt zu der Forderung, das Verbot neuer Bauvorhaben in den Grüngürteln um die Städte aufzuheben.

2050 In diesem Jahr dürften nach UN-Schätzungen etwa 6,68 Mrd. der gesamten Weltbevölkerung von 9,8 Mrd. Menschen in Städten leben.

Seit den 1950ern ist die Zersiedelung, also das Wachsen von Vorstädten geringerer Dichte um dichte Stadtkerne herum, ein Thema. Der englische Begriff *urban sprawl* tauchte erstmals 1955 in der britischen Zeitung *The Times* als Bezeichnung für die Londoner Vororte auf. Damals führten die britischen Behörden gerade »Grüngürtel« um die Städte ein, in denen neue Bauten fast vollständig verboten waren. Dies sollte verhindern, dass sich die Städte unkontrolliert ausbreiten und mit Nachbarstädten verschmelzen.

» Die alte Stadt ist in einer weit verstreuten, multizentrischen, meist wenig dichten und höchst heterogenen Stadtregion versunken. «

Robert Bruegmann
Sprawl: A Compact History, 2005

Es gibt mehrere moderne Definitionen der Zersiedelung, doch meist gilt sie als negativ. Im Extremfall entstanden durch sie Megastädte – so definiert die UN Städte mit mehr als 10 Mio. Einwohnern. Beispiele sind Tokio-Yokohama (37 Mio.), New Delhi (29 Mio.) und São Paulo (22 Mio.).

Ökologische Folgen

Einige Forscher schätzen die Zersiedelung als die von allen menschlichen Aktivitäten stärkste Bedrohung der Biodiversität ein. In Vorstädten leben relativ wenig Menschen pro Fläche, aber sie brauchen überproportional viel Raum für Energie und Wasser sowie Verkehrsnetze. Mit dem Städtewachstum wird wertvolles Ackerland versiegelt und natürliche Habitate werden gestört oder verschwinden ganz. Auch Haustiere und invasive Pflanzen aus Gärten können die örtliche einheimische Flora und Fauna stören oder bedrohen. Da der öffentliche Nahverkehr in dünn besiedelten Gegenden oft begrenzt ist, haben Familien zudem häufig mehrere Autos, was zur Verschmutzung der Städte beiträgt – ebenso wie Emissionen der Holz- und Kohleöfen in den ärmeren Gegenden.

Siehe auch: Umweltverschmutzung 232–237 ▪ Gefährdete Lebensräume 238–241 ▪ Entwaldung 256–261 ▪ Ressourcenverknappung 264–267 ▪ Amphibienkrankheiten 282

Toluca war einst eine malerische alte Stadt westlich von Mexiko-Stadt. Heute, mit über 900 000 Einwohnern, verschmilzt sie mit Mexiko-Stadt – mit enormen ökologischen Folgen.

1 bis 3 % der weltweiten Landfläche sind urbanisiert. In Lateinamerika und der Karibik war Mexiko-Stadt zwischen 2000 und 2020 eine der Städte mit dem schnellsten Bevölkerungswachstum. Sie ist weit über ihre offiziellen Grenzen hinaus gewachsen und hat heute über 22 Mio. Einwohner. 1970 bis 2000 dehnte sie sich zudem überproportional aus: Die Fläche nahm 1,5-mal so schnell zu wie die Einwohnerzahl. Zwar stehen 59 % der Stadtfläche unter Schutz, doch illegaler Holzeinschlag und Siedlungen degradieren weiterhin städtische Wälder, Wiesen und Gewässer.

2018 schätzte man, dass 37 % des Städtewachstums bis 2050 in China, Indien und Nigeria stattfinden dürfte. In Beijing und anderen Städten Chinas werden die dicht besiedelten *Hutongs* (Gassen), in denen die ärmere Bevölkerung lebt, für Luxusblocks mit niedrigerer Dichte abgerissen, sodass sich die Stadtgrenzen – und die ärmeren Menschen – weiter vom Zentrum weg bewegen. Die Abhängigkeit vom Auto und fehlende Stadtteilzentren verhindern hier das gemeinschaftliche Leben.

Die Regierung hat die Probleme der Verstädterung erkannt. Sie will Schanghai auf 25 Mio. Einwohner und Beijing auf 23 Mio. begrenzen, indem sie Bauland und Zuzug limitiert. Das verdrängt wiederum wirtschaftlich schwächere Menschen in Randgebiete. Man baut daher dichtere Stadtteile mit schmaleren Straßen, besserem Nahverkehr und mehr soziale Einrichtungen, damit sich Gemeinschaften entwickeln. ▪

Der gefährdete Axolotl

Ein Opfer der Ausbreitung von Mexiko-Stadt ist der winzige Axolotl, ein hell gefärbter Schwanzlurch, der einem Fisch ähnelt, aber tatsächlich ein Amphibium ist; er wird auch »mexikanischer gehender Fisch« genannt. Der Axolotl wird bis zu 30 cm lang und ernährt sich von in Wasser lebenden Insekten, kleinen Fischen und Krebstieren. Das Besondere an ihm: Abgetrennte Gliedmaßen wachsen neu nach – das macht ihn zu einem wichtigen wissenschaftlichen Studienobjekt. Exemplare aus der Zuchthaltung sind weltweit auch in Aquarien beliebt.

Historisch lebte der wilde Axolotl in den Kanälen der aztekischen Hauptstadt (13. Jh.) sowie in dem Netz von Seen, die diese Kanäle versorgten. Als Mexiko-Stadt wuchs, verschwanden die Kanäle und der wilde Axolotl tauchte immer seltener auf. 2006 wurde er auf die Liste der vom Aussterben bedrohten Arten gesetzt. 2019 schätzte die IUCN, dass es nur noch 50 bis 1000 wilde Axolotls gab. In Mexiko bemüht man sich darum, den Süßwasserlebensraum wiederherzustellen und diese Amphibienart zu retten.

UNSERE OZEANE VERWANDELN SICH IN EINE PLASTIKSUPPE

PLASTIKMÜLL

IM KONTEXT

SCHLÜSSELFIGUR
Charles J. Moore (*1947)

FRÜHER
1970er Wissenschaftler fangen an, den Plastikmüll im Meer zu erforschen, nachdem ein Artikel im Fachjournal *Science* auf große Mengen an Plastikpellets im Nordatlantik hinweist.

1984 Die erste *International Marine Debris Conference* (IMDC) in Hawaii schafft Bewusstsein für das zunehmende Müllproblem im Meer.

SPÄTER
2016 Der Dokumentarfilm *A Plastic Ocean* unter der Regie des australischen Journalisten Craig Leeson betont die globalen Folgen des Plastikmülls.

2018 Das *Tag-der-Erde-Netzwerk,* eine weltweite Organisation, die für die Umweltbewegung wirbt, macht das Ende der Plastikverschmutzung zum Thema des Tags der Erde am 22. April 2018.

Als Kunststoffe – Plastik – im frühen 20. Jahrhundert erstmals massenhaft produziert wurden, bewunderte man die Vielfalt und Haltbarkeit des Materials, das man in jede gewünschte Form bringen und nach Gebrauch wegwerfen konnte. Das Problem ist, dass es nicht wieder verschwindet. Weltweit produzieren wir jährlich 450 Mio. Tonnen Plastik, von denen mehr als ein Fünftel unsachgemäß entsorgt wird. So wurden beispielsweise 2019 zwar 9 % des Plastiks recycelt, aber 19 % verbrannt, 49 % auf Deponien gelagert und der Rest landete an anderen Orten in der Umwelt.

Verschmutzung der Meere

Mikroplastik – winzige Fragmente kleiner als 5 mm – sind noch schwerer zu sammeln als anderer Müll. Sie machen 90 % des Plastiks in den Meeren aus und verbreiten sich als trübe Suppe mit den Strömungen. Das Problem hat erstmals 1997 der US-amerikanische Ozeanograf Kapitän Charles Moore erkannt und 2011 in seinem Buch *Plastic Ocean* bekannt gemacht. Auf der Rückfahrt von einem Jachtrennen segelte er in eine enorme Menge Plastikmüll im Pazifik. Heute wissen wir, dass dieser »Große Pazifische Müllteppich« dreimal so groß ist wie Frankreich. Er besteht aus 80 000 Tonnen Plastik, das vom Nordpazifikwirbel, einer zirkulierenden Meeresströmung, gesammelt und zusammengehalten wird.

Es gibt ähnliche Müllteppiche im Atlantik und im Indischen Ozean, aber auch in kleineren Nebenmee-

Ein *Seabin* wird im Hafen von Sydney ausgeleert. Das *Seabin*-Projekt, das 2015 in Australien begann, filtert in Häfen mit schwimmenden Eimern den Plastikmüll aus dem Wasser.

Siehe auch: Die Nahrungskette 132–133 ▪ Herrschaft der Menschheit über die Natur 298 ▪ Zerstörung der Erde durch den Menschen 303 ▪ Programm »Der Mensch und die Biosphäre« 314–315

Plastik wird **recycelt, verbrannt,** auf **Mülldeponien** vergraben oder **ins Meer geworfen.**

↓

Es braucht **Jahrtausende,** bis es sich **zersetzt.**

↓

Wellen und **UV-Licht** der Sonne zerkleinern Plastik im Meer in **winzige Fragmente,** die sich im Wasser **verteilen.**

↓

Unsere Ozeane verwandeln sich in eine Plastiksuppe.

ren wie der Nordsee. Plastik-Nanoteilchen, die in der Kosmetik in den 1990ern eingeführt wurden, verschärfen das Problem. Sie kommen in Pflegeprodukten wie Seife, Haut-, Sonnencreme und Zahnpasta vor und gelangen über das Abwasser in Flüsse und ins Meer. Dort werden sie von Fischen und anderen Tieren aufgenommen – mit denselben schädlichen Folgen wie beim Mikroplastik (siehe Kasten rechts).

Plastik reduzieren

Plastikmüll wieder aufzuräumen ist eine gigantische Aufgabe. Plastik in seine Bestandteile zu zerlegen erfordert ebenfalls Energie, deren Herstellung der Umwelt schadet. Die beste Lösung wäre, mit möglichst wenig Plastik zu leben. Die meisten Länder haben inzwischen Nanopartikel in Kosmetika verboten oder arbeiten auf Verbote hin und in vielen Ländern sind, dem Beispiel Bangladeschs (2002) folgend, Einwegplastiktüten verboten oder nur eingeschränkt erlaubt. Andere Maßnahmen sind das Verbot von Einwegprodukten wie Strohhalmen und Plastiktrinkflaschen sowie das Fördern recycel- oder kompostierbarer Verpackungen. ▪

» Die Wegwerfgesellschaft kann nicht eingedämmt werden, sie ist global geworden. Wir können einfach unser Zeug nicht mehr lagern, erhalten oder recyceln. «

Charles J. Moore
TED-Vortrag, 2009

Folgen für die Tiere

Plastik ist für Tiere auf mehrfache Art gefährlich. Größere Stücke wie Plastiktüten können Vögel und andere Meerestiere ersticken oder erwürgen. Wird Kunststoff gefressen, kann er den Verdauungstrakt verletzen oder den Magen blockieren, sodass das betreffende Tier verhungert. Beim Fressen von Mikroplastik können Giftstoffe ins Fettgewebe eingelagert werden und gelangen so in die Nahrungskette.

Wissenschaftlichen Studien zufolge haben 32 % der Schildkröten Plastik im Magen und 56 % der Meeressäugetiere sowie etwa 90 % der Seevögel Plastik gefressen. Sogar in einigen Krebstieren im Marianengraben im Pazifik, dem tiefsten Punkt des Meeres, wurde Plastik gefunden.

Unternehmen beginnen, ernsthaft an der Reduktion von Plastik zu arbeiten. So hat eine Brauerei in Florida eine Methode gefunden, die Ringe von Sechserpacks aus einem Nebenprodukt des Brauvorgangs herzustellen, sodass Seevögel sie fressen können.

Ein Basstölpel hat sich in den Plastikringen eines Sixpacks verfangen. Vögel, die am Strand nach Nahrung suchen, beispielsweise Möwen, sind besonders gefährdet.

WASSER IST EIN ÖFFENTLICHES GUT UND EIN MENSCHENRECHT

DIE WASSERKRISE

IM KONTEXT

SCHLÜSSELFIGUR
Maude Barlow (*1947)

FRÜHER
1983–1985 Dürren in Äthiopien, Eritrea und Sudan fordern 450 000 Menschenleben.

1990 Das UN-Umweltprogramm erklärt die Austrocknung des Aralsees zur schlimmsten ökologischen Katastrophe des 20. Jh.

2008 Die UN schätzt, dass jede Woche 42 000 Menschen an Krankheiten sterben, die mit schlechter Wasserqualität bzw. Sanitärversorgung zu tun haben.

SPÄTER
2012–2016 Kalifornien erlebt eine der stärksten Dürren der Geschichte. Sie betrifft Landwirtschaft, Natur und Alltag.

2017 Die Wasseraktivistin Maude Barlow erklärt, dass die Hälfte der Flüsse in China seit 1990 verschwunden ist.

» Das Leben braucht Zugang zu sauberem Wasser; verweigert man das Recht auf Wasser, so verweigert man das Recht auf Leben. Der Kampf für das Recht auf Wasser ist eine Idee, deren Zeit gekommen ist. «

Maude Barlow
Blue Covenant, 2007

Inder stehen um Wasser an in einem Slumgebiet von Hyderabad im Jahr 2007. Indien litt 2018 unter schweren Wasserkrisen, um 2030 dürfte der Bedarf das Wasserangebot übersteigen.

Die kanadische Aktivistin Maude Barlow erklärte 2008 den Wassermangel zur dringlichsten ökologischen und menschlichen Krise des 21. Jahrhunderts. Sie betonte, Wasser sei »Gemeingut« und der Zugang zu sauberem Wasser ein grundlegendes Menschenrecht. Infolge von Verschwendung, Verschmutzung und Überkonsum kann, so Barlow, der Wasserkreislauf – der kontinuierliche Austausch zwischen Atmosphäre, Gewässern und Boden – nicht zuverlässig dauerhaft Wasser liefern. Wasserknappheit sei bereits in Entwicklungsländern kritisch, wo besonders Frauen und Kinder leiden, die das Wasser holen, ohne radikales Handeln sei die ganze Welt betroffen.

2024 wurde geschätzt, dass etwa 4 Mrd. Menschen weltweit keinen Zugang zu sauberem Trinkwasser haben – doppelt so viele wie 2020. Zwar bedeckt Wasser 70 % der Erdoberfläche, doch das ist fast alles salziges Meerwasser. Nur 0,014 % sind Süßwasser und leicht zugänglich. Man entnimmt es vor allem aus Flüssen, Seen und Grundwasserleitern (porösen, wasserhaltigen Gesteinsschichten, auch Aquifere genannt) und nutzt es zum Trinken, Waschen, zur Feldbewässerung und für die Industrie. Da alle Pflanzen und Landtiere Süßwasser zum Überleben brauchen, betrifft die Wasserkrise sie alle.

Wasserverschwendung

Die wachsende Bevölkerung benötigt mehr Wasser, doch ein Großteil wird verschwendet, vor allem in Industrieländern. Einige Wasserquellen sind ausgetrocknet (etwa der Rio Grande zwischen Mexiko und den USA) oder zu verschmutzt. Der Ganges in Indien und der Citarum in Indonesien sind zwei der

Siehe auch: Das Ökosystem 134–137 ▪ Umweltverschmutzung 232–237 ▪ Saurer Regen 250–251 ▪ Überbevölkerung 252–253 ▪ Ressourcenverknappung 264–267

Verteilung des Wassers in der Welt

Leicht zugängliches Süßwasser ist eine knappe Ressource. Nur ein winziger Anteil des gesamten Wassers auf dem Planeten ist direkt als Trinkwasser für Menschen geeignet.

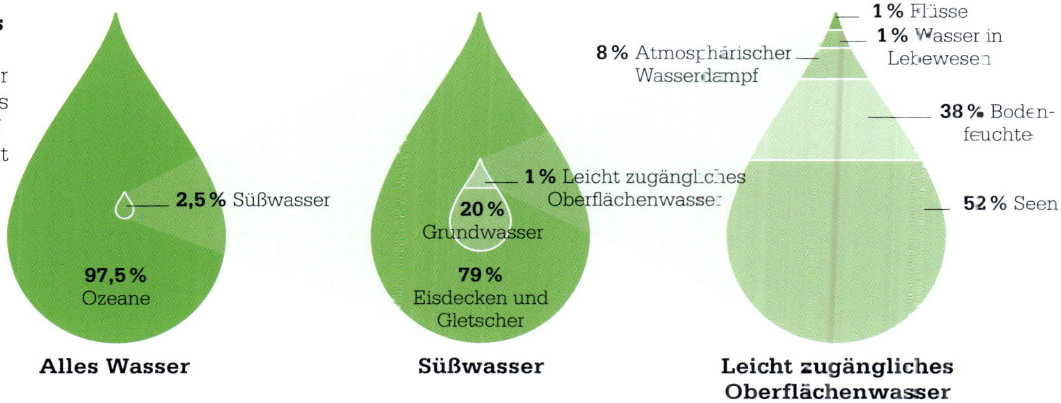

meistverschmutzten Flüsse auf der ganzen Welt. Setzt sich der Trend fort, müssen 2030 etwa 700 Mio. Menschen wegen Wasserknappheit ihre Heimat verlassen. Auch Ökosysteme werden geschädigt.

Zunehmender Verbrauch

Der menschliche Wasserverbrauch hat sich seit 1900 etwa versechsfacht und steigt seit den 1980ern jedes Jahr um 1 % an – zum Teil infolge des Bevölkerungswachstums. Zudem erfordern der veränderte Lebensstil und andere Ernährungsgewohnheiten mehr Wasser pro Person. Die Produktion von Biokraftstoffen hat ebenfalls erheblich zugenommen; zwischen 1000 und 4000 Liter Wasser sind nötig, um einen Liter Biokraftstoff herzustellen.

Im letzten Jahrhundert verschwand die Hälfte der Feuchtgebiete auf der Erde. Sie wurden für die Landwirtschaft trockengelegt oder es wurde mehr Grundwasser entnommen als nachgeliefert. Mit den Feuchtgebieten verschwanden auch Pflanzen- und Tierarten, die dort lebten. Fast die Hälfte des Trinkwassers ist Grundwasser. Etwa 1000 m^3 werden jährlich aus Aquiferen entnommen. Es wird für Bewässerung, Industrie sowie Haushalte genutzt. In Ländern mit hohem Einkommen werden rund 40 % des Wassers für die Landwirtschaft verwendet, in Ländern mit »

Maude Barlow

Die 1947 in Toronto (Kanada) geborene Maude Barlow ist Aktivistin und Kritikerin der Wasserwirtschaftspolitik. Sie ist Autorin und Co-Autorin von 18 Büchern, darunter der Bestseller *Blue Gold* (dt.: *Blaues Gold*). Barlow war UN-Beraterin für Wasserwirtschaft und wollte, dass der Zugang zu Wasser als grundlegendes Menschenrecht anerkannt wird. 2012 war sie Mitgründerin des *Blue Planet Project*, das für das Recht auf Wasser wirbt. Barlow ist Vorsitzende der sozialen Aktionsgemeinschaft *The Council of Canadians* und zählte zu den »1000 Frauen für den Frieden«, die 2005 für den Friedensnobelpreis nominiert waren. 2008 erhielt sie die *Citation of Lifetime Achievement*, Kanadas höchste Umweltauszeichnung.

Hauptwerke

2002 *Blaues Gold: Das globale Geschäft mit dem Wasser*
2007 *Blue Covenant: The Global Water Crisis and the Coming Battle for the Right to Water*
2014 *Blaue Zukunft: Das Recht auf Wasser und wie wir es schützen können*

Ein gestrandetes Schiff auf dem trockenen Boden des Aralsees. Der Verlust eines solch großen Gewässers war für die Landwirtschaft, das Klima und die Fischerei eine Katastrophe.

Das Austrocknen des Aralsees

Das Verschwinden des Aralsees in Kasachstan, einst der viertgrößte See der Welt, ist eine ökologische Katastrophe. In den frühen 1960ern wurden die beiden größten Zuflüsse umgeleitet, um riesige Baumwollplantagen in Zentralasien zu bewässern. Im Juni 2004 warnte die UN, dass der See ganz austrocknen könnte, wenn keine Gegenmaßnahmen ergriffen werden. Nur noch 10 % der früheren Wassermenge flossen in den See, er hatte sich in mehrere kleinere Seen geteilt und sein Volumen war auf ein Zehntel gesunken. Große Bereiche sind jetzt Wüste. Die meisten Fische und andere Wasserlebewesen verschwanden mit dem See. Einst konnten Fischer hier den Syrdarja-Schaufelstör fangen, doch dessen Population sank drastisch, als der See schrumpfte und versalzte. Maßnahmen zur Auffüllung haben den See wieder größer und tiefer gemacht, die Fischbestände wachsen wieder.

niedrigem Einkommen kann dieser Anteil sogar über 90 % betragen. Doch viele Grundwasserleiter füllen sich langsamer, als sie entleert werden, sodass die Fördermenge sinkt. Fällt der Grundwasserspiegel, trocknen Seen und Flüsse aus. So haben in China die Flüsse seit 1990 etwa die Hälfte ihrer gesamten Länge verloren. In Nordamerika schrumpfen die Großen Seen, der Winnipegsee ist in Gefahr und auch der riesige Ogallala-Aquifer wird entleert. Sogar Brasilien, die wasserreichste Nation der Erde, hat Versorgungsprobleme. Diese führen zunehmend zu Konflikten.

Wasserknappheit

Es gibt zwei Typen von Wasserknappheit. Physische oder natürliche Wasserknappheit liegt in Regionen vor, in denen natürlich nicht sehr viel Wasser vorkommt, etwa in Nordafrika, auf der arabischen Halbinsel, in den großen Gebieten Zentral- und Südasiens, Nordchinas und im Südwesten der USA. Dagegen bedeutet ökonomische Wasserknappheit, dass Wasser zwar vorhanden ist, aber keine Infrastruktur, um es zu nutzen. Dies gilt für den Großteil Subsahara-Afrikas und für

Wasserstress in der Welt

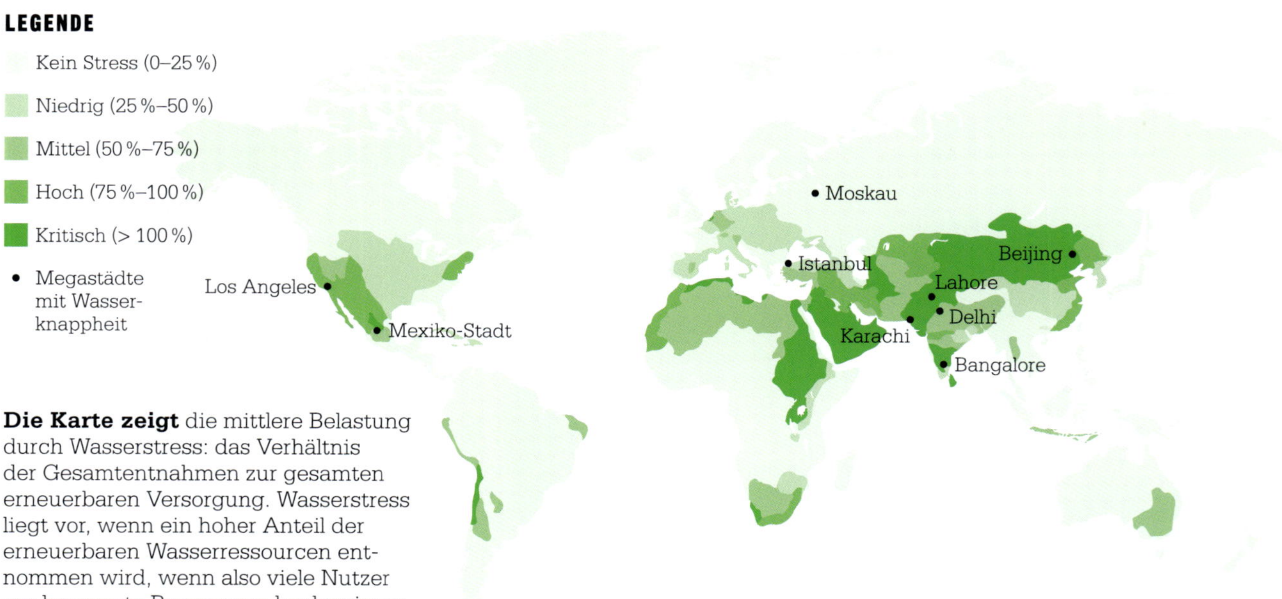

Die Karte zeigt die mittlere Belastung durch Wasserstress: das Verhältnis der Gesamtentnahmen zur gesamten erneuerbaren Versorgung. Wasserstress liegt vor, wenn ein hoher Anteil der erneuerbaren Wasserressourcen entnommen wird, wenn also viele Nutzer um begrenzte Ressourcen konkurrieren.

»Die Welt ist noch nicht aufgewacht und hat realisiert, vor welcher Art von Krise wir in Bezug auf das Wasser stehen.«

Rajendra Pachauri
ehemaliger IPCC-Vorsitzender
A Thirsty, Violent World,
in: *The New Yorker,* 24.2.2015

Teile Mittelamerikas. Dort müssen die Menschen oft stundenlang zur nächsten Wasserquelle laufen, Kinder verpassen den Schulunterricht, weil sie Wasser holen müssen.

Folgen für das Tierleben

Die Wasserkrise ist für die Menschen schlecht, für einige Tiere bedeutet sie sogar das Aussterben und für andere einen starken Rückgang. Der Amazonasflussdelfin etwa, der in den Flusssystemen des Amazonas und des Orinoco lebt, hat erheblich gelitten, teils wegen der Vergiftung der Flüsse durch Schwermetalle aus dem Bergbau, teils wegen der Staudämme, die die Wanderung von Fischen, von denen sich der Flussdelfin ernährt, zu ihren Laichgründen einschränken. In China ist die größte Amphibienart, der Chinesische Riesensalamander, wegen der Staudämme für die Wasser- und Stromversorgung vom Aussterben bedroht. Solche Wasserbauwerke verändern den natürlichen Lauf von Flüssen und schädigen die Lebensräume von Tieren.

Ein ganzheitliches Ökosystemmanagement ist nötig, um die Wasserkrise nicht noch zu verschärfen. So könnten Kläranlagen mit »sauberer« Energie betrieben werden. Das Abwasser ließe sich zur Bewässerung der Anbauflächen von Biokraftstoffen nutzen, die dann wiederum Trinkwasseraufbereitungsanlagen antreiben – ohne Emission von Treibhausgasen.

Trinkbare Abwässer

Mit neuer Technik kann Abwasser auch direkt wieder in Trinkwasser umgewandelt werden; in der Vergangenheit war das meist sehr energieintensiv. Der Weltklimarat (IPCC) betont, dass so das Wassermanagement Treibhausgasemissionen auslöst. Dies wäre nicht der Fall, wenn bei der Wasserreinigung Sonnenenergie eingesetzt wird. Im Mittleren Osten werden z. B. Entsalzungsanlagen immer häufiger mit Sonnenenergie statt Öl betrieben. In Teilen der Welt, etwa in der Monsunzone, gibt es heftige saisonale Niederschläge, die aber in verschmutzte Flüsse fließen und ungenutzt bleiben; hier helfen Regenauffanganlagen.

Andere Maßnahmen sind die Verringerung der Wasserverschmutzung und der Verschwendung in Landwirtschaft und Industrie sowie neue technische Lösungen für Entwicklungsländer. Wichtig sind internationale Abkommen, denn Wassereinzugsgebiete gehen oft über Staatsgrenzen hinaus. ■

»Es gibt kein wasserreiches Land auf der ganzen Welt, das keine Probleme hat.«

Maude Barlow
Ways out of the Global Water Crisis,
in: *KfW Stories,* 17.2.2017

Wasserrecycling

In Adelaide (South Australia) wird im Stadtteil Salisbury innovatives Wasserrecycling betrieben, das die Entnahme aus dem Fluss Murray und den Aquiferen (Gesteinsschicht, die Grundwasser enthält) um etwa die Hälfte verringert. Gereinigtes Abwasser aus Klärwerken und Regenwasser aus der Kanalisation wird in ein System aus 50 Feuchtgebieten geleitet. Dort reinigen Schilf und andere Pflanzen das Wasser weiter. Dieses Wasser aus den Feuchtgebieten ist kein Trinkwasser, wird aber in separaten Leitungen wieder nach Salisbury geleitet und für Toilettenspülungen, zur Bewässerung von Gärten, für die Autowäsche und Springbrunnen genutzt.

Das System macht nicht nur die Wasserversorgung nachhaltiger, sondern fördert auch die Artenvielfalt in den neuen Feuchtgebieten. Zu den Vögeln, die dort leben oder zeitweise Gäste sind, gehören Enten, Löffler, Reiher, Pelikane, Kormorane und Watvögel sowie viele Amphibien, Fische und Wirbellose.

Das Wasserrecycling in Salisbury nutzt der Umwelt mehrfach: Es reduziert die Entnahme aus anderen Quellen und fördert die Biodiversität durch neue Biotope.

NATUR- U
UMWELTS

ND
CHUTZ

UM 1620
Francis Bacon verficht die Idee der **Herrschaft der Menschheit über die Natur,** auch **»imperiale Ökologie«** genannt.

1789
Gilbert Whites *Natural History and Antiquities of Selborne* beschreibt sehr detailreich die Natur und das **Tierleben** um sein Landhaus herum.

1854
Henry David Thoreau schreibt in einer Hütte im Wald das Buch ***Walden*** mit einer **romantisierten Sicht** auf die natürliche Welt.

1864
George Perkins Marsh warnt vor den **zerstörerischen Folgen** des **menschlichen Handelns** auf die Natur.

1883
Der Erfinder Charles Fritts baut in den USA die erste funktionsfähige fotovoltaische **Solarzelle.**

1966
Lynn White meint, dass das westliche – überwiegend christliche – **anthropozentrische Weltbild** die Menschheit in eine **Umweltkrise** führt.

1971
Die UNESCO startet das Programm **Der Mensch und die Biosphäre (MAB),** um wirtschaftliche Entwicklung zu fördern, die **nachhaltig** und **umweltfreundlich** ist.

Im frühen 17. Jahrhundert schrieb der englische Philosoph und Wissenschaftler Francis Bacon, dass es nötig sei, die Natur zu kontrollieren. Ende des 18. Jahrhunderts dagegen plädierte der englische Vikar Gilbert White für eine friedliche Koexistenz von Mensch und Natur. Doch zu seinen Lebzeiten setzten mächtige Dampfmaschinen die Verwüstungen in Gang, die mit der Industrialisierung verbunden waren – der Protest dagegen sollte später eine mächtige Triebkraft der Umweltbewegung werden.

Die wohl erste systematische Analyse, wie zerstörerisch der Einfluss der Menschheit auf die Natur war, präsentierte der US-amerikanische Diplomat George Perkins Marsh 1864 im Buch *Man and Nature*. Er warnte etwa, die Entwaldung schaffe Wüsten. Ressourcenknappheit, betonte er, sei generell das Ergebnis menschlicher Handlungen, kein natürliches Ereignis.

Erneuerbar und sauber

Vor der industriellen Revolution waren die meisten Energiequellen erneuerbar: Tier- und Menschenkraft, Wind- und Wassermühlen, nachhaltiges Holz. Ab Mitte des 18. Jahrhunderts verschob sich dies dramatisch hin zur Kohle. Sie war der effizienteste Brennstoff für Hochöfen und Fabriken, doch der Preis war hoch: Umweltverschmutzung und der damals noch unbekannte Anstieg der Treibhausgase.

Schon in den 1880ern legte der US-amerikanische Erfinder Charles Fritts die Basis für neue nachhaltige Energien – die fotovoltaische Zelle, die Strom aus Sonnenlicht liefert. Der deutsche Industrielle Werner von Siemens sah ihr unbegrenztes Potenzial, doch erst ein Jahrhundert später fand sie weite Verbreitung. Mit »sauberer« Wasserkraft ließ sich als Erstes große Mengen Strom nachhaltig erzeugen – im späten 20. Jahrhundert kamen Wind-, Gezeiten-, Wellen- und Erdwärmekraftwerke hinzu.

Eine neue Umweltethik

1937, als intensive Landwirtschaft in den USA zu Dürren in der *Dust Bowl* führte, schrieb Präsident Franklin D. Roosevelt: »Eine Nation, die ihren Boden zerstört, zerstört sich selbst.« 1949 drückte der US-Forstwissenschaftler Aldo Leopold ein wiederkehrendes Thema der Ökologie aus und plädierte für eine »Landethik«: die verantwortungsvolle Beziehung zwischen Mensch und lokaler Umwelt.

1987

Navdanya (»Neun Samen«) wird in Indien gegründet, um **Saatgutdiversität** und fairen Handel zu fördern und Bauern zu schützen.

1988

Der **Zwischenstaatliche Ausschuss für Klimaänderungen (IPCC)** wird in Genf eingerichtet.

1991

Der Bericht der ***Sustainable Biosphere Initiative*** **(SBI), der in den USA erscheint, fordert** mehr Geld für **ökologische Forschung.**

1992

Der **UN-Weltgipfel in Rio de Janeiro** setzt weltweite Ziele zur Reduktion der **Treibhausgasemissionen.**

1997

Gretchen Dailys Konzept der **Ökosystemleistungen** zeigt, dass die Menschen **Nutzen** aus dem Erhalt der Umwelt ziehen

2015

195 UN-Nationen unterzeichnen das **Pariser Klimaschutzabkommen.**

2022

Die UN-Staaten nehmen den **Globalen Biodiversitätsrahmen von Kunming-Montreal** an

In der Nachkriegszeit erließen viele Staaten Gesetze zum Schutz der Luft- und Wasserqualität und richteten Nationalparks und Naturschutzgebiete ein. 1968 sprach die Welt erstmals mit gemeinsamer Stimme, als die UNESCO, die UN-Organisation für Bildung, Wissenschaft und Kultur, in Paris die Biosphärenkonferenz abhielt. Sie führte drei Jahre später zum Programm »Der Mensch und die Biosphäre« (MAB).

Wachsendes Bewusstsein

Das steigende Umweltbewusstsein äußerte sich auch in der Gründung großer Umweltorganisationen. Die *International Union for the Conservation of Nature* (IUCN) entstand 1948, später folgten der *World Wildlife Fund* (WWF, 1961), *Friends of the Earth* (1969) und *Greenpeace* (1971). Nach einer enormen Ölpest in Santa Barbara (Kalifornien) im Jahr 1969 hatte der US-Senator Gaylord Nelson die Idee, einen nationalen Gedenktag zum Schutz der Umwelt abzuhalten. An dem ersten Tag der Erde, dem 22. April 1970, nahmen Millionen Menschen überall in den USA an Demonstrationen teil. Der Druck der Öffentlichkeit half, die Umweltgesetze *Clean Air Act, Clean Water Act* und *Endangered Species Act* zu verabschieden und die Umweltbehörde *Environmental Protection Agency* (EPA) zu gründen.

1973 verwendete der deutsch-britische Ökonom Ernst Schumacher in dem Bestseller *Small is Beautiful* (dt.: *Die Rückkehr zum menschlichen Maß,* 1977) den Begriff »Naturkapital« für die komplexen Vorteile, die Ökosysteme bringen. Dies inspirierte die US-Biologin Gretchen Daily und andere, Ökosysteme als Kapital zu betrachten, das bei gutem Management essenzielle Güter und Dienstleistungen liefert.

Internationale Kooperation

Zwei UN-Agenturen – die Weltorganisation für Meteorologie (WMO) und das UN-Umweltprogramm (UNEP) – gründeten 1988 den Zwischenstaatlichen Ausschuss für Klimaänderungen (IPCC), um die Risiken des anthropogenen Klimawandels zu analysieren. Internationale Zusammenarbeit gilt als Schlüssel zur Rettung der Umwelt. Beispiele sind der Erdgipfel von Rio 1992, der ein globales Abkommen über Treibhausgasemissionen erzielen wollte, und der Globale Biodiversitätsrahmen von Kunming-Montreal 2022, der den Verlust der biologischen Vielfalt stoppen und umkehren will. ■

DIE ÜBERLEGENHEIT DES MENSCHEN ÜBER DIE NATUR BERUHT AUF WISSEN

HERRSCHAFT DER MENSCHHEIT ÜBER DIE NATUR

IM KONTEXT

SCHLÜSSELFIGUR
Francis Bacon (1561–1626)

FRÜHER
um 9500 v. Chr. Die ersten Nutzpflanzen werden im Mittleren Osten angebaut.

340er v. Chr. Aristoteles stellt die *Scala Naturae* (»Stufenleiter der Natur«) mit dem Menschen auf der obersten Stufe auf.

15. Jh. Das »Zeitalter der Entdeckungen« beginnt: Europäer suchen Ressourcen, erkunden und kolonialisieren die Welt.

SPÄTER
um 1750 Neue Techniken wie die Dampfmaschine starten die industrielle Revolution, die in Großbritannien beginnt.

1866 Gregor Mendel ist Pionier der Genetik mit Forschungen an 22 Erbsenvarietäten.

1970er Die ersten gentechnischen Versuche – die direkte Manipulation der DNA – an Menschen finden statt.

Die europäische Renaissance (»Wiedergeburt«) im 14. bis 17. Jahrhundert ist für Kunst und Kultur bekannt, die beide in ganz Europa erblühten, als die Autorität der Kirche zunehmend hinterfragt wurde. Zudem war die Renaissance eine Zeit enormer wissenschaftlicher Fortschritte, die einige als Beginn einer »wissenschaftlichen Revolution« ansehen. Entdeckungen in Astronomie, Physik und Medizin führten zur Ansicht, die Wissenschaft könne dem Menschen alles über die Welt mitteilen und dieses Wissen mache ihn zum Herrscher. Der Mensch, glaubten viele Denker, habe einen privilegierten Platz im Universum, das Gott als Wohnort für ihn geschaffen habe. Auch der englische Philosoph Francis Bacon, ein Pionier der wissenschaftlichen Methode, vertrat diese Sicht: Die natürliche Welt existiere zur Versorgung der Menschheit, sie sollte erobert und ausgenutzt werden.

Bacons Sicht nannte man später »imperiale Ökologie«: die Idee, das wissenschaftliche und technische Wissen solle dazu dienen, die Herrschaft über die Natur zu erlangen. Die imperiale Ökologie wurde zur vorherrschenden Ideologie der europäischen Renaissance, der Aufklärung (einer Bewegung im 18. Jahrhundert, die sich dem Erwerb von Wissen widmete) und später der industriellen Revolution des 18. und 19. Jahrhunderts. ■

Sir Francis Bacon, hier in parlamentarischer Tracht, hatte eine glanzvolle Karriere: 1603 zum Ritter geschlagen, diente er als Lordkanzler von England von 1618 bis 1621.

Siehe auch: Globale Erderwärmung 202–203 ▪ Eine ganzheitliche Sicht der Erde 210–211 ▪ Umweltverschmutzung 232–237 ▪ Umweltethik 310–311

DIE NATUR IST EIN GROSS-ARTIGER ÖKONOM

DIE FRIEDLICHE KOEXISTENZ VON MENSCHHEIT UND NATUR

IM KONTEXT

SCHLÜSSELFIGUR
Gilbert White (1720–1793)

FRÜHER
4. Jh. v. Chr. Der griechische Philosoph Diogenes plädiert dafür, auf die Annehmlichkeiten der Zivilisation zu verzichten und ein Leben »im Einklang mit der Natur« zu leben.

1773 Der US-amerikanische Naturforscher William Bartram führt Freilandstudien zur Flora und Fauna der südöstlichen USA durch, die er 1791 in dem Buch *Travels* dokumentiert.

SPÄTER
1949 Der US-Ökologe Aldo Leopold veröffentlicht *A Sand County Almanac*, das sich mit dem Konzept der »Landethik« – der Verantwortung gegenüber der Natur – befasst.

1969 *Friends of the Earth* wird in den USA gegründet, zunächst als Antiatomgruppe. Damit beginnt die moderne Umweltbewegung.

Im späten 18. Jahrhundert führten rapide Fortschritte in Wissenschaft und Technik – besonders in Großbritannien – zur Industrialisierung und Verstädterung. Man wollte die Natur kontrollieren und ausbeuten. Viele Menschen in Großbritannien lebten jedoch weiter ländlich. Aus der gebildeten Landbevölkerung kam eine neue Forschergeneration, die durch Wissenschaft lernen wollte, in Harmonie mit der Natur zu leben, statt sie zu beherrschen. Anderswo war dies kein neuer Gedanke. Viele indigene Völker und Religionen, etwa der Hinduismus, betonten seit Urzeiten ein Leben in Harmonie mit der Natur oder lebten bereits so.

Arkadische Ökologie

1789 veröffentlichte der Landpfarrer Gilbert White *Natural History and Antiquities of Selborne*, ein bahnbrechendes Werk einer Strömung, die man später »arkadische Ökologie« nannte. White hatte in Oxford studiert und war begeisterter Gärtner und Ornithologe. Er beobachtete die Natur um sein Dorf und machte ab 1751 genaue Notizen. Das Buch beruhte auf dem Briefwechsel mit vielen gleichgesinnten Forschern, war aber mehr als eine Datensammlung. Sein mitreißender und oft poetischer Stil vermittelte eine überzeugende Nachricht: Er widersprach der »imperialen« Ideologie der Eroberung der Natur und sprach von einem Gleichgewicht zwischen Mensch und Natur – wie die Idylle des altgriechischen Mythos von Arkadien, die dem Ansatz den Namen gab. ■

» Durch die Lektüre von Whites *Selborne* hatte ich viel Freude bei der Beobachtung des Verhaltens von Vögeln, und ich machte sogar Notizen. «

Charles Darwin
Autobiographie, 1887

Siehe auch: Indigene Völker und lokale Gemeinschaften 300–301 ▪ Romantik, Naturschutz und Ökologie 302 ▪ Umweltethik 310–311

WERTVOLLER WISSENSSCHATZ

INDIGENE VÖLKER UND LOKALE GEMEINSCHAFTEN

IM KONTEXT

SCHLÜSSELFIGUREN
Hindou Oumarou Ibrahim (*1984), **Aslak Holmberg** (*1989), **Uyunkar Domingo Peas Nampichkai**

FRÜHER
1995 Die UN ruft den »Internationalen Tag der indigenen Völker der Welt« aus, der jährlich am 9. August stattfindet.

2004 Jacinta Ruru erläutert die kulturelle Bedeutung der Berge für die Pakeha und Maori, die Völker Neuseelands.

2008 Ecuador verankert als erstes Land die Rechte der Natur in der Verfassung.

SPÄTER
2024 Die indigenen Kukama-Frauen in Peru erlangen Rechtspersönlichkeit für den Fluss Marañón.

2025 Neuseeland gibt dem ruhenden Vulkan Taranaki Maunga, der den Maori heilig ist, Rechtspersönlichkeit.

Im Dezember 2022 einigte sich die UN-Biodiversitätskonferenz auf den Globalen Biodiversitätsrahmen. Er legt Ziele für 2050 fest, darunter eine erhebliche Vergrößerung der Fläche gesunder und nicht degradierter Ökosysteme und das Ende des vom Menschen verursachten Aussterbens bedrohter Arten. Erklärt wurde außerdem, dass diese und andere Ziele nur dann erreicht werden können, wenn indigene Völker und lokale Gemeinschaften auf umfassende Art einbezogen werden.

Hindou Oumarou Ibrahim vom Rinderhirtenvolk der Mbororo im Tschad spricht bei der Gründung der Internationalen Indigenen Kommission für die UN-Klimakonferenz (COP30).

2021 hatte die Internationale Union für Naturschutz (IUCN) berichtet, dass 91 % der von indigenen Völkern und lokalen Gemeinschaften bewohnten Gebiete in einem guten oder befriedigenden Zustand waren und weltweit 36 % der Fläche der wichtigsten Biodiversitätsareale innerhalb dieser Regionen liegt. Die Ökologie stand also dort, wo indigene Völker leben, tendenziell besser da als in den meisten anderen Gebieten der Erde.

Dies zeigt, dass indigene Völker und lokale Gemeinschaften sich stärker um den Schutz der Biodiversität kümmern. Das hat auch damit zu tun, dass die Menschen dort Nachhaltigkeit leben, da es um ihre Ernährung, Wasserversorgung und andere Ressourcen geht. Angesichts ihrer engen Beziehung zur Umwelt sind diese Gemeinschaften meist als erste und am heftigsten von Umweltschäden betroffen. Dennoch kamen sie in politischen und ökonomischen Entscheidungsprozessen oft nicht zu Wort. Erst auf

Siehe auch: Gefährdete Lebensräume 238–241 ▪ Entwaldung 256–261 ▪ Umweltethik 310–311 ▪ Beiträge der Natur für die Menschen 336–337

Persönlichkeitsrechte für Flüsse

In den Traditionen vieler indigener Völker sind Flüsse heilig. Für die Maori leben die Tupuna (Vorfahren) in der Natur weiter, deshalb hat die Gemeinschaft die Pflicht, die Landschaft zu schützen, vor allem die Flüsse.

Die Whanganui auf der Nordinsel Neuseelands beispielsweise verehren den gleichnamigen Fluss. Sie kämpften lange dafür, dass er als juristische Person mit Rechten, Befugnissen, Pflichten und Verantwortlichkeiten anerkannt wird, 2017 erreichten sie dies. Zwei Jahre später verlieh der Yurok Tribal Council in Oregon (USA) dem Klamath River, alarmiert durch seine anhaltend niedrigen Wasserstände und geringen Lachsbestände, den Status einer juristischen Person.

Im Jahr 2021 verlieh die Innu First Nation in Kanada dem Magpie River (Mutuhekau Shipu), der durch ein Wasserkraftprojekt bedroht war, ebenfalls diesen besonderen Status.

2024 gelang es der Huaynakana Kamatahuara Kana, einer Frauenvereinigung der Kukama in Peru, das gesetzliche Recht auf Unversehrtheit und Schutz des Marañón-Flusses durchzusetzen, der für sie heilig ist. Nach über 40 Jahren Ölverschmutzungen durch eine Pipeline argumentierten sie, dass die Schädigung des Flusses die Gesundheit und den Lebensunterhalt der indigenen Dörfer sowie das »Recht auf Leben« des Flusses bedrohe.

der UN-Klimakonferenz COP26 in Glasgow (Großbritannien) im Jahr 2021 wurden sie direkt in die Klimaverhandlungen mit Regierungen auf globaler Ebene einbezogen.

Rechte für die Natur

In der Vergangenheit wurden sogar Nationalparks ohne Rücksicht auf indigene Völker eingerichtet. Ein Beispiel ist Te Urewera, ein Regenwaldgebiet in Neuseeland und Heimat der Tuhoe. Britische Kolonisten vertrieben in den 1860er-Jahren die Tuhoe von dort und das Volk wurde nicht konsultiert, als die Regierung Neuseelands dort 1954 einen Nationalpark einrichtete. Nach langem Rechtsstreit wurde der Wald durch das bahnbrechende Te-Urewera-Gesetz aus dem Jahr 2014 als Heimat der Tuhoe und als Rechtspersönlichkeit anerkannt.

Ecuador verankerte 2008 als erstes Land die Rechte der Natur in der Verfassung und auch andere Staaten der Welt sprachen natürlichen Landschaften den Status einer juristischen Person zu.

> »In unserer Kultur ist der Fluss Marañón ein lebendes Wesen.«
>
> **Emilsen Flores**
> Sprecherin aus dem Volk der Kukama (Peru)
> Website der Global Forest Coalition

Rollen und Daten

Umweltschützer, Regierungen und Nichtregierungsorganisationen erkennen heute die wichtige Rolle indigener Völker für den Erhalt der Ökosysteme an. Ihr Verständnis für die Umwelt und deren bestmögliche Nutzung begründete über Generationen Traditionen. Dieses ökologische Wissen umfasst z. B. medizinische Eigenschaften von Pflanzen, die der Wissenschaft unbekannt waren, oder das Verhalten von Tieren und wie man Land auf möglichst nachhaltige Weise bewirtschaftet.

Ein strittiges Thema sind die Rechte an genetischen Daten, die Unternehmen aus Pflanzen, Tieren und Pilzen sequenzieren. Diese digitalen Sequenzinformationen (DSI) stammen großteils aus angestammten Gebieten indigener Völker. Insbesondere Pharma-, Agrar- und Kosmetikunternehmen nutzen DSI vielseitig, etwa bei der Medikamentenentwicklung, der Erforschung von Infektionskrankheiten und der Forschung dazu, Pflanzen widerstandsfähiger gegen den Klimawandel zu machen.

Lange Zeit konnten ärmere Länder und indigene Völker nicht direkt von den damit verbundenen Vorteilen profitieren. Auf der UN-Biodiversitätskonferenz 2024 wurde deshalb ein Finanzmechanismus geschaffen, der Cali-Fond: Unternehmen zahlen freiwillig 1 % ihrer Gewinne oder 0,1 % ihres Umsatzes in den Fond ein, der fair zwischen den Ländern aufgeteilt wird, aus denen die Daten stammen. Zudem werden mit mindestens der Hälfte des Fonds die von ihnen selbst formulierten Bedürfnisse indigener Völker und lokaler Gemeinschaften unterstützt. ▪

IN DER WILDNIS WIRD DIE WELT BEWAHRT

ROMANTIK, NATURSCHUTZ UND ÖKOLOGIE

IM KONTEXT

SCHLÜSSELFIGUR
Henry David Thoreau
(1817–1862)

FRÜHER
1662 Das Werk *Sylva* des englischen Architekten John Evelyn, in dem er die Bewahrung der Wälder propagiert, wird in der *Royal Society* präsentiert.

1789 Gilbert White veröffentlicht *Natural History of Selborne*, das Menschen zu Gegenbewegungen zur »imperialen Ökologie« inspiriert.

SPÄTER
1872 Ein Gesetz für den ersten Nationalpark der USA, Yellowstone, wird von Präsident Ulysses S. Grant unterzeichnet.

1892 In San Francisco gründet der schottisch-amerikanische Naturschützer John Muir den *Sierra Club*.

1971 Das UNESCO-Programm *Der Mensch und die Biosphäre* (MAB) startet.

In vieler Hinsicht war die Romantik – eine neue kulturelle Strömung, die gegen Ende des 18. Jahrhunderts aufkam – eine Reaktion auf den wissenschaftlichen Rationalismus der Aufklärung. Als die Industrialisierung die Städte erfasste, fingen Schriftsteller, Künstler und Komponisten an, die Natur zu glorifizieren. Die inzwischen wohlhabende Mittelschicht war besonders von romantischen Naturdarstellungen angetan und widmete sich Freizeitaktivitäten wie Wandern oder Bergsteigen. Die Romantik beeinflusste auch die Wissenschaft, da sie das Interesse an neuen Disziplinen wie der Ökologie und der beginnenden Umweltbewegung förderte.

Thoreaus einfache Hütte am Walden-See wurde auf der Titelseite der *Walden*-Ausgabe von 1875 abgebildet. Thoreau wollte in der Wildnis den Verpflichtungen des Stadtlebens entgehen.

Die Wildnis

Eine Schlüsselfigur der Naturromantik war Henry David Thoreau, ein Schriftsteller aus Concord (Massachusetts). Sein Buch *Walden* (1854; dt. 1897) beschreibt die Zeit, als er in einer Hütte am Walden-See lebte. Thoreau wollte die Natur nicht um ihrer selbst willen erhalten, sondern als notwendige Ressource für das menschliche Leben und als eine Art spirituellen Reichtum. Zwar war Thoreaus »Wildnis« nicht weit von der Zivilisation entfernt, doch seine romantische Darstellung beeinflusste die Umweltbewegung der USA erheblich und gab der Nationalparkbewegung Impulse. ■

Siehe auch: Globale Erderwärmung 202–203 ▪ Eine ganzheitliche Sicht der Erde 210–211 ▪ Zersiedelung 284–285 ▪ Die Umweltbewegung 312–313

DER MENSCH IST ÜBERALL EIN STÖRFAKTOR

ZERSTÖRUNG DER ERDE DURCH DEN MENSCHEN

IM KONTEXT

SCHLÜSSELFIGUR
George Perkins Marsh
(1801–1882)

FRÜHER
1824 Joseph Fourier erklärt den Treibhauseffekt, der später als Hauptgrund für die globale Erderwärmung erkannt wird.

1830er Wissenschaftler erklären, dass die niederländische Kolonisation von Mauritius im 17. Jh. dazu führte, dass der Dodo ausstarb.

SPÄTER
1962 In den USA beschreibt *Der stumme Frühling* von Rachel Carson die schädlichen Umweltfolgen von Pestiziden.

1988 Der *Zwischenstaatliche Ausschuss für Klimaänderungen* (IPCC) wird gegründet, um das Klimarisiko zu beurteilen.

2012 Die *Zwischenstaatliche Plattform für Biodiversität und Ökosystem-Dienstleistungen* (IPBES) wird gegründet.

Als Gegenpol zu der verbreiteten Ansicht, die Natur existiere nur zum Nutzen der Menschheit, entstand im 19. Jahrhundert eine starke Umweltbewegung. Kritik an der »imperialen« Sicht der Natur, die in Europa seit Beginn der globalen Entdeckungen im 15. Jahrhundert vorgeherrscht hatte, äußerten Naturforscher wie Gilbert White. Diese aus der Romantik aufgegriffenen Ideen führten eher dazu, die Natur zu idealisieren, als die Folgen der menschlichen Eroberung der Natur zu erforschen.

Für den US-amerikanischen Universalgelehrten George Perkins Marsh ging es um mehr als die eher emotionale Romantik. Er schaute sich die Einflüsse des Menschen auf die Umwelt genau an und schlug Alternativen vor. Marsh war über die Zerstörungen der Natur entsetzt. In dem Buch *Man and Nature, Or, Physical Geography as Modified by Human Action* (1864) beschrieb er z. B. die Entwaldungen, durch die sich Teile der USA in Wüste verwandelt hatten.

George Perkins Marsh, hier ein Kupferstich von 1882, kam aus Vermont. Er war nicht nur Umweltschützer, sondern auch ein kompetenter Sprachforscher, Abgeordneter und Diplomat.

Man müsse, so Marsh, ein Bewusstsein für die Entwicklung schaffen und neue Wege zur Nutzung von Naturressourcen finden, die das natürliche Gleichgewicht erhalten. Als Aktivist und Autor forderte er, das Prinzip von Naturschutzgebieten zu etablieren. Er regte auch das Konzept des nachhaltigen Ressourcenmanagements an, das zu einem Hauptelement der Umweltbewegung des 19. Jahrhunderts wurde. ■

Siehe auch: Globale Erderwärmung 202–203 ▪ Plastikmüll 286–287 ▪ Herrschaft der Menschheit über die Natur 298 ▪ Umweltethik 310–311

SONNENENERGIE IST UNBEGRENZT UND KOSTET NICHTS

ERNEUERBARE ENERGIEN

IM KONTEXT

SCHLÜSSELFIGUR
Werner von Siemens
(1816–1892)

FRÜHER
2. Jh. v. Chr. Die ersten Wasserräder sind ein echter Durchbruch in der Geschichte der Technik.

1839 Der französische Physiker Alexandre Edmond Becquerel entdeckt den fotoelektrischen Effekt, bei dem Licht schwachen Strom erzeugt.

1873 Der französische Erfinder Augustin Mouchot warnt, fossile Brennstoffe seien endlich.

1879 Das erste Wasserkraftwerk wird in den USA am Niagarafall gebaut.

SPÄTER
1951 Der Bau des ersten Kernkraftwerks für die Stromversorgung beginnt in Obninsk (UdSSR). Es liefert Strom von 1954 bis 1959.

1954 Die *Bell Laboratories* (USA) bauen die erste einsetzbare Silizium-Fotovoltaikzelle.

1956 Der US-amerikanische Geologe Marion King Hubbard sagt eine Abnahme der Ölproduktion ab etwa 2000 voraus.

1966 Das erste Gezeitenkraftwerk der Welt geht an der Rance (Bretagne) in Betrieb.

2024 Etwa ein Siebtel des weltweiten Primärenergiebedarfs und ein Drittel des Stromverbrauchs werden aus erneuerbaren Technologien gedeckt.

Schon im späten 19. Jahrhundert kamen im industrialisierten Europa Zweifel auf, ob man sich ewig auf fossile Brennstoffe verlassen kann. Als der US-Erfinder Charles Fritts 1883 eine funktionierende Solarzelle aus dem Halbleiter Selen baute, erkannte der progressive deutsche Industrielle Werner von Siemens sofort ihr Potenzial und erklärte, »das Angebot an Sonnenenergie ist sowohl ohne Grenzen als auch ohne Kosten«. Doch da man die Physik des fotoelektrischen Effekts noch nicht verstand und Siemens' Ruf nach mehr Forschung ungehört blieb, wurden effiziente Solarzellen erst in den 1950ern entwickelt. Heute ist die Sonnenenergie die am schnellsten wachsende Energieform, sie dürfte das zukünftige Wachstum der erneuerbaren Energien dominieren.

Erneuerbar gegen fossil

Die menschliche Zivilisation hat erneuerbare Energien seit Jahrtausenden genutzt – vom Brennholz bis zum Wind als Antrieb für Segelschiffe. Erneuerbare Energien wie Sonnenenergie oder Gezeitenkraft werden durch ihre Nutzung nicht erschöpft. Dagegen sind fossile Quellen – Kohle, Öl und Gas – über Jahrmillionen hinweg entstanden und werden tatsächlich verbraucht. Erdgas ist zwar noch reichlich vorhanden, doch die Förderung kann Umweltprobleme wie Erdbeben oder Wasserverschmutzung mit sich bringen. Kernkraft ist nachhaltig über lange Zeiträume, gilt aber nicht als erneuerbar, weil dazu seltene Uranerze benötigt werden.

Erneuerbare Energien sind meist auch »sauber«: anders als fossile Brennstoffe erzeugen Sonnen-, Wind- und Wasserkraft keine Treibhausgase oder Luftschadstoffe. Das gilt aber nicht für alle erneuerbaren Energien. Holz und Dung werden seit Hunderttausenden von Jahren zum Kochen und Heizen verbrannt. Das ist nachhaltig, da Bäume nachwachsen (und dabei so viel Kohlendioxid [CO_2] aus der Luft nehmen, wie die Verbrennung produziert) und Tiere mehr Dung abgeben.

Das Sonnenwärmekraftwerk Ivanpah in der Mojavewüste (Kalifornien) konzentriert Sonnenenergie auf Solartürme, die zu Spitzenzeiten Strom für 140000 Haushalte erzeugen.

Siehe auch: Globale Erderwärmung 202–203 ▪ Umweltverschmutzung 232–237 ▪ Ozonabbau 262–263 ▪ Ressourcenverknappung 264–267 ▪ Müllentsorgung 338–339

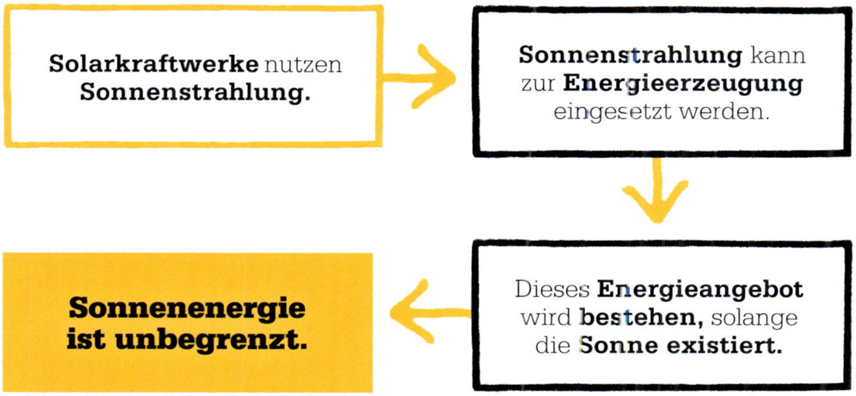

Doch Holzfeuer geben Feinstaub und andere Schadstoffe ab, die die Luft stark verschmutzen können.

Erneuerbare, saubere Energien bringen langfristig enorme Vorteile für Mensch und Umwelt. Sie verringern die Umweltverschmutzung, reduzieren klimaschädliche Treibhausgase, schonen Ressourcen und verbessern die Energiesicherheit. Wenn ihre Produktion günstig genug wird, können sie viele Menschen aus der Armut führen. Seit 2020 erzeugen 14 Länder mehr als 95 % ihres Stroms aus erneuerbaren Energiequellen.

Sonnenenergie

Die Sonne könnte den Energiebedarf der Welt mehrfach decken. Laut der Internationalen Energieagentur (IEA) hat die Sonnenenergie kurzfristig das größte Potenzial aller erneuerbaren Energien. Sonnenstrahlen lassen sich durch Fotovoltaikmodule (etwa auf Dächern) direkt in Strom umwandeln oder indirekt in Solarwärmekraftwerke, die Strahlungsbündelung nutzen: Spiegel konzentrieren Sonnenwärme, die Turbinen und Generatoren antreibt.

Für die Warmwasserbereitung können Sonnenkollektoren genutzt werden. Mit Sonnenenergie kann man zudem Wasser durch Verdunstung entsalzen; dies haben arabische Alchemisten im 16. Jahrhundert getan und Chile im späten 19. Jahrhundert in industriellem Maßstab. In Entwicklungsländern versorgt die Solardesinfektion von Wasser Millionen Menschen mit Trinkwasser; dabei töten die Wärme und die UV-Strahlung der Sonne Krankheitserreger.

Windkraft

Seit über 2000 Jahren gibt es Windmühlen, um Korn zu mahlen und Wasser zu pumpen. Heute liefern Windparks an Land und vor der Küste etwa 8 % der erneuerbaren Energie weltweit. Die enormen Rotorblätter einer Windkraftanlage drehen einen Generator in der Gondel auf dem Turm, der Strom erzeugt. Windenergie ist heute die am schnellsten wachsende Energieform in Europa, den USA und Kanada. Fast 60 % der Elektrizität Dänemarks erzeugte 2024 der Wind, in Deutschland waren es 28 %, in den USA 10 %, in Indien 4 % und in China 10 %. Der Anteil dieser Energiequelle steigt in vielen Gebieten der Welt rapide an. »

Künstliche Fotosynthese

Seit den frühen 1970ern arbeitet man an Techniken, die die Fotosynthese der Pflanzen imitieren und flüssige Kraftstoffe aus Kohlendioxid (CO_2), Wasser und Sonnenenergie erzeugen. Da diese drei Zutaten reichlich vorhanden sind, könnte ein solcher Prozess unbegrenzt, sauber und relativ günstig Energie und Kraftstoffe liefern.

Zwei Dinge sind dafür nötig: Katalysatoren, die mit Sonnenenergie Wasser in Wasserstoff und Sauerstoff spalten, und andere Katalysatoren, die Wasserstoff und CO_2 in Kraftstoffe mit hoher Energiedichte wie Ethanol oder Methanol umwandeln. Forscher der *Harvard University* haben kürzlich Wasser in Sauerstoff und Wasserstoff gespalten und dann den Wasserstoff mit CO_2 durch genetisch modifizierte Bakterien in flüssige Kraftstoffe umgewandelt. Die nächste Herausforderung ist, die erfolgreichen Laborexperimente in kommerziell sinnvolle Prozesse zu übertragen.

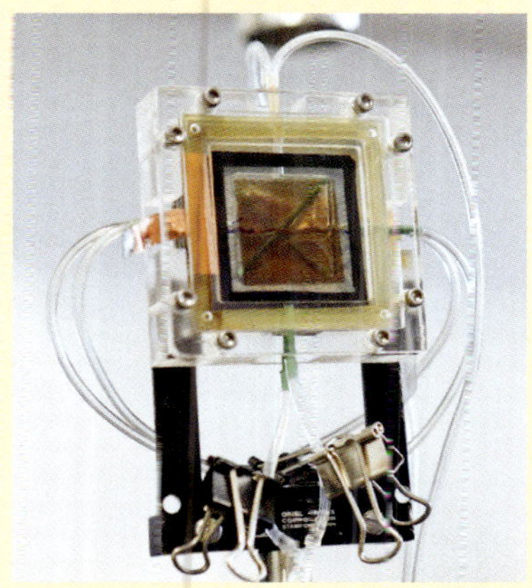

Der Solarkraftstoffgenerator imitiert, wie Pflanzen CO_2 aus der Luft mit Sonnenlicht in chemische Energie umwandeln.

Hot-Dry-Rock-Verfahren

Natürliche Klüfte, durch die heißes Wasser aus der Tiefe an die Oberfläche kommt, sind die »leichte Beute« der Geothermie, da sie gut zu nutzen sind. Doch in den meisten Regionen der Welt gibt es sie kaum. Der Großteil der Erdwärme ist in trockenen, nicht porösen Gesteinen enthalten.

Das Enhanced Geothermal-System (EGS) löst dies durch »hydraulische Stimulation«: Wasser wird unter Druck in Tiefbohrungen gepresst, um Klüfte und Risse im Gestein zu erweitern. Dann wird durch Injektionsbohrungen Wasser in das so vorbereitete heiße Gestein gepumpt, zirkuliert dort und strömt durch Produktionsbohrungen wieder an die Oberfläche. Je nach Situation ist das Verfahren in vielen Teilen der Welt durchaus wirtschaftlich, es birgt aber Risiken: Wie beim ähnlichen »Fracking« bei Öl und Gas kann EGS kleine Erdbeben auslösen und sollte daher nicht in der Nähe von Siedlungen oder Kraftwerken eingesetzt werden.

» [Dies ist] eine Tatsache von größter wissenschaftlicher Bedeutung, da uns hier zum ersten Male die directe Umwandlung der Energie des Lichtes in elektrische Energie entgegentritt. «

Werner von Siemens
Sitzungsberichte der Preußischen Akademie der Wissenschaften, Berlin, 1875

Windkraft ist nur dann wirtschaftlich, wenn der Wind gleichmäßig weht, ihr Potenzial ist also auf der Erde ungleich verteilt. Auf dem Meer ist der Wind generell stärker und gleichmäßiger als an Land. Schwimmende Anlagen können auch weit draußen auf dem Meer arbeiten, während Anlagen mit Fundamenten in flachem Wasser küstennah stehen müssen.

Erdwärme (Geothermie)

Die Hitze im Erdinneren besteht zum Teil seit Entstehung der Erde, zum Teil wird sie beim radioaktiven Zerfall von Elementen im Erdkern gebildet. Menschen haben seit der Altsteinzeit in heißen Quellen – hier erreicht geothermisch erhitztes Wasser die Oberfläche – gebadet. Im Römischen Reich wurden mit Thermalquellen Häuser geheizt. Heute wird in mindestens 30 Ländern Strom aus Erdwärme erzeugt, die größten Produzenten sind die USA, die Philippinen und Indonesien.

Erdwärme heizt in Island direkt Häuser und Straßen. Auch geothermisch betriebene Wasserentsalzungsanlagen wurden entwickelt. Der Nachteil dieser erneuerbaren Energie ist jedoch, dass sie sich auf Gebiete an den tektonischen Plattengrenzen konzentriert, wo Material aus dem Erdmantel aufsteigt. Durch Tiefbohrungen kann man das Potenzial im Prinzip stark vergrößern, doch das ist teuer.

Wasserkraft

Wasser ist etwa 800-mal so dicht wie Luft, daher liefert auch eine langsame Strömung enorme Ener-

Die Drei-Schluchten-Talsperre in China, das größte Wasserkraftwerk der Welt, wurde 2012 fertiggestellt. Kritisiert werden die ökologischen Folgen für Habitate und Biodiversität des Jangtse und das Risiko von Sturzfluten.

giemengen, die man etwa durch Fluss- oder Gezeitenkraftwerke nutzt, in denen Wasserturbinen Stromgeneratoren antreiben. China ist der größte Produzent von Wasserkraft: Das Land hat 45 000 kleinere Wasserkraftwerke neben den riesigen Staudämmen wie der Drei-Schluchten-Talsperre, deren 32 gigantische Turbinen 22 500 Megawatt Strom erzeugen. Ein Problem solch großer Wasserkraftwerke ist, dass sie Ökosysteme zerstören und gutes Ackerland überfluten können, sodass Menschen vertrieben werden. Derzeit deckt die Wasserkraft 14 % des weltweiten Strombedarfs.

Gezeitenkraftwerke arbeiten nach einem ähnlichen Prinzip: Das strömende Wasser treibt Turbinen an, die einen Generator antreiben. Die Gezeiten sind als Energiequelle sehr zuverlässig, doch solche Kraftwerke sind teuer und können nur an wenigen Küsten errichtet werden. Das derzeit größte ist das Gezeitenkraftwerk Sihwa-ho in Südkorea, das 2011 fertiggestellt wurde und jährlich 286 000 Tonnen CO_2-Emissionen vermeidet.

Wellenkraftwerke nutzen die Energie der Wellen durch einen Konverter. Das erste kommerzielle Wellenkraftwerk ging 2000 vor der Westküste Schottlands in Betrieb und der erste Wellenpark mit mehreren Generatoren wurde 2008 bei Aguçadoura (Portugal) eröffnet.

> »Die schnelle und umfassende Einführung Erneuerbarer Energien heute garantiert, dass wir morgen eine umweltfreundliche, sichere und kostengünstige Energie für alle haben.«
>
> **Hermann Scheer**
> Mitglied des Bundestags (1993–2010)
> Träger des Right Livelihood Awards

Globaler Energieverbrauch nach Quelle (2023)

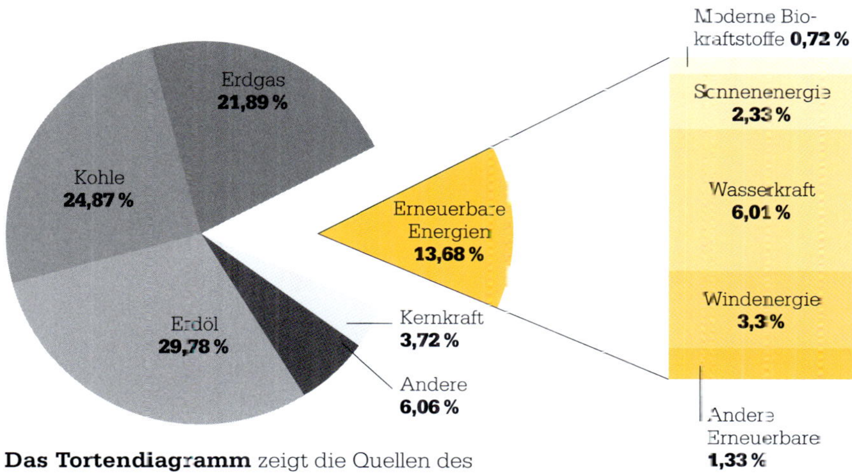

Das Tortendiagramm zeigt die Quellen des gesamten Primärenergieverbrauchs der Welt im Jahr 2023 nach Daten der IEA. »Andere« umfasst Energie aus der Verbrennung von nicht erneuerbarem Abfall und andere Quellen wie Brennstoffzellen.

Biomasse

Organische Pflanzen- oder Tiermaterie nennt man Biomasse. Sie enthält chemische Energie, weil Pflanzen beim Wachsen Sonnenenergie für die Fotosynthese absorbieren; Tiere nehmen die Energie dann beim Fressen auf. Biomasse aus Pflanzen- und Tierabfällen wie Holz, Stroh, Dung oder Lebensmittelresten erscheint wie eine attraktive erneuerbare Energie, einige Kraftwerke wurden auf Holz umgestellt. Beim Verbrennen von Biomasse entstehen Wärme und Strom, die sich in Kraftstoffe wie Ethanol oder Biodiesel umwandeln lassen. Doch das ist nicht unbedingt »sauber«. Zwar erfolgt die Verbrennung klimaneutral, da das entstehende CO_2 vorher von den Pflanzen aufgenommen wurde, doch sie erzeugt Ruß, Feinstaub und andere Luftschadstoffe. Die Rodung von Urwäldern, um Holz oder Anbauflächen für Biomassepflanzen zu gewinnen, schädigt ebenfalls die Umwelt. Daher wird Biomasse in Ländern genutzt, die sich andere nachhaltige Energiequellen nicht leisten können. Laut IEA wurde 2016 der Großteil (33,2 %) der Biomasse in Afrika umgesetzt.

Die Zukunft

Beim Einsatz der erneuerbaren Energien muss man den Nutzen gegen den Schaden abwiegen – von der Luftverschmutzung durch Biomasse bis zu Kollisionen der Zugvögel mit den Rotoren von Windkraftanlagen. Nach einer IEA-Analyse von 2014 werden bis 2040 erneuerbare Energien 40 % des globalen Energiebedarfs decken. 2024 sagte die IEA voraus, erneuerbare Energien würden bis 2028 etwa 41 % des weltweiten Strombedarfs decken, zum größten Teil Sonnenenergie und Wasserkraft. Meeresströmungen könnten ebenfalls enorme Energiemengen erzeugen, ebenso riesige Solarmodule im Weltraum oder auf dem Meer. ■

DIE ZEIT IST FÜR DIE WISSENSCHAFT GEKOMMEN, SICH MIT DER ERDE SELBST ZU BESCHÄFTIGEN

UMWELTETHIK

IM KONTEXT

SCHLÜSSELFIGUR
Aldo Leopold (1887–1948)

FRÜHER
1894 In *The Mountains of California* beschreibt der schottisch-amerikanische Naturschützer John Muir Reisen durch die unberührte Natur Kaliforniens, in der er tiefe Spiritualität erlebt und Abenteuergeist verspürt.

1909 Gifford Pinchots *The ABC of Conservation* fordert, dass auch zukünftige Generationen die Naturressourcen nutzen können sollten.

SPÄTER
1968 Der US-Biologe Paul R. Ehrlich und seine Frau Anne warnen in *Die Bevölkerungsbombe* vor den Gefahren des Bevölkerungswachstums.

1970 Am 22. April findet in den USA der erste Tag der Erde statt. Jährlich werden an diesem Tag Umweltbildung und -reformen gefeiert.

Grundsätzlich erweitert die Umweltethik die Grenzen der Ethik, die die Beziehungen zwischen Menschen in den Blick nimmt, auf die Natur. Sie zwingt die Menschen, ihre Rolle in der Umwelt, ihre Verantwortung für die Erde und ihre Pflichten gegenüber zukünftigen Generationen zu hinterfragen.

Die Umweltethik entstand aus dem dringlichen Gefühl einer herannahenden Krise, das sowohl in populären als auch akademischen Schriften formuliert wurde. 1962 dokumentierte *Silent Spring* (dt.: *Der stumme Frühling,* 1963) der US-Biologin Rachel Carson die ernsten Folgen von Pestiziden für die Umwelt und rückte das Thema in den USA in den Fokus. Sechs Jahre später betonte der Artikel *The Tragedy of the Commons* des US-Ökologen Garrett Hardin die Risiken der Übernutzung von Gemeingut und des unkontrollierten Bevölkerungswachstums.

Andere Denker betrachteten die Krise eher aus philosophischer Sicht. Aldo Leopolds »Landethik«, die er in *A Sand County Almanach* (1949; dt.: *Ein Jahr im Sand County,* 2019) umriss, gab Menschen den gleichen Status wie anderen Elementen im Ökosystem. Als Teil eines Ganzen sollte sich unser ethisches Anliegen auf die Gesundheit des gesamten Ökosystems richten, nicht nur auf die Förderung des menschlichen Wohlbefindens.

In dem bahnbrechenden Vortrag *The Historical Roots of Our Ecological Crisis,* den er später in *Science* veröffentlichte, meinte 1966 der US-Historiker Lynn White, die Umweltkrise sei eine Folge der westlichen Weltsicht. Insbesondere, so White, fördert das christliche Denken den Anthropozentrismus: die Vorstellung, der Mensch stehe über allen anderen Lebewesen, mit

» Eine Sache ist richtig, wenn sie eher die Unversehrtheit, Stabilität und Schönheit der biotischen Gemeinschaft bewahrt. Sie ist falsch, wenn sie das Gegenteil tut. «

Aldo Leopold
River of the Mother of God: and Other Essays, 1993

Siehe auch: Gefährdete Lebensräume 238–241 ▪ Das Erbe der Pestizide 244–249 ▪ Ressourcenverknappung 264–267 ▪ Beiträge der Natur für die Menschen 336–337

Das entlegene subalpine Mineral King Valley konnte vor Bauprojekten geschützt werden und als Ökosystem erhalten bleiben, das allen nützt – nach Leopolds Prinzip der »Landethik«.

der Konsequenz, dass die Natur existiert, um von den Menschen genutzt und ausgenutzt zu werden.

Ethische Dilemmata

Die Umweltethik beschäftigt sich mit den moralischen Aspekten der Nachhaltigkeit und im Umgang mit der Natur. Geht es um Anthropozentrismus oder um die Idee, dass Natur einen Anspruch auf Schutz hat? Diese Frage ist nicht nur philosophisch zu betrachten, sondern spielt auch in die rechtliche und politische Sphäre hinein.

1969 klagte der *Sierra Club,* eine Umweltlobbyorganisation, gegen die Entscheidung des *US Forest Service* (USFS), dem Walt-Disney-Konzern die Vermessung des Mineral King Valley in Kalifornien zu erlauben – Disney plante dort ein Skiresort. Das Tal hatte damals keinen offiziellen Schutzstatus, es galt als einfaches Wildtierrefugium, doch der *Sierra Club* argumentierte, das Gebiet solle um seiner selbst willen im Naturzustand erhalten bleiben. Der Oberste Gerichtshof urteilte im Jahr 1974 im Sinne des USFS und Disney, aber das Unternehmen hatte das Interesse verloren. 1978 wurde das Tal in den Sequoia-Nationalpark integriert.

Der Kampf zwischen anthropozentrischer Ethik und ökozentrischen Ansätzen geht weiter. Er findet oft in der politischen Arena statt, insbesondere wegen der zunehmenden Bedeutung global schwieriger Themen wie dem Klimawandel. Die nachhaltige Entwicklung ist generell ein anthropozentrisches Anliegen, da es auch die Bedürfnisse zukünftiger Generationen sichern soll. Die Umweltethik argumentiert allgemein, dass Nachhaltigkeit nur möglich ist, wenn sie die Zukunft aller Mitglieder im Ökosystem sichert. ▪

Aldo Leopold

Der 1887 geborene Aldo Leopold wuchs in Burlington (Iowa) auf. Er schloss die *Yale School of Forestry* ab und arbeitete dann beim *US Forest Service* (USFS). Dort war er maßgeblich an den Vorbereitungen beteiligt, den Gila-Nationalforst (New Mexico) zum Wildnisschutzgebiet zu machen. Dieser wurde 1924 zur ersten offiziellen *Wilderness Area* der USA. Leopold setzte dann in Wisconsin die Arbeit für den USFS fort und wurde 1933 Professor für Wildtiermanagement an der *University of Wisconsin.* Leopold starb 1948, als er half, ein gefährliches Grasfeuer zu löschen. Die meisten seiner vielen Essays über Naturgeschichte und Umweltschutz wurden posthum in Sammelbänden veröffentlicht, z. B. *A Sand County Almanach* (dt.: *Ein Jahr im Sand County*), das die beginnende Umweltbewegung stark beeinflusste.

Hauptwerke

1933 *Game Management*
1949 *Ein Jahr im Sand County*
1953 *Round River: From the Journals of Aldo Leopold*
1991 *The River of the Mother of God: and Other Essays*

GLOBAL DENKEN, LOKAL HANDELN

DIE UMWELTBEWEGUNG

IM KONTEXT

SCHLÜSSELFIGUREN
David Brower (1912–2000), **Petra Kelly** (1947–1992)

FRÜHER
1892 Der schottisch-US-amerikanische Naturschützer John Muir gründet in Kalifornien den *Sierra Club*.

1958 Gegen ein geplantes Kernkraftwerk in Bodega Bay (Kalifornien) wird protestiert.

SPÄTER
1970 Am 22. April wird der erste Tag der Erde an vielen Orten in den USA abgehalten.

1972 Kandidaten von Umweltgruppen kandidieren in Tasmanien, Neuseeland und der Schweiz für die Parlamente.

1996 Ralph Nader kandidiert für die Grüne Partei für das Amt des US-Präsidenten.

2018 Die 15-jährige Schwedin Greta Thunberg initiiert den »Schulstreik für das Klima«, der global bekannt wird.

Die moderne »Umweltbewegung« wurzelt in Organisationen, die sich im späten 19. und frühen 20. Jahrhundert bildeten, etwa dem *Sierra Club*. Angesichts der Bedrohungen durch die zunehmende Verstädterung und Industrialisierung wollte der *Sierra Club* die natürliche Umwelt zur Freude der Menschen erhalten.

Ein besseres Verständnis der Beziehungen zwischen Mensch und Umwelt führte zu einer politisch aktiveren Umweltbewegung in der zweiten Hälfte des 20. Jahrhunderts. Sie erhielt in den 1960ern erheblich Zulauf, als der Kalte Krieg seinen Höhepunkt erreichte und 1962 die USA und die UdSSR in der Kubakrise kurz vor dem Atomkrieg standen. Dies rüttelte viele Menschen auf und führte zu lauten Forderungen nach Abrüstung.

In dieser Atmosphäre wandelte sich die Vorstellung, einzelne herausragende Flächen in Nationalparks oder Naturschutzgebieten zu erhalten, zu einem viel breiteren Naturschutzdenken. Mehrere Organisationen entstanden, die sich aktiv mit Demonstrationen und Protestaktionen für einen weitergehenden Umweltschutz einsetzten.

> »Nur durch die Pflege der Umwelt kann die Lebensgrundlage für diejenigen bewahrt werden, die von ihr am meisten abhängig sind.«
>
> **Petra Kelly**
> Rede auf der *Morelia Ecology Conference*, Morelia (Mexiko), 2.9.1991

Organisierter Protest

Eine der ersten Aktivistenorganisationen war *Friends of the Earth*, die 1969 in den USA von einer Gruppe gegründet wurde, zu der auch David Bower, der Ex-Direktor des *Sierra Club*, gehörte. Ihr Ziel war es, den Bau von Kernkraftwerken zu verhindern. *Friends of the Earth* war von vornherein politisch ausgerichtet und betreibt heute Lobbyarbeit. Sie spricht mit Regierungen auf der ganzen Welt über viele Umweltthemen, wobei sie die nachhaltige Wirtschaftsentwicklung betont. 1971 formte eine kleine Gruppe Aktivisten in Nordamerika

Siehe auch: Citizen Science 178–183 ▪ Das Erbe der Pestizide 244–249 ▪ Zerstörung der Erde durch den Menschen 303 ▪ Den Klimawandel aufhalten 320–325

Aktivisten in einem Schlauchboot patrouillieren als Teil von Greenpeace-Protesten vor zwei britischen Schiffen, die Giftstoffe transportieren.

das *Don't Make a Wave Committee,* um gegen US-Kernwaffentests auf der Insel Amchitka in Alaska zu protestieren. Die Gruppe gab direkten Aktionen den Vorzug vor politischem Lobbyismus und charterte ein Schiff, um vor der Insel zu protestieren. Das war so öffentlichkeitswirksam, dass die Tests gestoppt wurden. Diese Aktion war die erste der Gruppe, aus der später *Greenpeace* entstand, eine Organisation, die auch heute noch Protestaktionen gegen umweltschädliche Vorgänge unternimmt.

Grüne Politik

In den 1970er-Jahren wurden politische Parteien gegründet, die den Umweltschutz zum Kern ihres Programms machten. So entstanden 1975 in Großbritannien *The Ecology Party* und 1979 in der Bundesrepublik Deutschland *Die Grünen.* Mit dem Wachsen der Umweltbewegung schlossen sich in vielen Ländern kleinere politische Gruppen zu nationalen grünen Parteien zusammen. Da Themen wie Umweltverschmutzung und Klimawandel immer mehr Aufmerksamkeit erhalten, haben auch einige traditionellere Parteien Umweltpolitik in ihr Programm aufgenommen. ■

» Wir haben alles, was wir brauchen, außer vielleicht den politischen Willen. Aber wissen Sie was? … Politischer Wille ist eine erneuerbare Ressource! «

Al Gore
Rede bei der Annahme des Friedensnobelpreises, 10.12.2007

Petra Kelly

Die 1947 im Günzburg (Schwaben) als Petra Lehmann geborene Kelly nahm später den Namen ihres Stiefvaters, eines US-Offiziers an. Als sie zwölf Jahre alt war, zog die Familie in die USA, wo sie Politikwissenschaften in Washington studierte.

1970 kehrte Kelly nach Europa zurück. Sie arbeitete für die Europäische Kommission in Brüssel und trat der SPD bei, doch die traditionelle Politik desillusionierte sie. So trat sie 1979 der neuen Partei *Die Grünen* bei und war 1983 eines der 28 Mitglieder, die in den Bundestag gewählt wurden. Kelly engagierte sich für den Umweltschutz und die Menschenrechte. 1992 wurden sie und ihr Partner, der Grünen-Politiker Gert Bastian, in ihrem Haus in Bonn tot aufgefunden, offenbar nach einem gemeinsamen Selbstmord.

Hauptwerke

1983 *Um Hoffnung kämpfen! Gewaltfrei in eine grüne Zukunft*
1990 *Mit dem Herzen denken: Texte für glaubwürdige Politik*
1992 *Nonviolence Speaks to Power*

DIE KONSEQUENZEN DER HANDLUNGEN VON HEUTE FÜR DIE WELT VON MORGEN

PROGRAMM »DER MENSCH UND DIE BIOSPHÄRE«

IM KONTEXT

SCHLÜSSELORGANISATION
UNESCO (gegründet 1945)

FRÜHER
1925 Das Internationale Institut für geistige Zusammenarbeit, das den Ideenaustausch und die Verbesserung des Lebens zum Ziel hat, wird vom Völkerbund in Paris etabliert.

1945 Die UN-Vollversammlung verabschiedet die Satzung der UNESCO.

SPÄTER
1983 Der erste Biosphärenreservatkongress findet in Minsk (Weißrussland) statt.

1995 Die Leitlinien des Weltnetzes der Biosphärenreservate werden verabschiedet.

2015 Die UN definiert 17 Ziele für nachhaltige Entwicklung.

2024 26 neue Kultur- und Naturgüter wurden in die Liste des UNESCO-Welterbes aufgenommen, darunter ein schottisches Moorökosystem.

In der zweiten Hälfte des 20. Jahrhunderts nahm weltweit das Bewusstsein dafür zu, wie wichtig die Beziehungen zwischen Mensch und Natur sind. Daher startete im Jahr 1971 die UNESCO, die Organisation der Vereinten Nationen für Bildung, Wissenschaft und Kultur, ihr Programm »Der Mensch und die Biosphäre« (MAB, *Man and Biosphere*). Damit will sie eine umweltfreundliche, nachhaltige und gerechte Wirtschaftsentwicklung fördern, die die natürlichen Ökosysteme schützt und bewahrt.

Die UNESCO war nach dem Zweiten Weltkrieg gegründet worden, um »durch Förderung der Zusammenarbeit zwischen den Völkern in Bildung, Wissenschaft und Kultur zur Wahrung des Friedens und der Sicherheit beizutragen« und nachhaltig die Armut zu verringern. Damit war sie ideal positioniert, um die Beziehungen zwischen Mensch und Umwelt zu analysieren.

Globales Netzwerk

Die UNESCO richtete eine Reihe international anerkannter Schutzgebiete ein, das Weltnetz der Bio-

Die **Menschheit verändert die Umwelt** durch Vorgänge wie **Entwaldung** und **Zersiedelung.**

Solche **Aktivitäten** haben **Konsequenzen.**

Daten, die in den globalen **Biosphärenreservaten** gesammelt werden, helfen dabei, diese **Konsequenzen** besser **abzuschätzen.**

Das MAB-Programm sagt die Konsequenzen heutiger Aktivitäten für die zukünftige Welt vorher.

Siehe auch: Menschliche Aktivität und Biodiversität 92–95 ▪ Das Ökosystem 134–137 ▪ Die friedliche Koexistenz von Menschheit und Natur 299 ▪ Erneuerbare Energien 304–309 ▪ Umweltethik 310–311 ▪ Die ›Sustainable Biosphere Initiative‹ 332–333

sphärenreservate (WNBR). Sie zeigen, wie sich die kulturelle Vielfalt der Menschen und die biologische Diversität gegenseitig unterstützen. Ziel ist es, das Gleichgewicht zwischen Menschen und ihrer natürlichen Umwelt zu fördern. Auch sollen Wege gefunden werden, Naturressourcen effizient sowohl für die Umwelt als auch für die Bevölkerung zu nutzen.

Heute gibt es über 750 solcher Reservate in 136 Ländern, die als Basis für die wissenschaftliche und kulturelle Forschung in verschiedenen Meeres-, Küsten- und Landökosystemen dienen. Im gesamten Netz werden die Folgen menschlicher Aktivitäten auf die Biosphäre dokumentiert, vor allem in Bezug auf den Klimawandel, und der Informationsaustausch gefördert.

Lokales Wissen

Das MAB-Programm sieht drei miteinander verknüpfte Funktionen der Biosphärenreservate: Es geht um Naturschutz, nachhaltige Entwicklung und Hilfe durch Information und Bildung. Um diese Vorhaben umzusetzen, haben die Reservate verschiedene Zonen: geschützte Kerngebiete, aber auch Raum, den die einheimische Bevölkerung angemessen und nachhaltig nutzen kann.

Örtliche Gemeinschaften sind aufgefordert, sich am Management des Reservats zu beteiligen und ihr lokales Wissen einzubringen, um die Naturressourcen optimal einzusetzen. Fortbildungen über die Natur und der Wissensaustausch über das gesamte Weltnetz hinweg sind Schlüsselfaktoren für den Erfolg des gesamten Projekts.

Marokkanische Frauen sammeln die gesundheitsfördernden Früchte des Arganbaums. Diese Bäume im Biosphärenreservat Arganeraie werden von den Bewohnern vor Ort sorgfältig gepflegt.

Gegensätzliche Meinungen

Die Gebiete des WNBR sind nicht nur international wissenschaftlich bedeutend, sondern oft auch für das jeweilige Land kulturell wichtig. Sie werden nicht von der UNESCO nominiert, sondern vom Gastland und sie bleiben unter der Verwaltung des jeweiligen Staats. Die internationale Anerkennung als Biosphärenreservat beeinträchtigt die Rechte des Staats an dem Gebiet nicht.

In letzter Zeit haben einige Staaten entschieden, einzelne Gebiete als nationale statt internationale Reservate zu verwalten, und sie aus dem WNBR herausgenommen. Doch insgesamt ist die Zahl der von Regierungen in der ganzen Welt als Biosphärenreservate nominierten Gebiete stetig gestiegen. ■

UNESCO

Die UNESCO, eine Agentur der Vereinten Nationen (UN) mit Sitz in Paris (Frankreich), wurde 1946 gegründet, um die internationale Zusammenarbeit für Frieden und Sicherheit zu fördern. Entsprechend der UN-Charta geschieht dies durch Bildung, Wissenschaft und Kultur. Heute sind 195 Mitgliedsstaaten vertreten.

Die UNESCO setzt die Arbeit fort, die vom Internationalen Institut für geistige Zusammenarbeit des Völkerbundes in den 1920ern begonnen, aber durch den Zweiten Weltkrieg unterbrochen wurde. Heute versuchen die Mitglieder ihr Ziel durch die Förderung internationaler Bildungs- und Wissenschaftsprogramme zu erreichen. Darunter finden sich Projekte zur Förderung und zum Schutz der Menschenrechte und der nachhaltigen Entwicklung, die für kulturelle Vielfalt sorgen sollen.

Am bekanntesten sind wohl die international anerkannten Welterbestätten. Mit diesem Programm soll möglichst viel kulturelles und natürliches Erbe bewahrt werden.

VORHERSAGEN ZUR GRÖSSE EINER POPULATION UND ZUM RISIKO IHRES AUSSTERBENS

POPULATIONSGEFÄHRDUNGSANALYSE

IM KONTEXT

SCHLÜSSELFIGUREN
Mark L. Shaffer (*1949), **Georgina Mace** (1953–2020)

FRÜHER
1964 Die IUCN veröffentlicht die Rote Liste der gefährdeten Säugetier- und Vogelarten.

1965 In *The Destruction of California* beschreibt der Ökologe Raymond Dasmann den Verlust der Flora und Fauna.

1967 *Biogeographie der Inseln* von Robert MacArthur und Edward O. Wilson erklärt das Einwandern und Aussterben von Arten auf Inseln.

SPÄTER
2003 Die Populationsgefährdungsanalyse (PVA) für den Falter Fenders Bläuling führt zu Schutzmaßnahmen in Oregon.

2014 PVA-Studien erforschen die Folgen des Klimawandels auf Vögel und Reptilien in der Sonora-Wüste (Mexiko/USA).

Populationsgefährdungsanalysen (PVA; *Population Viability Analysis*) sind ein Verfahren, um die Wahrscheinlichkeit zu berechnen, mit der die Population einer Art eine bestimmte Zeit überleben wird, etwa die nächsten 10, 30 oder 100 Jahre. Schlüsselgrößen sind die kleinste überlebensfähige Population (MVP; *Minimum Viable Population*) und die minimale Habitatfläche. Diese beiden Werte sind eine wichtige Grundlage für den Artenschutz.

Tool für den Artenschutz

Die Populationsgefährdungsanalyse kombiniert Ökologie und Statistik,

Siehe auch: Ökologische Resilienz 150–151 ▪ Klimaxgesellschaft 172–173 ▪ Metapopulationen 186–187 ▪ Massenaussterben 220–225 ▪ Entwaldung 256–261

Fenders Bläuling wurde seit den 1930ern nicht mehr gesehen und galt als ausgestorben, bis er 1989 wiederentdeckt wurde. Er ist gefährdet, aber kleine Populationen leben in Oregon.

um die minimale Individuenzahl zu berechnen, die nötig ist, damit eine Art langfristig in einem bestimmten Habitat überleben kann. Diese kleinste überlebensfähige Population hängt auch mit der Größe des Habitats zusammen. Die PVA ist nützlich für den Artenschutz, denn sie liefert Daten, um Regierungen oder Unternehmen davon zu überzeugen, dass ein Gebiet Schutz braucht. Eine PVA erklärt genau, warum die Verkleinerung, z. B. einer Wald-, Heide- oder Schilffläche, bestimmte Pflanzen- oder Tierarten gefährdet. Der Schutz einer Fläche, die für eine große Art ausreicht, nutzt auch vielen kleineren Organismen im gleichen Habitat.

Einige Lebewesen können nur überleben, wenn die menschlichen Einflüsse minimal sind. Dies trifft vor allem auf stark spezialisierte Arten zu, etwa manche Eulen in Urwäldern, Reptilien in sauren Heiden oder Amphibien in schnellen, sauberen Bächen. Doch mit dem Bevölkerungswachstum steigt der Bedarf an Land für Siedlungen, Landwirtschaft, Freizeit, Straßen und Forstwirtschaft. Dies bedroht vor allem Arten, die sich nicht leicht anpassen oder abwandern. Wenn sie bereits auf ein »Inselhabitat« beschränkt sind, kann schon eine kleine Störung zum Aussterben führen.

Grizzlybären zählen

1975 hatte die Zahl der Grizzlybären im Yellowstone-Nationalpark abgenommen. Nur noch geschätzte 136 Bären waren übrig und diese isolierte Population galt als stark gefährdet. Als Teil seiner Doktorarbeit begann Mark L. Shaffer die langfristigen Überlebenschancen der geografisch isolierten Grizzlypopulation zu studieren.

Shaffer, der zum Pionier der PVA wurde, hielt vier Faktoren für entscheidend. Der erste war die demografische Stochastizität: unregelmäßige, unvorhersagbare Fluktuationen bei Anzahl, Alter, Geschlecht sowie Geburts- und Sterberaten. Ist z. B. die große Mehrheit einer Population männlich, wird der Fortpflanzungserfolg geringer sein als in einer ausgegli- ››

» Unsicherheit ist so ziemlich das einzig Sichere in der Populationsgefährdungsanalyse. «

Steven Beissinger
US-amerikanischer Umweltbiologe
Population Viability analysis, 2002

Gefährdung kleiner Populationen

Die kleinste überlebensfähige Population muss so groß sein, dass sie nicht nur bei durchschnittlichen Verhältnissen stabil bleibt, sondern auch Extremereignisse überlebt – so wie ein Staudamm, der nicht nur den normalen Wasserfluss, sondern auch Jahrhundertfluten aushalten muss.

Kleine Populationen sind besonders durch mehrfache, nacheinander auftretende Bedrohungen gefährdet. Das Heidehuhn war in Neuengland (USA) während des Kolonialismus häufig. Aber die rücksichtslose Jagd als Nahrung und als Sport ließ die Zahl erheblich zurückgehen, bis 1908 die letzte Population auf der Insel Martha's Vineyard unter strengen Schutz gestellt wurde. Sie erholte sich zunächst etwas, doch ein katastrophaler Waldbrand in der Brutsaison 1916, Inzucht Krankheiten und ein starker Prädationsdruck durch Raubvögel wirkten zusammen und ließen die Population unter die überlebensfähige Größe sinken. 1927 waren nur noch zwei Weibchen vorhanden und 1932 starb die Art aus.

Ein Grizzlybärweibchen und ihre Jungen suchen im Yellowstone nach Futter. Ein Weibchen durchstreift ein Gebiet von 775 bis 1400 km² in seinem Leben, ein Männchen bis zu 5000 km².

chenen Population; das beeinflusst die Überlebenschancen. Der zweite Faktor war die Umweltstochastizität: unvorhersagbare Fluktuationen bei den Umweltbedingungen, etwa Habitat- oder Klimaveränderungen, die sich auf das Angebot an Nahrung oder Unterschlüpfen auswirken. Als dritter Faktor kamen Naturkatastrophen wie Waldbrände oder Überschwemmungen hinzu, als vierter Faktor genetische Veränderungen, etwa Probleme durch Inzucht. Für jeden Faktor ergibt sich durch statistische Modelle ein bestimmter Wertebereich.

Seit Shaffers ersten Forschungen in den 1970ern und 1980ern und dank neuer Management- und Schutzstrategien haben die Grizzlys ihren Lebensraum um mehr als 50 % innerhalb des größeren Yellowstone-Ökosystems – einer 89 031 km² großen Fläche mit dem Nationalpark als Kern – erweitert. 2014 schätzte der *US Geological Survey* die Zahl der Bären dort auf etwa 757, basierend auf 119 Sichtungen von Weibchen mit Jungen. Die Population machte 2022 wieder einen Bestand von 965 Tieren aus. Forscher, die die Bären beobachten, gehen aber davon aus, dass sich das Wachstum der Population seit 2000 verlangsamt hat. Dies deutet darauf hin, dass die maximale Tragfähigkeit des Gebiets erreicht wurde – also die Anzahl an Tieren hier lebt, die ein Gebiet mit geeignetem Lebensraum maximal ernähren kann. Trotz dieses Erfolgs stehen Grizzlys weiterhin auf der Liste der bedrohten Arten.

» Wir können uns nicht nur auf den Naturschutz beschränken: Wir müssen auch all diese anderen Ansprüche an das Land erfüllen. Wie viel Regeneration ist ausreichend? «

Georgina Mace
Saving the library of life,
Interview, Royal Society of Biology

Studiendesign

PVA-Studien werden auf verschiedene Weisen durchgeführt. Am einfachsten ist die Zeitreihen-PVA, die die Gesamtpopulation über einen bestimmten Zeitraum hinweg betrachtet, um den mittleren Wachstumstrend samt Variationen zu ermitteln. Dabei werden alle Individuen als identisch betrachtet.

Demografische PVAs sind präziser und detaillierter. Sie basieren auf Fortpflanzungs- und Überlebensraten verschiedener Alterskohorten der Population. Sie erfordern viel mehr Daten, liefern aber zusätzliche Informationen über die Bedürfnisse und Gefährdungen verschiedener Teile

Die Zahl der Insel-Graufüchse auf den Kanalinseln vor Kalifornien lag in den späten 1990ern bei 200. 2015 gab es wieder über 5000, doch auf einer Insel sind sie immer noch gefährdet.

der Population, was das Vorgehen beim Artenschutz erleichtern kann.

Da Daten zum Alter und Fortpflanzungsraten für kleine, gefährdete Populationen oft nicht verfügbar sind, werden zum Teil Werte anderer Populationen der gleichen oder einer ähnlichen Art eingesetzt. Allerdings können die Ergebnisse für Populationen der gleichen Art im gleichen Gebiet unterschiedlich ausfallen. So wurden 2015 für eine Studie über drei Kolonien Kalifornischer Seelöwen »Ersatzdaten« der einen Kolonie benutzt, um Aussagen über die anderen beiden zu machen; bei einer dieser beiden waren die Ergebnisse richtig, bei der anderen nicht.

Erfolge

Die Methoden werden ständig weiterentwickelt, doch die PVA ist und bleibt die Basis des Artenschutzes. Prognosen wurden inzwischen für unterschiedlichste Populationen erstellt, darunter Kalifornische Insel-Graufüchse, Seeotter in Alaska, Fenders Bläulinge, Nördliche Fleckenkäuze in Oregon sowie Tümmler vor Argentinien und Australien. Mit immer komplexeren Computerprogrammen und immer mehr Variablen kann die PVA in Zukunft zweifellos noch effizienter werden. Es ist unmöglich, jedes Aussterben vorherzusagen, aber mit der PVA lassen sich gefährdete Populationen identifizieren und passende Managementstrategien finden, die die Überlebensfähigkeit am ehesten verbessern und damit die Art nachhaltig schützen. ■

Georgina Mace

Mace wurde 1953 in London geboren und beeinflusste die Naturschutzbiologie enorm, u. a. durch ihre Arbeit bei der IUCN, wo sie die Entwicklung allgemeiner Aufnahmekriterien von Arten in die Rote Liste leitete. Anhand dieser Kriterien kamen Tausende gefährdete Arten und Habitate auf die Liste. Dies führte zu dem Ziel des Weltgipfels für nachhaltige Entwicklung (2002), den Biodiversitätsverlust bis 2010 deutlich zu verringern.

Maces wissenschaftliche Leistungen brachten ihr viele internationale Ehrungen ein, etwa die Linné-Medaille, und sie war die erste Präsidentin der British Ecological Society. Ihr Engagement für die Biodiversität und die Aufklärung darüber, wie das Wohlergehen der Menschen davon abhängt, setzte sie bis zu ihrem Tod im Jahr 2020 fort.

Hauptwerke

1991 *Assessing extinction threats: toward a re-evaluation of IUCN threatened species categories*
2014 *Whose conservation?*
2018 *Aiming higher to bend the curve of biodiversity loss*

KLIMAWANDEL FINDET HIER STATT, ER FINDET JETZT STATT

DEN KLIMAWANDEL AUFHALTEN

IM KONTEXT

SCHLÜSSELFIGUR/
SCHLÜSSELORGANISATION
Bert Bolin (1925–2007), **Intergovernmental Panel on Climate Change (IPCC)** (gegründet 1988)

FRÜHER

1955 Gilbert Plass berechnet die zu erwartende Erwärmung im 20. Jh. durch den Anstieg der Konzentration von CO_2.

1957 Roger Revelle und Hans Suess zeigen, dass die Ozeane das zusätzliche atmosphärische CO_2 nicht aufnehmen.

1968 John H. Mercer beschreibt einen immensen Meeresspiegelanstieg in 40 Jahren durch den Kollaps antarktischer Eisdecken.

SPÄTER

2015 Das Pariser Abkommen wird auf der UN-Klimakonferenz (COP21) beschlossen.

2024 Die COP29 in Baku verdreifacht finanzielle Zusagen für Entwicklungsländer auf 300 Mrd. US$ pro Jahr bis 2035.

Seit der industriellen Revolution haben Menschen die Umwelt durch immer mehr Kohlendioxid-(CO_2)-Emissionen verändert. Technische Fortschritte – von kohlebetriebenen Lokomotiven, Schiffen und Fabriken bis zu ölbetriebenen Autos und Flugzeugen – brachten schädliche Folgen für die Erde mit sich. Globale Forschungsgruppen befassten sich damit und suchten nach Wegen, wie wir die Entwicklungen aufhalten oder abwenden können.

Die Folgen des Klimawandels sind vielfältig. Mehr CO_2 in der Atmosphäre führt zur globalen Erwärmung. Dadurch schmilzt das Polareis und die Ozeane werden wärmer, sodass der Meeresspiegel steigt und Arten, die höhere Wassertemperaturen nicht vertragen, aussterben. Globale Wettermuster verändern sich ebenfalls. Hurrikane werden intensiver und verursachen verheerende Zerstörungen an den Küsten. Es gibt mehr Brände und Dürren in trockenen Gebieten und harschere Winter in kälteren Klimaten. Regionen, die ohnehin anfällig für Extremwetter und Katastrophen sind, etwa durch den tropischen Monsun, sind am stärksten betroffen – sie erleiden Verluste an Menschenleben und Lebensräumen.

Die Feuerwehr bekämpft Flammen des »heiligen Feuers«, das 2018 Orange County (Kalifornien) verwüstete. Höhere Temperaturen führten zu extremeren Bränden, was sich 2025 wiederholte.

Weltweite Kooperation

Wissenschaftlern war seit 1896 bekannt, dass der Mensch das Klima beeinflusst, nachdem der schwedische Chemiker Svante Arrhenius berechnet hatte, dass die Verbrennung fossiler Brennstoffe den Treibhauseffekt fördert. Doch erst in den 1970er-Jahren fingen die Regierungen an zu handeln. Damals erkannten auch immer mehr Menschen, dass der Klimawandel real

Natürliche Einflüsse
- Vulkanausbrüche
- Plattentektonik
- Meeresströmungen

Menschliche Einflüsse
- Entwaldung
- Landwirtschaft
- Fossile Brennstoffe
- Emissionen der Industrie

Durch sie gelangen mehr Kohlendioxid und andere Treibhausgase in die Luft, was den Klimawandel vorantreibt.

Siehe auch: Globale Erderwärmung 202–203 ▪ Entwaldung 256–261 ▪ Programm »Der Mensch und die Biosphäre« 314–315 ▪ Die wirtschaftlichen Folgen des Klimawandels 328–329 ▪ Die »Sustainable Biosphere Initiative« 332–333

ist, Presse und Fernsehen verbreiteten die beunruhigenden Erkenntnisse der Klimaforscher.

Internationale Bemühungen, den Klimawandel aufzuhalten oder zu verzögern, begannen mit der ersten UN-Konferenz über die Umwelt des Menschen in Stockholm 1972. Bei diesem Treffen wurde der Klimawandel im Vergleich zu anderen Themen – wie Umweltverschmutzung und erneuerbare Energien – kaum angesprochen. Im Anschluss wurde jedoch das UN-Umweltprogramm (UNEP; *UN Environmental Programme*) gegründet, um Strategien und Aktivitäten wie das Ökosystemmanagement, Hilfe bei Naturkatastrophen und Maßnahmen gegen die Umweltverschmutzung zu koordinieren. Später war das UNEP dann auch für das Management der Klimaschutzanstrengungen zuständig.

» Menschen führen jetzt ein geophysikalisches Experiment in großem Maßstab in einer Form durch, die in der Vergangenheit nicht möglich gewesen wäre. **«**

Roger Revelle und Hans Suess
Question of Increase of Atmospheric CO_2,
in: *Tellus* 9(1), 1957

1987 einigten sich alle Staaten der UN mit dem Montrealer Protokoll auf ein Verbot von Stoffen, die die Ozonschicht schädigen. Zwar diente es nicht direkt dem Klimaschutz, trug aber dazu bei, den Einsatz von Treibhausgasen zu senken.

Gründung des IPCC

1988 wurde der Zwischenstaatliche Ausschuss für Klimaänderungen (IPCC; *Intergovernmental Panel on Climate Change*) in Genf von zwei UN-Agenturen eingerichtet: dem UNEP und der Weltorganisation für Meteorologie (WMO). Der schwedische Meteorologe Bert Bolin – der schon der *Advisory Group on Greenhouse Gases,* dem Vorläufer des IPCC, angehört hatte – wurde der erste Vorsitzende des IPCC.

Dieser Weltklimarat soll weltweit koordiniert Lösungsansätze für den menschengemachten Klimawandel erarbeiten. Er erstellt Sachstandsberichte und thematische Sonderberichte über den Forschungsstand und unterstützt das wichtigste internationale Klimaabkommen: die Klimarahmenkonvention der Vereinten Nationen (UNFCCC; *UN Framework Convention on Climate Change*), die 1992 auf dem Weltgipfel von Rio beschlossen wurde. Die detaillierten Berichte enthalten jeweils Zusammenfassungen für politische Entscheidungsträger (SPM; *Summary for Policymakers*), um den Regierungen den wissenschaftlichen Sachstand zum Klimawandel und dessen Risiken für die Menschheit zu vermitteln. ››

Eine unbequeme Wahrheit, eine Dokumentation des ehemaligen US-Vizepräsidenten Al Gore von 2006, soll die Öffentlichkeit über die Ursachen und Folgen des Klimawandels aufklären.

Das Kyoto-Protokoll

Neun Jahre nach Gründung des IPCC unterzeichneten 1997 die UN-Staaten das Protokoll von Kyoto (Japan), das die CO_2-Emissionen regulieren sollte. Damit verpflichteten sich erstmals alle Industriestaaten auf eine individuelle Verringerung der Treibhausgase mit dem Ziel, ein Niveau zu erreichen, das Schäden für die Weltökosysteme vermeidet.

Das 1997 unterzeichnete Kyoto-Protokoll trat erst 2005 in Kraft. Am Ende der ersten Verpflichtungsperiode (2012) hatten alle Länder die zugesagten Ziele erreicht – außer Kanada, das aus dem Protokoll ausgetreten war. Australien hatte die Emissionen ebenfalls nicht reduziert, sich in der ersten Phase aber auch nur verpflichtet, die Zunahme auf 8 % zu begrenzen. Im Dezember 2012 trafen sich die Vertragsparteien, um neue Emissionsreduktionsziele für den zweiten Verpflichtungszeitraum 2012 bis 2020 zu vereinbaren. 2015 wurde dann das Pariser Abkommen unterzeichnet, das alle Nationen (nicht nur die Industrieländer) zur Reduzierung ihrer Emissionen verpflichtete. Dieses neue Abkommen ersetzte faktisch das Kyoto-Protokoll.

Bei einer Kabinettssitzung unter Wasser auf den Malediven 2009 wurden Maßnahmen gegen den Klimawandel gefordert. Durch den Meeresspiegelanstieg könnte das Land im Meer versinken.

Paris und die Zukunft

Im November 2016 wurde das Pariser Übereinkommen von 195 UNFCCC-Mitgliedsstaaten im UN-Hauptquartier in New York unterzeichnet, nachdem jahrzehntelang höhere Reduktionsziele gefordert worden waren. Wie im Kyoto-Protokoll verpflichten sich die Staaten individuell zur Begrenzung von Treibhausgasemissionen.

Nach der Entscheidung Syriens 2017, dem Pariser Übereinkommen beizutreten, sind die USA eine der sehr wenigen Nationen, die sich dem beschlossenen Programm verweigern. Zwar hatten die USA unter Barack Obama das Übereinkommen zunächst unterschrieben, doch sein Nachfolger, Donald Trump, beschloss den Austritt mit der Behauptung, es würde zu viel von den USA gefordert und zu wenig von anderen Nationen. Präsident Biden trat 2021 dem Abkommen wieder bei, aber Trump verließ es 2025 erneut. Das war ein schwerer Schlag: Die USA hatten nicht nur reichlich Geld für die Forschung gegeben, sondern auch die zweithöchsten Treibhausgasemissionen weltweit zu verzeichnen. Trump begründete den Schritt mit Argumenten der Klimaleugner: Er glaube, der Klimawandel sei ein

Leugner des Klimawandels

Obwohl sich praktisch alle Wissenschaftler weltweit einig sind, dass der Klimawandel vom Menschen verursacht wird und dringender Handlungsbedarf besteht, gibt es in vielen mächtigen Nationen Gruppen von Menschen, die das leugnen. Mehrere Soziologen und Historiker haben den Widerstand gegen die Fakten des Klimawandels als »Leugnungsmaschine« bezeichnet, mit der konservative Medien und Industrien, die von schwachen Umweltgesetzen profitieren, gezielt Zweifel und Unsicherheit aufbauen.

Einige Leugner behaupten, die wissenschaftlichen Klimaprojektionen seien zu extrem und die Erwärmung verlaufe langsamer als erwartet. Andere halten die Erkenntnis, dass der Klimawandel anthropogen (durch Menschen verursacht) ist, für einen Schwindel. Sie behaupten, natürliche Klimazyklen, nicht der Mensch, seien der Grund für die Erwärmung. Die verschiedenen Ansätze der Leugnung selbst bei einigen Politikern und Entscheidungsträgern werden vom IPCC und Klimaforschern immer wieder widerlegt.

natürliches Phänomen, von dem sich die Welt ohne menschliches Zutun erholen werde.

Auch andere Nationen äußerten Bedenken. Die Regierung von Nicaragua, die das Übereinkommen 2017 ratifiziert hatte, kritisierte es, weil es nicht weit genug ginge und die Treibhausgase nicht schnell genug reduziert würden, um die globale Klimakrise abzuwenden. Dem Pariser Übereinkommen fehlen zudem Mechanismen, um sicherzustellen, dass die Länder ihre Verpflichtungen einhalten.

Verzweifeltes Bemühen

Gemäß dem Pariser Übereinkommen müssen die Nationen kooperieren, um die Erhöhung der globalen Mitteltemperaturen auf 2 °C über vorindustrielle Werte zu begrenzen. Es erklärt zudem, die Erwärmung solle möglichst unter 1,5 °C gehalten werden. In einer Studie von 2016 in der Fachzeitschrift *Earth System Dynamics* erklären der Klimaforscher Carl-Friedrich Schleussner und seine Kollegen, dass sich bei einer Erwärmung um 1,5 °C eine globale Umwelt entwickelt, die dem wärmsten bisher erlebten Zustand entspricht. Eine Zunahme um 2 °C

> » Wir haben die Regierungen vor eine ziemlich harte Wahl gestellt. Wir haben die enormen Vorteile gezeigt, wenn wir unter 1,5 °C bleiben. «
>
> **Professor Jim Skea**
> Vorsitzender des IPCC, bis 2023 Co-Vorsitzender der IPCC-Arbeitsgruppe III
> *We Have 12 Years to Limit Climate Change Catastrophe, Warns UN,* in: *The Guardian,* 8.10.2018

Die Last des Wandels

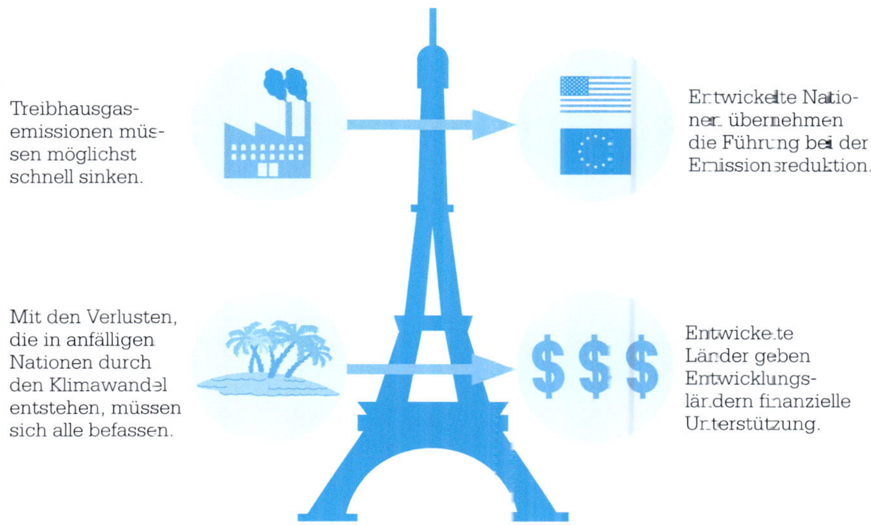

Das Pariser Klimaabkommen haben 195 Mitgliedsstaaten der UNFCCC unterzeichnet. Es nimmt die entwickelten Staaten in die Verantwortung, denjenigen zu helfen, die wenig Geld und Ressourcen haben, um dem Klimawandel entgegenzuwirken.

würde ein »neues Klimaregime« bringen, wie es die Menschheit noch nie erlebt habe.

Weitere Forschungen zeigen, dass die 1,5-°C-Grenze fast sicher schon Mitte des 21. Jh. überschritten und es sehr schwierig werden wird, die Erwärmung bis zum Ende des Jahrhunderts auf unter 2 °C zu begrenzen. Der IPCC-Synthesebericht von 2023 war alarmierend. Selbst wenn die Staaten strikt ihre derzeit geplanten Reduktionsziele einhalten, wird die globale Temperatur zum Ende des Jahrhunderts 2,7 °C über dem vorindustriellen Niveau liegen, realistische Szenarien gehen gar von 4,4 °C aus. Demnach werden drastische Klimafolgen überall auf der Welt zunehmen. Es überrascht nicht, dass im *Global Risks Report 2025* des Weltwirtschaftsforums die drei größten Risiken für die nächsten zehn Jahre extreme Wetterereignisse, Biodiversitätsverlust und Ökosystemkollaps sowie kritische Veränderungen der Erdsysteme sind.

Der IPCC fordert jeden Menschen auf, zur Senkung der CO_2-Emissionen beizutragen. Landnutzung, Energie, Städte und Industrie sind Sektoren, in denen Veränderungen nötig sind: Menschen sollten auf Elektroautos umsteigen, mehr gehen und Fahrrad fahren und weniger fliegen, da Flugzeuge einen erheblichen Teil der Treibhausgase ausstoßen. Der IPCC ermutigt Menschen auch, weniger Fleisch und Milchprodukte zu konsumieren, um Emissionen aus der Tierhaltung zu reduzieren. Zwar haben internationale Abkommen die Debatte bisher dominiert, doch es ist klar, dass alle Maßnahmen zur Senkung der CO_2-Emissionen auf allen Ebenen verfolgt werden müssen. ■

BIODIVERSITÄT IST DER SCHLÜSSEL FÜR UNSER ÜBERLEBEN

DEN VERLUST VON ARTENVIELFALT AUFHALTEN

IM KONTEXT

SCHLÜSSELFIGUR
Partha Dasgupta (*1942)

FRÜHER
2012 Die *Zwischenstaatliche Plattform für Biodiversität und Ökosystem-Dienstleistungen* (IPBES; *Intergovernmental Science-Policy Platform on Biodiversity and Ecosystem Services*) wird gegründet, um Daten zu Biodiversität und Ökosystemen zu erfassen.

2016 In *Die Hälfte der Erde*, schlägt Edward O. Wilson vor, eine Hälfte der Erde nur der Natur zu überlassen.

2018 Die Rote Liste der IUCN zeigt, dass über 26 000 Arten (27 % der beurteilten Arten) vom Aussterben bedroht sind.

SPÄTER
2022 Der Globale Biodiversitätsrahmen von Kunming-Montreal setzt Ziele, durch die die menschliche Gesellschaft bis 2050 »im Einklang mit der Natur« leben soll.

Die Vielfalt der Lebewesen sowie Größe und Qualität der Ökosysteme, also die Biodiversität, sind bedroht. Einige Forschende sehen uns in einer sechsten Phase des Massenaussterbens. Einer der Gründe ist der Konflikt zwischen dem Erhalten oder Wiederherstellen von Naturgebieten für bedrohte Tiere und Pflanze einerseits und der Ernährung für die wachsende Weltbevölkerung andererseits: Auf immer mehr Land werden Nutzpflanzen angebaut, ein Großteil davon wird zu Tierfutter für die Fleischproduktion.

Dazu veröffentlichte 2020 ein internationales Wissenschaftsteam einen Bericht in der Fachzeitschrift *Nature*. Demnach können wir den Rückgang der Biodiversität nur durch eine integrierte Strategie

Die Folgen unseres Handelns

Den Verlust der Biodiversität auf der Erde aufzuhalten erfordert eine integrative Strategie. Das Diagramm zeigt den historischen Biodiversitätsverlust bis 2010 und mehrere Zukunftsszenarien – abhängig davon, welche Maßnahmen wir ergreifen.

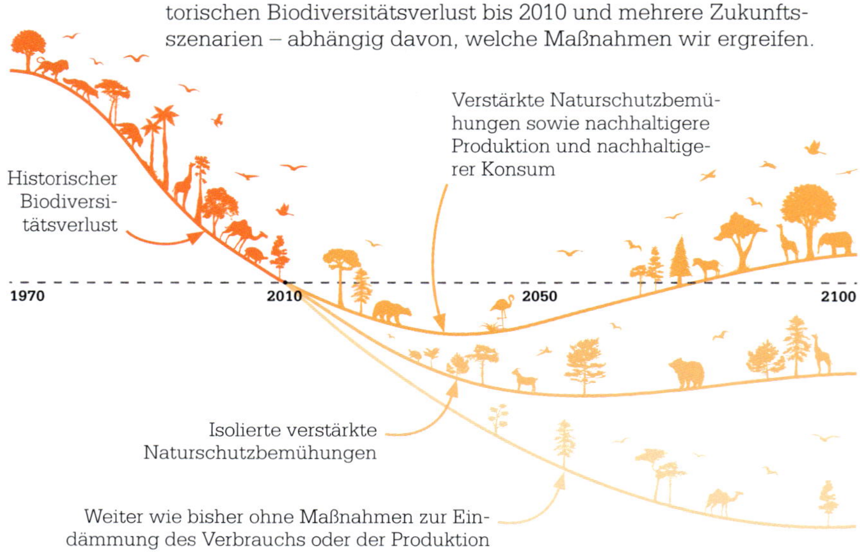

Siehe auch: Menschliche Aktivität und Biodiversität 92–95 ▪ Die wirtschaftlichen Folgen des Klimawandels 328–329 ▪ Einsatz künstlicher Intelligenz 330 ▪ Entwicklung naturbasierter Lösungen 331 ▪ Beiträge der Natur für die Menschen 336–337

Die Natur wiederherzustellen ist eine wichtige Strategie, Artenverluste zu begrenzen. Diese Wiederaufforstung in Sumatra soll den Lebensraum des dort heimischen Orang-Utans sichern.

stoppen, die sowohl Änderungen bei der Nutzung der Natur als auch in der Landwirtschaft umfasst. Der Bericht fordert, Schutzgebiete rasch auf 40 % der Landfläche der Erde auszuweiten und degradierte Flächen (weitere 8 %) wiederherzustellen. Dies würde den Biodiversitätsrückgang bis 2050 verringern.

Solche Maßnahmen könnten sich allerdings weltweit auf die Landwirtschaft auswirken, sodass Lebensmittel teurer werden und mehr Menschen hungern würden. Um dies zu verhindern und dennoch den Biodiversitätsverlust zu stoppen, sollten wir, so der Bericht, weniger Lebensmittel verschwenden und uns nachhaltiger (weniger Fleischkonsum) ernähren.

Der wahre Wert der Natur

Zwischen 1992 und 2014 verdoppelte sich das weltweit pro Person erzeugte materielle Kapital, während sich das Naturkapital (die Menge aller Ökosysteme) um fast 40 % verringerte. Dieser Rückgang ist einfach nicht nachhaltig. Die britische Regierung beauftragte den indisch-britischen Ökonomen Partha Dasgupta mit einem Bericht über die Ökonomie des Naturkapitals, er erschien 2021. Darin steht, dass die Natur »unser wertvollstes Gut« ist und wir verstehen müssen, dass langfristiger Wohlstand eine »Neugewichtung der Nachfrage nach Gütern und Dienstleistungen der Natur gegenüber ihrer Fähigkeit, sie zu liefern«, erfordert.

Dasguptas Empfehlungen (für Großbritannien, aber weltweit anwendbar): die Ausweitung und ein besseres Management von Naturschutzgebieten, das Eindämmen schädlichen Konsums, andere Messgrößen für Wirtschaftserfolg, die Einbeziehung des Naturkapitals in die Arbeit des Finanzministeriums sowie die Umgestaltungen des Bildungs- und Finanzsystems als Basis für diese Veränderungen.

Ehrgeizige Ziele

Nach vierjährigen Verhandlungen unterzeichneten 192 Staaten im Dezember 2022 den Globalen Biodiversitätsrahmen (GBF) von Kunming-Montreal. Dieses bislang weitreichendste internationale Biodiversitätsabkommen setzt wichtige Ziele für 2030, darunter die Wiederherstellung von 30 % aller degradierten terrestrischen, Süßwasser- und Meeresökosysteme, den Schutz von 30 % der Erdoberfläche, die Eindämmung des Artensterbens, den Schutz der genetischen Vielfalt, die Bewältigung von Konflikten zwischen Mensch und Tierwelt sowie die Verringerung des Einschleppens invasiver Arten um 50 %.

Ziele zu setzen ist zwar wichtig, aber ebenso bedeutsam ist ein Konsens, wie sie umzusetzen sind. Das Abkommen war hier ein wichtiger Schritt, denn die Staaten haben sich dazu verpflichtet, Biodiversität in ihre politischen Prozesse zu integrieren, ärmere Nationen und indigene Völker zu unterstützen und pro Jahr 200 Mrd. US$ zur Finanzierung der Ziele zu mobilisieren. ▪

» Wenn uns unsere gemeinsame Zukunft am Herzen liegt … sollten wir alle ein bisschen Naturforscher sein. «

Partha Dasgupta
The Economics of Biodiversity: The Dasgupta Review, 2021

WIR SPIELEN WÜRFEL MIT DER NATÜRLICHEN UMWELT

DIE WIRTSCHAFTLICHEN FOLGEN DES KLIMAWANDELS

Die Klimatologie ist eine unsichere Disziplin. Projektionen der Zukunft verändern sich durch politische Entscheidungen und neue Techniken, aber auch natürliche Einflüsse. Doch es ist wichtig, die finanziellen Kosten des Klimawandels zu verstehen, denn nur dann können wir Wege suchen, die Folgen effektiv zu mindern. Dabei sind nicht nur direkte Kosten – etwa Gebäudeschäden durch Überschwemmungen oder Waldbrände – einzubeziehen, sondern auch indirekte Kosten durch Folgeschäden wie die Abnahme der Biodiversität, Habitatzerstörung, Änderung der Vegetationsperiode oder die erzwungene Migration von Menschen.

Kostenrechnung

Die sozialen Kosten der Emissionen von Kohlendioxid (CO_2) (SCC; *Social Cost of Carbon*) sind eine finanzielle Schätzung der Belastung, die der

Umweltaktivisten in Lamu (Kenia) demonstrierten 2018 gegen den Bau eines Kohlekraftwerks. Dank des zunehmenden Bewusstseins für die ökologischen Folgen sinkt die Akzeptanz.

IM KONTEXT

SCHLÜSSELFIGUR
William Nordhaus (*1941)

FRÜHER
1993 In *Reflections on the Economics of Climate Change* beschreibt William Nordhaus die Wechselwirkungen zwischen Klimawandel und Wirtschaft, legt Unsicherheiten dar und schlägt Lösungen vor.

SPÄTER
2008 In *Wohlstand für viele: globale Wirtschaftspolitik in Zeiten der ökologischen und sozialen Krise* äußert Jeffrey Sachs, die Menschheit könne die beängstigenden Wirtschaftskrisen, etwa durch den Klimawandel, bewältigen.

2013 In *The Climate Casino: Risk, Uncertainty, and Economics for a Warming World* erklärt William Nordhaus, wie die Erderwärmung mit der Weltwirtschaft zusammenhängt, und liefert Ideen, um die Folgen abzumindern.

Siehe auch: Erneuerbare Energien 304–309 ▪ Programm »Der Mensch und die Biosphäre« 314–315 ▪ Den Klimawandel aufhalten 320–325

menschlichen Gesellschaft durch jede emittierte Tonne CO_2 entsteht. Dazu gehören etwa die Verringerung der landwirtschaftlichen Produktivität, Infrastrukturschäden, Energiekosten und Folgen für die menschliche Gesundheit. Die sozialen Kosten sind ein wichtiger Wert für die Energiepolitik. Werden etwa die SCC beim Bau eines Kraftwerks einbezogen, wird es deutlich teurer. Umgekehrt können nachhaltige Energien wie Sonnen- oder Windenergie günstiger werden. Allerdings ist es sehr schwer, die SCC zu berechnen.

Vorhersagemodelle

Ökonomen setzen dazu verschiedene Modelle ein. 1999 entwickelte William Nordhaus RICE *(Regional Integrated Climate-Economy model)* – eine Variante des Vorgängers DICE *(Dynamic Integrated Climate-Economy model)* –, das Kosten des und Nutzen für den Klimaschutz gegenüberstellt. Das RICE-Modell berücksichtigt CO_2-Emissionen, den CO_2-Gehalt der Atmosphäre, Schäden sowie Maßnahmen zur Senkung der Emissionen. Für die Analyse unterteilt das Modell die Welt in Regionen. 2055 sollen die gesamten SCC zwischen 44 und 207 Dollar (39 bis 185 €) pro Tonne emittiertem CO_2 liegen, abhängig von der Stärke der Erwärmung und der Abschwächung durch Schutzmaßnahmen.

Ökonomische Modelle müssen Annahmen treffen, etwa über die Diskontierung. Dadurch werden zeitliche Faktoren berücksichtigt: Gegenwärtige Nutzen und Kosten werden höher bewertet als zukünftige, weil die Zukunft niemals absolut vorhersagbar ist. Eine höhere Diskontrate sagt aus, dass zukünftige Generationen reicher sind und daher besser mit den Folgen des Klimawandels umgehen können. Niedrigere Diskontraten weisen dagegen auf Armut im Vergleich zu heutigen Verhältnissen hin. Nordhaus schätzt die Diskontrate auf 3 %; wenn also der Klimawandel im Jahr 2100 einen finanziellen Schaden von 5 Bio. Dollar verursacht, sollten wir heute 382 Mrd. Dollar investieren, um ihn zu vermeiden. ■

Die Kosten-Nutzen-Analyse der CO_2-Reduktion

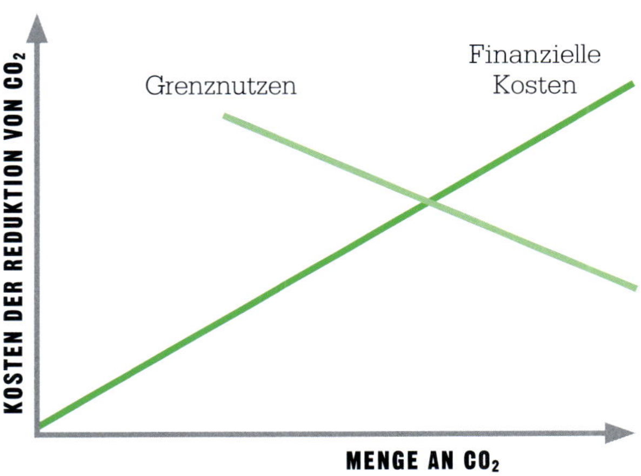

Die Kosten der Reduktion von CO_2 steigen mit der Menge des Gases an, aber der Grenznutzen verringert sich immer weiter. Der Punkt, an dem sich die Linien schneiden, ist das Optimum, hier wird der größte Nutzen mit den geringsten Kosten erreicht.

William Nordhaus

Der 1941 im US-Staat New Mexico geborene Nordhaus ist eine Autorität für die Ökonomie des Klimawandels. Er kam zu diesem Forschungsbereich, als er ein Büro mit einem Klimatologen teilte. Nordhaus' ökonomische Theorien – das DICE- und das RICE-Modell – werden oft angewendet, um politische Entscheidungen zu analysieren. Nordhaus arbeitet vor allem daran, einen realistischen Preis für die Emissionen von Kohlendioxid (CO_2) zu bestimmen. Heute geht man allgemein von sozialen Kosten von etwa 40 € pro Tonne CO_2 aus, aber nach Nordhaus müsste der Preis deutlich höher ausfallen. Nordhaus ist Sterling Professor für Ökonomie an der *Yale University* und sitzt in Beratergremien des *Congressional Budget Office* und der *Brookings Institution*. 2018 erhielt Nordhaus den Nobelpreis für Wirtschaft.

Hauptwerke

1994 *Managing the Global Commons: The Economics of Climate Change*
2000 *Warming the World: Economic Models of Global Warming*

KI KÖNNTE UNSER VERSTÄNDNIS ÖKOLOGISCHER SYSTEME REVOLUTIONIEREN

EINSATZ KÜNSTLICHER INTELLIGENZ

IM KONTEXT

SCHLÜSSELORGANISATION
Cornell Lab of Ornithology (gegründet 1915)

FRÜHER
1990er Die Wissenschaft wenden KI-Algorithmen an, um die Bodenbedeckung zu klassifizieren.

2002 Ornithologen am Lab of Ornithology der Cornell-Universität in New York starten eBird.

2010er KI macht die Analyse der Daten aus Kamerafallen erheblich schneller.

SPÄTER
2022 Das britische Zentrum für Ökologie und Hydrologie (CEH) entwickelt eine solarbetriebene autonome Station, die Motten, Vögel, Fledermäuse und andere Säugetiere erfasst.

2024 In Australien pflanzen KI-gesteuerte Roboter Korallenlarven in künstliche »Saatbetten«, um die Wiederherstellung von Riffen zu beschleunigen.

Um zu erkennen, welche Maßnahmen gegen die Biodiversitäts- und Klimakrise wirken, brauchen wir Daten über die Populationen von Lebewesen. Die traditionelle Datensammlung ist arbeitsintensiv, künstliche Intelligenz (KI) gibt hier inzwischen hilfreiche Unterstützung. So können Kamerafallen und akustische Aufzeichnungsgeräte Tiere automatisch bestimmen, fotografieren und registrieren. Tauchroboter kartieren Korallenriffe oder nehmen Geräusche von Fischen auf, mit denen KI-Algorithmen den Zustand der Ökosysteme analysieren. KI kann also Tiere beobachten, Veränderungen bei ihrer Verbreitung kartieren und sinnvolle Strategien zum Schutz der Umwelt vorschlagen.

Citizen Science

Weltweit scannen Bürgerwissenschaftler die Natur mit Apps wie iRecord, iNaturalist, PlantNet oder eBird, KI-Systeme helfen bei der Auswertung. Die Beobachtungen gehen in globale Datenbanken ein, um Trends zu analysieren. In den Jahren 2014 bis 2024 haben mehr als 1 Mio. Amateur-Naturforscher 1,9 Mrd. Vogelbeobachtungen zur eBird-Datenbank von Cornell beigetragen. Cornell ergänzte 2021 die optische Einordnung durch die App Merlin Sound ID, die Rufe von Vögeln identifiziert; 2024 wurden über 12 Mio. Nutzer verzeichnet. Kreative KI-Anwendungen werden so zu sinnvollen Mitteln beim Schutz der Biodiversität. ■

Solarbetriebene autonome Stationen wie diese des britischen Zentrums für Ökologie und Hydrologie können helfen, Lebewesen aus der Ferne zu identifizieren und zu registrieren.

Siehe auch: Citizen Science 178–183 ▪ Programm »Der Mensch und die Biosphäre« 314–315 ▪ Beiträge der Natur für die Menschen 336–337

MIT DER NATUR ARBEITEN – ALS TEIL VON IHR

ENTWICKLUNG NATURBASIERTER LÖSUNGEN

IM KONTEXT

SCHLÜSSELENTWICKLUNG
Globaler Biodiversitätsrahmen von Kunming-Montreal (2022)

FRÜHER
1992 Auf dem Erdgipfel in Rio verpflichten sich 105 Staaten zur nachhaltigen Entwicklung.

2012 Die Zwischenstaatliche Plattform für Biodiversität und Ökosystemdienstleistungen (IPBES) wird gegründet.

2015 Der UN-Gipfel für nachhaltige Entwicklung legt 17 Ziele für nachhaltige Entwicklung und eine ehrgeizige Agenda fest, die von 193 Staaten verabschiedet wird.

SPÄTER
2023 In Indien startet die Regierung ein Programm zur Ausweitung der Mangrovenwälder an der Küste (MISHTI).

2025 Die britische Regierung genehmigt das Freilassen von Bibern in die Natur.

Naturbasierte Lösungen (NbL) können uns helfen, den Klimawandel und den Biodiversitätsverlust zu bremsen. Das Konzept der NbL wird populärer, unter anderem, weil es in den Globalen Biodiversitätsrahmen von Kunming-Montreal (2022) eingegangen ist. NbL nutzen die Natur und stabile Ökosysteme, um Gesellschaften, den Menschen und die Biodiversität zu unterstützen. Auch wenn einige dieser Maßnahmen mehr bewirken als technikbasierte Ansätze, müssen auch weiterhin die Treibhausgasemissionen reduziert werden.

» Naturbasierte Lösungen gehen gesellschaftliche Probleme auf eine Weise an, die sowohl den Menschen als auch der Natur zugute kommt. «

British Ecological Society
Nature-based Solutions for Climate Change in the UK, 2021

Wasser, Bäume und Weiden

Ein Beispiel für NbL sind Aufforstungen: Bäume binden Kohlenstoff, stabilisieren Hänge, verringern Bodenerosion und Erdrutsche, kühlen die Umgebung und fördern die Biodiversität. Mangroven schützen tropische Küsten vor Sturmfolgen. Die Renaturierung ausgetrockneter Moore bindet große Mengen Kohlenstoff. Das Wiederherstellen natürlicher Wasserläufe und der Erhalt von Auen senken das Hochwasserrisiko. An einigen Orten siedelt man wieder Biber an, da ihre Dämme Flüsse verlangsamen und Lebensräume für viele Lebewesen schaffen. Das Weiden von Vieh verbessert den Zustand von Grasflächen.

NbL helfen gegen den Klimawandel und den Verlust von Ökosystemen, aber die Rechte, Werte und Kenntnisse lokaler Gemeinschaften und indigener Völker sind dabei stets zu respektieren. ■

Siehe auch: Zerstörung der Erde durch den Menschen 303 ▪ Den Klimawandel aufhalten 320–325 ▪ Den Verlust von Artenvielfalt aufhalten 326–327 ▪ Beiträge der Natur für die Menschen 336–337

DIE VERSORGUNG DER WELTBEVÖLKERUNG SOLLTE SICHER SEIN

DIE »SUSTAINABLE BIOSPHERE INITIATIVE«

IM KONTEXT

SCHLÜSSELFIGUR
William J. Sutherland (*1956)

FRÜHER
1388 Das Parlament Englands entscheidet, dass es illegal ist, Abfälle in Gewässer zu werfen.

1970er Der Brite James Lovelock und die US-Mikrobiologin Lynn Margulis veröffentlichen die Gaia-Hypothese.

SPÄTER
1992 Der kanadische Ökologe William Rees führt das Konzept des »ökologischen Fußabdrucks« ein, das die Folgen menschlichen Handelns auf die Umwelt beschreibt.

2000 Der niederländische Nobelpreisträger Paul Crutzen benennt eine neue geologische Epoche: das Anthropozän (»Zeitalter des Menschen«), geprägt durch unseren enormen Einfluss auf die Erde. Das Konzept und der Beginn des Anthropozäns sind umstritten.

Die *Sustainable Biosphere Initiative* (SBI) entstand 1988 aus den Überlegungen der *Ecological Society of America* (ESA) heraus, welche Forschungen angesichts begrenzter Geldmittel als Erstes angegangen werden sollten. Damals befand sich die Ökologie im Übergang zur angewandten Wissenschaft – dem Einsatz ökologischen Wissens zur Entwicklung praktischer Lösungen für aktuelle Umweltprobleme. Die US-Biologin Jane Lubchenco leitete die SBI und eröffnete der ESA (und anderen) Wege, nützliches ökologisches Wissen zu verbreiten, um der zunehmenden Schädigung der Umwelt entgegenzuwirken.

» Mein Ziel ist es, die Kultur so zu verändern, dass es undenkbar wird, beim Umweltschutz nicht auf wissenschaftliche Erkenntnisse zurückzugreifen. «

William Sutherland
zitiert in:
Sarah Pratt: *A Man with a Big Idea.*
Website der Universität Cambridge, Oktober 2024

Prioritäten für den Planeten

Die SBI sollte neue Einsatzbereiche für die Ökologie finden und die für die folgenden Jahre wichtigsten Forschungsbereiche festlegen. Man setzte drei Prioritäten: globaler Wandel, Biodiversität und nachhaltige ökologische Systeme. Studien zum globalen Wandel beziehen sich auf Atmosphäre, Klima, Boden und Wasser (auch Veränderungen durch die Umweltverschmutzung) sowie Muster der Land- und Wassernutzung. Die Forschung zur Biodiversität konzentriert sich auf bedrohte Arten sowie natürliche und anthropogene Veränderungen der genetischen Diversität und der Habitatvielfalt. Beim Studium nachhaltiger ökologischer Systeme werden die Wechselbeziehungen zwischen Menschen und ökologischen Vorgängen analysiert, damit Forscher Lösungen für gefährdete Ökosysteme finden können.

Die SBI arbeitete an der Finanzierung derartiger Forschung und betonte, dass es zudem wichtig sei, die Erkenntnisse mit Menschen außerhalb des Wissenschaftsbe-

Siehe auch: Das Ökosystem 134–137 ▪ Chaotische Populationsänderungen 184 ▪ Überfischung 268–271 ▪ Den Klimawandel aufhalten 320–325 ▪ Den Verlust von Artenvielfalt aufhalten 326-327 ▪ Die wirtschaftlichen Folgen des Klimawandels 328–329

triebs zu teilen. Sie umriss Prozesse für die angewandte Ökologie, die nicht nur dazu dienen sollten, neues Wissen zu erwerben, sondern auch dazu, die Kommunikation und die praktische Umsetzung in politische Veränderung zu unterstützen.

Die Zukunft der Forschung

Lubchenco und ihre Kollegen wollten mit der SBI sowohl ein Leitbild für die Forschung vorgeben als auch Argumente finden, warum die Ökologie mehr Förderung und Aufmerksamkeit verdient. Der Bericht wurde 1991 in dem ESA-Journal *Ecology* unter dem Titel *The Sustainable Biosphere Initiative: An Ecological Research Agenda* veröffentlicht. Bei Wissenschaftlern fand er viel Beachtung und einige Ideen wurden weltweit übernommen – zuerst für die *International Sustainable Biosphere Initiative,* die 1991 in Mexiko entwickelt wurde, und dann für die Agenda 21, dem UN-Aktionsplan, der 1992 auf dem Weltgipfel in Rio de Janeiro beschlossen wurde.

Seit 1991 hat die SBI Ökologen angeregt, neue Wege der Finanzierung und der Kooperation zu finden und in Arbeitsgruppen, Workshops und Publikationen die Ziele voranzubringen. Sie hat die Ökologie in den öffentlichen Fokus gerückt; heute sitzen Ökologen in Gremien, die Politik und Unternehmen beeinflussen.

Trotz dieser Fortschritte glaubt Lubchenco, dass das Handeln nicht mit den zunehmenden Bedrohungen für die Erde Schritt gehalten hat. Neue Kampagnen wie die 2013 gestartete *Earth Stewartship Initiative* der ESA führen die Arbeit der SBI fort. Zu neuartigen Initiativen, die helfen sollen, Naturschutzmaßnahmen zu priorisieren, zählen Projekte wie *Conservation Evidence,* das der britische Zoologe William Sutherland konzipiert hat. ■

Schüler lernen, wie Windkraftanlagen funktionieren. Die SBI fordert ökologische Bildung in Schulen und Universitäten, um den nachhaltigen Umgang mit der Biosphäre zu vermitteln.

William J. Sutherland

William Sutherland, geboren 1956, ist ein Pionier der Naturschutzforschung. Er arbeitet zu vielen Aspekten, vor allem zur Einbeziehung wissenschaftlicher Evidenz in Entscheidungsprozesse. Nach Studium und Lehrtätigkeit an der University of East Anglia und am Liverpool Polytechnic ging er 2006 nach Cambridge. Dort ist er aktuell Forschungsdirektor am zoologischen Institut der Universität.

Anfang der 2000er gründete er *Conservation Evidence,* eine Datenbank, die Erkenntnisse zum Naturschutz zusammenfasst und in der Praxis und bei Entscheidungen hilft. Außerdem leitet er ein jährliches Projekt zur Identifizierung neuer Themen die für den Naturschutz global bedeutend sind. Seine weltweit führende Arbeit wurde mit zahlreichen Preisen und Auszeichnungen gewürdigt.

Hauptwerke

2022 *Transforming Conservation: A Practical Guide to Evidence and Decision Making*
Ab 2009 Jährliche Bestandsaufnahme globaler Herausforderungen für Naturschutz/Biologie

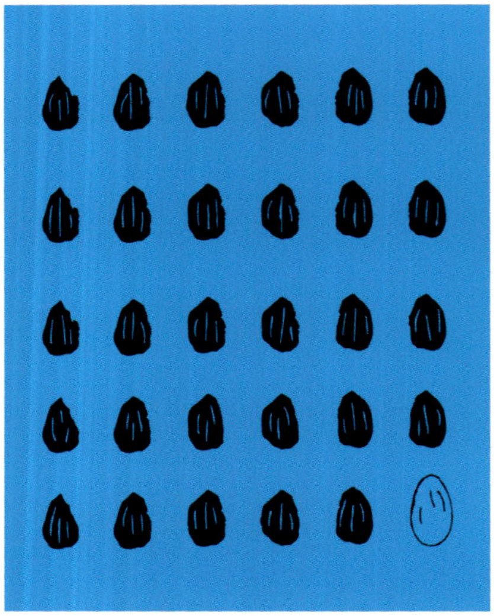

MONOKULTUREN UND MONOPOLE ZERSTÖREN DIE ERNTE

SAATGUTDIVERSITÄT

IM KONTEXT

SCHLÜSSELFIGUR
Vandana Shiva (*1952)

FRÜHER
1966 Eine neue Reissorte mit hohem Ertrag, IR8, führt zu einem enormen Anstieg der Produktion in mehreren Ländern. Die in den Philippinen entwickelte Sorte wird auch »Wunderreis« genannt.

SPÄTER
1994 Die Welthandelsorganisation (WTO) führt das Übereinkommen über handelsbezogene Aspekte der Rechte des geistigen Eigentums (TRIPS) ein.

2004 Nach Protesten von Bauern, die die Weizensorte Nap Hal entwickelt haben, wird das Patent der Firma Monsanto auf diese Sorte widerrufen.

2012 Die indische Initiative *Navdanya* startet die globale Kampagne *Seed Freedom* zum Schutz der Ernähungssouveränität und -sicherheit.

Die Reisproduktion in Kalifornien ist sehr ertragreich, leidet aber unter Bodenversalzung. Salztoleranz kann gentechnisch erreicht werden – traditionelle Sorten sind natürlich tolerant.

Im Jahr 1987 startete die Physikerin Vandana Shiva eine Bewegung, um die lokale Saatgutdiversität angesichts des Wandels der Lebensmittelproduktion zu erhalten. Sie gründete *Navdanya*, eine »erdzentrierte, frauenzentrierte und von Bauern geführte« Nichtregierungsorganisation, um die landwirtschaftliche Diversität vor der Bedrohung durch Gentechnik und Patente zu schützen.

Agrobiodiversität

Die biologische Vielfalt in der Landwirtschaft oder die Agrobiodiversität beruht auf der Züchtung von Pflanzen und Tieren aus wilden Arten über Jahrtausende hinweg. Diese Praxis führte zu einer außerordentlichen genetischen Vielfalt bei Kulturpflanzen und Nutztieren. So wurde Gras der Gattung *Oryza* in Asien erstmals vor 13 500 bis 8200 Jahren als Reis angebaut, heute gibt es über 40 000 Reissorten. Ein Teil der Agrobiodiversität machen die vielen nicht geernteten Arten aus, die die Produktion unterstützen, etwa Bodenmikroben, Fressfeinde von Schädlingen oder Bestäuber. Die Fähigkeiten und das Wissen von Millionen Bauern haben diese Diversität geformt.

Siehe auch: Menschliche Aktivität und Biodiversität 92–95 ▪ Das Erbe der Pestizide 244–249 ▪ Beiträge der Natur für die Menschen 336–337

» Saatgutpatente bedrohen das Überleben und die Freiheit der Kleinbauern und Bauern … «

Vandana Shiva
Geraubte Ernte: Biodiversität und Ernährungspolitik, 2000

Seit den späten 1960ern umfasste der Technologietransfer an Entwicklungsländer hochertragreiche Pflanzensorten zusammen mit chemischen Düngern, Pestiziden und Herbiziden, Landwirtschaftsmaschinen und effizienteren Bewässerungssystemen. Durch diese »Grüne Revolution« wandelte sich die Landwirtschaft in den Entwicklungsländern weg von der Biodiversität hin zu hohen Erträgen. Neue Pflanzen der Grünen Revolution wie der »Wunderreis« IR8 steigerten die Produktion, das hatte aber Kehrseiten. Mit der Konzentration auf wenige ertragreiche Sorten verkleinerte sich die genetische Basis der traditionellen Saatgutvielfalt bei Getreiden, Kartoffeln, Früchten und Gemüsen.

Die Ernährungs- und Landwirtschaftsorganisation der UN (FAO) schätzt, dass weltweit 75 % der Sortendiversität verschwunden ist. Einige Umweltschützer argumentieren, traditionelle Sorten seien für örtliche Verhältnisse geeigneter, für Bauern billiger und für die Umwelt nachhaltiger als neue Hochertragssorten. Zudem lassen sich Unternehmen neue Sorten, die sie entwickeln, patentieren. So können Handelsabkommen vorschreiben, wer sie wie verwenden darf. Dies benachteiligt Kleinbauern gegenüber den mächtigen Landwirtschaftskonzernen, die das Saatgut vertreiben.

Saatgutsouveränität

Bauern, meint Shiva, seien bedroht, wenn geeignetes Saatgut nicht mehr verfügbar ist. Traditionell heben die meisten Kleinbauern einen Teil der Ernte als Saatgut für die nächste Saison auf. Wenn sie heute aber Saatgut kaufen, müssen sie sich oft verpflichten, es nicht aufzuheben, das gilt vor allem bei genetisch modifizierten Sorten. Sie müssen also jedes Jahr neues Saatgut kaufen, was viel kosten kann.

Shiva kritisiert Saatgutpatente als »Biopiraterie« und gründete *Navdanya* mit dem Ziel, die »Saatgutsouveränität« zu fördern. Ihre Organisation kämpft gemeinsam mit Saatgutzüchtern und organischen Bauern für die Agrobiodiversität. Sie unterstützte den Aufbau von über 100 Gemeinschafts-Saatgutbanken, die Samen seltener Pflanzen aufbewahren. ▪

Dünger haben die Erträge in Indien – wo bei einer Bevölkerung von 1,4 Mrd. die Versorgungssicherheit essenziell ist – erhöht, aber sie schädigen auch die Fruchtbarkeit des Bodens.

Vandana Shiva

Die Aktivistin Vandana Shiva wurde 1952 in Nordindien geboren. Ihre Mutter war Landwirtin, ihr Vater Forstbeamter. Sie studierte in Indien und schrieb in Kanada eine Doktorarbeit über die Grundlagen der Quantenphysik. Zurück in Indien, gründete sie 1982 die *Research Foundation for Science Technology and Ecology.* Nach dem Unglück in der Pestizidfabrik von Bhopal 1984 wuchs ihr Interesse an Landwirtschaft. Drei Jahre später gründete sie *Navdanya* (Hindi: »Neun Samen«), um die Biodiversität und einheimisches Saatgut zu schützen. Sie kämpfte gegen das Übereinkommen über handelsbezogene Aspekte der Rechte des geistigen Eigentums (TRIPS), das Patente auf Tiere und Pflanzen ermöglicht. Das Magazin *Time* kürte Vandana Shiva 2003 zur Umweltheldin.

Hauptwerke

1989 *The Violence of the Green Revolution*
2000 *Geraubte Ernte: Biodiversität und Ernährungspolitik*
2013 *Jenseits des Wachstums: Warum wir mit der Erde Frieden schließen müssen*

NATÜRLICHE ÖKOSYSTEME ERMÖGLICHEN DAS MENSCHLICHE LEBEN UND BEREICHERN ES

BEITRÄGE DER NATUR FÜR DIE MENSCHEN

IM KONTEXT

SCHLÜSSELFIGUR
Gretchen Daily (*1964)

FRÜHER
um 400 v. Chr. Der Grieche Plato erkennt die Folgen menschlicher Handlungen für die Natur: Entwaldung führt zur Bodenerosion und zum Versiegen von Quellen.

1973 Der deutsche Statistiker und Ökonom Ernst F. Schumacher prägt den Begriff »Naturkapital« in dem Buch *Small is Beautiful*.

SPÄTER
1998 Das UN-Umweltprogramm (UNEP), die NASA und die Weltbank zeigen in einer Studie, dass der Schutz des Planeten dem Menschen nutzt.

2008 Nach einer Studie an der *University of California, Berkeley* schulden die reichsten Länder wegen der ökologischen Schäden den ärmsten Ländern mehr Geld als die Schulden aller Entwicklungsländer.

Als heiliger Berg liefert der Fuji eine kulturelle Ökosystemleistung für die Japaner, die umgebenden reichen vulkanischen Böden stellen eine Leistung für die Teeplantagen dar.

Als »Beiträge der Natur für die Menschen« werden alle Leistungen und Nachteile der Natur bezeichnet, die sich auf die Gesundheit und das Wohlbefinden der Menschen auswirken. Die Vorteile der Natur nennt man auch »Ökosystemleistungen«, aber seit kurzer Zeit wird der Begriff »Beiträge der Natur für die Menschen« bevorzugt, der auch die Nachteile (wie Krankheiten oder Naturgefahren) umfasst. Einige der für das menschliche Leben wichtigsten natürlichen Prozesse gelten als Leistungen, etwa die Bestäubung von Kulturpflanzen, die Zersetzung von Abfall und sauberes Trinkwasser.

Da der enorme Beitrag der Natur für unser Leben und Wohlbefinden nicht leicht quantifizierbar ist, werden die Leistungen meist erheblich unterschätzt, während die Naturressourcen für finanzielle Profite ausgenutzt werden. Die Idee, dass Menschen Nutzen aus der Natur ziehen, ist uralt, doch erst in den 1970er-Jahren wurde das Gleichgewicht zwischen Natur und Mensch ein zentrales Thema der Ökologie.

Siehe auch: Menschliche Aktivität und Biodiversität 92–95 ▪ Ökologische Resilienz 150–151 ▪ Die Gaia-Hypothese 216–219 ▪ Zerstörung der Erde durch den Menschen 303

»Wenn die gegenwärtigen Trends anhalten, wird die Menschheit in wenigen Jahrzehnten praktisch alle noch vorhandenen Ökosysteme der Erde drastisch verändern.«

Gretchen Daily
Ecosystem Services, in: *Issues in Ecology* 1, 1997

Der Begriff »Ökosystemleistungen« kam Mitte der 1980er-Jahre auf und wurde 1997 in zwei grundlegenden Artikeln entwickelt: *Ecosystem Services: Benefits Supplied to Human Societies by Natural Ecosystems* mit Gretchen Daily als Hauptautorin und *The Value of the World's Ecosystem Services and Natural Capital,* dessen Hauptautor Robert Costanza in den USA zur ökologischen Ökonomie forscht. 2001 startete der UN-Generalsekretär Kofi Annan das *Millennium Ecosystem Assessment* (MEA). Diese umfangreiche Beurteilung menschlicher Einflüsse auf Ökosysteme machte Ökosystemleistungen als Konzept bekannter.

Vier Dienstleistungstypen

Der MEA-Bericht von 2005 unterteilt Ökosystemleistungen in vier Kategorien: Basis-, Versorgungs-, Regulations- und kulturelle Leistungen. Basisleistungen wie Bodenbildung, Fotosynthese oder Wasserreinigung sind Grundlage für die anderen Leistungen. Zu den Versorgungsleistungen zählen z. B. sauberes Wasser, Lebensmittel (Nutzpflanzen und -tiere), Fasern und anderes Material wie Baumwolle oder Holz für Grundbedürfnisse wie Wohnen und Kleidung, zudem Naturheilstoffe und pharmazeutisch nutzbare Pflanzen. Regulationsleistungen umfassen die natürliche Schädlingskontrolle (statt künstlicher Pestizide), Selbstreinigung von Luft und Wasser und den Schutz vor Wetterextremen durch natürliche Puffer wie Feuchtgebiete. Die Bestäubung ist eine weitere wichtige Leistung, die heute bedroht ist, weil es weniger Insekten gibt, etwa Bienen. Als kulturelle Leistung gilt die kulturelle oder spirituelle Bedeutung, die Menschen Ökosystemelementen zuschreiben, etwa heilige Bäume, Tiere, Flüsse oder Berge, sowie die Ästhetik und Freizeitwerte natürlicher Landschaften.

Grundsätzlich zeigt das Konzept uns Menschen, wie eng wir mit der Natur verbunden sind und dass unsere Existenz ohne die Natur unmöglich wäre. Ökologen können so darlegen, wie wertvoll Ökosysteme sind, um Unternehmen und Regierungen von der Notwendigkeit ihres Schutzes zu überzeugen. ▪

»Pläne zum Schutz von Luft und Wasser, Wildnis und Tierleben sind tatsächlich Pläne zum Schutz der Menschheit.«

Stewart Udall
US-amerikanischer Politiker und Umweltschützer

Gretchen Daily

Die 1964 in Washington D.C., geborene Gretchen Daily begeisterte sich früh für die Ökologie. Als ihre Familie 1977 in die Bundesrepublik Deutschland zog, nahm sie das politische Geschehen im Zusammenhang mit dem sauren Regen und die Demonstrationen gegen die Umweltverschmutzung wahr. Daily studierte Biologie und schrieb ihre Doktorarbeit an der *Stanford University,* wo sie heute *Bing Professor of Environmental Science* ist.

Daily erforscht die Biodiversität im Rahmen der »ländlichen Biogeografie«, also in Bereichen der Natur, die nicht bebaut sind, deren Ökosysteme aber dennoch von menschlichen Aktivitäten beeinflusst werden. Sie ist Mitbegründerin des *Natural Capital Project,* das zum Ziel hat, den Umweltschutz in Unternehmenspraktiken und Politik zu integrieren.

Hauptwerke

1997 *Nature's Services: Societal Dependence on Natural Ecosystems*
2002 *The New Economy of Nature: The Quest to Make Conservation Profitable*

WIR BEHANDELN UNSEREN PLANETEN SO, ALS HÄTTEN WIR EINEN ZWEITEN, AUF DEM WIR LEBEN KÖNNEN

MÜLLENTSORGUNG

IM KONTEXT

SCHLÜSSELFIGUR
Paul Connett (*1940)

FRÜHER
1970 Beim ersten Tag der Erde in den USA geht es auch um Bewusstsein für saubere Müllentsorgung und Recycling.

1988 Der *Resin Identification Code*, ein Recycling-Symbolsystem für Plastikprodukte, wird in den USA eingeführt.

1992 Auf dem Weltgipfel in Rio de Janeiro verpflichten sich 105 Staatschefs zur Förderung nachhaltiger Entwicklung.

SPÄTER
2010 Die UN startet eine globale Partnerschaft für das Abfallmanagement, um für mehr Ressourcenschonung und Effizienz zu sorgen.

2012 Die UN-Konferenz für nachhaltige Entwicklung in Rio definiert Ziele zur Müllvermeidung und zu ökofreundlichen Produktionsmethoden.

Über 65 000 Menschen aus mindestens 180 Staaten reisten 2002 nach Johannesburg (Südafrika) zum UN-Weltgipfel für nachhaltige Entwicklung. Eine der damals verfassten Resolutionen hat zum Ziel, Müll zu verringern, Wiederverwertung und Recycling zu stärken sowie »saubere« Abfallentsorgungssysteme zu entwickeln.

Am Ende des 20. Jahrhunderts war klar, dass das Müllproblem ein kaum handhabbares Ausmaß erreicht hatte. Die Industrialisierung, das Wachstum der Stadtbevölkerungen und die zunehmende Verwendung von Plastik ließen die Müllberge der Welt wachsen. Traditionell hatte man Müll verbrannt oder auf Deponien vergraben – doch nun wissen wir, dass bei beiden Optionen Treibhausgase entstehen und Luft- bzw. Wasserschadstoffe abgegeben werden. Eine andere Lösung musste her.

»Umweltverschmutzung ist nichts anderes als Ressourcen, die wir nicht nutzen. Wir erlauben, dass sie zerfallen, weil wir ihren Wert nicht verstehen.«

R. Buckminster Fuller
US-amerikanischer Erfinder und Architekt

Die Recyclingrevolution

Recycling zur Wiederverwendung von Rohstoffen ist nicht neu, aber als Konzept zur Verkleinerung der städtischen Müllberge kam es in den 1960ern und 1970ern auf. Damals schufen Umweltorganisationen in der Öffentlichkeit Bewusstsein für diese Probleme. In jüngerer Zeit haben Aktivisten wie Paul Connett, Autor von *Zero Waste* (2013), erneut dazu aufgerufen, global den Konsum zu verringern und Produkte wiederzuverwenden oder zu recyceln, statt sie wegzuwerfen.

Inzwischen haben die meisten europäischen Länder, US-Staaten, Kanada, Australien und asiatische Staaten wie Japan und Südkorea die Hausmülltrennung eingeführt, bei denen recycelbarer Müll separat gesammelt wird.

Besonders aktiv war Schweden. 1975 nutzten die Schweden nur

Siehe auch: Globale Erderwärmung 202–203 ▪ Umweltverschmutzung 232–237 ▪ Zersiedelung 284–285 ▪ Plastikmüll 286–287 ▪ Erneuerbare Energien 304–309

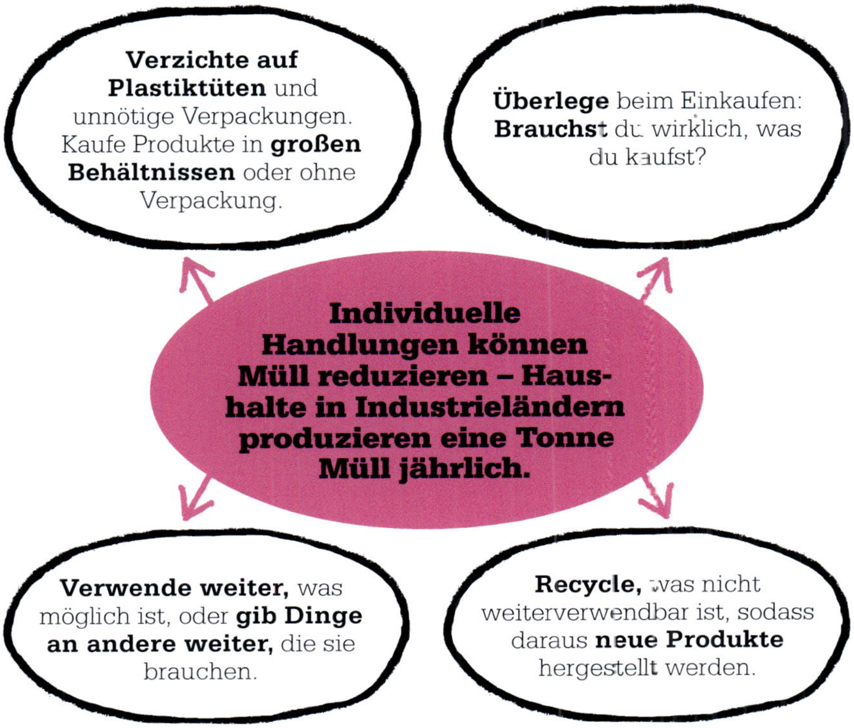

38 % des Mülls, heute sind sie mit einer Wiedernutzungsquote von 99 % des Hausmülls weltweit führend. Etwa 50 % wird in 34 Müllverbrennungsanlagen zu Fernwärme zum Beheizen von Gebäuden. Dafür importiert Schweden inzwischen sogar Müll: 2015 waren es etwa 2,3 Mio. Tonnen Müll aus Norwegen, Großbritannien, Irland und anderen Ländern.

»Abbau« von Elektronik

Eine der am stärksten wachsenden Müllsorten ist Elektronikschrott: Alte Handys, Computer, Fernseher und andere Elektronikgeräte machten 2014 fast 42 Mio. Tonnen aus – fast 25 % mehr als 2010. E-Schrott enthält viele wertvolle und seltene Metalle, z. B. Gold, Silber, Kupfer und Palladium in elektronischen Platinen und Lithium in Batterien. Zum Teil ist der »Abbau« von Mülldeponien zur Rückgewinnung dieser Metalle sogar billiger als der in Bergwerken. E-Schrott enthält aber auch giftige Metalle wie Kadmium, Blei und Quecksilber. In einigen Ländern, wo Menschen auf Deponien nach E-Schrott suchen, führt dies zu Gesundheitsproblemen. Die EU schreibt seit 2005 das Recycling von Elektronikschrott vor, in anderen Ländern existieren nur wenige Recyclingsysteme.

Trotz vieler Initiativen sind wir noch weit von Connetts Ideal des *Zero Waste* entfernt. Individuen und Staaten stehen vor der enormen Herausforderung, den Verbrauch einzudämmen und den Müll zu recyceln, der 2050 global 3,8 Mrd. Tonnen pro Jahr erreichen dürfte. ■

Methan aus Müll

Nach Kohlendioxid (CO_2) ist Methan (CH_4) das zweitwichtigste Treibhausgas. Zwar ist die Konzentration von CH_4 niedriger als die von CO_2, doch sein Treibhauspotenzial – die Effizienz, mit der jedes Molekül zur Erwärmung beiträgt – ist 25-mal so hoch. Atmosphärisches CH_4 hat verschiedene natürliche Quellen, insbesondere die Zersetzung organischer Materie in Feuchtgebieten, aber auch anthropogene Quellen wie Viehzucht, Lecks bei der Erdgasförderung und die bakterielle Zersetzung auf Mülldeponien.

Vielerorts wird nun CH_4 aus Mülldeponien aufgefangen, um daraus Energie zu gewinnen. Deponiegas enthält je nach Art und Alter des Mülls bis zu 60 % CH_4. Senkrechte und waagerechte Rohre werden durch die Deponie gelegt, um das Gas zu sammeln. Es wird gefiltert und meist zur Stromerzeugung oder in der Industrie genutzt. Es kann zudem zu Fahrzeugkraftstoff weiterverarbeitet werden.

Methan wird aus der Mülldeponie Payatas in Manila abgesaugt, um daraus – bislang einmalig auf den Philippinen – im Rahmen eines UN-Programms Strom zu erzeugen.

ANHANG

WEITERE PERSONEN

Neben den Menschen, die bisher in diesem Buch vorkamen, haben viele weitere Frauen und Männer erhebliche Beiträge geleistet, um die Ökologie voranzubringen – darunter einige der größten Denker ihrer Zeit. Einige waren exzellente Akademiker, andere hatten Werdegänge mit Brüchen und Wendungen, doch alle waren Pioniere auf ihrem Gebiet. Wieder andere waren beeindruckende Aktivisten. Sie arbeiteten in den verschiedensten Disziplinen und haben alle zu unserem Verständnis der Biosphäre, ihrer Entstehung und unserer Rolle in ihr beigetragen. Vor allem zeigt ihre Arbeit, was wir unternehmen müssen, um die Natur möglichst zu erhalten und die Erde vor den zerstörerischen Folgen menschlicher Handlungen zu schützen.

SAMUEL DE CHAMPLAIN
1574–1635

Der französische Entdecker, Kartograf, Soldat und Naturforscher Champlain erkundete und kartierte den Großteil Kanadas. Er gründete die Stadt Quebec und die Kolonie Neufrankreich auf dem Land der First Nations. Als begeisterter Beobachter dokumentierte er Tiere und Pflanzen samt Details ihrer Blätter, Früchte und Nüsse und er befragte die Ureinwohner, wie man sie nutzen kann.
Siehe auch: Klassifikation der Lebewesen 82–83

JAMES AUDUBON
1785–1851

Der Pionier der nordamerikanischen Ornithologie wuchs in Haiti und Frankreich auf, bevor er 1803 in die USA auswanderte. Er entwickelte ein Interesse an der Natur, vor allem an Vögeln, und war ein talentierter Künstler. Sein Stil war ungewöhnlich: Er schoss einen Vogel, hielt ihn dann mit Drähten in einer »natürlichen Stellung« und malte ihn vor dem Hintergrund seines natürlichen Lebensraums. Zwischen 1827 und 1838 veröffentlichte er *The Birds of America* in mehreren Bänden. Es enthält 435 Farbdrucke von 497 Vogelarten, sechs davon sind heute ausgestorben. Audubon entdeckte zudem 25 zuvor unbekannte Arten und »beringte« Vögel: Er knüpfte einen Faden um den Fuß, um einzelne Tiere wiederzuerkennen und ihre Bewegungen verfolgen zu können.
Siehe auch: Tierökologie 106–113

MARY ANNING
1799–1847

2010 erklärte die *Royal Society* Anning zu einer der zehn einflussreichsten britischen Frauen der Wissenschaft. Sie wurde als Fossiljägerin und Paläontologin berühmt. Zu ihren außerordentlichen Fossilfunden aus den Juraschichten an der Küste Dorsets zählten der erste korrekt beschriebene Ichthyosaurier, zwei relativ vollständige Plesiosaurier und der erste Pterosaurier außerhalb Deutschlands. Ihre Funde halfen, die Sicht der Erdgeschichte zu revolutionieren, da sie das Aussterben von Arten belegten.
Siehe auch: Massenaussterben 220–225

CATHERINE PARR TRAILL
1802–1899

Die Botanikerin und produktive Autorin Traill wurde in Großbritannien geboren und wanderte nach ihrer Heirat 1832 in das heutige Ontario (Kanada) aus. Dort schrieb sie über das Siedlerleben, aber auch über die natürliche Umwelt, vor allem in *Canadian Wild Flowers* (1865) und *Studies of Plant Life in Canada* (1885). Ihre vielen Alben mit Pflanzenexemplaren befinden sich heute im *National Herbarium of Canada* im *Canadian Museum of Nature* in Ottawa.
Siehe auch: Gefährdete Lebensräume 238–241

KARL AUGUST MÖBIUS
1825–1908

Der Deutsche Möbius interessierte sich vor allem für die Ökologie mariner Ökosysteme. Nach dem Studium am Museum für Naturkunde Berlin und seiner Doktorarbeit an der Universität Halle eröffnete er 1863 das erste Meerwasseraquarium Deutschlands im Hamburger Zoo. Als Zoologieprofessor an der Universität Kiel erforschte er die Austernzucht in der Kieler Bucht. Dabei gewann er wertvolle Erkenntnisse über die Abhängigkeitsverhältnisse der verschiedenen Lebewesen im Ökosystem der Austernbänke.
Siehe auch: Das Ökosystem 134–137

ERNST HAECKEL
1834–1919

Haeckel war Biologe, Arzt und Künstler, der Charles Darwins Ideen in Deutschland verbreitete (auch wenn er einige ablehnte) und 1866 das Wort »Ökologie«

einführte. Er wurde in Potsdam geboren, studierte an mehreren Universitäten und wurde 1861 Zoologieprofessor an der Universität Jena. Haeckel führte das Reich *Protista* – mit Einzellern, die weder Tier noch Pflanze sind – ein und erforschte winzige Protisten aus der Tiefsee, die Radiolarien, die er sorgfältig zeichnete.
Siehe auch: Evolution durch natürliche Selektion 24–31

WILLIAM BLAKE RICHMOND
1842–1921

Der vor allem als Künstler, Bildhauer und Gestalter von Glasmalereien und Mosaiken bekannte Brite Richmond kam in London zur Welt. Er wurde zum Umweltaktivisten, weil er unter dem schwachen Licht und der verrauchten Luft durch die Kohleheizungen litt. 1898 gründete er die *Coal Smoke Abatement Society* (CSAS) als politische Lobbygruppe für bessere Luftqualität. Die CSAS war ein wesentlicher Treiber für den *Public Health (Smoke Abatement) Act* (1926) und den *Clean Air Act* (1956).
Siehe auch: Umweltverschmutzung 232–237

THEODORE ROOSEVELT
1858–1919

Als Therapie gegen sein schweres Asthma in der Kindheit betrieb Roosevelt gern Sport und Outdooraktivitäten und entwickelte eine lebenslange Liebe zur Natur. Als er 1900 als Vize von William McKinley bei der Präsidentschaftswahl kandidierte, waren Frieden, Wohlstand und Umweltschutz Hauptpunkte seines Wahlprogramms. Roosevelt wurde im Jahr 1901 der 26. US-Präsident. Er begründete den *US Forest Service,* fünf Nationalparks, 51 Vogelschutzgebiete und 150 Nationalforste.
Siehe auch: Entwaldung 256–261

JÓZEF PACZOSKI
1864–1942

Paczoski war ein polnischer Ökologe, der in der heutigen Ukraine geboren wurde. Er studierte Botanik an der Universität Kiew und wurde zum Pionier der Phytosoziologie, des Studiums natürlicher Pflanzengesellschaften, und führte den Begriff 1896 ein. In den 1920ern gründete er das weltweit erste Institut für Phytosoziologie an der Universität Poznan, wo er Professor für Pflanzensystematik war. Als rühriger Botaniker veröffentlichte er Werke über die mitteleuropäische Flora, darunter die des Białowieża-Urwalds, den er als Nationalpark verwaltete.
Siehe auch: Organismen und ihre Umwelt 166

JACK MINER
1865–1944

Der auch als »Wild Goose Jack« bekannte Miner zog 1878 mit seiner Familie aus den USA nach Kanada um. Er war bis zum Alter von 33 Jahren Analphabet, startete aber lokale Umweltschutzprojekte wie etwa Winterfütterstationen für die Virginiawachtel. Als einer der Ersten in Nordamerika kennzeichnete er Vögel mit Aluminiumringen am Fuß, um ihre Wanderungen zu verfolgen. Eine von ihm beringte Ente, die später in North Carolina gefunden wurde, gilt als der erste Ringfund Nordamerikas. Miner soll über 90 000 Wildvögel beringt und so zu der enormen Datenmenge über Zugwege einiges beigetragen haben.
Siehe auch: Citizen Science 178–183

JAMES BERNARD HARKIN
1875–1955

Harkin, der oft als »Vater der kanadischen Nationalparks« gilt, begeisterte sich für Politik und Naturschutz. 1911 wurde er der erste Kommissar der Nationalparkverwaltung *Dominion Parks Branch* (heute *Parks Canada Agency*) und leitete die Errichtung der Nationalparks Point Pelee, Wood Buffalo, Kootenay, Elk Island, Georgian Bay Islands und Cape Breton Highlands. Harkin erkannte den wirtschaftlichen Wert der Parks und seine Strategie beim Straßenbau für den Tourismus stieß nicht immer auf Zustimmung. Er war die Triebkraft hinter Gesetzen zur Regulierung der Jagd auf Zugvögel 1917.
Siehe auch: Gefährdete Lebensräume 238–241, Entwaldung 256–261

MARJORY STONEMAN DOUGLAS
1890–1998

Douglas war nicht nur eindrucksvolle Aktivistin für den Schutz der Everglades in Florida, sondern auch erfolgreiche Journalistin, Autorin und Kämpferin für das Frauenwahlrecht und die Menschenrechte. Ihr einflussreiches Buch *The Everglades. River of Grass* (1947) stärkte die Wertschätzung für die Feuchtgebiete Floridas enorm. 1969 gründete sie die *Friends of the Everglades,* um das Gebiet vor der Trockenlegung und Bebauung zu schützen. Noch mit über 100 Jahren war Douglas aktiv und erhielt mit 103 Jahren die Freiheitsmedaille des Präsidenten.
Siehe auch: Citizen Science 178–183

BARBARA McCLINTOCK
1902–1992

1983 erhielt McClintock als erste Frau einen ungeteilten Nobelpreis in Physiologie oder Medizin und als erste US-Amerikanerin einen ungeteilten Nobelpreis überhaupt. Sie bekam ihn für ihre Entdeckung 30 Jahre zuvor von Transposonen oder »springenden Genen«, die Mutationen schaffen oder umkehren können. Als Zytogenetikerin, die die Beziehung zwischen Chromosomen und Zellverhalten erforschte, kartierte sie erstmals Genloci, also den Ort, wo physische Merkmale auf Chromosomen kodiert sind, von Maispflanzen und fand Mechanismen, wie Informationen zwischen den Chromosomen ausgetauscht werden.
Siehe auch: Die Rolle der DNA 34–37

JACQUES COUSTEAU
1910–1997

Der französische Unterwasserforscher Cousteau war für seine Dokumentationen über die Meereswelt bekannt. Nachdem er 1943 ein Tauchgerät, die »Aqualunge«, entwickelt hatte, war er für die französische Marine an der Seeminenbeseitigung nach dem Zweiten Weltkrieg beteiligt. Er baute das ehemalige Minensuchboot *Calypso* in ein Forschungsschiff um, erkundete damit die Ozeane und schrieb mehrere Bücher und

produzierte viele Fernsehdokumentationen. Die *Calypso* wurde 1996 schwer beschädigt, Cousteau starb 1997, bevor er sie reparieren lassen konnte.
Siehe auch: Plastikmüll 286–287

PIERRE DANSEREAU
1911–2011

Dansereau war ein kanadischer Pflanzenökologe und Pionier bei der Erforschung der Dynamik von Waldökosystemen; er gilt als ein »Vater der Ökologie«. In Montreal geboren, promovierte er 1939 in Pflanzentaxonomie an der Universität Genf. Später war er an der Gründung des Botanischen Gartens in Montreal beteiligt und schrieb zahlreiche Fachartikel über Botanik, Biogeografie und die Beziehung zwischen Mensch und Umwelt. 1988, zwölf Jahre nach der Pensionierung, wurde er von der Universität Montreal zum Professor ernannt, wo er bis 2004 arbeitete – mit 93 Jahren.
Siehe auch: Biogeografie 200–201

MARY LEAKEY
1913–1996

Die in London geborene Leakey, eine der bedeutendsten Paläanthropologinnen, nahm mit 17 Jahren an ihrer ersten archäologischen Ausgrabung teil: als Fundzeichnerin in Devon. 1937 heiratete sie den Paläanthropologen Louis Leakey, und das Paar zog nach Afrika, um in der Olduvai-Schlucht, einer Fossilfundstelle im heutigen Tansania, zu forschen. 1948 fand Mary den Schädel eines Vorfahren des Menschen, *Proconsul africanus*. Viele weitere Durchbrüche für das Verständnis der menschlichen Evolution folgten, etwa 1960 die Entdeckung von *Homo habilis*, einem Hominiden von vor 2,3 bis 1,4 Mio. Jahren, der Steinwerkzeuge benutzte.
Siehe auch: Evolution durch natürliche Selektion 24–31

MAX DAY
1915–2017

Der australische Ökologe und Entomologe Day entwickelte als Kind ein Interesse an der Natur, vor allem an Insekten. Er schloss 1937 das Studium der Botanik und Zoologie an der Universität Sydney ab und schrieb dann an der *Harvard University* eine Doktorarbeit über Termiten. Nach dem Zweiten Weltkrieg kehrte er nach Australien zurück und wurde 1976 der erste Leiter der *Division of Forest Research* der Forschungsbehörde *Commonwealth Scientific and Industrial Research Organisation* (CSIRO). Er ist vor allem für seine Arbeiten über die Myxomatose als Methode zur Kontrolle der Kaninchenpopulation bekannt. Seinen ersten Artikel schrieb er 1938 und den letzten (über Motten) 74 Jahre später.
Siehe auch: Thermoregulation bei Insekten 126–127, Invasive Arten 272–275

JUDITH WRIGHT
1915–2000

Wright war vor allem Dichterin, ist aber in ihrem Heimatland Australien auch wegen ihres Kampfs für die Landrechte der Aborigines und für Umweltthemen bekannt. Sie wurde in Armidale (New South Wales) geboren und studierte an der Universität Sydney, bevor sie 1946 ihren ersten Gedichtband veröffentlichte. 1967 bis 1971 schuf sie gemeinsam mit dem Künstler John Busst und dem Umweltschützer Len Webb eine Allianz von Umweltgruppen, Gewerkschaften und Bürgerinitiativen gegen die Pläne der Regierung von Queensland, im Great Barrier Reef Bergbau zu erlauben. Die Kampagne, die in ihrem Buch *The Coral Battleground* (1977) beschrieben ist, war erfolgreich.
Siehe auch: Umweltbewegung 312–313

EILEEN WANI WINGFIELD
1920–2014

Als junge Aboriginefrau hütete Wingfield Kühe und Schafe mit ihrem Vater und ihrer Schwester. In den frühen 1980er-Jahren legte sie sich vor die Baumaschinen am Canegrass Swamp als Protest gegen den Bau des Uranbergwerks Olympic Dam. Später schloss sie sich mit Eileen Kampakuta Brown und anderen Aborigineältesten zusammen, um Kampagnen gegen die Pläne eines Lagers für radioaktive Abfälle in South Australia durchzuführen. Die Frauen hielten im ganzen Land Vorträge über die Gefahren des Lagers; sie befürchteten, dass es immer größer werden würde, weil auch andere Staaten und Unternehmen ihren Atommüll dort deponieren wollten.
Siehe auch: Umweltverschmutzung 232–237

EUGENIE CLARK
1922–2015

Die wegen ihrer Forschungen an Haien auch »Shark Lady« genannte Clark war eine japanisch-US-amerikanische Meeresökologin und Vorreiterin der Unterwasserforschung mit Tauchgeräten. Sie tauchte vor allem um das *Cape Haze Marine Laboratory* in Florida, wo sie mit anderen Ökologinnen wie Sylvia Earle arbeitete. Clark entdeckte wichtige Fakten über Haie und andere Fische und propagierte den Schutz der Meere. Das von ihr 1955 gegründete *Cape Haze Marine Laboratory* (ab 1967: *Mote Marine Laboratory*) widmet sich dem Schutz von Haien und Korallen und der Entwicklung einer nachhaltigen Fischerei.
Siehe auch: Tierverhalten 116–117

DAVID ATTENBOROUGH
*1926

Der britische Tierfilmer und TV-Produzent Attenborough arbeitete als Controller bei BBC 2. Er verließ das BBC-Management aber, um mehr Zeit zum Schreiben und für Dokumentarfilme zu haben. Er schrieb und sprach Natursendungen, vor allem die *Life*-Serie, beginnend mit *Life on Earth* (1979). Attenboroughs Arbeit gilt als wichtiger Auslöser dafür, dass das Interesse an der Natur und dem Umweltschutz in Großbritannien wuchs.
Siehe auch: Plastikmüll 286–287

PETER H. KLOPFER
*1930

Der in Berlin geborene Klopfer forscht vor allem im Bereich der Ethologie, dem Studium des Tierverhaltens in natürlicher Umwelt. Sein einflussreiches Buch *An Introduction to Animal Behaviour:*

Ethology's First Century (1967) umfasst eine Übersicht und Synthese früherer und aktueller ethologischer Theorien. 1968 wurde er Dozent am *Department of Zoology* an der *Duke University* (North Carolina, USA), wo er entscheidend am Aufbau des Primatenzentrums mitwirkte.
Siehe auch: Tierverhalten 116–117

DIAN FOSSEY
1932–1985

Das meiste, was wir über das Leben und die Sozialstrukturen von Berggorillas wissen, geht auf die Arbeit der Primatologin und Naturschützerin Fossey zurück. Sie wuchs in San Francisco mit ihrer Mutter, einem Model, auf und begann gegen den Willen des Stiefvaters ein Biologiestudium, wurde dann aber Ergotherapeutin. Auf einer Reise nach Afrika traf sie Mary und Louis Leakey, die sie sehr inspirierten. 1967 gründete sie das *Karisoke Research Centre* in den Bergen von Ruanda, wo sie Gorillas studierte. Ihr Bestseller *Gorillas in the Mist* (1983; dt.: *Gorillas im Nebel,* 1989) wurde später verfilmt. Fossey wurde im Dezember 1985 in ihrem Camp ermordet, wohl wegen ihres Kampfs gegen Wilderer.
Siehe auch: Tierverhalten 116–117

TOMOKO OHTA
***1933**

Die japanische Populationsgenetikerin Ohta entwickelte 1973 die »Nahezu Neutrale Theorie«, nach der Mutationen, die weder nützlich noch schädlich sind, eine wichtige Rolle in der Evolution spielen. Nach dem Studienabschluss 1956 an der Universität Tokyo forschte Ohta in der Zytogenetik (wie Gene und Zellverhalten zusammenhängen) von Weizen und Zuckerrübe. Heute arbeitet sie am Nationalen Genetikinstitut Japans.
Siehe auch: Das egoistische Gen 38–39

STANLEY C. WECKER
1933–2010

Der US-Amerikaner Wecker war ein einflussreicher Tierverhaltensforscher, der Tierpopulationen und die Ökologie von Gemeinschaften erforschte, vor allem beschäftigte ihn, was bestimmt, wo ein Tier lebt. Sein Artikel von 1963 über die Habitatselektion bei Prärie-Hirschmäusen zeigte, dass sowohl der Instinkt als auch die Erfahrung eine Rolle spielen.
Siehe auch: Ökologische Nischen 50–51

SYLVIA EARLE
***1935**

Die US-Meeresbiologin, Autorin und Naturschützerin Earle ist Expertin für Ölverschmutzung. 1991 begutachtete sie die Folgen der Zerstörung der kuwaitischen Ölfelder im Golfkrieg. Sie studierte auch die Ölunglücke im Zusammenhang mit *Exxon Valdez, Mega Borg* und *Deepwater Horizon.* 2009 startete sie das Projekt *Mission Blue,* das bis 2018 fast 100 Meeresschutzgebiete in aller Welt einrichtete.
Siehe auch: Umweltverschmutzung 232–237

ROBERT E. SHAW
***1936**

Der US-Amerikaner Shaw ist Vorreiter der ökologischen Psychologie, die erforscht, wie Wahrnehmungen, Handlungen, Kommunikation, Lernen und Evolution bei Menschen und Tieren durch die Umwelt bedingt sind. 1977 war er Mitherausgeber des Buchs *Perceiving, Acting, and Knowing: Toward an Ecological Psychology,* das ein neues Forschungsgebiet begründete. 1981 war Shaw Gründungspräsident der *International Society for Ecological Psychology;* heute ist er emeritierter Professor am *Department of Psychological Sciences* an der *University of Connecticut.*
Siehe auch: Mit Tiermodellen das menschliche Verhalten verstehen 118–125

DAVID SUZUKI
***1936**

Der Kanadier Suzuki graduierte 1961 in Zoologie an der Universität Chicago, zwei Jahre später wurde er Professor für Genetik an der *University of British Columbia.* Seit Mitte der 1970er-Jahre produzierte er auch Fernseh- und Radiosendungen und schrieb mehrere Bücher über die Natur und die Umwelt. Im Jahr 1990 gründete er zusammen mit anderen die *David Suzuki Foundation,* die erforscht, wie Menschen im Einklang mit der Natur leben können.
Siehe auch: Umweltethik 310–311

DANIEL B. BOTKIN
***1937**

Der prominente US-amerikanische Autor und Naturschützer erhielt den Doktortitel in Pflanzenökologie 1968 von der *Rutgers University.* Er schreibt und spricht über alle Bereiche der Umwelt, von Waldökosystemen bis hin zu Fischpopulationen. Zudem berät er Behörden, Unternehmen und Regierungen. Nach jahrzehntelangen Forschungen hinterfragt er, wie stark der menschliche Einfluss auf das Klima tatsächlich ist. Er ist emeritierter Professor an der *University of California* in Santa Barbara und erhält für seine Arbeit weiterhin viele Ehrungen.
Siehe auch: Den Klimawandel aufhalten 320–325

EILEEN KAMPAKUTA BROWN
***1938**

In den 1990ern plante die australische Regierung ein Atommülllendlager in der Wüste bei Woomera (South Australia). Zusammen mit Eileen Wani Wingfield gründete die Aborigineälteste Brown ein *kungka tjuta* (Frauenrat) in der Stadt Cooper Pedy, um dagegen zu kämpfen. Sie wussten von Geburtsfehlern, Krebs und anderen Schäden nach den britischen Kernwaffentests in der Wüste in den 1950ern und 1960ern und befürchteten eine radioaktive Kontamination des Grundwassers. Die Pläne wurden aufgegeben, Brown und Wingfield erhielten 2003 den Goldman-Umweltpreis.
Siehe auch: Umweltverschmutzung 232–237

LYNN MARGULIS
1938–2011

Die US-amerikanische Biologin Margulis begann ihr Studium bereits mit 15 Jahren und erhielt 1965 den Doktortitel von

der *University of California, Berkeley.* Im Folgejahr, als sie an der Universität von Boston arbeitete, entwickelte sie die Theorie, die Organellen in Zellen seien durch Endosymbiosen von Bakterien entstanden. Dies wurde zwar erst in den 1980ern allgemein akzeptiert, revolutionierte aber das Verständnis der Zellevolution.
Siehe auch: Gaia-Hypothese 216–219

PAUL F. HOFFMAN
***1941**

Der Kanadier Paul Hoffman entdeckte Deckenkarbonate – dicke Kalksteinschichten – in präkambrischen Schichten in Namibia, die auf umfangreiche Vereisungen hinwiesen. Dies ließ um 2000 die Schneeball-Erde-Hypothese aufleben. Den Begriff hatte der US-Geologe Joseph Kirschvink 1992 geprägt, doch schon im späten 19. Jahrhundert hatte man spekuliert, dass vor über 650 Mio. Jahren die Oberfläche der Erde fast vollständig von Eis bedeckt war.
Siehe auch: Eiszeiten 198–199

SIMON A. LEVIN
***1941**

Der US-amerikanische Ökologe ist Spezialist für detaillierte mathematische Modellierungen in Verbindung mit Labor- und Freilandstudien zum Verständnis von Ökosystemen. Er erforscht auch das Verhältnis von Ökologie und Ökonomie. Levin schrieb 1964 seine Doktorarbeit in Mathematik an der *University of Maryland* und war 1965 bis 1992 Dozent an der *Cornell University.* Dann zog er nach Princeton und wurde Direktor des *Center for BioComplexity* der Universität, das diejenigen Mechanismen erforscht, die Komplexität in der Welt schaffen und erhalten.
Siehe auch: Räuber-Beute-Gleichungen 44–49

JAMES A. YORKE
***1941**

Der Mathematiker und Physiker von der *University of Maryland* (USA) ist vor allem für Arbeiten zur Chaostheorie bekannt. In dem Artikel *Period Three Implies Chaos* von 1975 diskutiert er gemeinsam mit dem chinesischen Mathematiker Tien-Yien Li, ab einer bestimmten Wachstumsrate werde die Populationsentwicklung unvorhersagbar, was enorme Folgen für die Ökologie hat.
Siehe auch: Populationsgefährdungsanalyse 316–319

IAN LOWE
***1942**

Lowe ist ein australischer Naturschützer, der als Ingenieur und Wissenschaftler an der *University of New South Wales* studierte und an der Universität York (Großbritannien) den Doktortitel in Physik erhielt. Er ist Fachgutachter beim UN-Klimarat IPCC. Er setzt sich stark für erneuerbare Energien ein; sie seien »schneller, billiger und weniger gefährlich als die Kernkraft«. 1996 war Lowe Vorsitzender einer Expertengruppe, die den ersten Bericht über den Zustand der Umwelt in Australien verfasste. Heute ist Lowe emeritierter Professor für Wissenschaft, Technik und Gesellschaft an der *Griffith University* in Brisbane.
Siehe auch: Erneuerbare Energien 304–309, Den Klimawandel aufhalten 320–325

AILA KETO
***1943**

Keto verbrachte in ihrer Jugend viel Zeit damit, das Great Barrier Reef und die es umgebenden Regenwälder zu erkunden. Sie studierte Biochemie und arbeitete dann an der *University of Queensland.* 1982 gründete sie mit ihrem Ehemann Keith die *Australian Rainforest Conservation Society,* die viel für den Schutz der feuchten Tropen Australiens getan hat.
Siehe auch: Biome 206–209

BOB BROWN
***1944**

Nach dem Medizinstudium an der Universität in Sydney praktizierte Brown als Arzt in Australien und Großbritannien. Er zog 1972 nach Tasmanien und engagierte sich dort bald in der Umweltbewegung. In den frühen 1980ern war er einer der führenden Aktivisten beim erfolgreichen Protest gegen den Bau des Franklin-Damms, der einige wichtige Habitate zerstört hätte. 1996 wurde Brown als Kandidat der Grünen in den australischen Senat gewählt. Nach der Pensionierung 2012 gründete er die *Bob Brown Foundation,* die für den Schutz von Lebensräumen in Australien kämpft.
Siehe auch: Die Wasserkrise 288–293

BIRUTĖ GALDIKAS
***1946**

Die in Deutschland geborene litauisch-kanadische Anthropologin und Primatologin Galdikas ist Vorreiterin beim Studium von Orang-Utans in freier Natur. Mit Jane Goodall und Dian Fossey war sie eine der »drei Trimaten«, die Louis Leakey zur Erforschung der Menschenaffen einstellte. Leakey überzeugte sie, eine Orang-Utan-Forschungsstation auf Borneo einzurichten, die sie 1971 bezog. Mehr als 30 Jahre lang studierte Galdikas die Primaten, kämpfte dafür, sie und ihr Regenwaldhabitat zu schützen, und zog verwaiste Orang-Utans auf.
Siehe auch: Tierverhalten 116–117

BRIAN A. MAURER
1954–2018

Maurers Artikel *Macroecology: The Division of Food and Space Among Species on Continents,* den er 1989 mit James H. Brown schrieb, enthielt die erste klare Ausformulierung der Idee, wie wichtig das Studium ökologischer Muster und Vorgänge über große Gebiete und lange Zeiten ist. In den letzten Jahren erforschte er die Dynamik der Ausbreitung exotischer Vögel und die Artenvielfalt der Tiere in den Bergen Nordamerikas.
Siehe auch: Makroökologie 185

NANCY GRIMM
***1955**

Grimm arbeitet an der *Arizona State University* als Klimawandelökologin und Nachhaltigkeitsforscherin, vor allem erforscht sie die Beziehung zwischen

Klimawandel, menschlichen Aktivitäten und Ökosystemen. Ein für sie zentrales Thema ist die Frage, wie sich Wasser und chemische Stoffe durch Ökosysteme bewegen. Grimm war Präsidentin der *Ecological Society of America* (ESA) und leitende Wissenschaftlerin im *US Global Climate Change Research Program*.
Siehe auch: Beiträge der Natur für die Menschen 336–337

TIM FLANNERY
*1956

Flannery, einer der prominentesten Umweltschützer Australiens, schrieb seine Doktorarbeit 1984 an der *University of New South Wales* über die Evolution der Kängurus. Später erarbeitete er sich einen Ruf als Mammaloge, der mehrere Säugetierarten entdeckte, und er gilt als Experte für den Klimawandel. Er war *Chief Commissioner* der *Climate Commission*, einer australischen Regierungskommission, und setzt sich für erneuerbare Energien ein.
Siehe auch: Erneuerbare Energien 304–309

SUSAN KAMINSKYJ
*1956

In ihrem Labor an der *University of Saskatchewan* (Kanada) entwickelte die Zellbiologin und Mykologin Kaminskyj Methoden, Ölverschmutzung mit Pilzen zu beseitigen; der Prozess heißt Bioremediation oder biologische Sanierung. Behandelt man Samen mit einem Pilz namens TSTh20-1, können die Pflanzen in kontaminiertem Boden wachsen und säubern ihn dabei.
Siehe auch: Die allgegenwärtigen Mykorrhizae 104–105, Umweltverschmutzung 232–237

ROSEMARY GILLESPIE
*1957

Die in Schottland geborene Gillespie studierte Zoologie an der Universität in Edinburgh und schrieb dann eine Doktorarbeit an der *University of Tennessee* (USA). Sie ist vor allem für ihre Forschungen darüber bekannt, was die Biodiversität auf Ebene der Arten bestimmt. Sie konzentriert sich auf »Hotspot-Archipele« wie die Hawaii-Inselkette, in der die Entstehungszeit jeder Insel recht gut bekannt ist. Besonders interessiert sie sich für die Evolution von Spinnenarten. Gillespie arbeitet an der *University of California, Berkeley*, wo sie das EvoLab leitet, das über Arthropoden wie Spinnen und Insekten forscht.
Siehe auch: Thermoregulation bei Insekten 126–127, Inselbiogeografie 144–149

HARVEY LOCKE
*1959

Der in Calgary (Kanada) geborene Locke war Anwalt, bevor er sich 1999 ganz dem Umweltschutz zuwendete. Er widmet sich vor allem der großräumigen Landschaftsvernetzung und dem Biotopverbund: der Schaffung von Korridoren zwischen Schutzgebieten. Locke gründete die *Yellowstone to Yukon Conservation Initiative*, die einen Biotopkorridor zwischen diesen beiden Gebieten Nordamerikas fordert. 2009 war Locke auch Mitbegründer von *Nature Needs Half*, einer Bewegung, die dafür plädiert, dass bis 2050 die Hälfte der Land- und Wasserfläche der Erde unter Schutz stehen sollte. Diese Strategie, so Locke, sei notwendig, um ein sechstes Massenaussterben auf der Erde zu vermeiden.
Siehe auch: Massenaussterben 220–225

MAJORA CARTER
*1966

Als ihr Hund sie zu einer Industriebrache am Ufer des Flusses *Bronx* in New York führte, erkannte Carter deren Potenzial, sich zu regenerieren. Sie erhielt Gelder von der Stadtverwaltung, um dort den *Hunts Point Riverside Park* zu gestalten, der den Einwohnern ein natürliches Erholungsgebiet und Zugang zum Fluss bieten sollte. Daraufhin setzte sich ihre Organisation *Sustainable South Bronx* (SSBx) mit Erfolg für eine »grüne« Stadterneuerung in anderen benachteiligten Nachbarschaften in New York ein. SSBx kämpft auch für bessere Luftqualität und den Zugang zu mehr Vielfalt bei Lebensmitteln.
Siehe auch: Umweltbewegung 312–313

SARAH HARDY
*1974

Hardy ist eine US-amerikanische Meeresbiologin und Polarforscherin, die die Umweltfolgen des Meeresbodenbergbaus studiert. Um die Artgemeinschaften und die Biodiversität im Meer zu schützen, so Hardy, müsse man einen systematischen Ansatz zur Zonierung der Ozeane entwickeln, wobei Schutzzonen in der Tiefsee Priorität hätten. Hardy studierte Meeresbiologie an der *University of California* und schrieb 2005 ihre Doktorarbeit in Ozeanografie an der *University of Hawaii*.
Siehe auch: Plastikmüll 286–287

KATEY WALTER ANTHONY
*1976

Die Ökologin Walter Anthony beschäftigt sich an der *University of Alaska* mit aquatischen Ökosystemen, speziell in polaren Umwelten. Sie erforschte etwa die Emissionen von Kohlendioxid und Methan aus Seen in der nordamerikanischen Arktis. 2017 entdeckte sie, dass ungewöhnlich große Mengen von Methan aus einem arktischen See austraten und das Gas aus einer größeren Wassertiefe kam, als zuvor bekannt war. Wenn das auch bei anderen Seen der Fall ist, könnten solche Emissionen aus Reservoirs tief im Permafrost die Konzentration von Methan in der Atmosphäre enorm erhöhen.
Siehe auch: Die Keeling-Kurve 242–243

AUTUMN PELTIER
*2004

Peltier, die zum First-Nations-Volk der Wikwemikong gehört und in Ontario (Kanada) lebt, kämpft für sauberes Trinkwasser, mit dem die Menschen respektvoller umgehen sollen. 2018 war sie im Alter von 13 Jahren eine der jüngsten Personen, die je vor der UN-Vollversammlung gesprochen haben. Dort vertrat sie den Grundsatz, »kein Kind sollte aufwachsen, ohne zu wissen, was sauberes Trinkwasser ist, oder ohne fließendes Wasser zu kennen«.
Siehe auch: Die Wasserkrise 288–293

GLOSSAR

abbaubar Bezeichnet Produkte, die als Abfall durch natürliche Prozesse abgebaut werden können.

abiotisch Unbelebt, bezeichnet oft unbelebte Ökosystemkomponenten wie Klima oder Temperatur.

Abundanz Die Häufigkeit oder die Individuenzahl einer bestimmten Art im Ökosystem.

Allesfresser Ein Tier, das sowohl Pflanzen als auch Tiere frisst.

anthropogen Verursacht oder beeinflusst durch menschliche Aktivitäten.

Art Eine Gruppe von Organismen, die durch Fortpflanzung untereinander Gene austauschen können.

Artenvielfalt Ein Maß für die Anzahl der verschiedenen Arten in einem Ökosystem.

Atmosphäre Die Gasschicht um die Erde; sie schützt das Leben auch vor harten UV-Strahlen.

Aussterben Das endgültige Verschwinden einer ganzen Art. Lokales Aussterben bedeutet, dass die Art in einem Gebiet verschwunden ist, anderswo aber noch vorkommt.

autotroph Ein Produzent; ein Organismus, der sich aus anorganischen Quellen wie Licht, Wasser und Gasen in der Luft ernährt.

Beiträge der Natur für die Menschen Jeder Nutzen und Schaden, den Menschen durch Vorgänge der Natur erfahren. Den Nutzen, etwa die Bestäubung von Nutzpflanzen durch Insekten, nennt man auch Ökosystemleistungen.

Bestäubung Die Übertragung von Pollen von einer männlichen Pflanze auf eine weibliche durch Tiere wie Vögel oder Insekten oder durch den Wind. Dies ermöglicht die Befruchtung und Produktion von Samen.

Beute Eine Art, die von einem Prädator (Räuber) gejagt wird.

Biodiversität Die Vielfalt des Lebens in einem Gebiet; umfasst die Artenvielfalt und die genetische Vielfalt innerhalb von Arten.

Biogeografie Die Erforschung der geografischen Verteilung von Pflanzen und Tieren und wie sich diese im Lauf der Zeit geändert hat.

Biom Ein ausgedehnter Bereich der Erde, der durch typische Pflanzen und Tiere definiert ist.

Biomasse Die Gesamtmenge von Lebewesen in einem Habitat, meist als Masse oder Volumen ausgedrückt. Bezeichnet auch Brennstoffe aus organischem Material.

Biosphäre Die Schicht der Erde an der Grenze von Lithosphäre und Atmosphäre, in der Leben existiert; die Gesamtheit aller Ökosysteme.

Botanik Die wissenschaftliche Erforschung von Pflanzen.

Citizen Science Wissenschaftliche Forschung, die von Laien durchgeführt wird, meist werden große Datenmengen gesammelt.

Destruenten Organismen, vor allem Bakterien und Pilze, die tote Organismen und organische Ausscheidungen abbauen, um Nährstoffe zu gewinnen.

Diatomeen (Kieselalgen) Mikroskopische einzellige Algen, die als Produzenten Grundlage für anderes Leben im Wasser sind und viele Ökosysteme stabilisieren.

DNA Desoxyribonukleinsäure. Ein langes Kettenmolekül in Form einer Doppelhelix, das die genetische Erbinformation trägt und in Chromosomen organisiert ist.

Dünger Natürliche oder künstliche Stoffe, die dem Boden zugefügt werden, um den Nährstoffgehalt für das Pflanzenwachstum zu erhöhen.

Entwaldung Die Rodung großer Waldflächen, um sie für andere Zwecke wie Landwirtschaft, Industrie oder Siedlungen zu nutzen.

Epidemiologie Die Wissenschaft von der Ausbreitung von Krankheiten in Populationen und deren Auswirkungen auf Ökosysteme.

erneuerbare Energien Energiequellen, deren Vorkommen nicht endlich ist, etwa Sonnen-, Wind- und Wasserkraft.

Ethologie Die Erforschung der Evolution des Tierverhaltens, insbesondere durch Beobachtung von Tieren in ihrer natürlichen Umwelt.

Evolution Die Veränderung von Arten im Lauf der Zeit dadurch, dass Merkmale vererbt werden.

Fleischfresser Ein Tier, das nur das Fleisch anderer Tiere frisst.

Fossil Überrest eines prähistorischen Organismus, oft versteinert in Sedimentgesteinen eingebettet.

fossile Brennstoffe Nicht erneuerbare Brennstoffe, die über Jahrmillionen aus Pflanzen- und Tierresten entstanden sind, z. B. Kohle oder Öl.

Fotosynthese Die chemischen Reaktionen, durch die Pflanzen und Phytoplankton (einzellige Algen) Kohlendioxid aus Luft und Wasser mithilfe von Sonnenenergie in organische Nährstoffe umwandeln und dabei Sauerstoff abgeben.

Fracking Eine Methode zur Förderung von Öl oder Gas aus unkonventionellen Lagerstätten. Dazu presst man Flüssigkeit in eine Tiefbohrung, um Spalten im Gestein zu öffnen, durch die Öl bzw. Gas fließt.

Freilandstudien Studien, die in der freien Natur statt im Labor durchgeführt werden.

Gefährdung Das Risiko, dass eine Population zu klein zum Überleben ist und ausstirbt. »Stark gefährdet« bezeichnet ein hohes und »vom Aussterben bedroht« ein sehr hohes Aussterberisiko.

Gefäßpflanzen Typ von Pflanzen mit Leitgefäßen: Gewebe für den Wasser- und Nährstofftransport; z. B. Farne oder Blütenpflanzen.

Gelegegröße Die Anzahl der Eier, die ein Vogel gleichzeitig bebrütet.

Gen Grundeinheit der Vererbung; Abschnitt auf dem DNA-Molekül, der ein bestimmtes Merkmal codiert, das vererbt werden kann.

Genom Die Gesamtheit der Gene eines Organismus.

Geologie Die Erforschung der Entstehung und der Struktur der Erde, der Erdgeschichte sowie der Prozesse, die auf die Erde einwirken.

globale Erwärmung Der langsame Anstieg der mittleren bodennahen Lufttemperatur durch mehr Treibhausgase in der Atmosphäre.

GMO Genetisch modifizierte Organismen: Organismen, deren Erbmaterial (DNA) künstlich durch »Gentechnik« verändert wurde.

Grundwasser Wasser unter der Erdoberfläche in porösen Sand- oder Gesteinsschichten.

Habitat Der Lebensraum, in dem ein Lebewesen natürlich lebt.

Homöostase Regulierung der Verhältnisse im Organismus, z. B. der Temperatur, des Wasser- und des Kohlenstoffhaushalts, um einen stabilen Zustand zu erhalten.

Hypothese Idee oder Annahme, die durch wissenschaftliche Experimente getestet werden kann und zu einer Theorie führt.

invasive Art Eine nicht einheimische Art, die in ein Ökosystem neu eingeführt wurde, sich dort rapide verbreitet und das bestehende Gleichgewicht stört.

Katastrophismus Die Vorstellung, dass Veränderungen in der Erdkruste durch dramatische und ungewöhnliche Ereignisse ausgelöst wurden und nicht durch graduelle Prozesse, die sich über lange Zeiträume erstrecken.

Klimawandel Die Veränderung der miteinander verbundenen globalen Wettermuster, teils als natürlicher Vorgang, aber auch durch menschliche Einflüsse wie beim Treibhauseffekt.

Klimaxgesellschaft Eine biologische Lebensgemeinschaft, die einen Punkt erreicht hat, an dem die Populationen der einzelnen Arten stabil gleich bleiben. Sie ist der Endpunkt einer Sukzession, bei der sich die Arten und Populationsgrößen nach und nach verändern.

Koniferen (Nadelhölzer) Bäume mit Samen, die oft in Zapfen stehen und die ihre nadelartigen Blätter im Winter nicht abwerfen.

Konkurrenzausschlussprinzip Das Prinzip, dass mehrere Arten, die von genau den gleichen Ressourcen abhängig sind, nicht gleichzeitig bestehen können, ohne dass die eine Art die andere verdrängt, weil eine stets konkurrenzstärker ist als die andere.

Konsument Eine Art, die sich durch das Fressen anderer Organismen ernährt; der Begriff bezeichnet alle Lebewesen, die nicht zu den Produzenten ganz am Beginn der Nahrungskette gehören.

Laubhölzer Bäume, die ihre Blätter im Herbst abwerfen.

Lebensgemeinschaft (Biozönose) Eine Ansammlung von Lebewesen in einem Gebiet; zusammen mit den Umweltfaktoren bilden sie ein Ökosystem.

Massenaussterben Das schnelle Aussterben einer ungewöhnlich großen Zahl von Arten; plötzliche Veränderungen der Biodiversität definieren oft die Grenzen zwischen erdgeschichtlichen Epochen.

Metagemeinschaft Eine Ansammlung unabhängiger Lebensgemeinschaften, die durch Bewegungen einiger Arten wechselwirken und verbunden sind.

Metapopulation Eine Ansammlung kleinerer Populationen einer bestimmten Art, die durch die Bewegung einzelner Individuen miteinander verbunden sind.

Migration Großräumige Wanderung einer Art von einem Lebensraum in einen anderen, die oft jahreszeitlich stattfindet.

Mikroorganismus (Mikrobe) Ein Organismus, der so klein ist, dass er nur mit einem Mikroskop sichtbar ist, etwa Bakterien, einzellige Pilze, Algen oder Viren.

Monokultur Die Nutzung von Land zum Anbau oder zur Haltung von nur einer Pflanzen- oder Tierart. Das schädigt die Böden, weil bestimmte Nährstoffe verloren gehen.

Morphologie Die Erforschung der äußeren Struktur von Lebewesen.

Mutation Eine Veränderung in der DNA, die dem Organismus Merkmale geben kann, die für die Art ungewöhnlich sind. Ein Beispiel ist Albinismus, ein Pigmentmangel.

Mutualismus Die gegenseitige Abhängigkeit von zwei (oder mehr) Arten, bei der die eine ohne die andere(n) nicht überleben kann.

Mykorrhiza Eine mutualistische Symbiose von Pflanzenwurzeln und Pilzen, die zwischen den Wurzeln wachsen.

Nahrungskette Eine Reihe von Räuber-Beute-Beziehungen, bei der sich jedes Lebewesen von den vorangehenden ernährt.

Nahrungsnetz Ein System von verknüpften Nahrungsketten in einem Ökosystem, das zeigt, wie sich Arten voneinander ernähren.

natürliche Selektion Der Mechanismus, durch den Merkmale, die die Überlebenschancen erhöhen, in der Population bevorzugt an Nachkommen weitergegeben werden.

Nische Der spezifische Lebensraum und die Rolle einer Art im Ökosystem.

Ökologie Wissenschaftliche Erforschung der Beziehung zwischen Lebewesen und ihrer Umwelt.

Ökosystem Eine Lebensgemeinschaft von Organismen in einem bestimmten Gebiet, die miteinander wechselwirken.

Ökosystemleistung Siehe »Beiträge der Natur für die Menschen«.

Organismus Genereller Begriff für alle Lebewesen von einzelligen Bakterien bis hin zu komplexen Vielzellern wie Pflanzen und Tiere.

Ornithologie Die wissenschaftliche Erforschung von Vögeln.

Ozonschicht Schicht in der oberen Atmosphäre mit einer hohen Konzentration an Ozon (O_3). Sie schützt vor ultravioletter Strahlung (UV).

Paläontologie Das Studium von Fossilien und dem Leben während der Erdgeschichte. Paläobotanik ist das Studium von Pflanzenfossilien.

Parasit Ein Organismus, der auf oder in einem anderen lebt und sich von ihm ernährt, ohne ihn zu töten.

Pestizide Chemikalien, die bestimmte Schädlinge töten, um Kulturpflanzen zu schützen. Sie können aber auch andere Arten töten und Ökosysteme schädigen.

Pflanzenfresser Ein Lebewesen, das nur Pflanzen frisst.

Physiologie Die Erforschung der Lebensvorgänge in Organismen.

Pilze Ein Reich der Organismen neben Pflanzen und Tieren, die sich mit Sporen vermehren und von organischer Materie ernähren. Anders als Pflanzen brauchen sie kein Sonnenlicht zum Wachsen.

Prädator Räuber oder Fressfeind; ein Tier, das andere Tiere frisst.

Primärproduzent Jeder Organismus, der Nahrung aus nicht organischen Energiequellen herstellt, etwa Licht und/oder chemische Stoffe wie Kohlendioxid oder Schwefelverbindungen, und von dem sich andere Lebewesen ernähren.

Primärvegetation Die ursprüngliche Vegetation, die in einem Gebiet seit Beginn der aktuellen Umweltverhältnisse vorherrscht.

Räuber (Prädator) Eine Tierart, die andere Tiere jagt und frisst.

Recycling Die Umwandlung von Müll in Rohstoffe für neue Produkte.

Rückkopplung Die Wirkungen, die ein Teil des Ökosystems auf den Rest hat und die auf sich selbst und das ganze System zurückwirken.

Saprophagen Organismen, die tote organische Materie fressen.

Saurer Regen Jede Form von Niederschlägen mit stark saurem Charakter, die Umweltschäden verursachen. Er kann natürlich oder infolge menschlicher Aktivitäten auftreten.

Schlüsselart Eine Art mit einer Schlüsselrolle im Ökosystem, die relativ zur Biomasse oft überproportional wichtig ist und deren Entfernung das ganze Ökosystem betrifft.

Spitzenprädator Ein Prädator (Räuber) an der Spitze der Nahrungspyramide, der selbst nicht Beute anderer Prädatoren ist.

Stochastizität Unvorhersagbare Fluktuationen der Umweltbedingungen, die Populationen und Ökosysteme beeinflussen.

Stoffwechsel Die chemischen Vorgänge in den Zellen eines Organismus, die ihn am Leben halten, z. B. die chemischen Reaktionen bei der Verdauung von Nahrung.

Sukzession Die Abfolge von Stadien, durch die sich eine Lebensgemeinschaft nach einer Störung entwickelt, ausgehend von wenigen einfachen Arten zu einem komplexen Ökosystem.

Symbiose Das Zusammenleben zweier Arten, ohne sich zu schaden, oft zum gegenseitigen Nutzen.

Synökologie Erforschung der Wechselbeziehungen zwischen Arten in einem Ökosystem.

Taxonomie Die Wissenschaft von der Benennung und Klassifikation von Organismen.

tektonische Platten Gebiete der Erdkruste und des oberen Mantels, die sich langsam gegeneinander verschieben, was zur Kontinentaldrift und an den Plattengrenzen zu Ozeanbodenspreizung, Gebirgsbildung, Grabenbrüchen, Vulkanismus und Erdbeben führt.

Thermoregulation Die Regelprozesse im Organismus, die seine Temperatur auf bestimmten Werten hält, was lebenswichtig ist.

Treibhauseffekt Der Effekt, dass bestimmte Gase Wärmestrahlung von der Erde absorbieren, sodass sie nicht in den Weltraum entweicht, sondern die Erde erwärmt.

Treibhausgas Gase, die zum Treibhauseffekt beitragen, vor allem Kohlendioxid, Methan, Lachgas und Wasserdampf. Seit der Industrialisierung steigt der Anteil der ersten drei in der Luft stark an, was zur globalen Erwärmung führt.

Tropen Die Region der Erde um den Äquator zwischen den Wendekreisen mit warmem Klima ohne ausgeprägte Jahreszeiten.

Trophieebene Der Rang eines Organismus in den Nahrungsketten eines Ökosystems.

Trophische Kaskade Die Folgen, die das Entfernen einer Trophieebene bei einer Nahrungskette mit mindestens drei Ebenen auf das gesamte Ökosystem hat.

Überfischung Der Rückgang einer Fischpopulation, wenn zu intensiv gefischt wird.

Umweltbewegung Eine politische Strömung, die für einen höheren Stellenwert der Natur eintritt und auffordert, Schäden an den natürlichen Habitaten zu verhindern.

Umweltverschmutzung Die Freisetzung von Schadstoffen in die Umwelt, etwa in den Boden, die Luft oder das Wasser.

Variation Unterschiede innerhalb einer Art durch genetische Faktoren oder Umwelteinflüsse.

Vererbung Die Weitergabe von Merkmalen oder veranlagten Verhaltensweisen an Nachkommen durch genetische Mechanismen.

Verhaltensökologie Das Studium des Tierverhaltens und wie ökologische Faktoren es beeinflussen.

Verstädterung Die Umwandlung von ländlichen Flächen in städtische durch intensive Bebauung, was praktisch immer negative Folgen für die natürliche Umwelt hat.

Verwandtenselektion Eine evolutionäre Strategie, bei der Individuen die beste Taktik für das Überleben ihrer Verwandten wählen, selbst auf Kosten ihrer eigenen Sicherheit oder Fortpflanzung

Zelle Die kleinste biologische Struktureinheit, die eigenständig überleben kann; »Baustein« allen Lebens auf der Erde.

Zersiedelung Die Ausbreitung von Siedlungen mit relativ niedriger Dichte, meist mit negativen Folgen für die Umwelt.

REGISTER

Fettgedruckte Zahlen beziehen sich auf einen Haupteintrag zu einem Thema

A

B

C

K

L

M

R

S

T

U

V

W

Y

Z

ZITATNACHWEIS

Wenn nicht anders angegeben, wurden die Zitate frei übersetzt.

14 David Attenborough. *Life on Earth*, BBC, 1979. **15** Rachel Carson. **20** Überschrift: Jean-Baptiste Lamarck, *Hydrogéologie*, 1802. **20** unten: Georges-Louis Leclerc Buffon/Louis Jean Marie Daubenton, *Histoire Naturelle*, 1749. **21** Jean-Baptiste Lamarck, *Zoologische Philosophie*, 1876. **22** Georges Cuvier, *Mémoire sur les espèces d'Eléphans tant vivantes que fossiles, Magasin Encyclopédique*, 1796. **23** Überschrift/unten: James Hutton, *Theory of the Earth*, 1795. **24, 26, 28** Charles Darwin, *Die Entstehung der Arten*, Leipzig: Kröner, 1884. **29** Alfred Russel Wallace, *My Life*, 1905. **30** Ronald A. Fisher, *The Genetical Theory of Natural Selection*, 1930. **31** Theodosius Dobzhansky, *Nothing in Biology Makes Sense Except in the Light of Evolution, Am. Biol. Teacher*, 1973. **33** Mark J. Baldwin, *A New Factor in Evolution, Am. Naturalist*, 1896. **34** Francis Crick. **35** Francis Crick in einem Brief an seinen Sohn, 19.3.1953. **38** nach Richard Dawkins. **39** Richard Dawkins, *Das egoistische Gen*, 1978. **44** Vito Volterra, *Leçons sur la théorie mathématique de la lutte pour la vie*, 1931. **47** Alfred J. Lotka, *Elements of Physical Biology*, 1925. **48** John Maynard Smith, *Did Darwin get it right?*, 1988. **49** Alexander Weinstein, *Bull. Am. Math. Soc.*, 1964. **50** Joseph Grinnell, *The Trend of Avian Populations in California, Science*, 1922. **51** nach G. Evelyn Hutchinson. **52** nach Georgi Gause, **53** Georgi Gause, *The Struggle for Existence*, 1934. **54** Joseph Connell, *On the Prevalence and Relative Importance of Inter-specific Competition, Am. Naturalist*, 1983. **55** Stephen Schroeter et al., *The Legacy of Connell's Data*, ESA-Konferenz 2010. **56** Daniel Janzen, *Coevolution of Mutualism between Ants and Acacias, Evolution*, 1966. **58** Pierre-Joseph de Beneden. **60** Kevin Lafferty/Thomas H. Suchanek, *Revisiting Paine's Experiment, Am. Naturalist*, 2016. **62** Andrew Revkin, *Dot Earth Blog*, 14.7.2016. **64** James Estes, *Observer*, 10.7.2016. **65** Brian Miller et al., *The Prairie Dog and Biotic Diversity, Cons. Biol.*, 1994. **66** Überschrift: G. H. Pyke et al., *Optimal Foraging, Q. Rev. Biol.*, 1977. **66** unten: Robert MacArthur/Eric R. Pianka, *Optimal Use of a Patchy Environment, Am. Naturalist*, 1966. **67** H. Ronald Pulliam, *The Principle of Optimal Behavior*, in: Bateson/Klopfer, *Perspectives in Ethology*, 1976. **70** Roy Anderson/Robert M. May, *Infectious Diseases of Humans*, 2010. **71** Roy Anderson / Robert M. May, *Population biology of infectious diseases: Part I. Nature*, 1979, S. 361–367. **72** unten: Knut Schmidt-Nielsen, *The Camel's Nose*, 1998. **74** unten: Robert W. Sterner/James J. Elser, *Ecological Stoichiometry*, 2002. **76** Liana Zanette, https://www.uwo.ca/biology/directory/faculty/zanette.html. **77** Earl Werner, *Nonlethal Effects of a Predator, Ecology*, 1991. **82** Überschrift/unten: Aristoteles, *Über die Theile der Thiere*, 1855. **84** Überschrift: Robert Hooke, *Micrographia*, 1667. **85** Samuel Pepys, *Tagebücher*, 21.1.1665. **86, 87** Carl von Linné, *Philosophia botanica*, 1751. **88** Ernst Mayr, *Die Entwicklung der biologischen Gedankenwelt*, 1984. **89** Charles Darwin, *Die Entstehung der Arten*, Leipzig: Kröner, 1884. **90** Carl R. Woese/George E. Fox, *Phylogenetic Structure of the Prokaryotic Domain*, PNAS, 1977. **92** E. O. Wilson, *Sunday Times*, 9.11.2014. **93** David Attenborough. **94** E. O. Wilson, *The Diversity of Life*, 1992. **96** Norman Myers, *Int. Wildlife Magazine*, 1999. **97** oben: Norman Myers, *A Wealth of Wild Species*, 1983. **97** unten: Norman Myers. **102** Robynne Chutkan, Scribe UK, https://scribepublications.co.uk/explore/insights/qa-with-dr-robynne-chutkan. **102** Überschrift: Louis Pasteur. **103** Louis Pasteur in einer Vorlesung an der Universität von Lille, 1854. **104, 105** Alfred Frank, *Ueber die Ernährung gewisser Bäume durch Pilze, Berichte Dt. Bot. Ges.*, 1885. **106, 109** Charles S. Elton, *Animal Ecology*, 1927. **110** Joseph Grinnell, *Geography and Evolution, Ecology*, 1924. **111** Joseph Grinnell, *The biota of the San Bernardino Mountains, U. Cal. Publ. Zool.*, 1908. **112** Raymond Lindeman, *The Trophic-Dynamic Aspect, Ecology*, 1942. **114** nach David Lack. **115** David Lack, *Significance of Clutch-Size in the Partridge, J. Animal Ecol.*, 1947. **115** Tore Slagsvold, *Clutch Size Variation in Passerine Birds, Oecologia*, 1982. **116** Konrad Lorenz, *So kam der Mensch auf den Hund*, 1950. **118** Louis Leakey, in: Goodall, *Learning from the Chimpanzees, Science*, 1998. **120** Jane Goodall. **122** Jane Goodall. **123** Richard Dawkins, *A Devil's Chaplain*, 2003. **125** Jane Goodall Institute UK, https://www.janegoodall.org.uk/chimpanzees/protecting-chimpanzees/13-protection. **126** unten: Bernd Heinrich, *Thermoregulation in Endothermic Insects, Science*, 1974. **132** Richard Bradley, *A Philosophical Account of the Works of Nature*, 1721. **133** Carl von Linné, *Genera plantarum*, 1743. **134** G. Tyler Miller/Scott Spoolman, *Sustaining the Earth*, 2014. **137** G. Tyler Miller, *Resource Conservation and Management*, 1990. **138** Peter Eckart, *Spaceflight Life Support and Biospherics*, 1996. **139** G. Evelyn Hutchinson, *The kindly fruits of the Earth*, 1979. **142** Aldo Leopold, *A Sand County Almanac*, 1949. **143** Lawrence Slobodkin, in: Colwell/Futuyma, *Bull. Ecol. Soc. Am.*, 2011. **146** E. O. Wilson, *Diane Rehm Show*, 22.4.2010. **148** E. O. Wilson, *Time* 9/1990. **149** E. O. Wilson, *The Diversity of Life*, 1992. **150** C. S. Holling, *Resilience and Stability of Ecological Systems, Ann. Rev. Ecol.*, 1973. **152** Überschrift: Stephen P. Hubbell, *Scientific American*, 29.4.2002. **152** unten: Stephen P. Hubbell, *The Unified Neutral Theory of Biodiversity and Biogeography*, 2001. **153** LTER, https://lternet.edu/lter-scientists-meeting-2018. **156** Michel Loreau et al., *Biodiversity and Ecosystem Functioning, Science*, 2001. **157** oben/unten: Michel Loreau, *Linking Biodiversity and Ecosystems, Phil. Trans. Royal Soc.* B, 2010. **162, 163** Alexander von Humboldt, *Kosmos*, 1845. **164** Überschrift/unten: Pierre-François Verhulst, *Notice sur la loi que la population*, in: Quetelet: *Correspondance mathématique et physique*, 1838. **165** Stephen A. Forbes, 1880. **167** Überschrift: J. E. Bülow Warming, *Lehrbuch der Ökologischen Pflanzengeographie*, Berlin 1896: Gebrüder Borntraeger, S. 7. **167** unten: Aldo Leopold, *A Sand County Almanac*, 1949. **169** A. F. W. Schimper, *Pflanzen-Geographie auf physiologischer Grundlage*, 1898. **170** Henry D. Thoreau, *The Dispersion of Seeds*, 1862. **171** *A Letter from Dr. Gleason, Brittonia*, 1987. **172** Frederic E. Clements, *Plant Succession*, 1916. **173** Christopher Eliot, *Method and Metaphysics in Clements's and Gleason's Ecological Explanations, Stud. Hist. Phil. Sci.* C, 2007. **174** H. A. Gleason, *The Individualistic Concept of the Plant Association, Bull. Torrey Bot. Club*, 1926. **176** Richard B. Root, *The Niche Exploitation Pattern of the Blue-Gray Gnatcatcher, Ecol. Monographs*, 1967. **177** C. P. Hawkins/J. A. MacMahon, *Guilds, Ann. Rev. Entomol.*, 1989. **178** nach Brent Mitchell, *American Birds*, 1989. **180** Fred Urquhart, *National Geographic*, 1976. **182** Erwin Chargaff. **184** Überschrift nach: Lev Ginzburg et al., *The May threshold, Biol. Lett.*, 2010. **184** unten: Edward Lorenz, http://mpe.dimacs.rutgers.edu/2013/03/17/chaos-in-an-atmosphere-hanging-on-a-wall. **185** James H. Brown, *Macroecology*, 1995. **186** nach Richard Levins, *Consequences of Environmental Heterogeneity, Bull. Entom. Soc. Am.*, 1969. **188** Überschrift: John Odling-Smee et al., *Niche Construction*, 2003. **188** unten: Richard Lewontin, *Gene, Organism and Environment*, in: Oyama et al., *Cycles of Contingency*, 2001. **190** M. A. Leibold et al., *The Metacommunity Concept, Ecol. Lett.*, 2004. **198** Louis Agassiz, *Geological Sketches*, 1875. **202** James Hansen, *New York Times*, 9.5.2012. **203** oben: Nils Ekholm, *On the Variations of the Climate, Q. J. Royal Met. Soc.*, 1901. **203** unten: Prinz Charles, 1.12.2015. **204** Überschrift: Wladimir Wernadski, *Chimiceskoe Stroenie biosfery zemli i ee okruženija*, 1965. **204** unten: Wladimir Wernadski, in: Stepin, *Theoretical Knowledge*, 2005. **205** Wladimir Wernadski, *The Biosphere and the Noosphere, American Scientist*, 1945. **210** nach Eugene Odum, *Ecology*, 1997. **211** Eugene Odum, in: Golley, *A History of the Ecosystem Concept*, 1993. **212** Überschrift: *What is One Health?* One Health Global Network. **212** unten: *How embracing the One Health approach can create a more sustainable planet*, Website des UNEP, 2023. **214** Seth Shostak, *HuffPost*, 3.5.2011. **215** Alfred Wegener, *Die Entstehung der Kontinente und Ozeane*, 1920. **216, 217** James Lovelock, *Salon*, 17.8.2000, **218** James Lovelock, *Guardian*, 31.12.2005. **220** Walter Alvarez/Frank Asaro, *An Extraterrestrial Impact, Scientific American*, 1990. **223** Hugh Miller, *The Testimony of the Rocks*, 1857. **223** Walter Alvarez, *Toward a Theory of Impact Crises, Eos*, 1986. **225** Ron Wagler, *Incorporating the Current Sixth Great Mass Extinction, Evolution: Education and Outreach*, 2013. **226** James Hansen, *Storms of My Grandchildren*, 2009. **232** Barry Commoner, *New York Times*, 19.6.2007. **235** Bob O'Keefe, *Guardian*, 17.4.2018. **236** Maria Neira, *Observer*, 16.1.2016. **237** Philip Landrigan et al., *Lancet Commission on Pollution and Health, Lancet*, 2018. **238** John Muir, *The American Forests, The Atlantic*, 1.8.1897. **241** John Muir, *Steep Trails*, 1918. **242** Überschrift: nach Ralph Keeling, https://scripps.ucsd.edu/news/ralph-keeling-curve. **243** unten: Charles Keeling, http://scrippsco2.ucsd.edu/history_legacy/early_keeling_curve. **244** Rachel Carson, *Der stumme Frühling*, C. H. Beck 2017. **247** Rachel Carson, *Der stumme Frühling*, C. H. Beck 2017. **248** Edwin Way Teale, *DDT: The Insect-Killer that Can be Either Boon or Menace, Nature Magazine*, März 1945. **249** links: Rachel Carson, CBS, 3.4.1963. **249** rechts: Dave Goulson, *Investigate Europe*, 24.6.2022. **250** nach Gene E. Likens, *Acid Rain*, https://vimeo.com/43041802. **251** Gene E. Likens, Preisrede »Australia Prize«, 1994. **252** Garrett Hardin, *The Tragedy of the Commons, Science*, 1968. **254, 255** unten: Tim Hunter, https://www.darksky.org/within-our-reach. **255** oben: Franz Hölker, *New Scientist*, 22.11.2017. **256** Chico Mendes, 1988. **258** Alexander von Humboldt, *Reise in die Aequinoctial-Gegenden des neuen Kontinents*, Bd 2, 1859. **259, 260** Chico Mendes. **262** Überschrift: Carl Sagan, *Billions and Billions*, 1997. **262** unten: John Pyle/Neil Harris, *Nature*, 2013. **264** Naomi Klein, *Die Entscheidung*, S. Fischer 2015. **266** Theodore Roosevelt, Rede, Memphis, 1907. **267** Benjamin Horton, *The New Yorker*, 8.10.2018. **270** John Crosbie, Juli 1992. **272** Thomas Austin. **274** Charles S. Elton, *The Ecology of Invasions by Animals and Plants*, 1958. **275** Bruce Babbitt, 3.2.1999. **276** Jonathan Banks, *Season Creep*, Nat. Env. Trust, 21.3.2006. **278, 280** Camille Parmesan, *Observer*, 31.12.2017. **281** Camille Parmesan, *Washington Post*, 14.7.2015. **282** Stephen J. Price et al., *Collapse of Amphibian Communities, Curr. Biol.*, 2014. **283** unten: Ken Caldeira/Michael E. Wickett, *Anthropogenic Carbon and Ocean pH, Nature* 2003. **284** unten: Robert Bruegmann, *Sprawl*, 2005. **285** Charles Moore, *Seas of Plastic*, TED, 2009. **288** Maude Barlow. **290** Maude Barlow, *Blue Covenant*, 2007. **293** oben: Rajendra Pachauri, *New Yorker*, 24.2.2015. **293** unten: Maude Barlow, *Ways out of the Global Water Crisis, KfW Stories*, 17.2.2017. **298** Francis Bacon. **299** Überschrift: Gilbert White, *The Natural History and Antiquities of Selborne*, 1789. **299** *Life and Letters of Charles Darwin*, 1887. **300** Fikret Berkes, Johan Colding, Carl Folke, *Rediscovery of traditional knowledge as adaptive management, Ecological Applications*, 2000. **301** Emilsen Flores, Website der Global Forest Coalition. **302** Henry Thoreau, *Walking*, 1851. **303** George Perkins Marsh, *Man and Nature*, 1864. **304** Werner v. Siemens, *Electromotive Action of Illuminated Selenium, Van Nostrand's Engineering Magazine*, 1885. **308** Werner von Siemens, *Sitzungsberichte der Preußischen Akademie der Wissenschaften, Berlin*, 1875. **309** zitiert in: https://www.hermann-scheer-stiftung.de. **310** Überschrift: Aldo Leopold, *River of the Mother of God*, 1993. **310** unten: Aldo Leopold, *A Sand County Almanac*, 1949. **312** unten: Petra Kelly, Rede, Morelia (Mexico), 2.9.1991. **313** Al Gore, Nobelpreisrede, 10.12.2007. **314** UNESCO, About the MAB. **316** Mark L. Schaffer, *Minimum Population Sizes for Species Conservation, BioScience*, 1981. **317** Steven R. Beissinger/Dale R. McCullough, *Population Viability Analysis*, 2002. **318** Georgina Mace, *Saving the library of life*, Royal Society of Biology. **320** Barack Obama, Anchorage (Alaska), 31.8.2015. **323** Roger Revelle/Hans E. Suess, *The Question of Increase of Atmospheric CO_2, Tellus*, 1957. **325** Jim Skea, *Guardian*, 8.10.2018. **326** Global Goals Organisation. **327** Partha Dasgupta, *The Economics of Biodiversity: The Dasgupta Review*, 2021. **328** William Nordhaus, *Reflections on the Economics of Climate Change, J. Econ. Persp.*, 1993. **330** B. A. Han et al., *A synergistic future for AI and ecology, PNAS*, 120 (38) (2023). **331** Überschrift: Nature-based Solution Initiative. **331** unten: British Ecological Society, *Nature-based Solutions for Climate Change in the UK*, 2021. **332** unten: William Sutherland, zitiert in: Sarah Pratt *A Man with a Big Idea*, Website der Cambridge University, Oktober 2021. **334** Vandana Shiva, *Geraubte Ernte*, 2004. **335** Vandana Shiva, *Guardian*, 8.9.2003. **336** Gretchen Daily et al., *Ecosystem Services, Iss. Ecol.*, 1997. **337** Gretchen Daily/Charles H. Peterson, *Nature's Services*, 1997. **337** Stewart Udall. **338** Überschrift: Paul Connett, *Zero Waste*, 2007. **338** unten: Buckminster Fuller.

DANK

Dorling Kindersley dankt Professor Fred D. Singer für seine Unterstützung bei der Planung des Buchs, Monam Nishat und Roshni Kapur für ihre Unterstützung der grafischen Gestaltung und Anita Yadav für DTP-Unterstützung.

BILDNACHWEIS

Der Verlag dankt folgenden Personen und Institutionen für die freundliche Genehmigung zum Abdruck ihrer Bilder:

(Abkürzungen: go = ganz oben, o = oben, u = unten, M = Mitte, a = außen, l = links, r = rechts)

21 Alamy Stock Photo: The Picture Art Collection (gor); The Natural History Museum (ul). **22 Alamy Stock Photo:** North Wind Picture Archives (ur). **26 Rex by Shutterstock:** Granger (ul). **29 Alamy Stock Photo:** Kamal Bhatt (gol); Laurentiu Iordache (mru). **30 Alamy Stock Photo:** Blickwinkel (go). **31 Alamy Stock Photo:** Cultura RM (mru); **Dorling Kindersley:** Frank Greenaway/Natural History Museum, London (mu). **33 Alamy Stock Photo:** Pictorial Press Ltd (gor); **Dreamstime.com:** Gordana Sermek (um). **35 Alamy Stock Photo:** Alexander Heinl/Dpa Picture Alliance/Alamy Live News (mru); **Science Photo Library:** A. Barrington Brown © Gonville & Caius College (mlo). **36 Science Photo Library:** Pascal Goetgheluck (mlu). **37 Alamy Stock Photo:** BSIP SA (gol). **39 SuperStock:** Animals Animals (mlo); Guillem López/Age fotostock (gor). **46 Alamy Stock Photo:** Historic Collection (ul). **47 Getty Images:** Adam Jones (mo). **49 Science Photo Library:** Nigel Cattlin (gor). **51 Getty Images:** Pete Oxford/Minden Pictures (mlo). **53 iStockphoto.com:** Stefonlinton (mlo). **54 Alamy Stock Photo:** Suzanne Long (um). **Science Photo Library:** Louise Murray (um). **57 Ardea:** © Gregory G. Dimijian M.D./Scie (mlo); **Science Photo Library:** Gilbert S. Grant (ur). **59 Depositphotos Inc:** Andaman (u). **62 Alamy Stock Photo:** Richard Ellis (u). **63 Alamy Stock Photo:** Kevin Schafer (gor). **64 U.S. National Park Service:** Angepasst nach: Cassidy, K.A., D.R. Stahler, E.E. Stahler, M. Metz, J. Sunder-Raj, T. Rabe, J. Rabe, N. Tatton, M. Packila, B. Cassidy, W. Binder, C. Lacey, C. Ho, D. Sanborn, und G. Scott. 2024. Yellowstone National Park Wolf Project Annual Report 2023. National Park Service, Yellowstone Center for Resources, Yellowstone National Park, WY, USA, YCR-2024 (Kartendaten). **65 Alamy Stock Photo:** Nick Upton (gol). **67 Alamy Stock Photo:** Avalon/Photoshot License (gor); **Getty Images:** Roger Tidman (ul). **69 Alamy Stock Photo:** GL Archive (ur); Pictorial Press Ltd. (mro). **70 Alamy Stock Photo:** M. Brodie (mlu); David Speight (gor). **73 Alamy Stock Photo:** PF-(bygone1) (gor). **Getty Images:** Fritz Polking (ul). **75 Alamy Stock Photo:** Nigel Cattlin (ul); **Getty Images:** Visuals Unlimited, Inc./Anne Weston/Cancer Research UK (u). **77 Alamy Stock Photo:** David Lester (mlo). **83 Getty Images:** Douglas Klug (mro); DEA Picture Library (ul). **85 Alamy Stock Photo:** Art Collection 3 (ul); Science History Images (mro). **87 Alamy Stock Photo:** ART Collection (gor); Florilegius (ul). **89 Alamy Stock Photo:** Jeff J. Daly (mlu). **90 Getty Images:** Shawn Walters/EyeEm (ur). **91 Alamy Stock Photo:** Henri Koskinen (mru). **94 Getty Images:** Bettmann (gol); Education Images (ur). **95 Alamy Stock Photo:** De Luan (gol). **96 Alamy Stock Photo:** Marka (ur). **97 Getty Images:** Denver Post (gor). **103 Alamy Stock Photo:** BSIP SA (ul); Historic Images (gor). **104 Science Photo Library:** Dr. Merton Brown, Visuals Unlimited (mr). **105 Alamy Stock Photo:** Blickwinkel (mru). **109 Alamy Stock Photo:** Wildlife GmbH (mru); DP Wildlife Invertebrates (mo). **110 Alamy Stock Photo:** Vince Burton (mlu); **Getty Images:** Universal History Archive (gom). **111 Alamy Stock Photo:** Ingo Oeland (ur). **112 Science Photo Library:** Wim Van Egmond (ur). **113 Alamy Stock Photo:** Biosphoto (go). **114 Dreamstime.com:** Bernard Foltin (ur). **115 SuperStock:** Minden Pictures (ur). **116 Alamy Stock Photo:** Austrian National Library/Interfoto (mro). **117 Getty Images:** Rolls Press/Popperfoto (ul). **121 Dreamstime.com:** Mark Higgins (mro). **Getty Images:** CBS Photo Archive (ul). **122 Getty Images:** Michael Nichols (go). **123 naturepl.com:** Anup Shah (ur). **124 Getty Images:** Dr. Clive Bromhall (ur); Dan Kitwood/Staff (gol). **125 Alamy Stock Photo:** Terry Whittaker Wildlife (ur). **127 Alamy Stock Photo:** Oliver Christie (mlo); **Getty Images:** Alastair Macewen (ur). **133 Getty Images:** Wildestanimal (mro). **135 Alamy Stock Photo:** The Picture Art Collection (ul); **iStockphoto.com:** Vlad61 (mro). **136 Shutterstock.com:** Jovalovera (gor). **137 Getty Images:** Olaf Protze (ur). **139 Alamy Stock Photo:** The Natural History Museum (mlo); **Science Photo Library:** Ted Kinsman (mru). **141 Alamy Stock Photo:** Danita Delimont (mlo). **142 Alamy Stock Photo:** Dennis Frates (ul). **143 Alamy Stock Photo:** World History Archive (gol); **Getty Images:** Fine Art (mru). **146 Alamy Stock Photo:** Mark Lisk (gor). **147 Courtesy of Marlboro College:** www.marlboro.edu (gor). **149 Alamy Stock Photo:** age fotostock (gol); **Getty Images:** Universal History Archive/UIG (ur). **151 Alamy Stock Photo:** Jason Bazzano (mlo); **naturepl.com:** Paul Williams (ur). **153 Alamy Stock Photo:** Bill Crnkovich (mru). **155 Alamy Stock Photo:** Blickwinkel (mo). **156 North Carolina State University:** Rebecca Kirkland (m). **163 Alamy Stock Photo:** Greg Basco/BIA/Minden Pictures (mu); Pictorial Press Ltd (gor). **165 Alamy Stock Photo:** GL Archive (gor); **Science Photo Library:** Solvin Zankl/Visuals Unlimited, Inc. (ul). **166 NASA:** Jeff Schmaltz, MODIS Rapid Response Team, NASA/GSFC (mru). **168 Alamy Stock Photo:** Emmanuel Lattes (mr). **169 Alamy Stock Photo:** RWI Fine Art Photography (ur). **170 Alamy Stock Photo:** Robert K. Olejniczak (mro). **173 Dreamstime.com:** Anton Foltin (mro). **175 Dreamstime.com:** Claudio Balducelli (mlo). **176 Alamy Stock Photo:** All Canada Photos (ur). **180 U.S.F.W.S** (gor). **181 Alamy Stock Photo:** Everett Collection Inc. (gor); Ian west (ul). **182 Dreamstime.com:** Yuval Helfman (gol). **183 Alamy Stock Photo:** Natural History Archive (gor). **185 naturepl.com:** Mary McDonald (mru). **187 naturepl.com:** Jussi Murtosaari (ul); **Rex by Shutterstock:** Antti Aimo Koivisto (gor). **189 Alamy Stock Photo:** David Hall (gol); Genevieve Vallee (ur). **191 Alamy Stock Photo:** Mauritius images GmbH (ul); **Getty Images:** Danita Delimont (mro). **193 Alamy Stock Photo:** Adam Burton (gol). **198 Getty Images:** Philippe Lissac/GODONG (um). **199 Alamy Stock Photo:** Rolf Nussbaumer Photography (mru); **Depositphotos Inc:** swisshippo (mlo). **201 Dreamstime.com:** Rvo233 (mlo); **Getty Images:** Hulton Archive/Stringer (gor). **202 IPCC:** FAQ 1.3, Figure 1 from H. Le Treut, R. Somerville, U. Cubasch, Y. Ding, C. Mauritzen, A. Mokssit, T. Peterson und M. Prather, 2007: Historical Overview of Climate Change, in: Climate Change 2007: The Physical Science Basis. Contribution of Working Group I to the Fourth Assessment Report of the Intergovernmental Panel on Climate Change [S. Solomon, D. Qin, M. Manning, Z. Chen, M. Marquis, K.B. Averyt, M. Tignor und H.L. Miller (Hg.)]. Cambridge University Press, Cambridge, UK und New York, NY, USA (ur). **203 Getty Images:** Wolfgang Kaehler/LightRocket (mru). **205 Alamy Stock Photo:** Sputnik (gor); **iStockphoto.com:** Totajla (gol). **207 Alamy Stock Photo:** Suzanne Long (gor). **SuperStock:** Wolfgang Kaehler (ul). **209 Depositphotos Inc:** Pawopa-3336 (gol); **Getty Images:** DEA/C.DANI/I.JESKE (mru). **210 Getty Images:** R. A. Kearton (mr). **211 Alamy Stock Photo:** Classic-Stock (ur). **214 Dorling Kindersley:** Colin Keates/Natural History Museum, London (mro). **215 Alamy Stock Photo:** AustralianCamera (mlu). **217 Alamy Stock Photo:** Ancient Art and Architecture (um); **Getty Images:** Terry Smith (gor). **218 Alamy Stock Photo:** Iuliia Bycheva (gor). **219 iStockphoto.com:** Zhongguo (ur). **222 Science Photo Library:** Detlev Van Ravenswaay (gor). **223 Alamy Stock Photo:** Pictorial Press Ltd (gor). **225 Getty Images:** The Washington Post (mru). **227 Alamy Stock Photo:** Arterra Picture Library (mlo); **Getty Images:** Magnus Kristensen/AFP (mru). **235 Alamy Stock Photo:** Chronicle (ur). **Getty Images:** Sonu Mehta/Hindustan Times (ul). **236 Alamy Stock Photo:** Design Pics Inc. (u); **Unicef:** (gor). **237 UNSW:** Aran Anderson (gol). **239 Alamy Stock Photo:** Archive Pics (gor); **iStockphoto.com:** 4kodiak (mlo). **240 Alamy Stock Photo:** Paul Kennedy (um). **241 Alamy Stock Photo:** ImageBroker (mru); Huang Zongzhi/Xinhua/Alamy Live News (gol). **243 Alamy Stock Photo:** Arctic Images (ur); **NOAA:** Angepasst nach: Dr. Xin Lan, NOAA/GML (gml.noaa.gov/ccgg/trends/) und Dr. Ralph Keeling, Scripps Institution of Oceanography (scrippsco2.ucsd.edu/). (ul/Grafikdaten). **Science Photo Library:** Simon Fraser/Mauna Loa Observatory (mlo). **246 Alamy Stock Photo:** Walter Oleksy (ul); **Science Photo Library:** CDC (gor). **249 iStockphoto.com:** Harry Collins (ur). **250 Alamy Stock Photo:** Christopher Pillitz (um). **251 Gene E. Likens:** On Location Studios, Poughkeepsie, NY (gor). **252 Alamy Stock Photo:** North Wind Picture Archives (um). **253 Getty Images:** Peter Charlesworth (mru); **Our World in Data | https://ourworldindata.org:** Adapted from: Data Page: Population, Teil der folgenden Publikation: Hannah Ritchie, Lucas Rodés-Guirao, Edouard Mathieu, Marcel Gerber, Esteban Ortiz-Ospina, Joe Hasell und Max Roser (2023), Population Growth. Daten angepasst von PBL Netherlands Environmental Assessment Agency, Gapminder, United Nations. Abgerufen von https://ourworldindata.org/grapher/population (Grafikdaten) (mlo). **254 Alamy Stock Photo:** Renault Philippe/Hemis (mr). **255 Alamy Stock Photo:** Danita Delimont (mru). **258 Getty Images:** Brazil Photos (ur). **259 Getty Images:** Antonio Scorza/Staff (gor). **260 Getty Images:** Michael Duff (u). **261 Getty Images:** Micheline Pelletier Decaux (ur); **Global Forest Watch:** Adapted from: Curtis, P.G., C.M. Slay, N.L. Harris, A. Tyukavina, and M.C. Hansen. 2018. "Classifying Drivers of Global Forest Loss. Science. Abgerufen über Global Forest Watch am 3.4.2025 von www.globalforestwatch.org. (Grafikdaten) (gol). **263 Getty Images:** Orlando/Stringer (mru). **NASA:** Jesse Allen (mlo). **265 Getty Images:** Orjan F. Ellingvag/Corbis (mlo); Fairfax Media (gor). **266 Dreamstime.com:** Oliver Förstner (mru). **267 Alamy Stock Photo:** IanDagnall Computing (go). **269 Alamy Stock Photo:** Poelzer Wolfgang (ur). **270 John M. Yanson** (gol). **271 Alamy Stock Photo:** Science History Images (ur); **Getty Images:** Barcroft Media (ul). **273 Getty Images:** Scott Tilley (mlo); **NSW Department of Primary Industries:** Dr Steven McLeod (mro); **274 123RF.com:** Stephen Goodwin (mru). **275 Alamy Stock Photo:** Jack Picone (gor). **279 Alamy Stock Photo:** Gay Bumgarner (mro); **Camille Parmesan:** Marsha Miller, University of Texas at Austin (ul). **280 Getty Images:** Bianka Wolf/EyeEm (ul). **281 Alamy Stock Photo:** Andrew Darrington (gol). **282 iStockphoto.com:** ca2hill (mr). **284 Alamy Stock Photo:** Christian Hütter (ul). **285 Getty Images:** Hector Vivas (gor). **286 Getty Images:** Peter Parks/AFP (ur). **285 Ardea:** Paulo de Oliveira (ur). **290 Getty Images:** AFP/Stringer (gor). **291 Getty Images:** Jim Russell (ul). **292 Alamy Stock Photo:** ImageBroker (gol); **Food and Agriculture Organization of the United Nations:** Angepasst nach: FAO & UN-Water. 2021. Progress on level of water stress: Global status and acceleration needs for SDG indicator 6.4.2. Rome. 96 pp. (auch verfügbar unter http://www.fao.org/3/cb6241en/cb6241en.pdf). (u). **293 Alamy Stock Photo:** Russotwins (mru). **298 Alamy Stock Photo:** Granger Historical Picture Archive (um). **302 Alamy Stock Photo:** The Granger Collection (um). **303 Getty Images:** DEA/Biblioteca Ambrosiana/De Agostini (mr). **306 Alamy Stock Photo:** Jim West (ur). **307 Getty Images:** Bloomberg/Nachdruck mit Genehmigung von Joint Center for Artificial Photosynthesis – California Institute of Technology (mru). **308 Getty Images:** TPG (u). **309 Our World in Data | https://ourworldindata.org/:** Angepasst von: Hannah Ritchie und Pablo Rosado (2020): Energy Mix, https://ourworldindata.org/energy-mix' (Tortendiagramm). (gor). **311 Alamy Stock Photo:** Jonathan Plant (mo); **Rex by Shutterstock:** AP (gor). **313 Alamy Stock Photo:** Steve Morgan (mlo); Friedrich Stark (gor). **315 Alamy Stock Photo:** Flowerphotos (gor). **317 Alamy Stock Photo:** Rick & Nora Bowers (ur); **Ardea:** © USFWS/Science Source/Science S (mlo). **318 Getty Images:** Design Pics/Richard Wear (go). **319 Koninklijke Nederlandse Akademie Van Wetenschappen:** Jussi Puikkonen / KNAW (ul). **Rex by Shutterstock:** Chuck Graham/AP (gor). **322 Getty Images:** Digital First Media/Inland Valley Daily Bulletin via Getty Images (gor). **323 Rex by Shutterstock:** Eric Lee/Lawrence Bender Prods./Kobal (u). **324 Rex by Shutterstock:** Mohammed Seeneen/AP (gor). **326 IIASA:** Angepasst nach: Adam Islaam (IIASA), basierend auf Ergebnissen von Leclère et al. (2020, doi: 10.1038/s41586-020-2705-y). Diese künstlerische Illustration gibt die Kernaussage des Artikels wieder, versucht jedoch nicht, dessen numerische Ergebnisse genau wiederzugeben. (Grafikdaten). **327 Alamy Stock Photo:** Minden Pictures / Suzi Eszterhas (gol). **328 Getty Images:** Tony Karumba (ur). **329 Getty Images:** Paul J. Richards/Staff (gor). **330 UKCEH:** (mru). **333 Getty Images:** Hero Images (mro); **Tessa Sutherland:** (ul). **334 Alamy Stock Photo:** Inga Spence (mr). **335 iStockphoto.com:** pixelfusion3d (mu); **Rex by Shutterstock:** AGF s.r.l. (gor). **336 Getty Images:** Amana Images Inc. (mr). **337 Stanford News Service:** Linda A. Cicero (gor). **339 Getty Images:** Ted Aljibe/Staff (mru).

Cover: Vorn und hinten: **Dreamstime.com:** Sdmix (Hintergrund).

Noch mehr Wissen und Lesefreude

ISBN 978-3-8310-5240-0

ISBN 978-3-8310-5228-8

ISBN 978-3-8310-5227-1

ISBN 978-3-8310-5430-5

DK

www.dk-verlag.de

Neugierig auf mehr?